微电子焊接技术

第 2 版

薛　鹏　王俭辛　何　鹏　薛松柏　编著

机 械 工 业 出 版 社

本书为满足以5G为代表的现代通信技术发展过程中微纳器件研发、制造的需要，以钎焊连接原理为基础，从微电子焊接的基本概念、钎焊用材料及性能、钎焊及SMT工艺和应用等方面，阐述了微电子器件制造过程中连接技术的发展以及连接材料无铅化带来的影响与应对措施。书中着重阐述了微电子器件连接的基础理论和实际应用，包括芯片焊接技术、表面组装（贴装）技术和焊点可靠性等内容。本书还结合现代纳米技术，介绍了纳米颗粒烧结连接技术。在附录中列出了典型封装结构、无铅钎料熔化温度范围测定方法和缩略语中英文对照。

本书可以作为高等院校电子封装、材料、焊接专业本科生、研究生的教材，也可作为电子封装、钎焊工作者的常备参考书。

图书在版编目（CIP）数据

微电子焊接技术/薛鹏等编著．—2版．—北京：机械工业出版社，2020.12（2022.10重印）

ISBN 978-7-111-66863-3

Ⅰ.①微…　Ⅱ.①薛…　Ⅲ.①微电子技术-焊接工艺　Ⅳ.①TG456.9

中国版本图书馆CIP数据核字（2020）第212080号

机械工业出版社（北京市百万庄大街22号　邮政编码100037）
策划编辑：吕德齐　责任编辑：吕德齐
责任校对：刘雅娜　封面设计：鞠　杨
责任印制：郜　敏
北京盛通商印快线网络科技有限公司印刷
2022年10月第2版第2次印刷
184mm×260mm · 15印张 · 370千字
标准书号：ISBN 978-7-111-66863-3
定价：59.00元

电话服务	网络服务
客服电话：010-88361066	机　工　官　网：www.cmpbook.com
010-88379833	机　工　官　博：weibo.com/cmp1952
010-68326294	金　　书　　网：www.golden-book.com
封底无防伪标均为盗版	机工教育服务网：www.cmpedu.com

随着半导体微电子工业技术的进步，世界各国的电子工业技术获得了空前的发展。同时世界各大半导体电子公司纷纷来华投资建厂，尤以“长三角”和“珠三角”为代表的产业区域更为突出。微电子封装技术作为半导体产业的支柱之一，是现代信息社会不可缺少的产业基石，不但涉及众多的新工艺、新技术，还涉及层出不穷的新型功能材料，给材料科学与工程研究带来了不少新课题和发展创新的机遇，为其他专业的科研创新也提供了许多新方法、新途径。

微电子焊接技术是电子产品先进制造技术中的关键一环，是电子产品制造中电气互连的核心技术之一，是电子封装与组装发展到现阶段的代表技术，是电路模块微间距组装互联、微组件或微系统组装互连的关键技术手段，是传统芯片连接技术、器件封装技术与表面组装技术、立体组装技术等融合发展起来的一项跨学科综合性高新技术。

随着我国电子封装产业的快速发展，行业对微电子焊接技术的人才需求也非常迫切，因此急需微电子焊接技术方面的书籍。

本书由南京理工大学、南京航空航天大学联合江苏科技大学、哈尔滨工业大学编写，着重阐述了微电子焊接技术的发展、新型焊接工艺和材料的基础应用、相关缺陷问题的解决方法等。本次修订对近年来的封装材料及工艺进行了内容更新，尤其是增加了针对大功率器件封装的纳米颗粒键合技术的介绍。本书侧重微电子焊接的基础理论和实际应用，对相关领域的技术工作者和电子封装相关专业的本科生、研究生具有实用价值。

本书引用了大量国内外研究成果，尽可能地向读者展示国内外相关领域的最新进展，在此对原作者表示感谢。为便于读者阅读，以附录的形式给出了“缩略语中英文对照”和“典型封装结构”，供读者参考。

在本书的再版过程中，张亮教授、王小京副教授、范太坤硕士以及博士研究生刘露、王剑豪等人做了大量的资料收集和整理工作，对于他们付出的劳动，在此表示感谢。

由于作者水平有限，不妥或谬误之处在所难免，期望广大读者批评指正，以便进一步修改和完善。

薛松柏

目 录

绪　　论

1.1　概述

1.1.1　微电子焊接的概念

现代电子技术的飞速发展推动着电子产品向小型化、便携式、多功能、高可靠性以及低成本等方向发展，而集成电路（IC）及其连接技术是满足上述要求的基础与核心。IC 芯片要经过合适的封装与组装才能达到电子产品所要求的电、热、光、力学等性能。

微电子焊接技术主要是指电子元器件和电路的微小型化设计与制造工艺中的连接技术。微电子焊接技术是电子设备制造中的关键工艺技术，主要是针对微型对象的焊接方法，并不是区别于传统焊接技术之外的焊接方法。微电子焊接侧重于连接对象的细微特征，必须考虑连接尺寸的精密性。该技术是一项复杂的系统工程，其原理涉及物理、化学、金属工艺学、冶金、材料学，以及电子、机械等相关知识。被连接对象具有尺寸小、间距小、密度高、厚度薄等主要特征。

由于连接对象的尺寸极其微小，已经达到了微米或纳米级别，由此产生尺寸效应，使溶解控制、扩散层厚度、表面张力、微应变量等传统焊接技术中可以忽略的因素，却成为决定微电子焊接的质量和可靠性的关键因素。微电子焊接技术是一种必须考虑接合部位尺寸效应的精密焊接技术，在工艺、材料、设备等方面与传统焊接技术有着显著的不同。

1.1.2　微电子封装与组装技术简介

1. 微电子封装的分级

封装技术始于集成电路芯片制成之后，包括集成电路芯片的粘贴固定、互连、封装、密封保护、与电路板的连接、系统组合，直到最终产品完成之前的所有过程。图 1-1 为封装分级示意图。

（1）0 级（level 0 或 zero level）　是指晶圆切割，晶圆切割是沿着晶圆上预留的切割线进行，切割完成后的一粒粒晶片仍被粘在背胶上，等待后续的制程。

（2）1 级（level 1 或 first level）　该级（又可称为层次）又称为芯片级的封装（chip level packaging），是指集成电路芯片与封装基板或引线架（lead frame）之间的粘贴固定、电

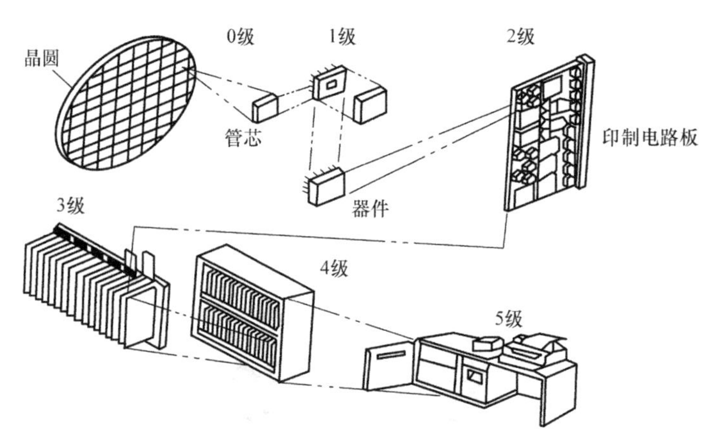

图 1-1 封装分级示意图

路连线与封装保护的工艺，使之成为易于取放、输送，并可与下一级组装进行连接的模块（组件 module）元件。1 级封装是从硅圆片（又称晶圆）上制作的集成电路（integrated circuit，IC）芯片开始，并随着时间的推移，不断跟随着 IC 芯片技术的发展由低级向高级发展。在每个不同的发展时期，都出现了与该时期 IC 芯片发展相配套的封装形式，成为各个封装时代的代表与标志。20 世纪五六十年代是晶体管外形封装（TO）的时代，20 世纪 70 年代是双列直插式封装（DIP）的时代，20 世纪 80 年代则是四边扁平封装（QFP）的时代，20 世纪 90 年代封装向着更高层次的球栅阵列封装/芯片尺寸封装（BGA/CSP）迈进。到了 21 世纪，其不仅迎来了芯片尺寸封装/倒装芯片封装（CSP/FC）的时代，并继续向系统级封装（SIP）发展。1 级封装是针对芯片的，目的是为了使 IC 芯片在使用过程中能更好地起到电源及信号分配的功能，并且起到散热、机械支撑和自身保护等作用。伴随着微电子产品向小型化、便携式、多功能化、高可靠性以及低成本化的发展。1 级封装形式已成为微电子研究领域最活跃的一环。1 级封装技术涉及了从硅圆片制作的半导体芯片（俗称前道工艺）开始到后道封装工艺完成的整个过程。

（3）2 级（level 2 或 second level） 该级是将数个 1 级完成的封装与其他电子元器件组成一个电路卡（card）的工艺。2 级微电子封装技术也称板级封装，是指将 1 级封装产品、各种类型的表面组装元件或表面组装器件（SMC 或 SMD）及芯片安装到基板上，构成一个完整的功能部件或整机的过程。2 级封装一般包括通孔插装技术（through hole technology，THT）、表面组装技术（surface mounted technology，SMT）和芯片直接安装技术三种形式。2 级封装涉及各类印制电路板（PCB）基板、柔性印制电路板及其设计、制作与检测技术、印制模板的制作、各种 IC 芯片的粘接互连材料与技术等。在 2 级封装中，THT 的比重越来越少，取而代之的是使用表面组装技术（SMT）和直接芯片贴装（DCA）技术。

（4）3 级（level 3 或 third level） 该级是将数个 2 级完成的封装组装成的电路卡组合在一个主电路板（board）上，使之成为一个部件或子系统（subsystem）的工艺。3 级微电子封装技术又称系统级封装，是将 2 级封装的各个插板（卡）或柔性印制电路板通过互连插座与母板材料连接起来，从而形成密度更高、功能更多、结构更复杂的三维立体封装形式。一般完成的是一个完整整机系统的功能。涉及母板的设计、制作与测试，连接器和柔性印制电路板材料，与各种 2 级封装插板的安装及整个系统的测试技术等。

（5）4 级（level 4 或 fourth level） 该级是将数个子系统组装成为一个完整电子产品的工艺过程。

（6）5 级（level 5 或 fifth level） 该级是指将电子产品装备到固定的设备中。

由于封装工程是跨学科及最佳化的工程技术，因此知识技术与材料的运用有相当大的选择性。例如，混合电子电路（hybrid microelectronic，HM）是连接 1 级与 2 级技术的封装方法。芯片直接组装（chip-on-board，COB）与直接芯片贴装（direct chip attach，DCA）省略了 1 级封装，直接将集成电路晶片粘贴、接连到属于 2 级封装的印制电路板上，以使产品更能符合“轻、薄、短、小”的目标。随着新型工艺技术和材料的不断进步，封装工程的形态也呈现多样化，因此封装技术的分级并没有统一的、一成不变的标准。

2. 微电子封装的发展

微电子焊接技术是理论和实践结合十分紧密的、涉及学科门类较多且仍然快速发展的一种连接技术，是目前制造业，特别是电子行业中广泛应用的一类新型连接技术，包含从材料、工艺到设备，从元器件、零部件到产品的诸多内容。微电子焊接（或称微连接）是电子产品制造中的关键技术之一，它既是实现电子产品、芯片设计性能的重要途径，又是制约电子产品封装结构发展的瓶颈。微连接技术决定了电子产品封装结构的可实行性和可靠性，而随着电子产品芯片集成度不断增加，封装结构的创新也成为推动微连接技术发展的重要动力。

电子产品向微型化、薄型化、智能化和高可靠性方向的发展，为人们的生产和生活带来了极大的便利。电子元器件经历了从电子管→晶体管（1947 年）→集成电路（1958 年）→小规模集成电路（20 世纪 60 年代）→中等规模集成电路（20 世纪 60 年代末）→大规模集成电路（20 世纪 70 年代）→超大规模集成电路（20 世纪 80~90 年代）的发展历程，使得微电子组装密度不断提高，封装尺寸不断减小。伴随着硅片上 IC 集成度的逐步增加，内引线连接技术获得了迅速发展。从 20 世纪 50 年代开始发展了引线键合技术，20 世纪 60~70 年代以来发展了载带自动键合、倒装焊以及梁式引线等连接技术。而金、铜、铝、锡-铅合金等内引线连接材料（丝、带、箔、球）也获得了同步发展。

封装结构发展趋势如图 1-2 所示。

回顾集成电路封装的历史，其发展主要划分为以下几个阶段：

第一阶段，在 20 世纪 70 年代之前，以插装型封装为主。包括晶体管外形封装（TO）、陶瓷双列直插封装（ceramic dual in-line package，CDIP）、陶瓷-玻璃双列直插封装（CerDIP）和塑料双列直插封装（plastic dual in-line package，PDIP）。其中由于 PDIP 封装性能优良、成本低廉又能批量生产而成为当时的主流产品，但因为其在组装工艺中需要较高的对准精度，导致生产效率较低，从而器件的封装密度也较低，所以难以满足高效自动化生产的需求。

第二阶段，在 20 世纪 80 年代以后，以表面贴装类型的四边引线封装为主的表面组装技术迅速发展。它改变了传统的插装形式，使器件通过再流焊技术进行焊接。由于再流焊接过程中钎料熔化时产生的表面张力有自对准效应，降低了对贴片精度的要求。同时再流焊技术的发展提高了组装良品率。此阶段的封装类型有引线塑料片式载体封装（plastic leaded chip carrier，PLCC）、塑料四边扁平封装（plastic quad flat pack，PQFP）、塑料小外形封装（plastic small outline package，PSOP）以及塑料无引线四边扁平封装（plastic quad flat no-lead package，PQFNP）等。由于采用了四面引线，引线短而细、间距小，因此在很大程度

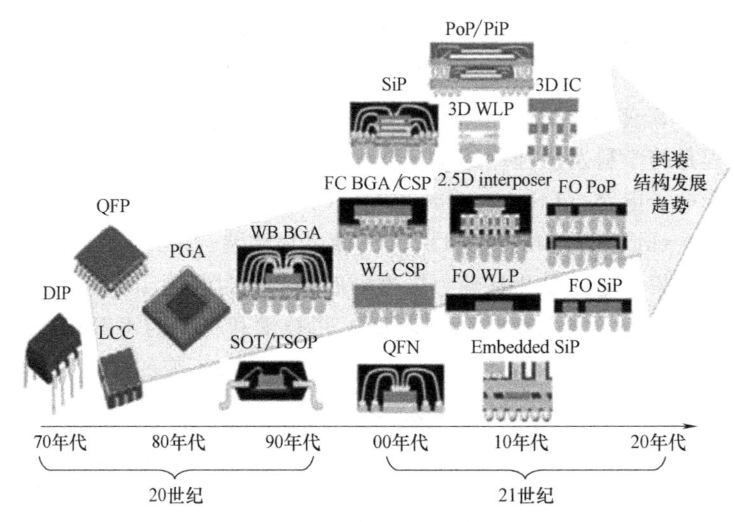

图 1-2　封装结构发展趋势

DIP—双列直插封装　QFP—四边扁平封装　LCC—无引线芯片载体封装　PGA—插针网格阵列封装
WB BGA—引线键合式球栅阵列封装　SOT/TSOP—小外形技术/薄型小外形封装　SiP—系统级封装
FC BGA/CSP—倒装芯片球栅阵列封装/芯片尺寸封装　WL CSP—晶圆级芯片尺寸封装
QFN—无引线四边扁平封装　PoP/PiP—叠层封装/堆叠封装　3D WLP—三维晶圆级封装
2. 5D interposer—2. 5D 硅中介层封装　FO WLP—扇出型晶圆级封装　Embedded SiP—嵌入式系统级封装
3D IC—三维集成电路　FO PoP—扇出型叠层封装　FO SiP—扇出型系统级封装

上提高了封装密度。封装体的电性能也大幅度提高，并且体积减小，质量减轻，满足了自动化生产的需求。表面组装技术是电子封装技术的一大突破。

第三阶段，在 20 世纪 90 年代中前期，集成电路发展到了超大规模阶段，要求封装技术向更高速度和更高密度发展，因此集成电路封装从四边引线型向平面阵列型发展。应运而生的球栅阵列封装（ball grid array，BGA），堪称封装技术领域的第二次重大突破，很快成为主流产品。到了 20 世纪 90 年代后期，电子封装技术进入超发展时期，新的封装形式不断涌现并获得应用，相继又开发出了封装体积更小的芯片尺寸封装（chip scale package，CSP）。几乎是在同一时期，多芯片组件封装（multi-chip module，MCM）也蓬勃发展起来。MCM 将多个集成电路芯片和其他片式元器件组装在一块高密度多层互连基板上，然后封装在外壳内，它是电路组件功能实现系统化的基础。可见，微电子封装技术的发展越来越趋向于小型化、多功能化、高密度化，目前典型的封装技术主要是球栅阵列封装（BGA）技术和芯片尺寸封装（CSP）技术。

第四阶段，近十年来，随着电子工业的快速发展，电子器件逐渐向纵深方向发展。平面 MCM 方法是有限的，即使芯片放置得很平整，能达到的最高密度也只是单层能达到的密度，而三维封装技术的出现，直接使芯片实现了在三维空间的垂直堆叠，出现了金属-金属键合、瞬时液相键合、压力键合等新兴的键合方式，直接导致了电子器件的超微型化的实现。芯片在三维空间的垂直互连成功地推动了电子产品向微型化、集成化和多功能化方向发展。

3. 球栅阵列封装

20 世纪 90 年代，随着集成技术的发展、设备的改进和深亚微米技术的应用，硅单芯片集成度不断提高，对封装技术的要求也更加严苛，I/O 引线数急剧增加，功耗随之增大。在这一背景下，球栅阵列封装逐渐成为流行的封装形式。它采用小焊球作为元件和基板之间的引线连接。BGA 的突出优点有：①电性能更好，BGA 用焊球代替引线，引出路径短，减少了引线寄生效应；②封装密度更高，由于焊球是整个平面排列，因此相同面积下引线数更多；③BGA 的节距与现有的表面组装工艺和设备完全相容，使得安装更可靠；④钎料熔化时的表面张力具有“自对准”效应，避免了传统封装引线变形的损失，大幅度提高了组装成品率；⑤BGA 引线牢固；⑥焊球引出形式同样适用于多芯片组件和系统封装。

4. 芯片尺寸封装

1994 年 9 月，日本三菱电气公司研究出一种芯片面积与封装面积比为 1∶1.1 的封装结构，其封装外形尺寸只比裸芯片大一点。也就是说，单个 IC 芯片有多大，封装尺寸就有多大，从而诞生了一种新的封装形式，将其命名为芯片尺寸封装（CSP）。CSP 是整机小型化、便携化的结果。它规定封装后尺寸不超过原芯片的 1.2 倍或封装后面积不超过裸片面积的 1.5 倍。倒装焊和引线键合技术都可以用来对 CSP 的封装器件进行引线键合。它具有如下突出的优点：①近似芯片尺寸的超小型封装；②保护裸芯片；③便于焊接、安装、测试和修整更换；④电、热性能优良。

1.2 微电子焊接方法简介

1.2.1 微电子焊接（微连接）的特点及连接对象

英特尔（Intel）创始人之一戈登·摩尔（Gordon Moore）在 1965 年 4 月提出了摩尔定律，其核心内容为：集成电路上可以容纳的晶体管数目大约每经过 24 个月便会增加一倍。换言之，处理器的性能每隔两年翻一倍。1975 年，摩尔在国际电信联盟 IEEE 的学术年会上提交了一篇论文，根据当时的实际情况，对“密度每年一番”的增长率进行了重新审定和修正。按照摩尔本人 1997 年 9 月接受《科学的美国人》采访时的说法，他当年是把“每年翻一番”改为“每两年翻一番”。实际上，后来更准确的时间是两者的平均：18 个月。

近年来微纳电子科学和集成电路产业的发展，证明了有效 30 多年的摩尔定律未来正在受到挑战。在传统的集成电路技术发展似乎走到技术尽头的时候，依靠新材料和新结构的技术发展，摩尔定律才能继续显示其有效性，但是技术发展的步伐呈现减缓的趋势。进入 21 世纪后，各种新器件材料的引进以及各种新器件结构的陆续推出，给世界集成电路产业带来了诸多机遇和挑战。微电子焊接技术的发展，将围绕新材料新工艺应用、先进 CMOS 制造工艺集成技术、3D 系统芯片封装技术、新型存储器技术、新型逻辑器件的产业化技术而发展。特别是随着摩尔定律接近极限，传统的晶体管器件已进入发展瓶颈。如何利用新原理、新结构和新材料来解决和优化传统半导体器件中的尺寸微缩和能耗等问题，是后摩尔时代半导体技术的发展重点，同时，对微电子焊接技术同样提出了新的挑战。

第一代半导体材料以硅（Si）和锗（Ge）等元素半导体为代表，主要应用于低压、低频、中功率晶体管、光电探测器等；第二代半导体以砷化镓（GaAs）和磷化铟（InP）等化合物半导体为代表，主要应用于微波、毫米波器件、发光器件等；第三代半导体以 GaN、SiC 等宽禁带化合物半导体为代表，主要应用于高温、高频、抗辐射、大功率器件、半导体激光器等。不同材料、不同结构、不同技术指标要求，微连接所用的材料、工艺、设备也将不断发展、创新。

由此可见，微电子焊接方法主要是为满足微型化的高密度、高可靠性芯片、元器件及其组件（模块、模组）而提供的焊接（钎焊或连接、封装）材料、密封胶、连接（封装）工艺及其封装设备、可靠性评估试验设备及其数值模拟方法等。

与常规的焊接方法相比，微电子焊接的特点可以归纳为以下两点：

（1）尺寸精密　连接材料的尺寸变得极其微小，在常规焊接中被忽略或不起作用的一些影响因素，此时却成为决定连接质量和焊接性的关键性因素。例如在结构钎焊中，钎料用量远小于被焊材料的尺寸，母材的适量溶解（数微米）被认为对钎焊过程有利，而对溶蚀的控制相对要容易得多；但是，在微连接过程中，譬如在倒装芯片法内引线连接或厚薄膜混合集成电路引线连接时，由于导体膜的厚度在微米数量级，母材的溶解除了对钎焊过程有利的一面外，更重要的是微米数量级的溶解量就有可能造成材料溶蚀而从基板脱落失效，因此溶解控制成为微电子焊接过程中需要重点考虑的课题；再如，微电阻焊中的极性效应，在电子元器件封装或厚膜电路电阻焊时，电极极性的改变有时会使连接的强度大幅度下降，甚至可下降30%，这都是需要通过材料、工艺等方法加以克服的。

（2）微电子材料结构的特殊性　由于微小型电子器件性能要求的特殊性，往往需要采用特殊的连接方法。微连接用钎焊材料尺寸上已经达到微米或纳米数量级，形态上为薄膜、厚膜箔丝等，且绝大多数为异种材料之间的连接，而且膜、箔不是单独存在而是附着在基板材料上。连接时除了强度以外，更重要的是可靠性、电气连接性，连接过程不应对微电子器件功能产生任何影响。因此直接采用常规的焊接方法是难以实现这些要求的，需要研发新的连接方法，有时甚至需要采用在常规焊接工艺看来是不合理的方法。例如在器件内引线丝球焊连接时，为了防止对硅片的损伤和提高生产效率，连接过程在较低的温度、极短的时间即告结束，但是在常规压焊时，这样规范下产生的连接往往被认为是不合理、不合格的。

此外，可靠性测试与评估方面，利用有限元方法计算在温度循环过程中接头的蠕变疲劳寿命，利用接头电阻的变化，检测微连接钎焊接头中裂纹的生长过程，从而测试与评估钎料本身的抗蠕变性能，以确保钎焊接头的疲劳寿命等方面的研究仍然处在研究、发展过程中。由于微电子焊接材料种类繁多，其接头形态千变万化，单纯利用试验方法解决各种工艺问题的工作量大、效率低且具有片面性，因此将计算机辅助设计方法引入微电子焊接过程的研究以及工艺规范的制定中也是非常必要的。目前已在开展的工作有：对微连接钎焊接头热过程及导体溶解过程的计算机数值模型的研究；根据工艺参数计算接头形态；依据接头形态及受力条件分析接头的应力分布及预测其寿命。根据微连接接头形态和应力分析的结果优化工艺参数等方法的应用也在深入研究与发展中。

1.2.2　常见的微电子焊接技术（微连接）

目前较为成熟的、广泛应用的方法主要有芯片键合（引线键合技术、载带自动键合技术、倒装芯片键合技术等）、波峰焊、再流焊等连接方法。

1. 芯片键合

针对芯片键合，有三种键合技术已经在工业上广为应用，包括引线键合（wire bonding，WB）、载带自动键合（tape automated bonding，TAB）、倒装芯片键合（flip chip bonding，FCB）。图1-3展示了不同键合技术的应用。

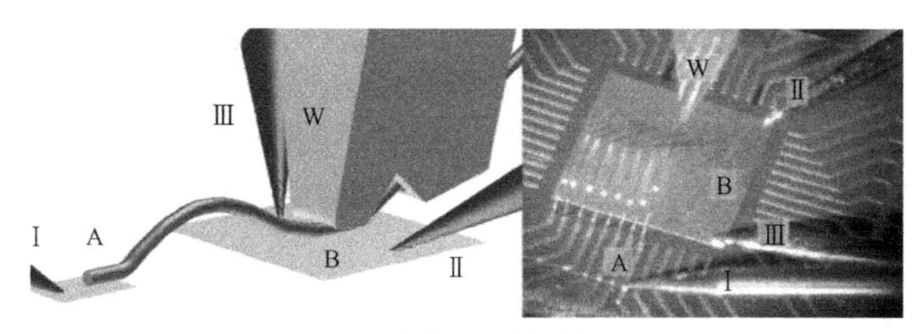

a) 超声引线键合技术

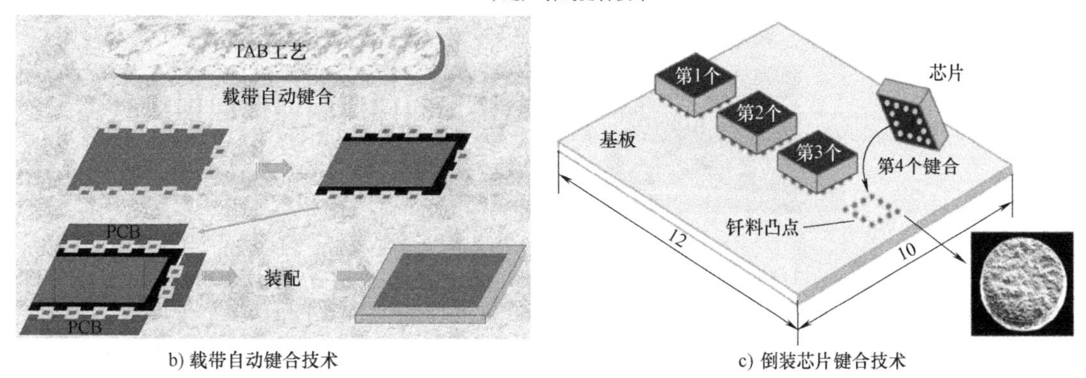

b) 载带自动键合技术

c) 倒装芯片键合技术

图 1-3 不同键合技术的应用

（1）引线键合 引线键合是将芯片 I/O 焊盘和对应的封装体上的焊盘用细金属丝逐一连接起来，每次只连接一根。引线键合时，采用超声波焊将一根一般直径为 25μm 的金属丝的两端分别键合到 IC 键合区和对应的封装或基板键合区上。这种点到点工艺的突出优点是具有很强的灵活性。该技术通常采用热压、热超声波和超声波法进行。

（2）载带自动键合 载带自动键合是一种 IC 组装技术，它将 IC 安装连接到柔性金属化聚合物载带上。载带的内引线键合到 IC 上，外引线键合到常规封装或印制电路板上，整个过程均自动完成。为适应超窄引线间距、多引脚和轻薄外形封装的要求，TAB 技术应用越来越普遍。虽然载带价格较贵，但引线间距最小可达到 150μm，并且 TAB 技术比较成熟，自动化程度相对较高，是一种具有高生产效率的内引线键合技术。

（3）倒装芯片键合 倒装芯片键合技术是目前半导体封装的主流技术，是将芯片的有源区面对基板键合。在芯片和基板上分别制备了焊盘，然后对其进行面对面的键合。键合材料可以是金属引线或载带，也可以是合金钎料或有机导电聚合物制作的凸点。由于倒装芯片键合引线短，凸点直接与印制电路板或其他基板焊接，因此引线电感小、信号间窜扰小、信号传输延时短、电性能好，它是互连中延时最短、寄生效应最小的一种互连方法。

2. 芯片软钎焊

电子组装中的焊接一般采用以锡基钎料为连接材料的软钎焊技术，软钎焊方法有许多种，但适合自动化、大批量生产的主要是波峰焊和再流焊。

（1）波峰焊 波峰焊（wave soldering）是通孔插装最常用的焊接方法。如图 1-4 所示，组装板一般被放在夹具上，该夹具夹着组装板通过波峰焊接机，要经历助焊剂的供给、预热区域、波峰焊接以及与助焊剂类型有关的清洗过程。在进行波峰焊时，板的底部刚好碰到钎料，所有元器件的引线同时被焊接。钎料和板的整个底面接触，但只是没有阻焊剂的金属表面才被钎料润湿。波峰焊有时采用氮气等惰性气体来提高钎料的润湿性能。

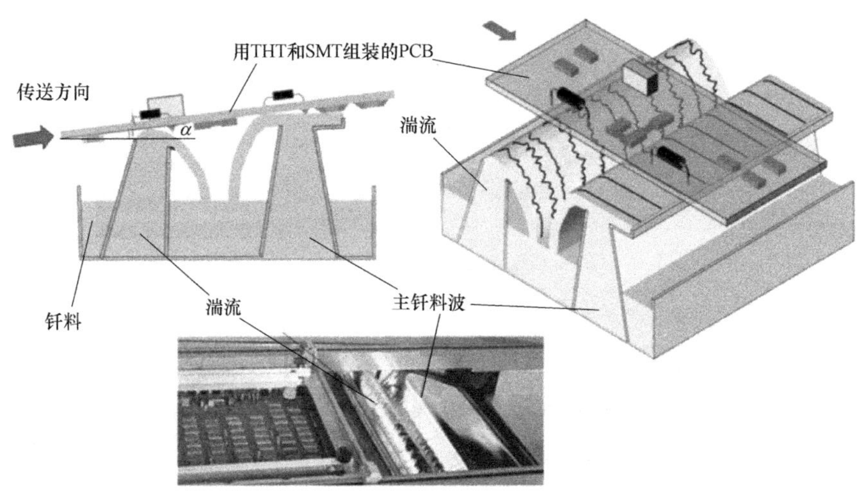

图 1-4　波峰焊技术

（2）再流焊　再流焊（reflow soldering）就是通过加热使预置的钎料膏（焊膏）或钎料凸点重新熔化（即再次流动）来润湿金属焊盘表面，从而形成牢固连接的过程。常用的再流焊热源有热风、红外辐射、热板传导和激光等。再流焊温度曲线的建立是再流焊技术中一个非常关键的环节。典型的再流焊曲线如图 1-5 所示，按照焊接过程各区段的作用，一般将其分为预热区、保温区、再流区和冷却区四个阶段。预热过程是为了用一个可控制的速度来提高温度，以减少元件和板的热损坏。保温主要是为了平衡焊接表面温度，使表面组装组件（surface mount assembly，SMA）上所有元器件在这一段结束时具有相同的温度。再流区域里加热器的温度设置得最高，使组件的温度快速上升至峰值温度，一般推荐为钎料膏的熔点温度再加 20~40℃。而冷却过程使得钎料在退出加热炉前固化，使得到的焊点明亮，具有好的外形和低的接触角度。

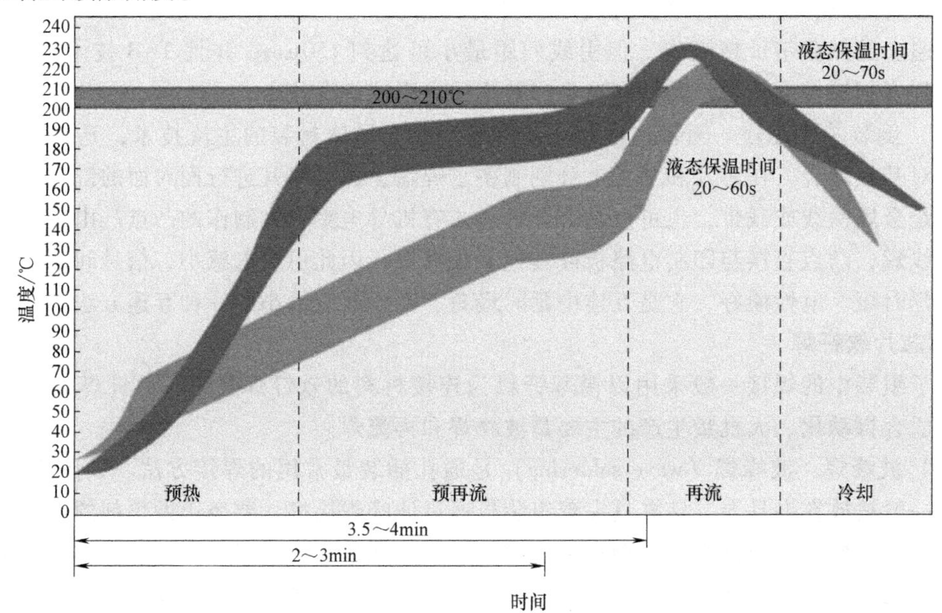

图 1-5　典型的再流焊曲线

1.3 微电子焊接材料的发展

1.3.1 无铅化的提出及进程

1. 无铅化的提出

Sn-Pb 系列钎料在电子组装中已有几十年的应用，其中共晶合金 Sn-37Pb 及近共晶合金 Sn-40Pb，由于具有熔点低（183℃）、价格低廉、润湿性能优异以及能防止“锡瘟”（锡黑死病）发生等优点，得到了广泛的应用。除此之外，该系列合金有长期的使用历史，已经积累了详尽的性能、生产应用、设计、可靠性等方面的数据。

“绿色制造”已成为电子组装的一个重要发展方向，这是综合考虑环境影响和资源效率的现代制造模式，旨在营造经济与环境的和谐发展。在证实了 Pb 元素对人体极为有害后，世界各国已通过立法来控制 Pb 元素的使用，Sn-Pb 钎料已基本退出历史舞台，无铅钎料的研究与应用已成为了钎料研究的热点问题之一。

此外，电子产品逐渐向小型化、便携式、高精度的方向发展，这直接导致了电路集成度的大幅度提高，使得焊点数量变多、尺寸变小，要求焊点所能承受的热学和力学载荷越来越高。这就要求新开发的无铅钎料应具有良好的工艺性能和更高的力学性能，来满足电子工业中对可靠性不断增长的要求，以确保电子产品在服役过程中可靠地运行。

总之，微电子技术的飞速发展，不断对电子组装中的钎焊材料、钎焊工艺提出更高、更苛刻的要求，推动着电子组装不断向前迈进；同时，不断开发先进材料、发展新工艺也为微电子技术向更高水平方向发展提供了保证。

2. 无铅化的进程

针对铅对人体以及环境的危害问题，各国政府先是禁止采用含铅钎料进行饮水管道的焊接，而后禁止在颜料、涂料的生产中采用含铅化合物作为添加剂，接下来就是世界范围内无铅汽油的推广，进入 20 世纪 90 年代后，无铅化的浪潮进入了电子组装这一领域。

美国最先提出了无铅化电子组装的概念。早在 20 世纪 90 年代初期，美国参议院的提案中就要求将用于电子组装的钎料中铅的质量分数控制在 0.1%以内，尽管当时这些提案遭到美国工业界的强烈反对而未能通过，但却引发了世界范围内关于无铅化电子组装的研究热潮。

1.3.2 无铅钎料的定义与性能要求

无铅钎料，即其中的基体元素不含铅，而且也不能刻意加入铅。但钎料合金中难免会有杂质元素铅的存在，因此就要对其中杂质铅的含量有一个上限的规定，于是“无铅钎料的定义”这个问题，在很大程度上也可以说是无铅钎料中铅含量的上限值问题。

早在铅被禁用之前，就有一些不含铅的钎料广泛应用于某些特殊领域（如饮水管道的焊接）。针对这类钎料，ISO 9453、JIS Z 3282 等国际标准早已规定了其中铅的质量分数不得高于 0.1%。另一方面，由于 Sn 可以与许多金属元素形成更低熔点的共晶合金，并且以 Sn 为基体的钎料润湿性也比较好，因此目前无铅钎料的研制中主要以 Sn 为基体材料。禁铅法令的规定以及国内外研究的普遍观点，也都认为无铅钎料是以 Sn 为基体，添加 Ag、Cu、

Zn、Bi、In、Sb 等合金元素，并且 Pb 的质量分数控制在 0.1%以内的钎料合金。中华人民共和国的国家标准将无铅钎料定义为“作为合金成分，铅含量不超过 0.10%（质量分数）的锡基钎料的总称”。

Sn-Pb 钎料经过几十年的积累和发展，在电子工业中应用的理论和实践都很成熟，现行的设备、工艺基本都是以应用 Sn-Pb 钎料而进行设计的，因此为了满足当前的生产需求，新型的无铅钎料在各个方面的性能必须尽可能与 Sn-Pb 钎料相当，也尽可能与现有的设备和工艺有较好的兼容性，总的来说，一般要满足如下的性能要求：

1）无毒，无公害，无环境污染，可循环利用。

2）原料来源广泛，资源储量丰富，价格低廉。

3）具有与 Sn-Pb 钎料相近的熔化温度，以便在现有的设备和工艺条件下操作。

4）熔融钎料应对多种基体材料（如 Cu、Ni、Au 以及有机焊接保护剂等）有较好的润湿性，从而使生成的焊点性能优良。

5）加工性能优良，无铅钎料希望能被加工成多种产品形式，包括用于波峰焊的钎料棒、再流焊的钎料膏以及手工焊和修补的钎料丝等。

6）具有较好的导电、导热和耐蚀性。

7）焊点具有足够的力学性能，包括强度、抗蠕变性能和抗疲劳性能等。

综上所述不难看出，无铅钎料要同时满足上述要求的确不是一件容易的事，因此研发无铅钎料这项工作还需要不断开拓进取。

1.3.3 无铅钎料的研究现状及发展趋势

从 20 世纪 90 年代起，无铅钎料的研发就已成为业界的关注热点，早期的研发集中于确定新型合金成分、多元相图研究以及润湿性、强度等基本性能的考察。在此基础之上，近年来，各国的研究学者和一些大型公司纷纷致力于无铅钎料的研究工作，经过多年的发展逐渐形成了以 Sn-Ag、Sn-Cu、Sn-Bi、Sn-Sb、Sn-Zn 等二元系以及由此衍生出的 Sn-Ag-Cu、Sn-Zn-Bi、Sn-Cu-Ni 等三元系这两个无铅钎料体系。在对上述合金体系进一步优选之后，业界普遍认为 Sn-Ag、Sn-Cu 和 Sn-Zn 合金及其衍生出的三元或多元合金是最具适应性和发展前途的无铅钎料体系，近年来，研究人员逐渐把注意力转向研发 Ag 含量低的 Sn-Ag-Cu 钎料上。

Sn-Ag 合金具有良好的钎焊性能，但因其熔化温度较高，早期只作为高温钎料应用于生产，在电子产品进入无铅化生产后，人们再次将注意力集中到 Sn-Ag 钎料上。Sn-Ag 共晶点为 221℃，共晶成分是 Sn-3.5Ag，其共晶组织由 β-Sn 和微细的 Ag_3Sn 相组成，主要应用于再流焊中。

Sn-Cu 系无铅钎料的优点是价格低廉、热疲劳性能较好。大多数无铅钎料的成本比 Sn-Pb 钎料高出 2~3 倍，但是 Sn-Cu 系钎料因其原料铜和锡的价格较为低廉，因而其成本仅是 Sn-Pb 钎料的 1.5 倍左右。Sn-Cu 的共晶成分是 Sn-0.7Cu，共晶点为 227℃，在铜含量高于 0.7%（质量分数）时，液相线迅速上升，即合金的熔点随铜含量增加而快速升高，目前主要应用于波峰焊中。

Sn-Zn 是一个比较简单的二元共晶系，其共晶成分是 Sn-8.8Zn，共晶点为 198.5℃，是所有 Sn 基二元合金中熔点与 Sn-Pb 钎料共晶点最为接近的，这就意味着如果采用 Sn-Zn 钎料，那么焊接工艺就基本接近于传统的 Sn-Pb 钎料。而且，原料锌的储量丰富，价格低廉，且无毒副作用，但是 Sn-Zn 钎料由于 Zn 的易氧化导致其润湿性很差，这一问题也制约了 Sn-Zn 钎料的进一步应用。

Bi 为一种低熔点金属，熔点是 271℃，是一种脆性金属，它的导热、导电性能较差，其主要来源是铅矿的副产品。钎料中添加 Bi 主要是起到降低熔化温度的作用，Sn-Bi 共晶合金的熔点为 138℃，因此 Sn-Bi 通常用作低温无铅钎料，其在需要较低钎焊温度的封装中具有很大的优势。除了可以降低合金的熔化温度之外，Bi 的存在还能有效地降低合金的表面张力，从而使得钎料具有较好的润湿性能。尽管 Sn-Bi 钎料是很有潜力的无铅合金体系并且其优点突出，但 Bi 的添加也带来了一些问题。首先，由于 Bi 自身很脆，添加 Bi 易对钎料的力学性能产生不良影响；其次，含 Bi 的钎料在波峰焊中的通孔焊点存在焊点剥离（lift-off）现象。

Sn-In 合金的共晶成分是 Sn-51In，熔点仅为 120℃，远低于 Sn-Pb 共晶钎料的熔点，并且在 Cu 基板上的润湿性能优良，但由于 In 的价格比较昂贵，严重地制约了含 In 无铅钎料的应用，因此其只被应用于低温封装等较特殊的场合。

从二元系钎料衍生出来的三元钎料主要有 Sn-Ag-Cu 和 Sn-Cu-Ni。一方面，Sn-Ag-Cu 钎料具有较好的钎焊性能与力学性能，并与现有的电子元器件较为匹配，因此它已成为再流焊工艺中的主导合金体系。另一方面，Sn-Cu 合金由于其成本低廉等优点而备受关注，尤其是 Sn-Cu 钎料的改进产品——Sn-Cu-Ni 钎料，在波峰焊工艺中可有效地减少钎料渣的形成和防止焊点“桥连”现象的产生，并且大幅度减少了对印制电路板上 Cu 的溶蚀，因此其已被推荐为波峰焊工艺中 Sn-Pb 钎料的替代品。

1.4 电子组装无铅化存在的问题

1.4.1 无铅材料的要求

无铅的定义尚没有国际统一标准。一般所认定的“无铅”，是指电子产品中铅的含量不超过 0.1%（质量分数）。总体来讲，无铅封装是一个系统工程，它不仅包括无铅钎料，还包括相应的元件引线及其覆层、印制电路板涂层等都要求无铅。并且由于现存大量昂贵的电子产品生产设备与制造工艺大都是和传统锡铅钎料相适应的，所以向无铅的转变必然会带来很多明显和潜在的问题。电子组装无铅化主要有以下两个解决办法：

1. 采用新型的无铅合金替代传统锡铅合金

要求该无铅合金基本上不改变现有的生产过程。这主要是为了在使用无铅合金的同时，使无铅生产工艺与现有的生产设备条件尽可能兼容，降低技术更新的成本。采用无铅合金替换含铅合金，来实现电子组装无铅化工艺主要涉及以下三个方面：

（1）无铅合金钎料　无铅合金钎料的开发基本上是围绕着 Sn/Ag/Cu/In/Bi/Zn 二元或者多元系合金展开。设计思路为：以 Sn 为主体金属，然后添加其他金属，使用多元合金，利用相图理论以及实验优化分析等手段，开发新型无铅合金和焊接工艺。市场上主流无铅钎料合金为 Sn-3.5Ag-0.5Cu（217~219℃）、Sn-3.5Ag（221℃）和 Sn-0.7Cu（227℃），其中前两者用于钎料膏和再流焊，后者用于波峰焊。这些无铅合金体系的抗拉强度、屈服强度、断裂韧度、塑性以及弹性模量等力学性能指标接近甚至远超过 Sn-37Pb，但不足之处在于除 Sn-Bi 外，大部分合金熔点都高于 Sn-37Pb，比热容也相对增加了 20%~30%，这就意味着再流温度和时间都需要增加，这对元器件、板卡、生产设备及制程都是一个考验。此外，它们的润湿性也大多不及 Sn-Pb，从而带来新的焊接性问题。

（2）元器件引线镀层　元器件引线的无铅镀层有很多种选择，包括：Sn、NiPd、NiPdAu、SnBi、SnCu、SnNi、NiAu 以及 SnAg 等。Pd 镀层与 SnPb 镀层的性能相当，某种程度上来说甚至更好，这主要是因为 Pd 比 Au 在高锡合金中的溶解速度要大的缘故，但是其电镀却存在一定的困难。AgPd 镀层可能因为 Ag 向合金内部扩散而在焊点中形成空位，所以其正在被 SnNi 取代。纯 Sn 镀层具有晶须生长的倾向；SnBi 为低熔点镀层，存在着脆性相和可靠性问题；SnAg 的电镀相对来说比较困难；NiAu 的工艺过程很难控制，其中存在银溶蚀和金属间化合物的问题；NiPd 虽然有很长的应用历史，但是与无铅钎料以及过渡镀层的兼容性比较差，润湿性也较差，同时也存在氧化和金属间化合物的问题。德州仪器公司（Texas Instruments）对 NiPdAu 镀层的元器件和钎料的焊点脆性相、兼容性、强度、润湿、机械热疲劳等进行了研究，结果表明，NiPdAu 将成为元器件镀层的主流，只是还存在材料、工艺和可靠性方面很多不确定因素。

（3）PCB 涂层　板卡的表面涂层可以保护 PCB 上的铜导体不受腐蚀与氧化，这对于焊接性能和可靠性是非常重要的。主要的传统方法是采用热风整平（HASL）法将 SnPb 材料施加到 PCB 焊盘上，或者是采用化学镀保护金属涂层和施用有机钎料保护剂。由于无铅化的需要，因此 PCB 镀层必须相应地发生改变。

2. 采用导电胶互连技术替代合金互连技术

期望各向同性的导电胶可在现有的生产条件下像钎料膏一样作为钎焊材料，并且可以在较低温度下发生固化，还可以应用于更细间距的印制。

1.4.2　无铅工艺对电子组装设备的要求

伴随着板卡、元器件和钎料合金实现无铅化的同时，无铅化工艺也对电子组装设备提出了更高层次的要求（图 1-6）。其中钎料膏印刷机和贴片机经过一定的工艺优化过程，可以支持无铅工艺生产。改动较大的设备主要包括再流焊炉、波峰焊炉、检测设备以及返修设备等。

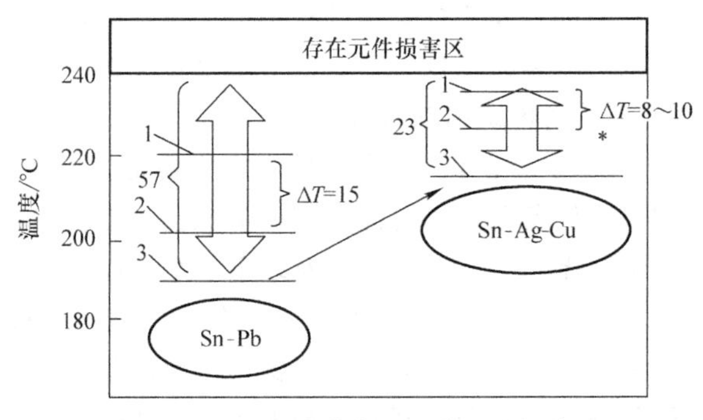

图 1-6　无铅化带来的组装工艺挑战

（1）再流焊炉　传统锡铅钎料的再流焊峰值温度最高约为 225℃，但是采用 Sn-Ag-Cu

钎料时的峰值温度达到245℃左右，而这与再流焊的危险温度260℃（热敏感元器件的最高允许温度）分别相差35℃和15℃，无铅化使得再流焊工艺窗口收窄约57%，这就要求再流焊炉不仅要具有很好的热传导性能，以使不同热容量的PCB、元器件在再流时的表面温差达到最小，而且必须控温非常精确。主流再流焊炉普遍采用的是热风对流式以及多温区控制，温区数最多可达上下各12~15个温区。温区越多，就越有利于再流曲线的精确控制和调整，满足温度爬升和下降变陡的要求。无铅再流焊炉一般也设置了两个及以上强制对流冷却温区，并且有的还采用了分层气流冷却系统，以使得再流焊的冷却也处于受控状态。为防止高温下钎料膏发生氧化，PCB、元器件的氧化变色等问题，无铅再流焊炉还设置了氮气保护装置，它可以明显改善焊点的可靠性和外观，但相应地导致成本增加。

（2）波峰焊炉　波峰焊炉同再流焊炉一样也要求控温精确，最好在±1℃之内。预热区在一般情况下需要加长，以保证进入波峰焊之前，组装板保持住高温，并且温度达到均匀一致。锡炉内第一、二锡波之间的间隔尽量缩小，以此来防止温度下降过多。除此之外，钎料槽内的金属部分（如喷嘴等）易在高温下被高锡无铅钎料熔解腐蚀，为此要选择特殊的材料来防止其发生过快的腐蚀。

（3）检测设备　同铅锡焊点相比，无铅焊点的表面比较粗糙、光泽较暗，当光源照射焊点时会产生漫反射，因此会干扰检测结果。除此之外，无铅钎料的润湿性较差，但表面张力却较高，不如锡铅钎料的流动性好，这将导致焊点形状不尽相同，从而要求自动光学检测（automated optical inspection，AOI）设备必须能检测出焊点的不规则变化。

（4）返修设备　板卡上的脱焊、漏焊以及虚焊等缺陷，仍然需要手工焊接返修。树脂芯无铅焊丝比锡铅焊丝硬一些，且熔化速度较慢，因此最基本的改进方法是提高烙铁的功率和提供更高的温度。但是温度过高，又可能导致元器件的损坏、焊剂加速胶着、锡氧化、器件引线端镀层消失、焊盘剥落等问题，影响手工焊接质量。这是无铅手工焊接技术面临的一大挑战。为了解决这一难题，如今在日本市场上出现了一种新型无铅树脂芯钎料丝产品，它是在树脂芯钎料丝中加入一种专门开发的耐热性助焊剂，并将其含量增加到3%~4%（质量分数）。在400℃高温下的测试结果表明，这种无铅钎料丝具有良好的延展性。无铅生产PCB返修工作站也在不断提升其技术含量，例如通过采用全闭环控制系统对温度进行精密控制，从而达到非常理想的热量分布。返修工作的概念不再仅仅是简单的修理，而是指模拟产品初始的生产工艺，采用与初始生产工艺标准几乎同样的标准来全面、可靠地恢复产品的全部特性。

总而言之，电子组装无铅化已经得到推广应用，取得了一定的成功，但仍有许多问题尚待研究探索。

思　考　题

1. 微电子封装分为几级？各级封装包括的具体范围是什么？
2. 常见的封装类型包括哪些？
3. 电子组装无铅化主要有哪几种解决方法？
4. 我国无铅钎料的定义是什么？
5. 具有发展前途的无铅钎料有哪些？

6. 无铅钎料的性能应满足哪些要求?

7. 无铅工艺给焊接设备带来哪些挑战?

答　　案

1. 见 1.1.2 节的“1. 微电子封装的发展”。

2. 插装型封装、表面贴装型封装、球栅阵列型封装等。

3. ①采用无铅合金替代锡铅合金;②采用导电胶互连技术代替合金互连技术。

4. 作为合金成分,铅含量不超过 0.10%(质量分数)的锡基钎料的总称。

5. Sn-Ag、Sn-Cu 和 Sn-Zn 合金及其衍生出的三元或多元合金。Sn-Ag-Cu 已成为再流焊工艺中的主导合金体系。Sn-Cu-Ni 已被推荐为波峰焊工艺中的无铅钎料。

6. 见 1.3.2 节。

7. 见 1.4.2 节。

参 考 文 献

[1] 赵英. 电子组装表面组装技术 [M]. 北京:机械工业出版社,1997.

[2] 第四机械工业部技术情报研究所. 国外电子元件可靠性资料选编 [M]. 北京:第四机械工业部技术情报研究所,1981.

[3] 邱成悌. 电子组装技术 [M]. 南京:东南大学出版社,1998.

[4] 马鑫,何鹏. 电子组中的无铅软钎焊技术 [M]. 哈尔滨:哈尔滨工业大学出版社,2006.

[5] 王天曦,李鸿儒. 电子技术工艺基础 [M]. 北京:清华大学出版社,2000.

[6] 哈珀 C A. 电子组装制造:芯片·电路板·封装及元器件 [M]. 贾松良,蔡坚,王豫明,等译. 北京:科学出版社,2005.

[7] 鲜飞. 无铅焊接技术概述 [J]. 印制电路信息,2009 (4):63-66.

[8] 翁寿松. 无铅工艺及其设备 [J]. 电子工业专用设备,2004,33 (1):57-60.

[9] 潘峰,颜向乙,郑轩,等. 全自动键合机工艺调试方法 [J]. 电子工业专用设备,2009,38 (5):46-50.

[10] 张文典. 实用表面组装技术 [M]. 2 版. 北京:电子工业出版社,2006.

[11] 哈珀 CA. 电子封装材料与工艺 [M]. 中国电子学会电子封装专业委员会,电子封装技术丛书编辑委员会,译. 3 版. 北京:化学工业出版社,2006.

[12] 吴懿平,鲜飞. 电子组装技术 [M]. 武汉:华中科技大学出版社,2006.

[13] 余国兴. 现代电子装联工艺基础 [M]. 西安:西安电子科技大学出版社,2007.

[14] 刘汉诚. 低成本倒装芯片技术:DCA,WLCSP 和 PBGA 芯片的贴装技术 [M]. 北京:化学工业出版社,2006.

[15] 郭福. 无铅钎焊技术与应用 [M]. 北京:科学出版社,2006.

[16] 罗道军,林湘云,刘瑞槐. 无铅焊料的选择与对策 [J]. 电子工艺技术,2004,25 (5):202-204.

[17] LU DANIEL, WONG C P. Materials for Advanced Packaging [M]. Cham, Switzerland: Springer International Publishing, 2017.

[18] SEPPÄNEN H, KURPPA R, MERILÄINEN A, et al. Real time contact resistance measurement to determine when microwelds strat to from during ultrasonic wire bonding [J]. Microelectronic Engineering, 2013,

104（4）：114-119.

[19] CHU K，PARK S，LEE C，et al. Effect of multiple flip-chip assembly on the mechanical reliability of eutectic Au-Sn solder joint [J]. Journal of Materials Science：Materials in Electronics，2016，27（9）：9941-9946.

[20] HÖRBER J，FRANKE J. Wave Soldering [M]//CHATTI S，LAPERRIÈRE L，REINHARTG，et al. CIRP Encyclopedia of Production Engineering. 2nd ed. Berlin：Spinger，2019.

[21] XU J L，ZHANG J，KUANG K. Conveyor Belt Furnace thermal Processing [M]. Cham，Switzerland：Spinger，2018.

[22] ZHANG LIANG，LIU ZHIQUAN，CHEN SINNWEN，et al. Materials，processing and reliability of low temperature bonding in 3D chip stacking [J]. Journal of Alloys and Compounds，2018，750（4）：980-995.

[23] 张亮，刘志权，郭永环，等. CuZnAl 记忆颗粒对黄铜/锡/黄铜焊点组织与性能影响 [J]. 焊接学报，2018，39（12）：53-57.

芯片焊接技术

芯片焊接技术即芯片焊盘与封装基片焊盘的连接，其连接方式主要有三种：引线键合、载带自动键合、倒装芯片键合。

2.1 引线键合技术

2.1.1 引线键合原理

引线键合是将半导体芯片焊区和电子封装外壳的I/O引线或基板上技术布线焊区通过金属细丝连接起来的工艺技术。焊区金属一般为金丝或铝丝，金属丝大多数是几十微米至几百微米直径的金（Au）丝、铝（Al）丝或硅铝（Si-Al）丝。引线键合的原理是采用加热、加压和超声波等方式破坏被焊表面的氧化层和污染，产生塑性变形，使得引线与被焊面亲密接触，达到原子间的引力范围并导致界面间原子扩散而形成焊合点。引线键合技术是半导体器件最早使用的一种互连方法。电子封装的互连键合是在器件的每一个I/O端和与其相对应的封装引线之间键合上一根细丝，一次键合一个点。已开发出多种适合批量生产的自动化机器，键合参数可以精密控制，两个焊点形成的一个互连导线循环过程所需的时间仅为100~125ms，间距已经达到50μm。由于引线键合技术具有生产成本低、精度高、互连焊点的可靠性高且产量大等特点，使得这种技术成为芯片互连的主要工艺方法，广泛用于各种芯片级封装和低成本的板上芯片封装中。

常用的引线键合方式有三种：热压键合、超声键合和热超声键合。引线键合如图2-1所示，实现芯片与基板间的电连接。

1. 热压键合

热压键合是利用加压和加热，使得金属丝与焊区接触面的原子距离达到原子的引力范围，从而达到键合的目的，常用于金丝的键合。热压键合的焊头形式有楔形、锥形和针形几种，焊接

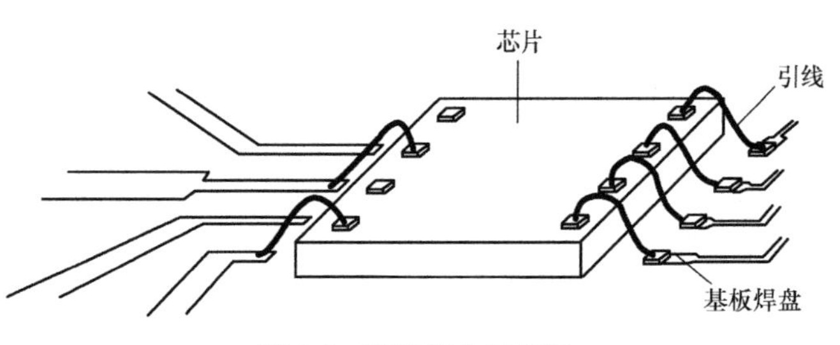

图2-1 引线键合示意图

压力一般是 0.5~1.5N/点，加压时芯片同压焊头均要加热至 150℃左右。若芯片加热到 300℃以上，则容易使焊丝和焊区形成氧化层；与此同时，由于芯片加热温度较高，当加压时间较长时，则容易损坏芯片，也容易在高温（>200℃）下产生特殊的金属间化合物，影响焊点的可靠性。同时由于热压键合使金属丝的变形过大而受损，并且焊点的拉伸力过小（<0.05N/点），因此热压键合的使用越来越少。

2. 超声键合

超声键合是利用超声波（频率为 60~120kHz）发生器来使劈刀发生水平弹性振动，同时施以向下的压力。劈刀在上述两种力的作用下带动引线在焊区的金属表面迅速摩擦，引线受能量作用发生塑性变形，在 25ms 时间内与键合区形成紧密接触而完成焊接，常用于铝丝的键合，键合点两端都是楔形。与热压键合相比，由于能充分去除焊接界面的金属氧化层，因此超声键合的质量较高，强度高于热压焊，可达 0.1N/点以上。超声键合不需要加热，可在常温下进行，因此对芯片的损伤小，同时可以根据需要调整键合能量，改变键合条件来焊接不同直径的金属丝。

3. 热超声键合

热超声键合主要用于金丝和铜丝的键合，但是与超声键合不同的是键合时要提供外加热源，键合丝无须磨蚀掉表面氧化层。外加热源的目的是激活材料的能级，促进两种金属的有效连接以及金属间化合物（Intermetallics，IMC）的扩散和生长。采用热超声键合的球形键合技术是最具代表性的丝焊技术，其特点是操作方便、灵活且焊点牢固，加压面积大，无方向性，故可实现高速自动化焊接。热超声键合广泛用于各类集成电路的焊接中。键合时衬底需要加热（一般为 100℃），同时加超声波，因此加热温度远低于热压键合，所加的压力一般为 0.5N/点，与热压键合相同。

2.1.2 引线键合工艺

1. 球形键合工艺

球形键合工艺如图 2-2 所示。将引线垂直穿过劈刀的毛细管，利用氢氧焰或电气放电系统产生的电火花来熔化金属丝伸到劈刀腔体外的部分，在表面张力的作用下熔融金属凝固成标准的球形。控制下降劈刀，在适当的压力和时间内将金属球压在芯片或电极上。在键合的过程中，通过劈刀向金属球施加压力，同时促进下面的芯片电极金属和引线金属发生塑性变形以及原子间的相互扩散，完成第一点的键合。接下来，按照预先设置好的轨道，劈刀运动到第二个键合点，第二点的键合包括阵脚式焊接和拉尾线两个过程，通过劈刀端口对金属线施加压力，以楔形键合的方式完成第二次键合，焊接之后的拉尾线是为下一个键合点循环成焊球做准备的。

球形键合工艺的主要优点有：全方位的焊接工艺（即第二点键合可相对于第一点键合的任意角度进行），成球性好，抗氧化性能好，键合效率比楔形键合高。此工艺一般用于焊盘间距大于 100μm 的情况。球形键合大多采用直径 75μm 以下的细金丝。

2. 楔形键合工艺

楔形键合工艺如图 2-3 所示，将金属丝穿入楔形劈刀背面的一个小孔，丝与晶片键合区平面呈 30°~60°角。当楔形劈刀下降到焊盘键合区，劈刀将金属丝压在焊区表面，采用超声键合或热超声键合实现第一点的键合，随后劈刀抬起并沿着劈刀背面的孔对应的方向按预定

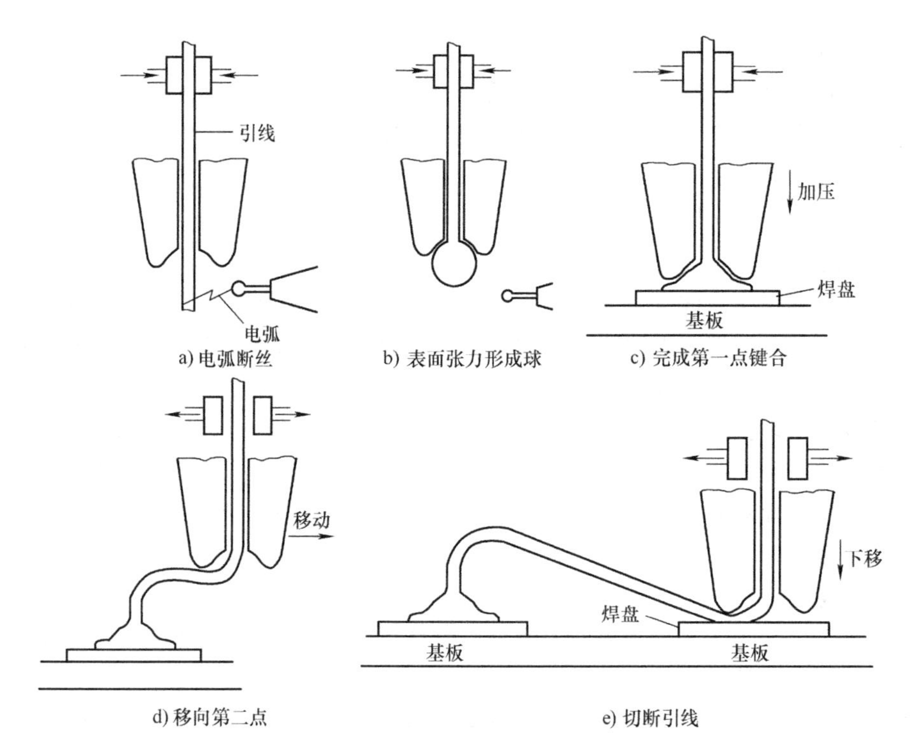

a) 电弧断丝　b) 表面张力形成球　c) 完成第一点键合

d) 移向第二点　e) 切断引线

图 2-2　球形键合工艺示意图

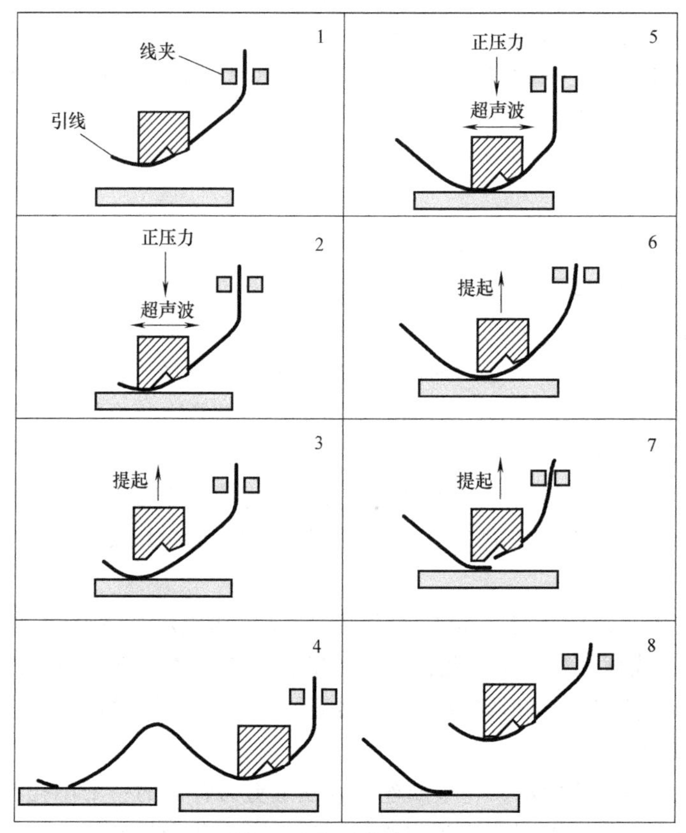

图 2-3　楔形键合工艺

注：1~8 为工艺顺序。

的轨道移动，到达第二个键合点（焊盘）时，利用压力和超声波能量形成第二个键合点，劈刀垂直运动截断金属丝的尾部。这样完成两个点的键合和一个弧线循环。

2.2 载带自动键合技术

2.2.1 载带自动键合原理

一个大规模集成电路的引线至少有 60~80 根，其焊点起码有 100 个以上。引线键合技术已经不太适应多引线的互连。载带自动键合（TAB）技术是为弥补引线键合技术的不足而发展起来的芯片互连技术。载带自动键合技术是在框式引线键合技术的基础上发展起来的。与引线键合技术相同，载带自动键合技术也是将 IC 裸片贴到基片上进行连接的方法，典型的 TAB 封装结构如图 2-4 所示。

该技术与引线键合技术相比具有以下优点：

1）TAB 结构轻、薄、小，封装高度不足 1mm。

2）TAB 的电极尺寸、电极和焊区间距均比引线键合要小得多。TAB 的封装间距通常为 50μm，可以达到 20~30μm。

3）相应可容纳更多的 I/O 引线数。

4）TAB 的引线较短，且无弧度，电感分布要比引线键合小得多，这使得 TAB 互连的超大规模集成电路能够获得更好的高频特性。

5）TAB 采用铜箔引线，其导热、导电性能更好，强度高。

6）TAB 的键合强度比引线键合的要高得多，大幅度提高了互连可靠性。

7）TAB 技术可使用标准的卷轴长带（100m），对芯片实行自动化多点一次焊接，同时，安装及外引线焊接也可以实现自动化生产，从而可实现规模化的大量生产，大幅度降低了生产成本。

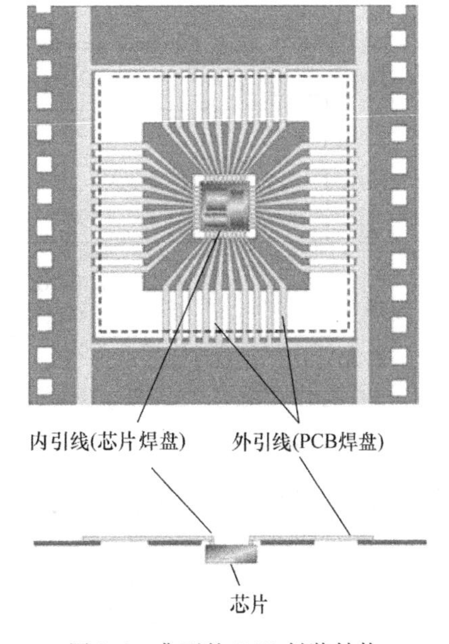

图 2-4 典型的 TAB 封装结构

正是因为 TAB 技术的上述优点，TAB 互连技术得到了巨大的发展。但采用 TAB 技术的费用较高，一般多在超薄型产品中使用。

载带自动焊接的关键技术主要包括三个部分：

1）芯片凸点的制作技术。

2）TAB 载带的制作技术。

3）载带引线与芯片凸点的内引线焊接技术和载带外引线的焊接技术。焊接载带引线与芯片焊区凸点（内引线连接）、载带与芯片一起粘贴到基板上，把载带引线焊接到基板的焊区上（外引线连接）。

2.2.2 芯片凸点的制作

IC 芯片制作完成后其表面均镀有钝化保护层（passivation layer），厚度高于电路键合点，因此必须在IC芯片的键合点上或TAB载带的内引线前端先长成键合凸点（bump）才能进行后续的键合，通常TAB技术也据此区分为凸点化载带TAB（bumped tape TAB）与凸点化芯片TAB（bumped chip TAB）两大类。

凸点化载带TAB如图2-5a所示，该方法先在载带内引线的前端长成台阶状金属凸点（mesa bump）；单层载带可配合铜箔引线的蚀刻制成凸点，在双层与三层载带上，因为蚀刻的工艺容易导致载带变形，而使未来键合时发生对位错误，因此双层与三层载带较少应用于凸点化载带TAB的键合。凸点化芯片TAB如图2-5b所示，先将金属凸点长成于IC芯片的铝键合点上，再与载带的内引线键合。预先长成的凸点除了提供引线接合所需的金属化条件外，还可避免引线与IC芯片间可能发生短路，但制作有凸点的IC芯片是TAB工艺最大的困难。

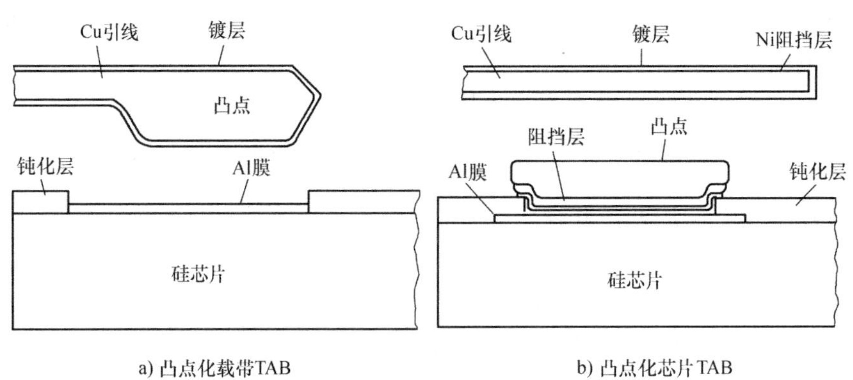

图2-5 两种不同的凸点制作技术

凸点的作用除了互连外，还有在芯片与载带间形成间隔，防止引线和芯片发生短路；覆盖芯片的Al焊盘。

2.2.3 内引线和外引线键合技术

整个TAB引线的键合包括了载带内引线与芯片的键合以及外引线与基板的键合。采用一定的方法对键合区加热、加压，在界面处生成金属间化合物，形成冶金结合。

1. 内引线键合技术

TAB键合技术基本以铜箔为连接引线，载带内引线键合到IC上，实现芯片与载带的连接，内引线键合（inner lead bonding，ILB）主要包括以下方法：

1）热压键合：组合键合、单点键合。

2）钎焊：共晶钎焊，钎料钎焊。

3）激光焊。

当芯片凸点是金凸点、镀金的镍凸点（Ni/Au）或镀金的铜凸点（Cu/Au），而载带上铜箔引线也镀有这类凸点金属时，就要采用热压键合或热超声键合；当芯片凸点仍与上述的相同，而载带铜箔引线焊盘上镀有锡铅合金时，或者反过来，芯片凸点为锡铅合金凸点，而载带焊盘为上述的硬金属层时，就要使用再流焊。这两种焊接方法都是使用半自动或自动内引线焊接机进行多点一次焊接。焊接时的主要工艺操作为对位、焊接、抬起和芯片传送四步。

焊接工具是由硬质金属或钻石制成的热电极。当芯片凸点是软的金属，而载带 Cu 箔引线也镀这类金属时，则用热压键合。这个过程在 300~400℃ 的温度下，需要大约 1s 的时间。图 2-6 为 TAB 内引线键合过程示意图。具体步骤如下：

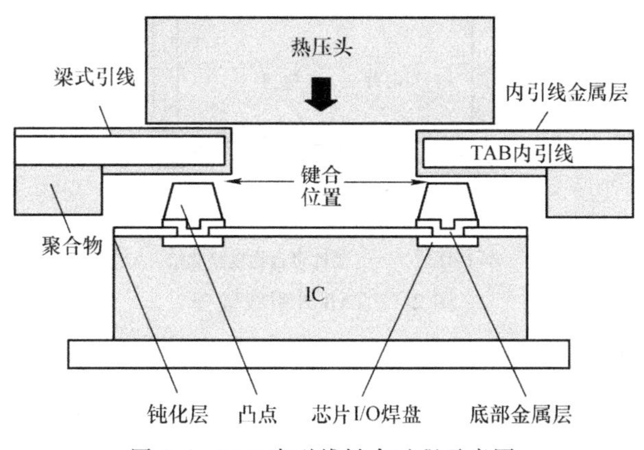

图 2-6　TAB 内引线键合过程示意图

1）对位。将具有黏附层的硅大圆片经过测试并做好记录，用砂轮划片机划成小片 IC，并将大圆片置于内引线键合机器的承片台上。按设计的焊接程序，将性能好的 IC 置于卷绕在两个链齿上的载带引线图样下面，使载带引线图样对芯片凸点进行精密对位。

2）焊接。落下加热的热压焊头，加压一定时间。典型热压头温度为 500~575℃，停留时间为 0.1~0.5s，压力为 240~350MPa。

3）抬起热压头。焊机将压焊到载带上的 IC 通过链齿步进卷绕到卷轴上，同时下一个载带图样也步进到焊接对位位置。

4）TAB 内引线焊接需要对焊点和芯片进行包封、保护，其方法是涂覆一层黏度低、流动性好、薄的环氧树脂并固化。

2. 外引线键合技术

TAB 键合技术完成了内引线键合并经过老化测试的载带芯片即可用于混合电路的安装，也可以用于微电子封装的引线框架上，即 TAB 外引线键合（outer lead bonding，OLB）。TAB 外引线焊接既可以按常规方法进行焊接，这时芯片面朝上，也可以将芯片面朝下对外引线进行焊接，此称倒装 TAB。前者占的面积大，而后者占的面积小，有利于提高芯片安装密度。其外引线键合方法主要包括以下几种：

1）热压键合、超声键合、热超声键合。

2）激光焊。

3）钎焊：红外钎焊、气相钎焊、热风钎焊等。

4）各向异性导电膜粘接。

将 Cu 引线压在涂有钎料（在电子行业习惯上称为“焊料”）金属的对应焊盘上，给外引线键合头提供能持续几秒的脉冲电压以提供热量来实现引线与基板的焊接，这个完整的周期需要约 10~20s。用脉冲焊接方法将外引线焊到玻璃环氧树脂印制电路板上的镀锡引线上的典型钎焊参数：热压头温度为 200~250℃，基片温度为室温，停留时间为 1~3s，压力为 15~75MPa。TAB 外引线键合如图 2-7 所示。

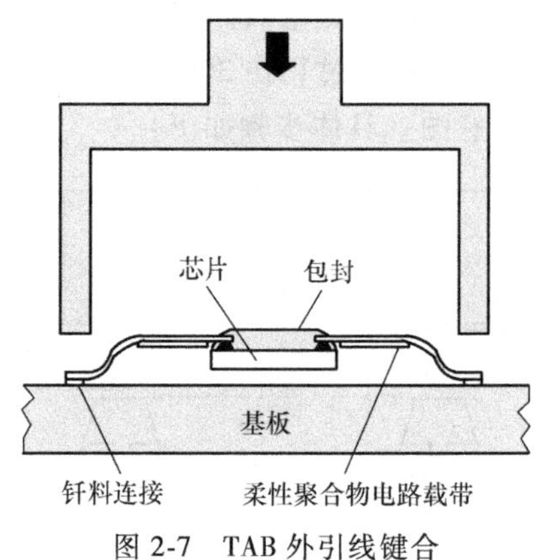

图 2-7　TAB 外引线键合

2.3　倒装芯片键合技术

2.3.1　倒装芯片键合原理

倒装芯片键合（FCB）是芯片面朝下，芯片焊区与基板焊区直接互连的一种方法。不同于引线键合（WB）和载带自动键合技术，倒装芯片键合技术省略互连线，因而其互连电容与互连电感均比 WB 和 TAB 小很多，从而更有利于高频高速的电子产品的应用。同时，其芯片安装互连占的基板面积小，相比以上两种键合方法，提高了芯片安装的密度，更适于高 I/O 的大规模集成电路（large scale integrated circuit，LSIC）、超大规模集成电路（very large scale integrated circuit ，VLSIC）和专用集成电路（application specific integrated circuit，ASIC）芯片采用。FCB 技术芯片的安装、互连是同时完成的，这就大幅度简化了安装的互连工艺，快速、省时，适于使用现代化的 SMT 进行工业化大批量生产。

FCB 也有不足之处，如芯片面朝下安装互连对工艺操作带来了一定的难度，焊点不能直观检查（只能使用红外线和 X 射线检查）。另外，芯片焊区上一般要制作凸点，增加了芯片的制作工艺流程和成本。同时由于互连材料间热膨胀系数所导致的热应力问题目前也未能解决。但随着应用的日益广泛，工艺技术和可靠性研究的不断深入，FCB 存在的问题正逐一得到解决。

2.3.2　倒装芯片键合技术实现过程

1. 芯片凸点的制作

芯片上凸点的作用除了连接芯片以及基板以外，主要还有：在芯片和载带间形成间隔，防止引线和芯片发生短路；覆盖芯片的 Al 焊盘，防止腐蚀和污染；为键合工艺提供可变形、可延展的应力缓冲结构。

凸点结构如图 2-8 所示，制作凸点时，首先要在芯片 I/O 金属化层上沉积凸点下金属层（under bump metal UBM），通常由以下三层组成：

1）黏附层：要求与铝、硅层和钝化层的黏附性好，确保和铝、硅层之间形成欧姆接触，且线胀系数相近，热应力小，一般选用 Cr、Ti、V、TiW 等材料。

2）扩散阻挡层：要求能阻止钎料与金（或铝）和 Si 材料之间相互扩散，常选用 Ni、Cu、Pd、Pt 等。

3）浸润层：要求能和凸点材料相互浸润，焊接性好，并且不形成有害于焊接的金属间化合物；能保护黏附层和扩散阻挡层的金属不被氧化、污染，常选用很薄的 Au 膜或 Au 的合金膜。

由于不能找到一种材料可同时满足上述三层的要求，所以通常 UBM 均由三层金属膜组成。凸点材料主要根据需要采用不同的软钎料。

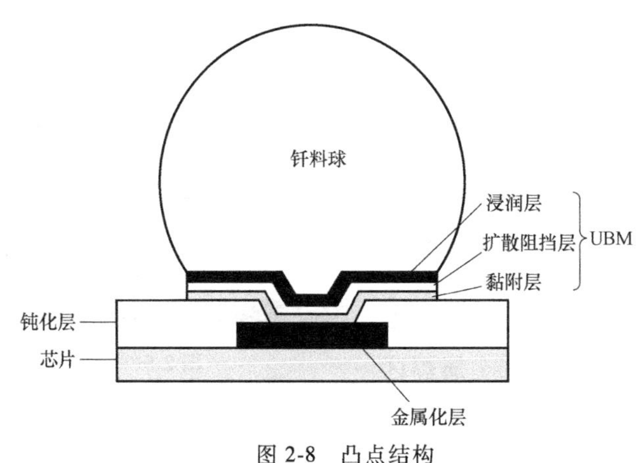

图 2-8 凸点结构

2. 基板金属焊区制作

要使倒装芯片（FC）与各类基板的互连达到一定的可靠性要求，关键在于需要安装互连 FCB 的基板金属焊区需要与芯片凸点一一对应，并且与凸点金属具有较好的压焊或钎料浸润特性。

使用 FCB 的基板一般有：陶瓷、Si 基板、印制电路板（printed circuit board，PCB）的环氧树脂基板。基板上的金属层有：Ag/Pd、Au、Cu（厚膜工艺）、Au、Ni、Cu（薄膜工艺）。薄膜陶瓷基板的金属化工艺采用“蒸发或溅射→光刻→电镀”的方法实现，在这种方法下可制作 10μm 线宽或金属化图形；而厚膜工艺只能满足凸点的尺寸或间距较大的凸点芯片的 FCB 要求。通常采用厚膜/薄膜混合布线，为达到 FCB 对任何凸点芯片的要求，需在基板顶层采用薄膜金属化工艺。

至于 PCB 金属化，一般情况下是针对表面组装器件（surface mount device，SMD）而制作的，其线宽或间距为几百微米。随着 PCB 布线以及表面组装器件安装密度要求的不断提高，多层 PCB 也将从材料、设计及制造工艺技术方面进行进一步的改进，同时 FCB 凸点芯片在 PCB 上的动态分量分析水平也会相应得到提高。

3. 倒装焊接工艺

倒装焊接的工艺方法主要有以下几种：热压焊倒装焊法、再流焊倒装焊法、热超声倒装焊法、芯片直接安装工艺。

（1）热压焊倒装焊法　这种方法是利用倒装焊接机完成对硬凸点、CuC 凸点、Ni/AuCu 凸点、Cu/Pb-S 凸点的倒装焊。倒装焊接机是一种精密设备，它由光学摄像对位系统、捡拾热压超声波焊头、精确定位承片台和显示屏等组成。首先将 FCB 的基板放置在承片台上面，使用捡拾焊头捡拾带有凸点的芯片面朝下对着基板，一路光学摄像头对着凸点芯片面，一路光学摄像头对着基板上的焊区，分别对其进行调准对位，并显示到屏幕上。直到调准对位达到要求的精度以后，就可以落下压焊头进行压焊。使用倒装焊机完成对硬凸点的芯片连接，压焊头可加热并带有超声波，同时承片台也需要加热，所加温度、压力和时间与凸点的金属材料、凸点的尺寸有关。但这种方法对 FCB 的芯片与基板的平行度要求非常高，如果不平行的话，焊接后的凸点变形就有大有小，从而导致抗拉强度也有高有低，甚至有的焊点可能达不到使用的要求，因此确保芯片与基板的平行度达到要求对焊接质量十分重要。

（2）再流焊倒装焊法　这种焊接方法专对各类凸点进行再流焊，即可控塌陷芯片连接（controlled collapse chip connection，C4），如图 2-9 所示。

可控塌陷芯片连接技术是国际上最为流行的并且最具有发展潜力的钎料凸点制作及 FCB 技术，因为它可采用 SMT 在 PCB 上直接进行芯片贴装并 FCB，C4 倒装焊技术的特点如下：

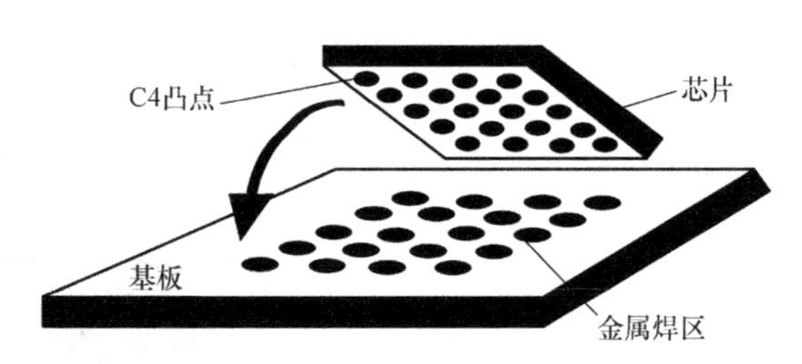

图 2-9　C4 倒装焊技术

1）既可与光洁平整的陶瓷/Si 基板金属焊区互连，也能与 PCB 板上的金属焊区互连。

2）C4 芯片凸点采用高熔点钎料，PCB 焊区则采用低熔点钎料，倒装焊再流时，C4 凸点不发生变形，可弥补基板缺陷产生的焊接问题。

3）钎料熔化再流，表面张力会产生“自对准”效果，倒装焊时对准精度要求大为降低。

4）可以用常规的 SMT 贴装设备在 PCB 上贴装焊接凸点芯片，从而达到工业规模生产的目的。

（3）热超声倒装焊法　热超声倒装焊是在引线键合的基础上演变而来的，属于初级芯片封装的定义范畴，其重要特点是技术简单，焊接速度快，产品可靠性好，并且是使用无铅钎料的绿色倒装焊工艺，是现代微电子芯片封装行业中具有研发前景的一种新型 FCB 工艺技术。热超声倒装焊完整的过程包括以下几个步骤。

1）制作芯片凸点：在晶片上完成集成电路之后，通过常用的引线键合机将金属凸点植入晶片 I/O 口。一般情况下，这一过程能得到相当好的效果。

2）制作印制电路基板：热超声倒装焊用的电路基板一般要求其表面积和体积都比 IC 芯片大，因此可选用陶瓷材料或铝材料，为了提高芯片凸点焊接的热可靠性，在制作基板的过程中要在基板上涂上特殊金属材料制成的焊盘。

3）焊接 IC 芯片和电路基板：当带焊接凸点的芯片和基板都制作好之后，就开始进行倒装芯片的焊接过程。这一过程通常使用专用热超声倒装焊机完成。

大量实践已证明热超声倒装焊接工艺的高效性，然而热超声倒装焊接技术中，也存在着一些亟待解决的问题，如：焊接过程中施压时压力的不稳定性；振动焊接时，芯片与基板的相对位置的平行度；焊机焊头对芯片拾取的稳定程度；倒装焊焊点的热稳定性等；芯片的端口数量少，这些问题限制了其在工业生产中的应用。这些因素都大大限制了目前热超声倒装焊的发展速度，热超声倒装焊技术有待于在焊接工艺的理论与实践应用上有本质的突破，才可以实现更多的端口数，更小的芯片间距和更稳定的焊点可靠性。

(4) 芯片直接安装工艺　芯片直接安装（direct chip attach，DCA）工艺是和 C4 技术很相似的倒装焊工艺技术，它适用于超细节距芯片的焊接工艺中。DCA 工艺中的芯片同 C4 焊接中的芯片结构大同小异，二者最显著的差别体现在 DCA 技术使用的基板是典型 PCB 印制电路板，这不同于一般的陶瓷电路基板。并且 DCA 工艺中芯片的焊球材料组分是 97%Pb-3%Sn（质量分数），而 PCB 电路板焊盘上的共晶钎料组分是 37%Pb-63%Sn（质量分数）。对于 DCA，由于使用的芯片节距不到 1mm，造成将共晶钎料使用漏印的工艺方法连接到基板焊盘上的过程有一定的操作难度，所以不能使用传统的钎料膏印刷方式，而是要在组装前给将要连接芯片凸点的焊盘上方镀上一层 Sn-Pb 钎料。焊盘上的钎料体积要比其他超细节距元件芯片焊接所用的钎料多。焊盘上要提前预镀好焊球，焊球尺寸厚度为几十微米，如果出现焊球顶端略微呈圆球状的情况，则一定要在芯片安装之前将其顶端平整化，使焊球和焊盘之间形成准确的对位。能够直接利用 DCA 技术安装的倒装 IC 芯片种类很少，目前一部分是电路模拟信号芯片，另外一部分是无源集成芯片。

DCA 技术处于起步阶段，已经在相关领域得到了一定应用，DCA 工艺有着和 C4 工艺非常相似的特点，由于在 DCA 技术中，利用现有的表面贴装工艺就可以实现芯片与印制电路基板的焊接，所以便携式电子产品的芯片倒装安装工序中广泛应用了该工艺技术。

几种倒装焊工艺特点及比较见表 2-1。

表 2-1　倒装焊工艺特点及比较

FCB 工艺方法	关键技术	主要特点及使用范围
热压 FCB	高精度热压 FCB 机，调整芯片与基板平行度	FCB 时加热温度高、压力大对凸点高度一致性及基板平整度要求高。适用于硬凸点芯片 FCB
再流 FCB	控制钎料膏量及再流焊的温度	FCB 时可自对准，可控制钎料塌陷程度，对凸点高度一致性及基板平整度要求较低。适于使用 SMT 对钎料凸点芯片 FCB
热超声 FCB	超声波进行加热，焊接速度快，效率高	可以焊接多达近百个焊点，使其与基板之间有着极高的结合强度，远超过倒装焊工艺结合强度标准，同时保持了极佳的物理化学性能
芯片直接安装(DCA)	芯片节距不到 1mm，需预镀钎料	适用于超细节距芯片的焊接工艺

微电子焊接技术除了应用于封装级别的芯片焊接以外，电子组装中的软钎焊技术是目前微电子焊接技术发展的主流。

思考题

1. 常见芯片焊接技术有哪些？
2. 引线键合中常用的引线材料有哪些？
3. 引线键合的能量输入方式有哪些？
4. 载带自动键合技术相对于引线键合技术有哪些优势？
5. UBM 层的组成以及各层的作用是什么？

6. 凸点的主要作用有哪些？

7. 倒装焊接的工艺方法包含哪几种？

答　案

1. 引线键合、载带自动键合、倒装芯片键合。

2. 金丝、铝丝、硅铝丝、铜丝。

3. 加热、加压、超声。

4. 见 2.2.1 节。

5. UBM 通常有三层，分别为黏附层、阻挡层、浸润层。黏附层与铝、硅膜层和钝化层的黏附性好，确保凸点与芯片的连接强度；阻挡层能阻止钎料与硅材料之间的扩散；浸润层使焊点与 UBM 的润湿良好，同时使下层材料不发生氧化。

6. 凸点除连接芯片以及基板以外，还有以下作用：在芯片和基板之间形成间隔，防止引线和芯片发生短路；覆盖芯片的铝焊盘，防止腐蚀和污染；为键合工艺提供可变形、可延展的应力缓冲结构。

7. 见表 2-1。

参考文献

[1] 张启运，庄鸿寿. 钎焊手册 [M]. 3 版. 北京：机械工业出版社，2017.

[2] 郭福. 无铅钎焊技术与应用 [M]. 北京：科学出版社，2005.

[3] 杜国华. 新编焊接技术问答 [M]. 北京：机械工业出版社，2008.

[4] 赵越. 钎焊技术及应用 [M]. 北京：化学工业出版社，2006.

[5] WU C M L, YU D Q, LAW C M T. Properties of lead-free solder alloys with rare earth element additions [J]. Materials Science and Engineering, 2004, 44 (1): 1-44.

[6] 陆军. MCM 中倒装焊接技术研究 [D]. 南京：南京理工大学，2006.

[7] 周迎春. 含稀土 La 的 Sn-Ag-Cu 无铅钎料组织与性能研究 [D]. 长沙：中南大学，2008.

[8] LU B, WANG J H, LI H, et al. Effect of cerium on microstructure and properties of Sn-0.7Cu-0.5Ni [J]. Journal of the Chinese Rare Earth, 2007, 25 (2): 217-222.

[9] 马鑫，何鹏. 电子组中的无铅软钎焊技术 [M]. 哈尔滨：哈尔滨工业大学出版社，2006.

[10] HAO H, TIAN J, SHI Y W, et al. Properties of Sn3.8Ag0.7Cu solder alloy with trace rare earth element Y additions [J]. Journal of Electronic Materials, 2007, 36 (7): 766-774.

[11] 周迎春，潘清林，何运斌，等. La 对 Sn-Ag-Cu 无铅钎料组织与性能的影响 [J]. 电子工艺技术，2007, 6 (28): 341-345.

[12] 薛松柏，陈燕，吕晓春，等. 稀土元素 Ce 对锡银铜无铅钎料润湿性及钎缝力学性能的影响 [J]. 焊接学报，2005, 10 (6): 1-3.

[13] 张文典. 实用表面组装技术 [M]. 2 版. 北京：电子工业出版社，2006.

[14] 陈燕. 稀土铈对锡银铜无铅钎料组织性能的影响 [D]. 哈尔滨：机械科学研究院，2006.

[15] Department of Defense of the USA. Test Method Military Standard for Microelectronics: MIL-STD-883 [S]. Columbus: AMSC N/A, 1990.

[16] LAW C M T, WU C M L, YU D Q, et al. Microstructure, solderability and growth of intermetallic com-

pounds of Sn-Ag-Cu-RE lead-free solder alloys [J]. Journal of Electronic Materials, 2006, 35 (1): 89-93.

[17] 菅沼克昭. 无铅焊接技术 [M]. 宁晓山, 译. 北京: 科学出版社, 2004.

[18] 薛松柏, 栗卓新, 朱颖, 等. 焊接材料手册 [M]. 北京: 机械工业出版社, 2006.

[19] 毕克允. 微电子技术: 信息装备的精灵 [M]. 北京: 国防工业出版社, 2000.

[20] 田民波. 电子封装工程 [M]. 北京: 清华大学出版社, 2003.

[21] 中国焊接标准化技术委员会. 无铅钎料: GB/T 20422—2018 [S]. 北京: 中国标准出版社, 2018.

[22] CHEN ZHIGANG, SHI YAOWU, XIA ZHIDONG, et al. Properties of lead-free solder SnAgCu containing minute amounts of rare earth [J]. Journal of Electronic Materials, 2003, 4 (32): 235-243.

[23] MAHMUDI R, GERANMAYEN A R, BAKHERAD M, et al. Indentation creep study of lead-free Sn-5% Sb solder alloy [J]. Materials Science and Engineering A, 2007, 45 (1-2): 173-179.

[24] 陈志刚. SnAgCuRE 钎焊接头蠕变行为的研究 [D]. 北京: 北京工业大学, 2003.

[25] 周运鸿. 微连接与纳米连接 [M]. 田艳红, 王春青, 刘威, 等译. 北京: 机械工业出版社, 2011.

[26] 罗威. 倒装焊焊点的可靠性研究 [D]. 桂林: 桂林理工大学, 2018.

软钎焊的基本原理

用微电子焊接技术连接两种材料时有两个目的：一是获得良好的导电性；二是获得持久的、可靠的机械连接强度。微电子焊接技术中主要采用的是软钎焊技术，其基本原理即为钎焊反应的原理和机制。由于历史上的原因，钎焊一直被区分为硬钎焊（Brazing）和软钎焊（Soldering）。随着科学技术的发展，“硬”与“软”的界限越来越模糊。为此，美国焊接学会（AWS）将450℃作为分界线，规定钎料液相线温度高于450℃所进行的钎焊为硬钎焊，低于450℃的为软钎焊。这一划分为世界上大多数人所接受，但也有一些不同的观点，如美国军用标准MILSPEC是以429℃（800℉）作为分界线的。另外也有些人，特别是从事微电子焊接工作的人认为，在315℃（600℉）以下进行的钎焊才算软钎焊。

3.1 软钎焊的基本原理及特点

钎焊是利用熔点比焊盘（被钎焊材料）熔点低的填充金属（称为钎料），在低于焊盘熔点、高于钎料熔点的温度下，利用液态钎料在焊盘表面润湿、铺展和在焊盘间隙中填缝，与焊盘相互溶解与扩散，最终凝固结晶而实现被连接材料之间的原子结合的连接方法。钎焊技术与熔焊技术、压焊技术共同构成了现代焊接技术的三大组成部分。钎焊的过程首先是熔融钎料在焊盘表面上的润湿，继而铺展，随后产生焊盘和钎料之间的冶金作用，最后冷却形成接头。钎焊的主要过程分为以下三个阶段：

（1）钎剂的熔化及填缝过程　钎焊时，钎剂受热熔化流入焊盘与引线间的间隙，同时熔化的钎剂与焊盘表面发生相互作用，净化焊盘表面，为钎料填充间隙创造了条件。

（2）钎料的熔化及填缝过程　随着加热温度的升高，钎料开始熔化铺展、填充缝隙，同时排除了钎剂的残渣。

（3）钎料与焊盘相互作用的过程　在熔化钎料的作用下，小部分焊盘金属原子溶解于钎料，同时钎料原子扩散到焊盘中，在固/液界面处还发生一系列的界面反应，产生冶金连接，最后冷却凝固，形成牢固的接头或焊点。

在电子钎料中，应用最广泛的金属元素是锡，在大多数电子钎料中都或多或少地含有锡。在众多的被连接材料中，应用最多的当首推铜。因此研究铜与锡之间的相互作用就具有特别重要的意义。我们知道，使钎料与焊盘之间发生适当的相互作用，从而实现冶金结合是获得优良焊点的基本前提。

3.2　钎料与焊盘的氧化

3.2.1　氧化机理

最早，人们把与氧结合的反应称为氧化反应，其生成物叫作氧化物，而把从氧化物中去除氧的反应称为还原反应，例如：

氧化反应：$2Cu+O_2=2CuO$

还原反应：$CuO+H_2=Cu+H_2O$

自20世纪初建立了化合价的电子理论之后，人们则把失去电子的过程称为氧化，得到电子的过程称为还原。例如在上述氧化反应中，Cu因失去两个电子而与O_2结合生成CuO；在还原反应中，CuO中的Cu因得到两个电子而又还原为Cu。然而，在$Fe+Cu^{2+}=Fe^{2+}+Cu$的反应中，电子由Fe转移给了Cu^{2+}，Fe失去电子被氧化，Cu^{2+}得到电子被还原，已经没有氧元素的参与，因此这时的氧化或还原概念已经扩大了。

大多数金属在与空气中的氧、水分、二氧化碳或硫化氢等接触时会被氧化、锈蚀，使其表面形成一层氧化物或者碳酸盐、硫化物等反应物。这类反应物的存在，使液态钎料无法在被焊金属表面润湿、铺展，因此成为影响金属焊接性（在电子行业中，焊接性常指软钎焊性，焊接指软钎焊）的重要因素。即使在环境可控的工业条件下，绝大多数金属依然会在空气中被氧化，而对焊接界面的形成，哪怕是极薄的氧化膜也可能成为润湿的障碍。同时，氧化层的导热性也比金属的差，焊接加热时氧化层会成为传热的障碍，由此增加了装联组件上的温度梯度和带宽。因此如何在焊接过程中清洁金属表面就成为必须考虑的实际问题。

金属自发性的氧化是一种自然现象，其原理可由热力学第二定律解释。金属的氧化速率则与其周围的环境因素有关。这里的“环境”涉及焊接时周围的气体（气氛）、温度和助焊剂等。

金属单质在常温、常压的空气中是不稳定的，其稳定性按Al、Zn、Fe、Sn、Pb、Cu、Ni、Ag、Pt、Au的顺序依次增强，即位置越靠前的金属越容易失去价电子而与氧结合生成离子价的氧化物。金属氧化可以自发进行这一过程还可由热力学第二定律从宏观上加以说明。

热力学第二定律表达了自发过程进行的可能性、方向和限度。应用热力学第二定律进行判断时，常使用吉布斯自由能判据。该判据指出，在等温、等压且不做其他功的条件下，若任其自然，则自发过程总是向着系统吉布斯自由能减少的方向进行，直到减至该情况下所允许的最小值时，系统就达到平衡，即

$$\Delta G \leqslant 0$$

式中，G为系统的吉布斯自由能（Gibbs Free Energy），也称吉布斯函数，它是系统的状态函数，表达了系统的性质。ΔG为系统由一个状态自发地变化到另一个状态时，吉布斯自由能的变化值（$\Delta G<0$），它只取决于系统的始态和终态，与变化过程无关。式中等号可作为系统达到平衡时的标志。

在用上述判据分析金属的氧化现象时可以发现，常见金属的氧化过程都伴随着吉布斯自

由能的降低，因此氧化是可以自发进行的。表 3-1 列出了常见金属在 25℃ 氧化时的吉布斯自由能的变化值。ΔG 还可看作金属氧化物中，金属与氧结合强度的度量，因此也就代表了金属氧化物的稳定性。ΔG 值越大，说明金属氧化物越稳定，也就越不容易被分解，包括用物理方法解除氧化物与底层金属的连接，或用化学方法解除氧离子与金属离子的结合都越困难。由此可知，Al 的氧化物很稳定，而 Au、Pt（表中未列出其 ΔG 值）的氧化物的稳定性就很差。因此除了金、铂等之外，大多数金属在空气中的氧化是不可避免的。Au 在室温空气中难以形成稳定的氧化物，因此电极常以镀 Au 的方式来提高焊接性。

表 3-1　常见金属在 25℃ 氧化时的吉布斯自由能的变化值

金属元素	常见氧化物	ΔG/(kJ/mol)
Au	Au_2O_3	+50
Ag	Ag_2O(棕灰)	-10
Cu	CuO(黑) Cu_2O(暗红)	-130 -150
Bi	BiO Bi_2O	-170 -460
Pb	PbO(橙色) PbO_2(棕黑) Pb_3O_4(红)	-190 -210 -570
Sn	SnO(黑) SnO_2(白)	-260 -490
Zn	ZnO(白)	-300
In	In_2O_3	-620
Al	Al_2O_3(透明)	-1580

许多金属常有多种氧化物形式，其稳定性也不同，例如 Cu 的氧化物有 CuO 和 Cu_2O。而且，合金的氧化物通常不是纯金属氧化物的简单组合，而可能是新的或其他混合形式的氧化物，其成分与结构也很复杂。

除了氧化物外，实际金属的表面结构也是相当复杂的。通常情况下，从表面开始的 $10^{-10}\sim10^{-9}$m 是气体吸附层，接下来是 $10^{-9}\sim10^{-8}$m 的氧化膜，再下来是 0.1μm 量级厚度的因摩擦产生的非匀质性微结晶层，最后还有因加工产生的塑性变形层等。

氧化膜一旦形成以后，继续氧化即氧化膜的增厚需要通过原子或电子、离子在氧化膜中的固态扩散迁移来进行。在膜内，反应物质的扩散模型如图 3-1 所示。图 3-1a 中只有金属离子 M^{2+} 向外扩散，并在氧化膜与气体的界面上进行反应，如铜的氧化过程；图 3-1b 中只有 O_2 向内扩散，并在金属与氧化膜的界面上进行反应，如钛、锆等金属的氧化；图 3-1c 氧化过程中金属离子 M^{2+} 向外扩散和氧离子 O^{2-} 向内扩散同时进行，并在氧化膜内相遇进行反应，如钴的氧化过程。

根据不同的金属体系和氧化温度，反应物质在膜内的传输又可以分为以下三种途径：

1）通过晶格扩散，通常在温度较高、氧化膜致密且在氧化膜内部存在高浓度的空位缺陷的情况下，反应物质在膜内主要发生晶格扩散，如钴的氧化。

2）通过晶界扩散，通常是在较低温度下，由于氧化物的晶粒尺寸较小，晶界面积较

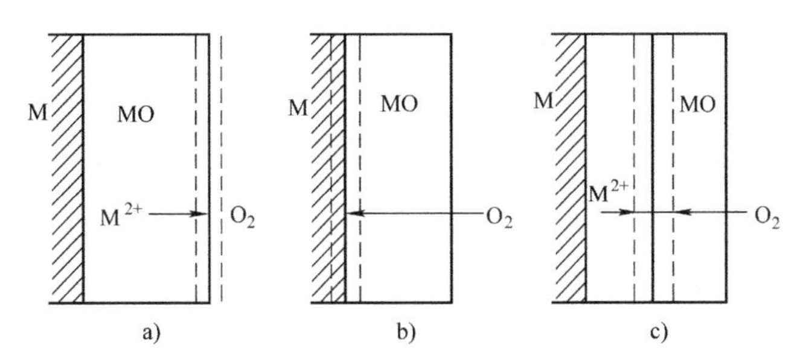

图 3-1　氧化过程中金属离子和氧离子的扩散模型

大，且晶界扩散所需的激活能小于晶格扩散的激活能，使晶界扩散更加容易进行，此时反应物质在膜内主要发生晶界扩散，如镍、铬、铝的氧化。

3）同时通过晶格和晶界扩散，如钛、锆、铪长时间在中温区（400~600℃）的氧化。值得注意的是，当金属离子沿着氧化膜的晶界从内向外扩散时，相当于金属离子空位向金属与氧化膜的界面迁移，这些空位会产生聚集，如果氧化膜太厚而不能通过变形来维持与金属基体的接触，最后在金属与氧化膜的界面将形成孔洞。若金属离子通过晶界扩散的速度大于晶格扩散的速度，则晶界就成为连接孔洞与外部环境的显微通道，使氧分子向内部迁移大于晶格扩散的速度，则晶界就成为连接孔洞与外部环境的显微通道，使氧分子向内部迁移而在孔洞的内表面产生氧化，形成内部多孔的氧化层。

图 3-2 显示了 Cu 氧化层的生成机制。Cu 的表面是一层 CuO，其次是一层 Cu_2O，最下面为 Cu。

其生成机制是：

$$Cu \rightarrow Cu^{+}(\mathrm{II}) + e$$

$$2Cu^{+}(\mathrm{II}) + O^{2-}(\mathrm{I}) \rightarrow CuO$$

$$Cu^{+}(\mathrm{II}) + O^{2-}(\mathrm{I}) \rightarrow CuO^{-}$$

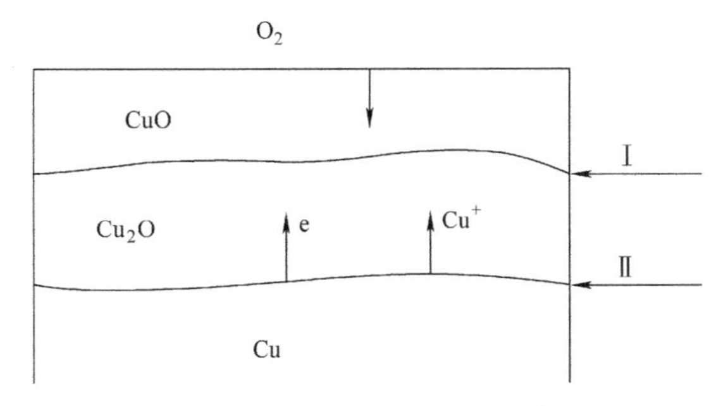

图 3-2　Cu 氧化层的生成机制

热力学第二定律指出了自发过程的方向性和限度，但没有说明氧化反应的速率问题。由于金属总是不能脱离具体的存储或加工环境，因此环境温度和氧含量等对氧化起着至关重要的作用。例如，像蒸镀膜那样的无氧化金属表面，在 1.33×10^{-4}Pa 的真空条件下，仅 1s 的时间就能在许多金属表面形成单分子层厚度的氧化膜。

氧化层厚度对金属焊接性有直接的影响，而焊接性又与微电子焊接缺陷水平直接相关，由此也就可以建立氧化层厚度与焊接缺陷水平的联系。图 3-3 显示了在空气中，采用非活性助焊剂焊接时，Cu 焊盘的氧化层厚度对 PCB 组件焊接缺陷水平的影响。由此可见，最初的 5nm 氧化层厚度对金属的焊接性与焊点缺陷水平有至关重要的影响，因此需要考虑影响氧化层生长的因素。

影响金属表面氧化层厚度的主要因素是其暴露在空气中的时间和环境温度。图 3-4 显示了室温时，经机械方式清洁后的 Cu、Ni 和 Al 表面，其氧化层生长厚度随时间变化的情况。由图 3-4 可见，Cu、Ni 表面在空气中几乎几分钟内就能形成 5nm 以上的氧化层，而 Al 也只

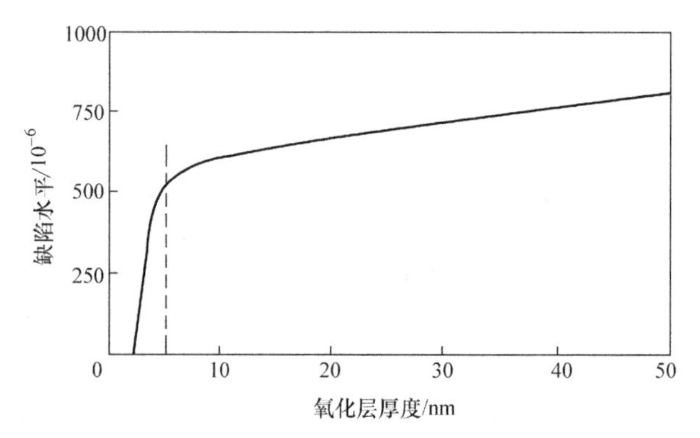

图 3-3　Cu 焊盘的氧化层厚度对 PCB 组件焊接缺陷水平的影响

需不到 10min 的时间就能生成近乎同样厚度的氧化层。通常情况下，温度每升高 25℃，氧化速度就大约增加一倍，于是，那些稳定的氧化物会变得更厚、更黏。图 3-5 显示了温度对 Cu、Ni 表面氧化层厚度的影响（在相关温度下的时间大约是数分钟）。由于氧化层的生长速度很快，因此通常都要求在清洁完金属表面之后立即进行焊接，并且以尽可能快的速度完成整个加热、焊接过程。对禁止采用助焊剂的场合，给金属表面镀金也就成为提高其焊接性的重要选择。此外，氧化层的生长率还与金属的表面粗糙度、残余应力以及空气中的氧含量和空气湿度等有关。例如，具有粗晶粒显微组织的金属表面更容易形成连续分布的氧化层结构，这样的金属表面也就更容易降低焊接性。

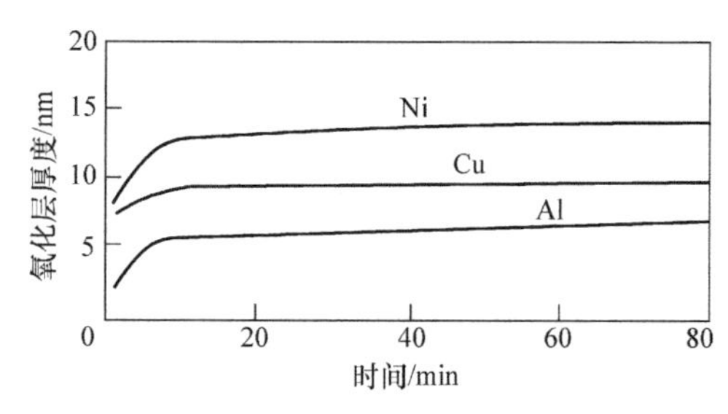

图 3-4　氧化层生长厚度随时间的变化

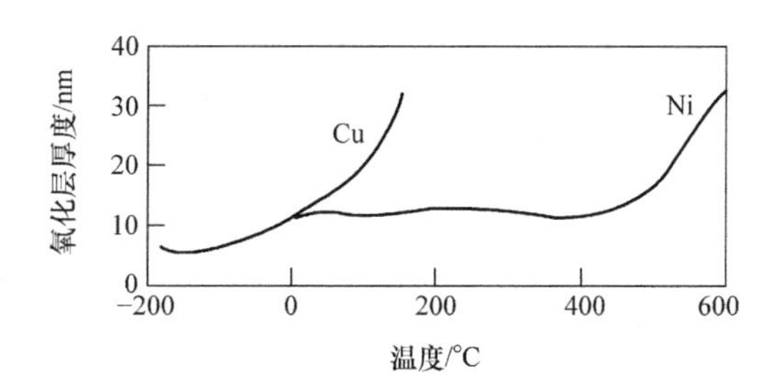

图 3-5　氧化层厚度与温度的关系

钎料同样易被氧化。钎料是一种合金材料，作为一次近似，其氧化层厚度近似与时间 $t^{1/2}$ 成正比，其关系可近似为一般的扩散型方程：

$$x^2 = Dt = D_0 t\mathrm{e}^{(-Q/RT)}$$

式中　x——氧化层厚度；

D——扩散率；

t——氧化时间（s）；

D_0——扩散系数（m^2/s）；对纯锡，$Q=33kJ/mol$，$D_0=3.7\times10^{-18}m^2/s$；对锡铅共晶钎料，$Q=40kJ/mol$，$D_0=2.5\times10^{-17}m^2/s$；

T——金属材料的温度（K）；

Q——激活能（J/mol）；

R——通用气体常数[8.314J/(mol·K)]。

对固态钎料，其新鲜表面会在极短时间内就达到纳米级的氧化层厚度，在加热环境下

（如焊接场合），这一增长速度更快。因此从预防氧化的角度出发，一般都考虑用惰性气氛或使用助焊剂来防止钎料的高温氧化。

钎料合金的氧化物常常是其组成元素氧化物的混合体，并且其组成元素的氧化物越稳定（ΔG 值越大），这类元素在钎料表面也就越容易被氧化，在合金的氧化物构成中这类元素的氧化物水平也就越高。因此即使是 Sn-95Pb 这样的高 Pb 钎料，合金表面 Sn 的氧化物也要比 Pb 的高出许多倍。由表 3-1 可知，In、Zn 氧化物的稳定性是超过了 Sn 的，因此对大多数钎料合金，其表面氧化物主要是 Sn 的氧化物，而只有 In 系和 Zn 系钎料的氧化物与此不同。这也是大多数锡基钎料可使用类似的助焊剂，而后两类钎料需要不同的助焊剂的原因。

从焊接性角度出发，5nm 厚的氧化层就能对焊接质量产生明显影响。这时，多数金属的氧化速率都是很快的。作为金属氧化的一般性考虑，其实许多金属在自然条件下的氧化还是很慢的。例如，Al 表面形成一层致密的氧化膜之后，又往往保护了内部金属，从而也就极大地降低了氧化速度。温度升高加剧了金属的氧化速度，并在高温环境还可能出现常温下不易形成的氧化物。表 3-2 总结了常见的几种金属的氧化特点。大气污染严重时，空气中的二氧化硫、硫化氢以及包含了氮粒子的水分等都能加剧许多金属的腐蚀，如二氧化硫对于 Fe、Zn、Ni 的氧化，硫化氢对于 Ag、Au 的氧化，氨对于 Cu 的氧化等。

表 3-2　常见的几种金属的氧化特点

金属元素	氧 化 特 点
Au	Au 在自然界中主要以单质状态存在，Au 的抗氧化能力很强，与氧、硫、碱或单独的硫酸、盐酸、硝酸都不发生化学反应。在常温和加热时均不变色，不变质，烧不化，总保持鲜亮的光泽
Ag	常温下，Ag 的化学稳定性比 Cu 好，与氧化合生成棕灰色的氧化物 Ag_2O。温度升高时氧化速度加快，但在 150℃ 以上 Ag 的氧化物又分解成 Ag 与 O_2，此外，Ag 会和空气中的硫化氢（H_2S）等反应，在其表面形成一层黑色的 Ag_2S 薄膜，使 Ag 失去光泽
Cu	Cu 有 CuO（黑色）和 Cu_2O（暗红色）两种主要氧化物，室温条件下，Cu 与空气中的氧反应很慢，生成 10nm 厚的氧化层大约需要 90 天，但在 105℃ 时，16h 就能生成 10nm 厚的氧化层。因此温度对 Cu 的氧化影响较大，Cu 在红热时生成 CuO，并在 1000℃ 以上高温时分解为 Cu_2O。Cu_2O 和 CuO 均不溶于水。此外，Cu 久置于含 CO_2 的潮湿空气中会生成绿色的铜锈［$Cu(OH)_2 \cdot CuCO_3$，碱式碳酸铜］
Sn	Sn 有 SnO（黑色）和 SnO_2（白色）两种氧化物，并且 SnO 易被氧化成 SnO_2，表现出 Sn 倾向于生成 SnO_2 的特点。常温下，Sn 在空气中是稳定的，生成 3nm 左右厚度的氧化膜大约需要一年时间。但在加热，特别是高温条件时，Sn 易于和氧反应生成 SnO_2。Sn 的氧化物均不溶于水
Pb	铅在空气中加热时，最初氧化成 PbO_2，温度升高时则氧化为 PbO；继续加热到 330~450℃ 时，形成的 PbO 又氧化为 Pb_2O_3；在 450~470℃ 之间，则形成 Pb_3O_4（即 $2PbO \cdot PbO_2$）。无论是 Pb_2O_3，还是 Pb_3O_4，在高温下都会分解为 PbO 与 O_2。Pb 的氧化物同样不溶于水
Zn	Zn 在含有 CO_2 的潮湿空气中易与氧化合，表面形成一层致密的薄膜［$ZnCO_3 \cdot 3Zn(OH)_2$，碱式碳酸锌］，从而保护内部不再生锈。这种情形和 Al 很相似。Zn 在空气中加热与氧化合得到氧化物 ZnO，ZnO 难溶于水而溶于酸。ZnO 为白色，加热后呈黄色
Al	常温下的 Al 很容易被氧化，表面蒙上一层透明的氧化铝 Al_2O_3（最后达 10nm）。这层铝锈与铁锈不同，它非常致密，可保护内部不再锈蚀。Al 在空气中加热，也会生成 Al_2O_3。Al_2O_3 在空气中很稳定，即使在高温时也不与水发生反应
Fe	Fe 的自发性氧化物主要是 Fe_2O_3。在常温干燥的空气中，Fe 与氧生成 Fe_2O_3 的速度较慢，加热时氧化很快。但在含有水分的空气中，Fe 很容易生锈，表面会蒙上一层黄褐色的铁锈（$Fe_2O_3 \cdot 3H_2O$）。Fe 的氧化物均不溶于水

若考虑氧化物的性质，则 Sn 与 Pb 的一氧化物两性偏碱、二氧化物则两性偏酸，Zn 和 Al 的氧化物是两性氧化物，Cu、Ag 和 Fe 的氧化物则是碱性氧化物。通常，两性氧化物与酸碱反应生成盐，碱性氧化物与酸反应生成盐。

总之，除了钎料合金与金属焊盘在存储中的氧化、锈蚀外，焊接时的预热和高温都增加了材料的氧化倾向。氧化层的存在使液态钎料无法直接润湿金属表面并生成预定的界面层，钎料的氧化还破坏了钎料纯度、恶化了钎料性能。例如波峰焊中，熔融的锡铅钎料由于不断地被搅动，氧化速度很快，不断生成的氧化物包裹钎料并形成锡渣，从而使这部分钎料失效。因此氧化对焊接十分有害。

3.2.2 液态钎料表面的氧化

钎焊时，当钎料被加热熔化后，表面就会迅速氧化。由于表面氧化膜迅速生长，当液态金属受到搅拌作用时，便产生大量氧化物浮渣。例如，在浸焊过程中，当撇去熔融钎料表面氧化膜之后，新的氧化膜又会立即生成。在波峰焊中，由于新鲜的钎料表面连续暴露在空气中，钎料的氧化速度更快，而且产生的氧化物之间包裹着大量钎料金属。其他各种钎焊方法也不同程度地存在着液态钎料金属的氧化。图 3-6 给出了在大气气氛下，260℃ 时液态 Sn-0.7Cu、Sn-37Pb 合金表面氧化膜质量 Δm 随时间 t 的变化关系。

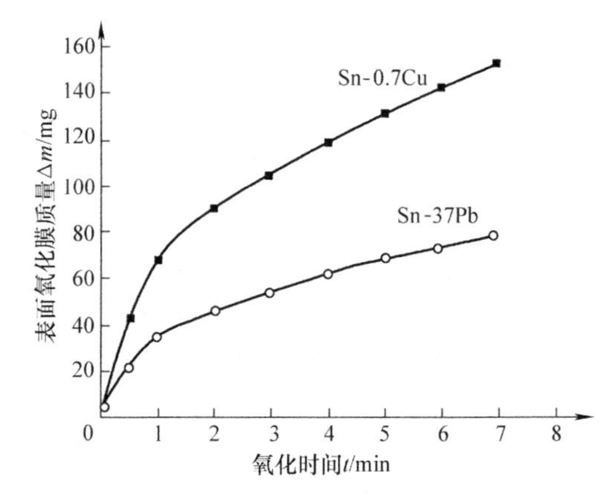

图 3-6 表面氧化膜质量 Δm 随氧化时间 t 的变化关系

因为一定表面积上氧化膜的厚度与该氧化膜的质量成正比，所以该图实际上表明了金属氧化膜在恒温下的生长。从图 3-6 可以看出，在一定温度下，液态 Sn-0.7Cu 合金氧化膜的生长速度比 Sn-37Pb 快，且无论是液态 Sn-Pb 还是液态 Sn-Cu 合金，表面氧化膜的质量随时间的变化均服从抛物线规律，即氧化速度符合以下公式：

$$\Delta m = AKt^{1/2}$$

式中 Δm——表面氧化膜的质量增量；

A——氧化的表面积；

t——加热时间；

K——氧化层生长系数，$K = K_0 \exp\left(-\dfrac{B}{T}\right)$；

T——加热温度；

K_0、B——常数。

对 Sn-37Pb 合金来说，在 240℃下，$K \approx 10^{-6}$，而纯锡的 K 值大概是 Sn-37Pb 合金的两倍。下面从热力学的角度分析各种钎料的氧化情况。

对 Sn-Pb 钎料而言，在高温熔融状态下，根据体系标准吉布斯自由能的变化，Sn 的氧化既可生成 SnO，又可生成 SnO_2，而 Pb 的氧化主要生成 PbO。在氧化反应过程中，由于 Sn 与 O_2 的亲和力大于 Pb，Sn 将优先氧化。但由于 Sn、Pb 与 O_2 的亲和力相差不是特别显著，实际上，在钎料表面存在着 Sn、Pb 的同时氧化。由于生成 PbO 的 ΔG^0 比生成 SnO 的 ΔG^0 大，且一般 Sn-Pb 合金中 Pb 质量分数大于 37%，因此含 Pb 钎料的氧化势应显著低于纯 Sn。

对 Sn-Zn 系无铅钎料而言，根据氧化反应标准吉布斯自由能的变化，可知 Zn 氧化反应的 ΔG^0 比 Sn 小，所以 Zn 与 O_2 的亲和力大于 Sn 与 O_2 的亲和力，在高温下 Zn 将优先氧化。所以对于 Sn-Zn 系共晶无铅钎料在高温下应以 Zn 的氧化为主，Sn 氧化次之。显然，Sn-Zn 系钎料在高温下的氧化势比纯 Sn 高。

对 Sn-Ag、Sn-Cu、Sn-Sb 系无铅钎料而言，由于 Ag、Cu、Sb 氧化反应的 ΔG^0 比 Sn 大，所以 Ag、Cu、Sb 与 O_2 的亲和力小于 Sn 与 O_2 的亲和力，在这些钎料中，高温熔融状态下 Sn 将优先氧化。所以对于 Sn-Ag、Sn-Cu、Sn-Sb，以及 Sn-Ag-Cu 等共晶无铅钎料，在高温下应以 Sn 的氧化为主。由于这些合金中所含 Ag、Cu、Sb 很少，实际上它们在高温下的氧化势应与纯 Sn 接近。

以上分析表明，在实际钎焊温度下，各种钎料合金的氧化趋势的大小顺序为：Sn-9Zn> Sn-5Sb> Sn-0.7Cu> Sn-3.5Ag>Sn-3.5Ag-0.6Cu>Sn-37Pb。可见，几乎所有无铅钎料的抗氧化性能均比含铅钎料差。无铅钎料在高温下易氧化的本性，导致在使用过程中会造成稀贵金属资源的浪费，同时在一定程度上降低液态钎料在焊盘表面的润湿性和铺展性。

3.2.3 去氧化机制

对大多数金属而言，单纯在空气中加热并不能使其氧化物自然分解。通常情况下，即使加热到金属性能退化甚至熔化，也依然达不到使金属氧化物自然分解的温度，而一旦金属熔化，氧化物还会溶解到液态金属的体内，造成金属性能下降（如波峰焊锡槽中的氧化情况）。况且，温度每增加 25℃，氧化的速度还会增加一倍左右，导致去氧化更加困难。因此需要选择一种有效的去氧化措施。下面就从氧化机理和物理手段两方面来分析去氧化措施。

1. 从氧化机理上考虑

（1）采用惰性气体氛围去氧化　惰性气体不与金属发生反应，因此这类氛围可以保护“纯洁”的金属表面不被氧化。这种机制的实质是排除焊接场合中的氧和其他有害气体成分，以此避免在新生的金属表面形成阻碍钎料润湿、铺展的反应层。可以考虑的惰性气体包括氩气（最常用）、氮气，真空环境也属于这一类。金属表面通常要靠其他手段（如机械打磨方法）进行清洁处理。这种方法主要用于预防“纯洁”金属表面新生氧化的焊接场合，但它对气氛中的氧含量和水分的要求较高。通常工业质量的真空和惰性气体不能完全避免新的氧化发生，而在真空中的高温焊接对某些金属元素还有所限制（可能出现金属沸腾或升华现象）。

（2）采用化学活性手段去氧化　采用化学活性手段包括采用还原性气体氛围和使用助焊剂两种途径去氧化。所谓还原性气体，是指能够对氧化物进行化学还原，从而将氧化物分解的气体。例如前述的还原反应，即

$$CuO+H_2=Cu+H_2O$$

通过氢气将 CuO 还原成了 Cu 与 H_2O，从而达到去氧化的目的。还原性气体需要根据具体的金属氧化物进行选择，最常见的气体是氢气（H_2）、一氧化碳（CO）和氮气、氢气与

氨气的混合气体。H_2、CO 与常见氧化物的基本反应为（式中 M 为金属元素）：

$$yH_2+M_xO_y \rightarrow xM+yH_2O$$

$$yCO+M_xO_y \rightarrow xM+yCO_2$$

显然，还原性气体去氧化是将金属氧化物进行了还原并释放出水、二氧化碳气体等，达到分解氧化层的目的。还原性气体去氧化通常都是在高温下进行的，例如将 Sn 的氧化物还原成 Sn，理论上要在 400℃以上才能缓慢地进行，因此这种方法在硬钎焊工艺中可以考虑，而在软钎焊工艺中基本上是无法使用的。

无论是采用惰性气体还是还原性气体，焊接时不可避免地需要一定的容器（或焊接炉），其好处是：气压便于控制、焊接加热均匀、可使用活性较低的助焊剂（甚至不使用助焊剂），而且焊后处理简单，没有清洗助焊剂残留物的要求。但设备投资较高，若需要助焊剂的话也只能使用低挥发性的助焊剂，以免污染容器。

助焊剂主要是通过与氧化物反应生成新的化合物，而新生化合物最终可被熔融的钎料所取代的方式去氧化的。在电子装连的焊接工艺中，目前更多的是采用助焊剂进行去氧化。

（3）采用过热手段去氧化　无论是纯金属还是合金材料，当其熔化并超过一定温度后，表面上的氧化物就能自动溶解到液态金属中，从而也能达到清除氧化物的目的。软钎焊工艺中只有钎料合金可加热到熔化状态，因此这种方法只适用于钎料合金去氧化。这时，要求焊接气氛能够阻止新鲜表面再次氧化，钎料的清洁程度还与氧化物在其体内的溶解度有关。

溶解氧化物所需要的过热温度（即超过钎料熔点的温度）与焊接气氛中的氧含量有关。表 3-3 显示了几种钎料在 300℃以下加热时，其氧化物自动溶解（表中“氮气环境”栏）和润湿铺展（表中各“氧含量”栏）所需要的过热温度值。在氧含量很低的真空条件下，钎料的含 Sn 越高，由氧化物溶解所促进的钎料铺展所需的过热温度也就越低，并且，无铅钎料的过热温度普遍比锡铅钎料的低，这也部分说明了使用无铅钎料在较低的过热条件下（即用较窄的工艺窗口）就能取得不错的焊接质量的原因。

表 3-3　氧化物自动溶解和润湿铺展所需的过热温度　　（单位：℃）

钎料合金	氧含量（$\times10^{-5}$）	氧含量（$\times10^{-4}$）	氧含量（$\times10^{-3}$）	氧含量（$\times10^{-2}$）	氮气环境
Sn-0.7Cu	3	7	18	不铺展	18
Sn-5Sb	6	15	28	不铺展	10
Sn-3.5Ag	9	17	19	不铺展	19
Sn-37Pb	22	24	87	不铺展	77
Sn-9Zn	不铺展	—	—	—	—

注：氧含量为体积分数。

当然，通过钎料氧化物的溶解对提高润湿性虽然具有一定的积极意义，但是由于氧化物的溶解经常会增加钎料的黏度并恶化材料的性能，因此这种方法一般并不实用，除非是在钎料体积很大的情况下才使用这种方法。

（4）添加微量元素　微量元素的添加对 Sn-Pb 共晶钎料抗氧化能力的影响见表 3-4。

表 3-4 添加微量元素对 Sn-Pb 共晶钎料抗氧化能力的影响

添加量(%，质量分数)	减少←氧化渣→增加
0.005	Ga P Ge As Zr ┆ Mg Zn Al( ) In Ti Tl Ag ┆ Sb Cd Bi RE Li Co Cu Ni Na Fe Te Se S
0.01	Ga* P Ge As Zr Mg In ┆ Al Zn Ti Cd( ) Ag Co Cu Tl Sb RE Bi ┆ Ni Fe Na Li Te S Se
0.05	Ga* Zn* Ti* Al* P Ge As Mg* In ┆ Zr Tl Cd Bi Sb Ag( ) Cu Co Ni ┆ Fe Te Na S Se RE Li

注：( )—空白；*—润湿性增加，难于分离；┆ ┆—其间元素对抗氧化性能几乎没有影响。

2. 从物理手段上考虑

打磨、超声波焊接等物理去氧化方法在单件、手工焊接中经常采用，在微电子自动焊接工艺中几乎不使用。

3.3 钎料的工艺性能

3.3.1 润湿的概念

润湿性是钎焊乃至微电子焊接的基础。在电子行业中，焊接性是指材料易于采用钎料进行软钎焊连接的能力，又称为软钎焊性。对于那些易于实现软钎焊连接的材料，称之为焊接性优良的材料。反之，则认为其焊接性不佳。焊接性的优劣，在很大程度上取决于焊盘-钎料体系的润湿状态。一般来说，如果钎料对焊盘的润湿性能良好，则焊接性通常也比较好，所以可以用润湿情况来评价焊接性。钎料对焊盘润湿是形成优良焊点的基本前提。

钎焊的过程，首先是熔融钎料在焊盘表面的润湿和铺展，从而产生钎料与焊盘之间的冶金作用，最后冷却，形成焊点。钎料通常只是在焊盘表面数十微米的深度内，通过钎料的作用相互交联。钎焊反应的初始阶段，是熔融钎料与焊盘间的润湿。从广义上来说，固体表面与液体接触时，原来的固相/气相界面消失，形成新的固相/液相界面，这种现象叫润湿。从热力学的角度来看，润湿即液体与固体接触后造成系统吉布斯（Gibbs）自由能降低的过程。对微电子焊接过程而言，润湿现象的实质是钎料与焊盘两者之间界面张力的降低。

在液态钎料与固态焊盘相接触的情形下，既要考虑钎料各个原子之间的相互作用，又要考虑钎料原子与固态焊盘之间的相互作用力。这里有两种可能：

1）液体各个原子之间的相互作用力大于液体与固体之间的相互作用力。

2）液体各个原子之间的相互作用力小于液体与固体之间的相互作用力。

对于 1）的情形，钎料在焊盘表面不润湿；对于 2）的情形，这时液体内部的相互作用力小于液体与固体之间的相互作用力，也就是固体被液体润湿。

气/液/固三相接触达到平衡时，在三相接触点沿液/气界面做切线与固/液界面的夹角（夹有液体），称为接触角，用 θ 表示。θ 的大小与接触两相的界面张力有关。三相接触点受三个力的作用，$\sigma_{s/g}$，$\sigma_{s/l}$ 和 $\sigma_{l/g}$ 分别表示固相与气相、固相与液相和液相与气相之间的界面张力。当这三个力平衡时，合力为零，即

$$\sigma_{s/g}=\sigma_{s/l}+\sigma_{l/g}\cos\theta$$

或

$$\cos\theta=\frac{\sigma_{s/g}-\sigma_{s/l}}{\sigma_{l/g}}$$

此式称为杨氏方程。$\theta>90°$时称为不润湿，$\theta<90°$时称为润湿，如图 3-7 所示。润湿程度大致

分为润湿良好、部分润湿和不润湿等几种情况。润湿良好是指在焊接面上留下一层均匀、连续、光滑、无裂痕、附着好的钎料，此时接触角明显小于 30°；部分润湿是指金属表面一些地方被钎料润湿，另一些地方表现为不润湿，此时接触角在 30°~90°；不润湿是指钎料在焊接面上不能有效铺展，甚至在外力作用下钎料可以去除。一般地，接触角小于 90°时，认为焊点是合格的，大于 90°时，则认为焊点是不合格的。微电子组装钎焊时，希望钎料的润湿角小于 20°。

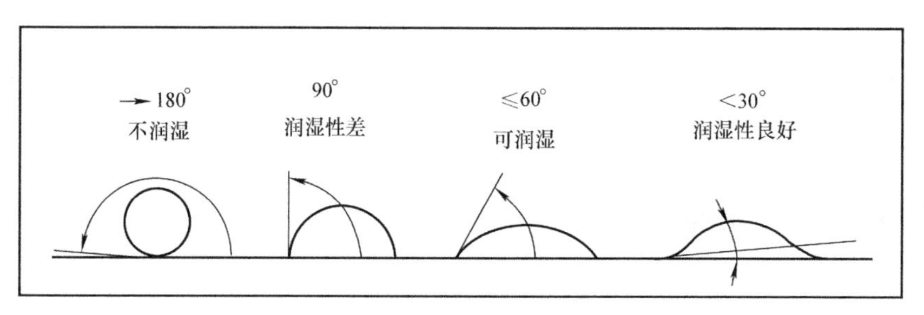

图 3-7　液固润湿中的几种可能性

液态钎料如与焊盘有一定的互溶度，通常能够很好地润湿；反之则较难润湿。因此对于钎料合金，各成分与焊盘之间的冶金及相关系决定了钎料与焊盘的润湿效果。钎焊时，熔融钎料如不能黏附在固态焊盘的表面（即不润湿）就不可能填充接头间隙，只有在熔融钎料能够在焊盘表面润湿的情况下，铺展、填隙作用才有可能实现。

钎料在焊盘上的润湿和铺展并不是同一个概念。钎焊过程中的润湿是由于钎料和焊盘之间有明显的传质作用，铺展则取决于钎料与焊盘之间的作用特征。在钎焊过程中不但希望钎料能够润湿焊盘，也希望其能够在焊盘上铺展。实践证明，液态钎料与焊盘有不大的互溶度有利于钎料在焊盘上面的铺展；互溶度过大，铺展性能反而差，这时过大的互溶度将使液态钎料向焊盘晶间渗透而难以向表面铺展。如果液态钎料与焊盘之间产生金属间化合物也有利于二者之间的润湿，但化合物过多，反而对润湿不利。润湿性能好而铺展不佳主要是由于钎料和焊盘之间有过度剧烈和快速的物理化学反应。包括其间有过度强烈的固溶或金属间化合物的生成，这种现象促使熔融钎料向焊盘内部迅速溶解或强烈地与之反应，从而阻碍了钎料在焊盘上的铺展。例如纯锡在 Cu 表面能够很好地润湿，但是铺展性能不佳，这是因为其间产生了大量的 η-Cu_6Sn_5 相，阻碍了钎料的流动。加入不与 Cu 产生化合的 Pb 元素之后，减弱了化合物的生长，则铺展性能大幅度改善。

铺展不仅跟毛细作用有关，而且与熔融钎料与焊盘之间强烈的物理化学反应、毛细作用对熔融钎料铺展的影响有关。所谓的毛细现象，是指在毛细力的作用下，流体发生的宏观流动的现象。毛细现象的实质是液体表面的张力及其对附着物体的浸润关系的影响结果。对于能润湿管壁的液体，形成的液面为凹液面，其附加压力指向液体外部，这个力将液体向外拉，使毛细管的液柱上升。而对于不润湿的液体，液面为凸液面，其附加压力指向液体内部，这个力将液体向内拉，使毛细管的液柱下降，如图 3-8 所示。

在电子产品钎焊的过程中，液态钎料润湿并填充间隙是实现钎焊连接的最基本的条件。要获得优质可靠的焊点，首先是通过毛细作用使液态钎料填充到钎缝中去，这样才能完成基板与引线或者芯片之间的连接。液态钎料在间隙中上升的高度，可以用下式表示：

$$h=\frac{2\sigma_{LG}\cos\theta}{a\rho g}$$

式中 σ_{LG}——液/气间的界面张力；

θ——润湿角；

a——间隙大小；

ρ——液态钎料的密度；

g——重力加速度。

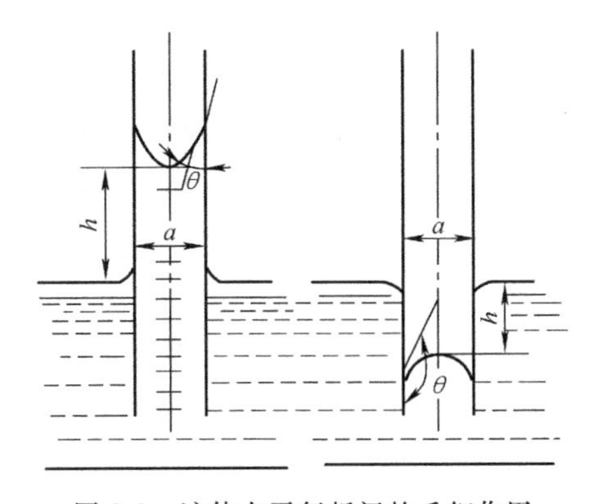

图 3-8 液体在平行板间的毛细作用

1）润湿角 $\theta<90°$时，$\cos\theta>0$，此时 $h>0$，液态钎料将沿着间隙上升，若 $\theta>90°$，$h<0$，此时液态钎料沿着间隙下降，因此液态钎料填充焊盘间隙的能力取决于其对焊盘的润湿性。显然，只有在液态钎料充分润湿焊盘的前提下才能填满钎缝。

2）液态钎料沿间隙上升的高度 h 与间隙的大小 a 成反比，随着间隙的减小，钎料上升的高度将增大。此外，适当提高金属的表面粗糙度也可以增强钎料的毛细作用。

液态钎料在刚进入间隙时流动快，以后随着 h 的增加会逐渐减慢，所以为使液态钎料能迅速填充间隙，钎料必须具有良好的润湿性；同时应有足够的加热温度，因为液态钎料的黏度随温度的上升而下降。在实际钎焊过程中，由于钎料与焊盘之间存在着相互作用，会使钎料的成分、密度、黏度和熔点发生变化，从而使钎料的润湿作用和毛细作用复杂化。

3.3.2 影响钎料润湿作用的因素

当带有镀层的 PCB 和元器件引线在较高温度下长时间放置或在氧化气氛中放置时，会造成镀层金属氧化，同时还会使镀层与基体金属之间所形成的化合物层不断长大。这两类情况都将影响钎料的润湿性。镀层过分氧化会增加助焊剂去除氧化膜的难度，因而可能造成润湿不良，从而影响元器件管脚的焊接性。这类问题可以通过增强助焊剂活性的方法来解决。但随着助焊剂活性的增加，腐蚀的危险性也增大，因此不得不进行严格的焊后清洗，这将使生产成本显著增加。而且对于某些体系和结构，清洗也不能完全避免腐蚀问题，所以保证 PCB 和元器件引线在焊前不过分氧化是非常重要的。锡铅钎料在暴露于大气中的铜锡化合物表面上的润湿性很差，因此要保证镀层具有一定的厚度，使其在长期存放过程中金属间化合物不至于生长到表面，镀层的厚度一般不得低于 7.5μm。这种厚度可以保证锡铅共晶合金镀层在某些人为造成的严酷环境中经过 24h 时效后仍具有优良的焊接性。而当镀层厚度小于 2.5μm 时，经过 4h 的时效后，就可能出现反润湿现象。镀层质量对软钎焊同样具有重要意义。热浸镀层的厚度常常不均匀，因而会出现局部区域涂层太薄并影响到润湿性的情况。电镀层的厚度比较均匀，但镀层如果呈现多孔性，并且在镀层表面下常有一些有害的有机物质，这也可能影响到润湿性。

在实际的微电子焊接过程中，影响钎料润湿性能的因素有很多，主要有以下几个：

（1）钎料和焊盘的成分　若钎料与焊盘在液态和固态下均不发生相互作用，则润湿性很差；若钎料能与焊盘互溶或者生成化合物，则钎料能较好地润湿焊盘。合金元素的种类和添加量对润湿性有很大的影响。对于那些与焊盘无相互作用因而润湿性差的钎料，借助在钎料中加入能与焊盘形成共同相的合金元素，就可以改善它对焊盘的润湿性。图 3-9 所示为锡铅钎料的表面张力在钢上的润湿角与钎料成分的关系。纯铅与钢基本上不形成共同相，故铅对钢润湿性很差，但铅中加入能与钢形成共同相的锡后，钎料在钢上的润湿角减小；含锡量越多，润湿性越好。钎料本身的表面张力在加锡后是提高的，应该不利于润湿性的改善，然而仍取得了润湿角显著减小的效果。这主要是依靠加锡使液态钎料与焊盘之间的界面张力得以减小所致。图 3-10 所示为银钯钎料在镍铬合金上润湿角与钯含量的关系曲线。随着钯含量的提高，润湿角大大减小，这是因为 Pd 与 Ni（Fe、Co、Cu、Ag、Au）等金属不但在液相中，就是在固相也完全互溶，故增加 Pd 对改善润湿性最为有效，由此发展了许多含 Pd 的钎料。

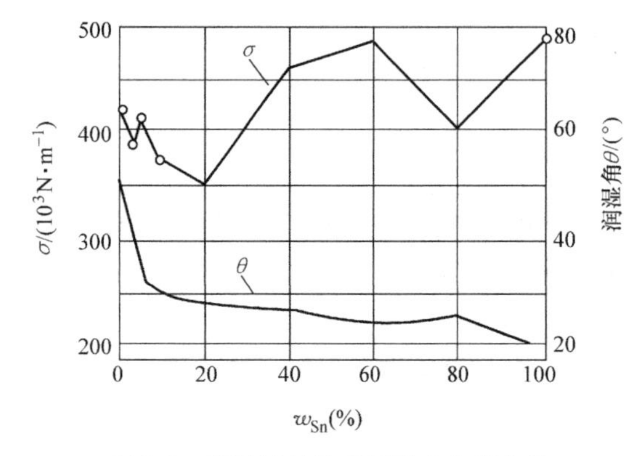

图 3-9　锡铅钎料的表面张力在钢上的润湿角与钎料成分的关系

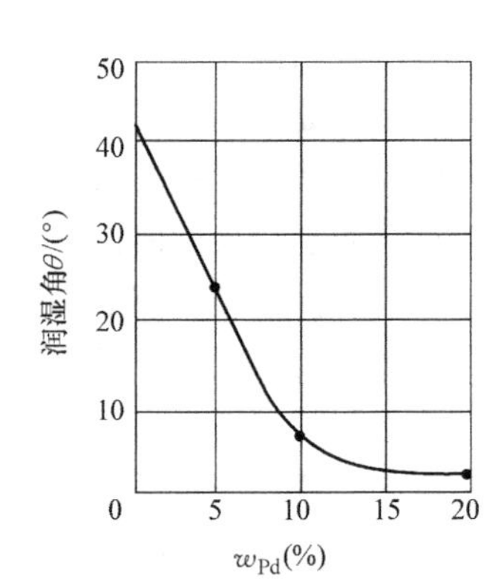

图 3-10　银钯钎料在镍铬合金上的润湿角与钯含量的关系曲线

研究表明，钎料加入合金元素而改善润湿性的作用，主要取决于它们对液态钎料与焊盘界面张力的影响。合金元素与焊盘存在相互作用时均能使界面张力减小。图 3-11 中给出了 Sn-Zn-*x*Cu 钎料在 Cu 焊盘上的润湿角。由图可见，当 Cu 的含量增加时，钎料的润湿角也不断降低。

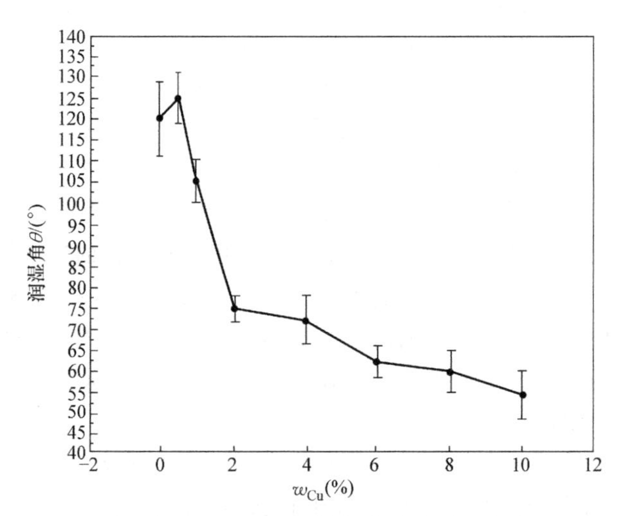

图 3-11　Sn-Zn-*x*Cu 钎料在 Cu 焊盘上润湿角

电子元器件引线及印制电路板的焊盘等多采用纯铜、可伐合金等金属材料制成。为了保护表面不受大气侵蚀，在它们的表面涂覆一层金、银、镍、锡及锡合金等。这些元器件经过制造过程的工艺高温及某些气体的腐蚀，其表面涂覆的材料被氧化而生成氧化物薄膜。这层氧化物薄膜的构成和厚度就决定了焊接性的好坏。

为了获得焊接性良好的涂覆层，在元器件引线表面多用电镀或热浸涂的方法涂覆一层锡或锡铅合金。研究发现锡与铜在室温下能相互扩散，生成 Cu_6Sn_5 金属间化合物，随着温度的升高，扩散加快。焊接时，此氧化物涂层很难清除，焊接性不好。故元器件引线不宜长期储存和高温处理（如老化处理）。元器件进厂后在送到装配线前一定要测定引线的焊接性，这是保证获得优质焊点的关键。

（2）钎焊温度　温度对钎料的润湿性也有很大的影响。通常来说，温度越高，钎料的润湿性越好。这与表面张力的减小及界面反应有关。大多数物质的表面张力会随着温度的升高而降低，适当地提高焊接温度可以降低液态钎料的表面张力，有助于提高钎料的润湿性。但是用提高温度来改善润湿的作用十分有限，如果钎焊温度过高，钎料的润湿性过强往往会造成钎料流失，同时还会引起焊盘材料的晶粒长大、溶蚀等现象，造成钎焊缺陷。一般来说，钎焊温度越高，润湿效果就越好，铺展面积就越大，但温度不能过高或过低。温度过高时，可能引起钎料中低沸点组元的蒸发，钎料的铺展能力过强时容易造成钎料的流失，不易填满钎缝，焊盘与钎料的相互作用过于强烈而导致溶蚀等缺陷；温度过低时，钎料的黏度大，不易流动填缝，而且钎料与焊盘不能充分地作用，致使焊点不能形成牢固的结合。所以钎焊温度不能过高，也不能过低。通常钎焊温度选择为高于钎料液相线温度25~60℃为宜。

（3）焊盘表面的氧化物　金属表面总是存在氧化物。在有氧化膜的金属表面上液态钎料往往凝聚成球状，不与金属发生润湿。氧化物对钎料润湿性的这种有害作用是由于氧化物的表面张力比金属本身要低得多所致。如前所述，$\sigma_{s\text{-}g}>\sigma_{l\text{-}s}$ 是液体润湿固体的基本条件。覆盖着氧化膜的焊盘表面与无氧化膜的洁净表面相比，其表面张力显著减小，致使 $\sigma_{s\text{-}g}<\sigma_{l\text{-}s}$，出现不润湿现象。所以在钎焊中应十分注意清除钎料和焊盘表面的氧化物，以保证润湿性。

（4）焊盘的表面粗糙度　焊盘的表面粗糙度在许多情况下会影响钎料对它的润湿。在钎料与焊盘相互作用较弱的情况下，焊盘表面较粗糙可以改善润湿性，因为较粗糙表面上纵横交错的细槽对液态钎料起到了特殊的毛细作用，促进了钎料沿焊盘表面的铺展。若钎料与焊盘之间相互作用较强，表面粗糙度对润湿的影响效果不甚明显，因为焊盘被迅速溶蚀，这种毛细作用也就不复存在了。

图3-12为表面粗糙度对润湿的影响，图3-12a为假设的理想平面，图3-12b所示为有一定表面粗糙度的实际平面，液/固界面从 a 点到 b 点推进相同的直线距离。

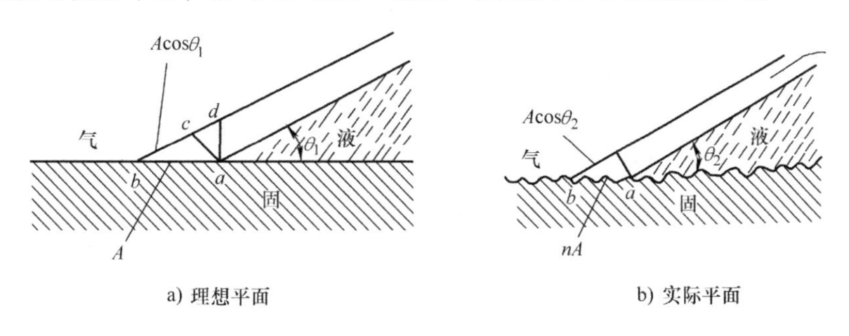

图3-12　表面粗糙度对润湿的影响

对于图 3-12a，液/固界面的面积增大 A，固/气界面的面积减小 A，液/气界面的面积增加 $A\cos\theta_1$，系统平衡时，自由能的变化为

$$\sigma_{l/s}A+\sigma_{l/g}A\cos\theta_1-\sigma_{s/g}A=0$$

$$\cos\theta_1=\frac{\sigma_{s/g}A-\sigma_{l/s}A}{\sigma_{l/g}A}=\frac{\sigma_{s/g}-\sigma_{l/s}}{\sigma_{l/g}}$$

对于图 3-12b，液/固界面的面积增大 nA（n 为表面粗糙度系数，$n>1$），固/气界面的面积减小 nA，液/气界面的面积增加 $A\cos\theta_2$，系统平衡时，自由能的变化为

$$\sigma_{l\text{-}s}nA+\sigma_{l\text{-}g}A\cos\theta_2-\sigma_{s\text{-}g}nA=0$$

$$\cos\theta_1=\frac{\sigma_{s\text{-}g}A-\sigma_{l\text{-}s}A}{\sigma_{l\text{-}g}A}=\frac{\sigma_{s\text{-}g}-\sigma_{l\text{-}s}}{\sigma_{l\text{-}g}}$$

$$\frac{\cos\theta_2}{\cos\theta_1}=n>1$$

当 θ 在 0°~90°范围内，$\cos\theta$ 为单减函数，故必有 $\theta_2<\theta_1$，因此适当增加母材表面粗糙度有利于改善液态钎料对母材表面的润湿性，显然，也有利于提高液态钎料对母材的填缝能力。

（5）钎剂　在焊接时，钎料处于熔融状态，在洁净的焊盘表面无须加多大的压力，即可发生润湿作用（图 3-13）。只要金属表面不存在大量的氧化物和污垢，钎料中的原子就可以被自由地吸引，到达与焊盘产生原子间结合的距离。由此可知，焊接时必须将妨碍熔化钎料与焊盘原子接近的氧化物或污垢彻底清除，因此在微电子焊接中，广泛采用助焊剂（钎剂），不仅溶解氧化物，活化金属表面，使钎料在焊盘表面润湿良好；而且以液体薄层覆盖钎料和焊盘的表面，起到隔绝空气的作用；还能使液态钎料与焊盘之间的界面张力发生变化，起到活性剂的作用，改善钎料的润湿。

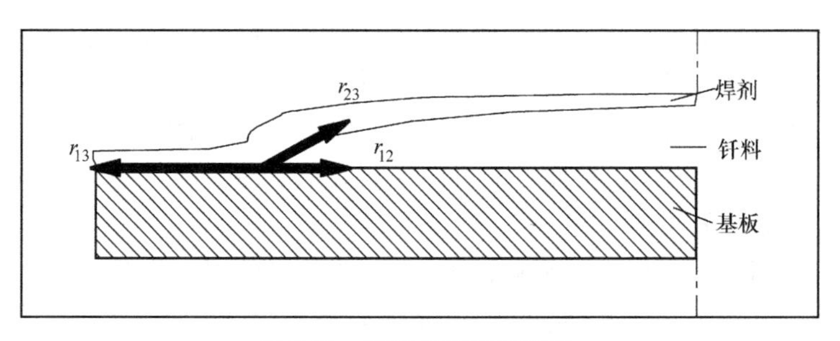

图 3-13　钎剂作用下的润湿

（6）环境气氛　钎焊时，环境气氛对润湿性的影响是显而易见的。在钎焊温度下，钎焊区域裸露在空气中，金属表面极易氧化，严重阻碍钎料的润湿，不得不采取一定的去膜措施。采用保护气氛的钎焊，如用氩气，虽然氩气没有去除金属表面氧化膜的能力，但它能保护金属不被氧化以利于钎料的润湿。用还原性气氛如氢和一氧化碳作为钎焊的保护气氛，除了提供钎焊区的低氧分压外，还能将金属氧化膜还原。当然，在钎焊时必须考虑这些气体的纯度（露点）。真空钎焊是一项将工件置于真空条件下实施钎焊的技术，工件在真空中加热时其金属氧化膜会因发生挥发、破碎、溶解、还原等而被去除，使钎焊的润湿性得到保证。

3.3.3 焊接性评定方法

焊接性在很大程度上取决于钎料与基板的润湿状态，因此可以用润湿性来评价焊接性。钎料润湿性的评价有多种多样的方法，有接触角法、铺展试验法、润湿平衡法等。依据评价方法的不同，获得的评价值所代表的意义各不相同，不能仅仅用一种评价方法所得到的结果来代替钎料润湿性的全部。常用的焊接性评价方法见表3-5，常用钎料的焊接性见表3-6。

表3-5 常用的焊接性评价方法

评价方法	规格	测定量	试验方法
展宽法	ASTM-B-545	展宽系数 $\frac{D-H}{D}100\%$	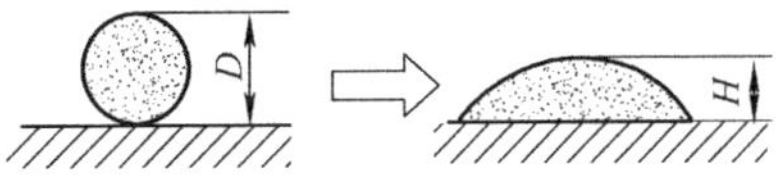
	JIS-Z-3197	展宽系数	
浸渍法	MIL-STD-883 JIS-C-5033	润湿面积 目视检查	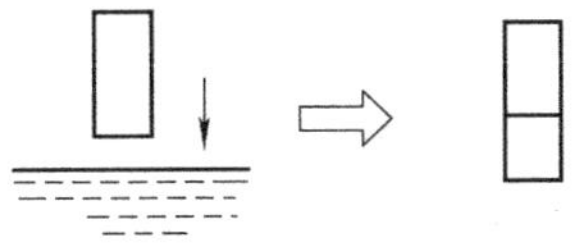
接触角法	Radio Corp. Of America	接触角 θ	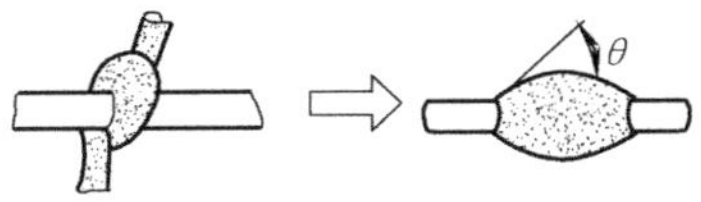
焊球法	ASTM-B-545	润湿时间	
润湿平衡法	MIL-STD-883B	润湿张力($\gamma_1 \cos\theta$)	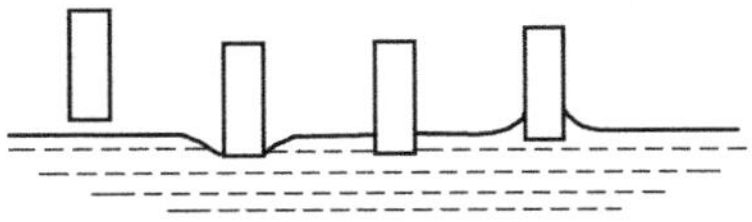

1. 接触角法

度量润湿的程度，最直观的方法是用接触角 θ 来表达。将一定量的钎料放置在给定尺寸的焊盘上，施加钎剂，加热到规定的温度，保温一定的时间，使钎料在焊盘上铺展。冷却后，沿铺展钎料中心线截取剖面，并从剖面上来测量钎料与焊盘的接触角 θ，以 θ 角的大小作为指标来评定钎料润湿性的优劣，较小的 θ 值表示钎料的润湿性能好。

表3-6 常用钎料的焊接性

钎料/焊盘	试验条件	接触角/(°)
Sn-37Pb/Cu	260℃	17
Sn-3.5Ag/Cu	260℃	36
Sn-5Sb/Cu	280℃	43
Sn-58Bi/Cu	195℃	43

（续）

钎料/焊盘	试验条件	接触角/(°)
Sn-50In/Cu	215℃、230℃、245℃ RMA	63、41、33
Sn-3.5Ag/Cu	250℃、270℃	70、50
Sn-3Ag-0.5Cu/Cu	—	55
Sn-3.6Ag-0.7Cu/Cu	—	55、40
Sn-4Ag-0.5Cu/Cu	—	55、40
Sn-2.5Ag-1Bi-0.5Cu/Cu	—	55、52
Sn-2.5Ag-0.7Cu/Cu	x=0、0.1%、0.25%	53
Sn-3.5Ag-0.7Cu-xRE/Cu	—	48、41、46
Sn-37Pb/Cu	—	10
Sn-4Ag-0.5Cu/Cu	—	30
Sn-37Pb/Cu-Ni-Au	—	7
Sn-4Ag-0.5Cu/Cu-Ni-Au	—	27
Sn-37Pb/UBM-1、2、3、4	—	61、10、64、62
Sn-3.5Ag/UBM-1、2、3、4	—	64、27、67、60
Sn-3Ag-xBi/	250℃	70~85
Fe-42Ni	450℃ x=0、3%、6%	50~65
Sn-9Zn-xCu/Cu	Cu=0、0.5%、1%、2%、4%、6%、8%、10%	
Sn-37Pb/Cu	250℃	13~32
Sn-3.5Ag-xCu/Cu	250~280℃ x=0、0.5%、0.75% 不同类型钎剂和表面粗糙度	28~55
60Sn-In-xBi/Cu	272℃（x=5%、10%、20%、40%）	25、21、19、15
Sn-37Pb/Cu	270℃	23
Sn-3.5Ag/Cu	—	43
Sn-3.5Ag/Cu	无卤化物钎剂	43
Sn-3.5Ag/Cu	卤化物钎剂	38
Sn-3.5Ag/Cu	1% Cu	42
Sn-3.5Ag/Cu	5% In	41
Sn-3.5Ag/Cu	5% Bi	38
Sn-3.5Ag/Cu	1% Zn	48
Sn-3.5Ag/Cu	镀金	29

（续）

钎料/焊盘	试验条件	接触角/(°)
Sn-37Pb/Cu	—	11.1
Sn-0.5Cu/Cu	—	33.9
Sn-3.5Ag/Cu	—	34.2
Sn-0.7Cu-xZn/Cu	x=0、0.2%、0.6%、1%	42、46、52、50

2. 润湿平衡法

当样品浸入钎料时，试片、熔化的钎料和大气（或助焊剂覆盖）之间构成一个三相体系，当达到平衡时，由于表面张力的作用，在样品上形成弯月面形状以及三个不同方向的表面张力。当样品浸入熔融的钎料时，受到浮力和润湿力的作用，其合力为 $F=F_m-F_a$，式中 F_m 为润湿力，F_a 为浮力。假设试样在弯月面区域内的周长为 L，熔融合金的密度为 ρ，则 $F_m=F_{LF}L\cos\theta$，$F_a=\rho vg$。由此得到

$$\cos\theta=\frac{F+\rho vg}{\gamma_{LF}L}$$

合力 F 的变化与润湿角 θ 存在着直接的关系，因此可以通过测量润湿平衡条件下的合力，来定量地表示样品的焊接性。

图 3-14 所示为用某焊接性测试仪得到的一条合力 F 与时间 t 的关系曲线，简称润湿平衡曲线，其中，横坐标为时间 t，单位为 s；纵坐标为合力 F，单位为 mN；向上合力为正。润湿曲线过横轴时合力为零。

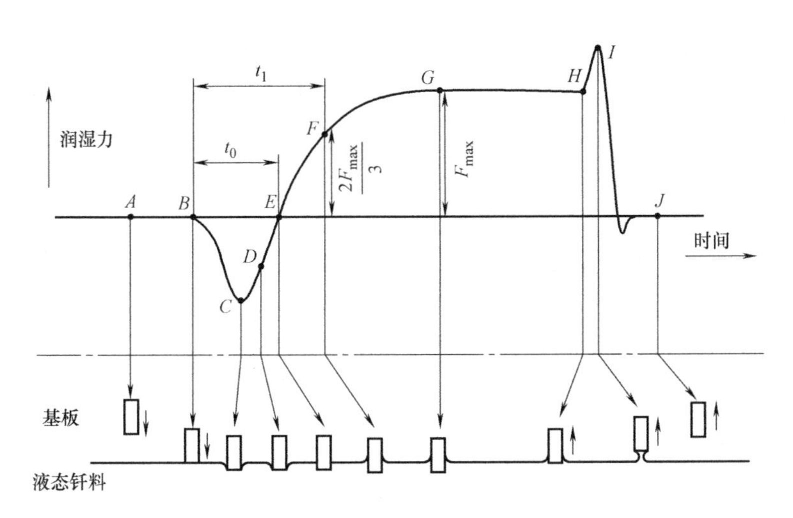

图 3-14 润湿平衡法得到的润湿曲线

借助图 3-14，可对润湿过程进行如下解析。

A 点：把准备的试样放入熔融的钎料之前。

B 点：测试在试样同熔融钎料接触时开始。

C 点：将试样浸入到规定的深度。

D 点：润湿进行中，液面回复到水平过程中的点。

E 点：熔融钎料凹下去的液面又变回到水平。

F 点：润湿继续进行中，在此点润湿力达到最大值的 2/3。

G 点：润湿力达到最大值的点，此时钎料的爬升高度最高。

H 点：设定时间结束时，开始将基板向上取出点。

I 点：基板即将与液态钎料分离时瞬间作用力的表示点。

J 点：基板与液态钎料分离后，回复到最初位置。

典型的润湿曲线如图 3-15 所示，几种常用钎料的润湿曲线如图 3-16 所示。

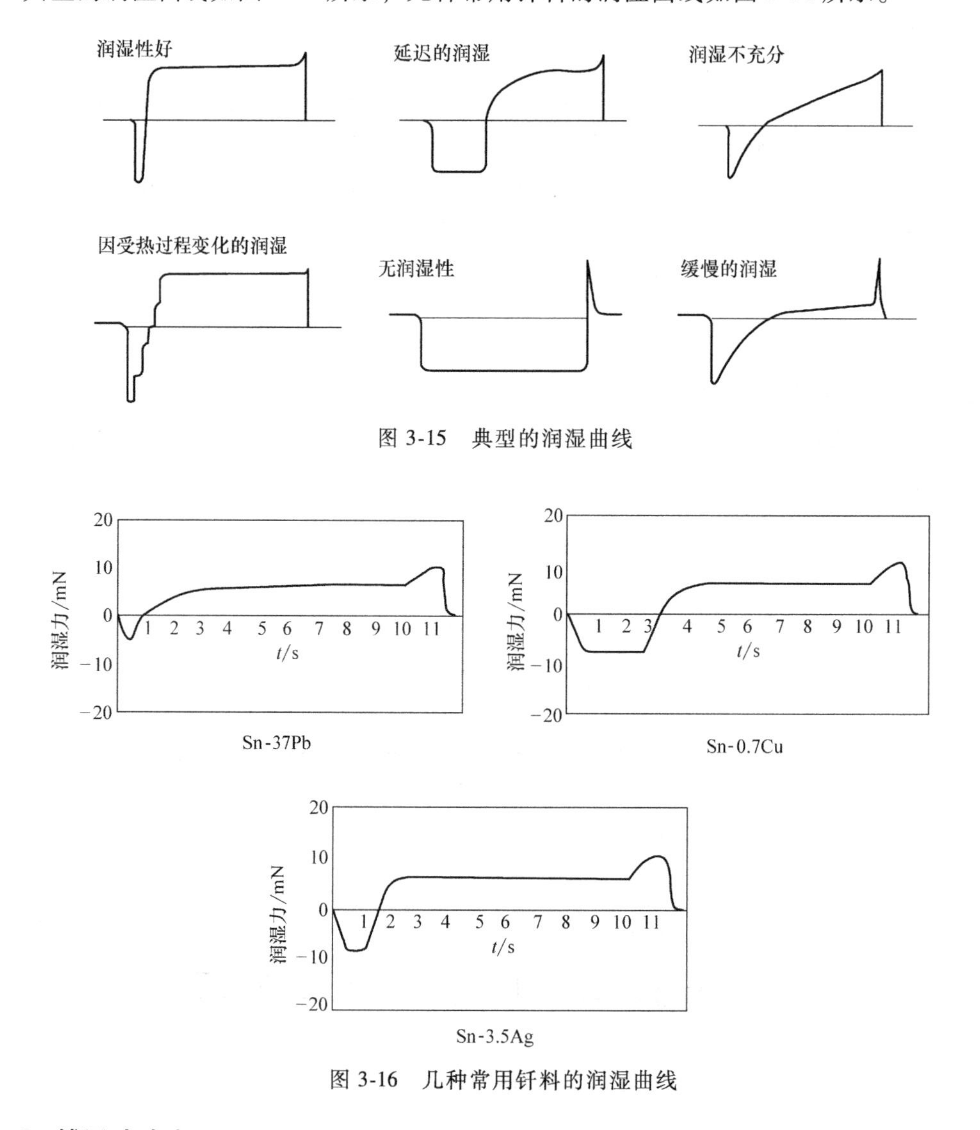

图 3-15　典型的润湿曲线

图 3-16　几种常用钎料的润湿曲线

3. 铺展试验法

利用铺展面积进行钎料焊接性评价是一种简单易行的办法。钎料在基板表面的润湿随界面反应的进行变成钎料在界面金属间化合物上的润湿。反应润湿结束后达到润湿平衡，此时的润湿角将决定于钎料液相表面与金属间化合物接触面上各种力的平衡，而润湿的进程决定于金属间化合物形成的速度。

钎料的铺展性能可以用铺展率来衡量，铺展率指的是单位质量的钎料在相同工艺条件下所能铺展的面积。润湿性试验应按国家标准 GB/T 11364—2008《钎料铺展性及填缝性试验方法》进行。试件为板状，铺展试验加热装置如图 3-17 所示，铺展试验示意图如图 3-18 所示。

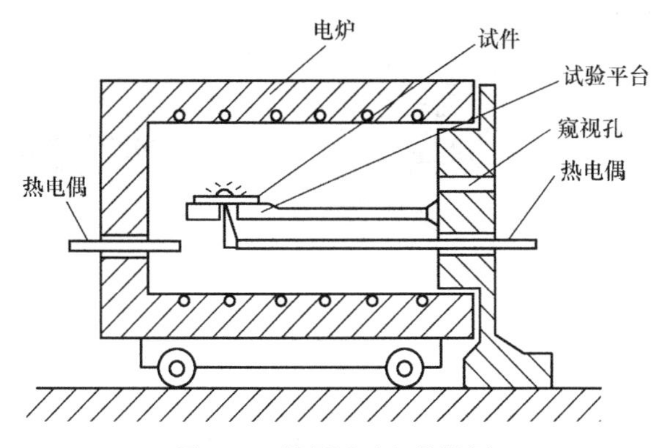

图 3-17 铺展试验加热装置

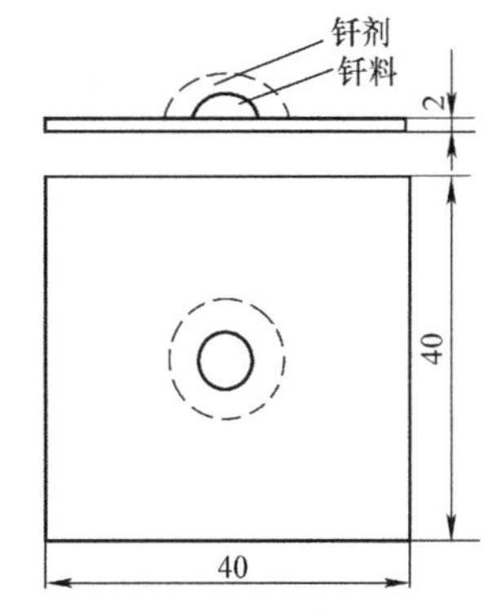

图 3-18 铺展试验示意图

试件材料与实际构件相同。在对比试验时应选择适合钎焊的金属材料。铺展试件的试验面要求用 400 号碳化硅砂布打磨，保证表面光洁、平整；填缝试验的立板钎焊面及底板钎焊平面必须进行加工，立板加工面应与底板表面垂直；毛边、毛刺应彻底清除。试验用表面应用适当方法清理，除去油污及氧化物等杂质。

钎料在试验前要进行适当清理。铺展试验所用的钎料应为块状，若采用细丝状的钎料，则应弯曲成圈状，用量为 0.1~0.28g，允许的偏差为±1%。在进行对比试验时，钎料的用量必须一致。如果需要使用钎剂，则应选择在钎焊的温度区间内具有较高活性的钎剂，其用量应该可以覆盖住钎料，铺展试验在原则上定为 0.6~1.0cm。

加热装置的炉膛必须有足够的均温区，铺展试验的均温区体积应大于 100mm×100mm×50mm。加热装置必须具有测量炉温及试件温度的测量装置，精度为 1%。测量试件温度的热电偶应紧靠试件的下表面。为便于试验，加热电炉应可移动，电炉移动时应迅速平稳，特殊情况下，也可在固定式电炉内进行。为防止钎剂的挥发损坏炉壁、炉丝，电炉可备有由不锈钢制成的保护衬壁。试验平台及其支承杆须选用耐高温的金属材料。

试验平台应提前在炉中预热到试验温度。铺展试验之前，将钎料块置于试件上表面的中心位置，如需使用钎剂，应将其覆盖在钎料上，然后将试件平放在已经预热的试验平台上。

预热后的试验平台在炉外停留的时间不得超过 15s。试验温度在钎料液相线温度 30~80℃（铝合金试验时则为 30℃）的区间内。当试件达到试验温度后，板厚为 1mm 的铺展试验试件需保温 30s；板厚在 1mm 以上时需要保温 50s；试件的入炉与出炉均应控制在 2s 内完成，入炉、出炉时应避免试件的抖动。试件出炉后应静止空冷，待钎料完全凝固后卸下试件。进行对比试验时，同种条件试验的试件数量不少于三个。

4. 焊球法

焊球法也属于润湿平衡法。采用一个小的焊片或焊球，将其置于一个微小的加热平台上使其熔化形成一个熔融的小液滴或焊球，把涂有助焊剂的试样的管脚或被焊表面与熔融焊球接触，并深入焊球内 1/2 处。保持一段时间直至试样表面被润湿为止，如图 3-19 所示。

3.3.4 钎料工艺性能评价方法的新发展

随着各种新型封装结构、钎焊产品的出现，对钎料的熔点、导电性、导热性、钎缝力学性能等技术指标的要求越来越高，因此对于新型结构、新型钎料的研发与采用，提出了新的试验方法。特别是 Au-Ga 钎料（中国发明专利申请号 2019100712298X，其共晶温度为 450℃，封装钎焊温度一般为 480~500℃）的出现，对电子产品的连接与封装技术，特别是试验与检验方法、采用标准提出了新要求和新挑战。

图 3-19 焊球法测定钎料的润湿性

1. 钎料铺展性试验方法

（1）试验方法

1）试验用的试件、钎料和钎剂前期清理及准备与国家标准 GB/T 11364—2008《钎料润湿性试验方法》中的规定相同。试验时最好取钎料形态为近长方体形或近圆柱体形的钎料，形态也可以为颗粒状、粉末状或膏状。除了 GB/T 11364—2008 规定的在平板上进行铺展试验外，也可以根据实际需要，采用下述方法进行实验，以检验钎料的填缝能力。

2）试验装置如图 3-20 所示。

3）将准备好的一定质量的钎料置于试件的夹角中心位置，如需用钎剂，应将其覆盖于钎料上，形成待测试件。

4）将试件放置于移出炉外经预热的试验平台上，预热的试验平台在炉外停留不得超过 15s。

5）进行加热：试验温度取高于钎料液相线 30~80℃。

6）保温：试件达到预设温度后，保温 30~50s，视板厚度而定，具体可参考国家标准 GB/T 11364—2008；移动加热炉，取出试件。

（2）结果表达

1）测量钎料熔化后在母材垂直部分上的高度 H_1 和长度 L_1，测试水平部分的宽度 B_2 和长度 L_2，通常情况，$L_1 \approx L_2 \approx L$，如图 3-21 所示。分别得到垂直部分面积 S_1 和水平部分面积 S_2。

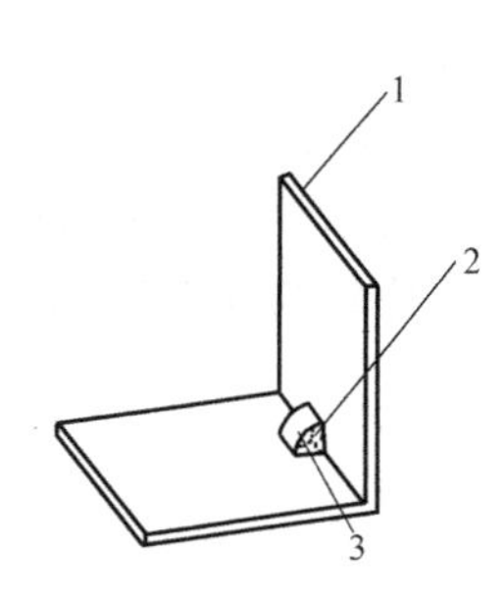

图 3-20 钎料铺展性（填缝能力）试验装置
1—板状母材 2—钎剂 3—钎料

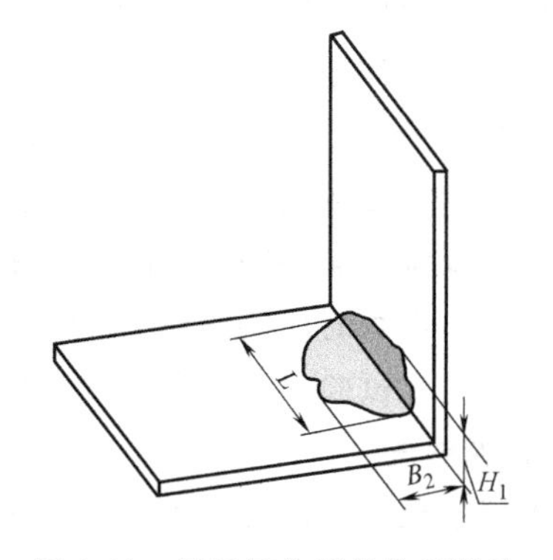

图 3-21 钎料熔化后的位置测量

2）可用测得的数据 L_1 与 L_2（或 H_1 与 B_2，或 S_1 与 S_2，或 S_1+S_2，或 S_2/S_1）来评价所述钎料对所述板状母材的铺展性能 S_p。

该试验方法中，引入钎料熔化后在垂直方向爬升的高度和面积来评价钎料对母材的润湿性和铺展性（填缝能力），有效减小了传统测试方法中，因为钎料的原始面积大小、铺展母材的倾斜所造成的数据误差。同时测量计算两个方向的面积比以及高度与宽度比，将平面面积扩展到了三维空间参数进行计算评价，一次测试实验得到组合参数，可以用不同的参数对此钎料在特定外界条件下对相应母材的铺展性能进行综合评价。

2. 钎料填缝性试验方法

（1）试验方法

1）试验装置、母材表面、钎料和钎剂前期准备与国家标准 GB/T 11364—2008《钎料润湿性试验方法》中规定相同。

2）试验装置如图 3-22 所示，所提供的装置是板状结构的母材，该装置可以单独使用，也可以和所提供的底座凹槽配合使用。该方法利用熔化后液态钎料的毛细作用在具有一定夹角的板状母材上沿板状母材爬升的形态来评价钎料对母材的填缝性能。

3）钎料浴槽准备：在凹槽内填充适量的钎料，以钎料全部熔化时可超过板状母材底部 1cm 为宜，如需使用钎剂，应将适量的钎剂覆盖于钎料表面。

4）将装有钎料的凹槽置于试验炉内，试验温度取高于钎料液相线 30～80℃。板状母材同时预热，但暂不置于钎料浴槽内。

5）待钎料完全熔化后，用夹持工具将预热的板状母材放置于钎料浴槽中，保温 50s。

（2）结果表达　试件冷却后从中间割开试样即可得到填缝曲线，如图 3-23 所示。更简易的方法是注射液体密封胶后取出密封垫，由密封垫的尺寸绘制填缝曲线。

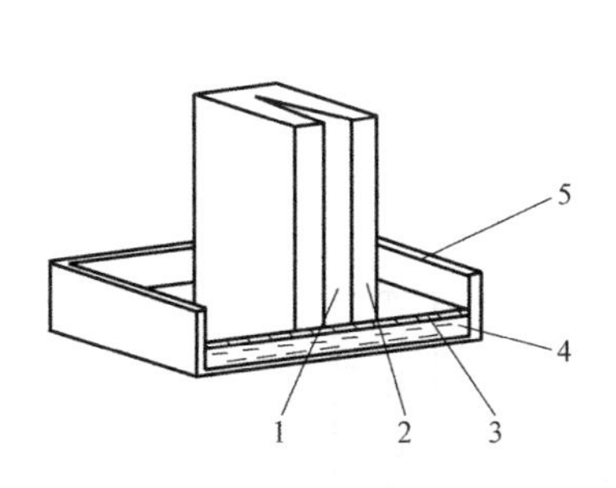

图 3-22　钎料填缝性试验装置
1—V 形开口　2—板状母材　3—钎剂
4—钎料　5—钎料浴槽

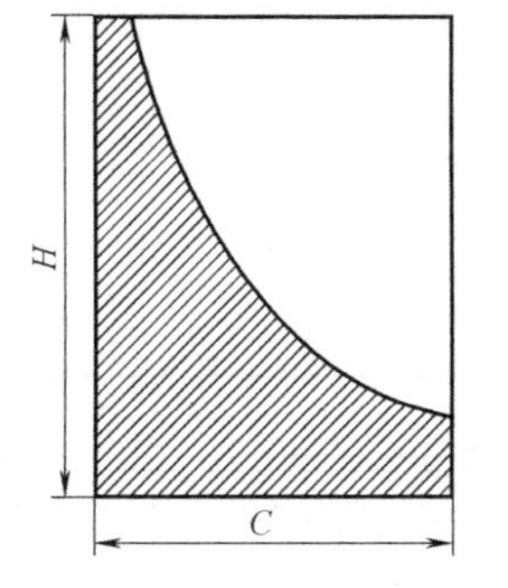

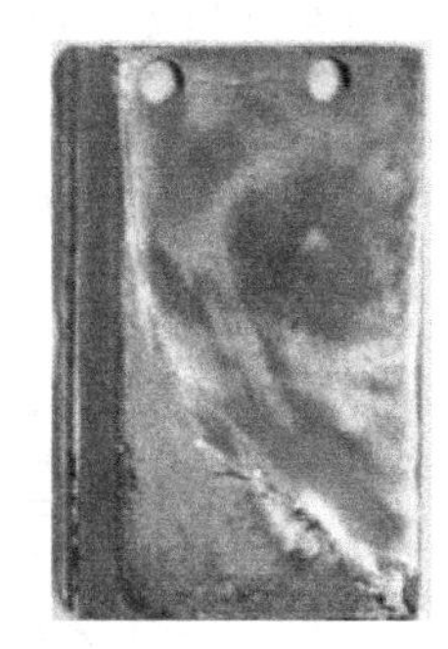

图 3-23　钎料填缝性测试曲线及测试结果

3.3.5　区域评判方法的扩展及完善

1. 钎着率检测

钎着率检测方法主要有剖分法、X 射线检测法和超声波检测法等，可参考钎焊接头无损检测方法。

其中，剖分法是指切开钎缝直接检测缺陷的形态与分布，定性、定量、定位判断分析缺陷，进而计算出钎着率的方法。该方法需仔细甄别未润湿与润湿后撕裂，以免误判。

2. 钎料飞溅率试验方法

溅射试验方法是评定真空级钎料熔化过程中钎料飞溅改变钎缝形态及影响钎缝周围状态的主要手段。

（1）试验方法

1）将一定质量的钎料放在表面清理干净的石墨板或者陶瓷板上，将钎料连同承托板一同送入真空容器中。

2）通过快速抽真空使容器内的真空度达到 10^{-2}Pa，用感应器加热钎料或石墨板，快速熔化钎料，容器恢复常压后取出试样，观测熔化钎料形态。

3）测量与熔化钎料主体不相连的飞溅料质量，评定飞溅出去的钎料质量比和飞溅率 δ。

（2）结果表达

$$\delta = M_s / M_o = (M_o - M_c) / M_o \times 100\%$$

式中 M_s——与熔化钎料主体不相连的飞溅料质量；

M_o——原始钎料质量；

M_c——残留主体钎料质量。

飞溅率是用于评定真空级别钎料性能的重要参数。

3.3.6 异域评判方法的引用与创建

钎料在母材上的铺展性、填缝性以及润湿角表征了钎料对母材润湿铺展后的物理形态，上述参量并不涉及钎焊工艺过程，也就是说传统的工艺指标只能描述静态参数，而忽略了动态参数，不能全面表征整个过程变化情况。钎焊工艺过程表现出的流动、润湿、铺展、填缝现象主要与其黏度相关。对钎焊工艺过程的描述可以借助钎料的黏度指标或流动性指标来实现。

1. 流动性试验

（1）条状钎料流动性试验

1）试验装置如图 3-24 所示。

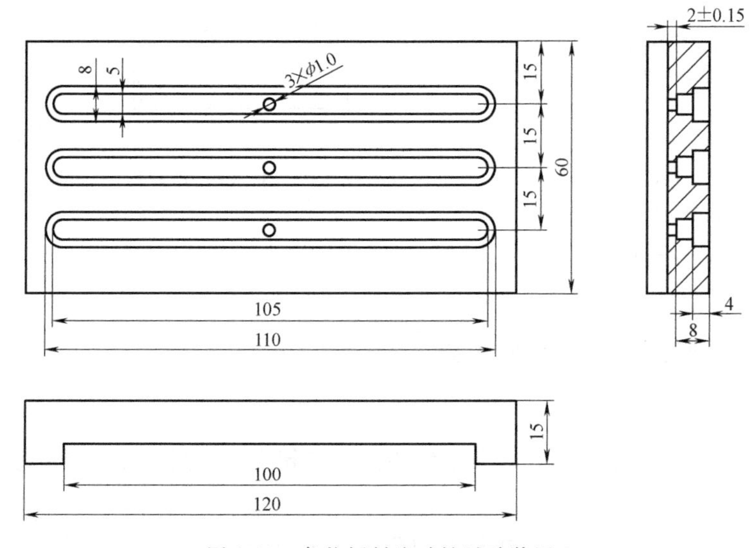

图 3-24 条状钎料流动性试验装置

2）试验用的试件表面、钎料等前期清理与国家标准 GB/T 11364—2008《钎料润湿性试验方法》中规定相同。

3）首先将试验装置放于炉内，试验温度取高于钎料液相线 30~80℃。待试验装置整体温度稳定后，将待测钎料置于试验装置槽内。如需用钎剂，应将其覆盖于钎料表面。

4）保温 50~120s，熔融钎料通过槽内小尺寸通孔（直径 1~3mm）滴入石墨坩埚内，测定钎料流出质量，每次测定 3 组，求平均值，转化为钎料滴流速率（g/s），评价钎料流动性。

（2）其他形态钎料流动性试验

1）试验装置如图 3-25 所示。

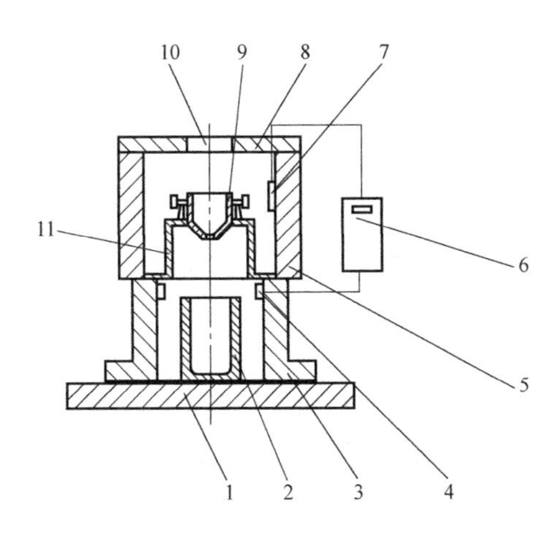

图 3-25 钎料流动性试验装置

1—工作台 2—石墨坩埚 3—底座 4—光电计时器 5—无底井式电阻调温炉 6—测温、控温、计时控制箱 7—热电偶 8—盖体 9—石墨漏斗 10—进料口 11—高温支架

2）先将无底井式电阻调温炉加热至所需温度后保温，通过热电偶实现对炉内温度的实时检测与调控，保证测量过程中炉内温度恒定。

3）测量开始时，将一定体积的高温钎料液由进料口加入石墨漏斗中，待测流体流出时，光电计时器自动计时，直至流体不再流出时计时完毕，得出一定体积待测流体流出时间（秒数）即可评价该钎料的流动性（L/s）。

2. 表观凹凸度试验

表观凹凸度是指钎料自然凝固后中部相对于边沿凸起或者凹陷的差异。表观凹凸度用于评价钎料与母材间的润湿角和钎料本身的线收缩率，是简单易行的综合评价钎缝外观形态的参数。

1）试验装置如图 3-26 所示，内径 16mm，外径 20mm，深度 16mm，高 20mm 的石墨材质或铜坩埚。

2）取体积 2500mm^3 的钎料置于测量坩埚内，将坩埚与钎料一起加热到钎料液相线以上 30~80℃，保温 60s。如需用钎剂，应将其覆盖于钎料表面。

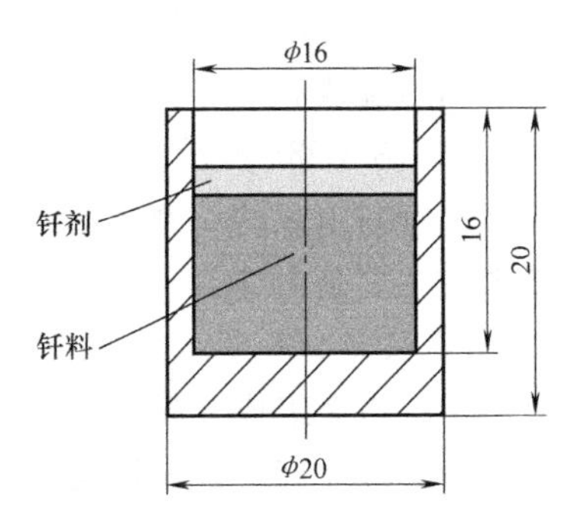

图 3-26 表观凹凸度测量坩埚

3）待坩埚与钎料冷却到常温后，测量坩埚内钎料边沿与中部高度差的平均值，该值为正表示钎缝内凹，该值为负表示钎缝外凸。

3.4 微电子焊接的界面反应

3.4.1 界面反应的基本过程

在微电子焊接（即软钎焊）过程中，润湿以后，接着就会发生钎料与母材的界面反应过程。由于母材和钎料之间的相互溶解、扩散、凝固结晶等一系列金属学过程，以及钎料和母材成分的多元化，加之工艺温度、时间、焊点尺寸等一系列参数的影响，使得焊点的组织及性能各不相同，差异显著。焊点是异种材料间的冶金结合，由于钎料和母材之间的相互作用会在焊点界面处产生各种现象，对接头的性能及可靠性产生明显的影响，因此有必要对其规律性进行讨论。微电子焊接的焊点结构如图 3-27 所示。

通常钎料与焊盘的界面冶金反应分为两类：在焊接过程中的液态钎料与固态焊盘之间的反应和在后续的时效过程中固态钎料与固态焊盘的反应。此两类冶金反应分别称为液/固界面反应和固/固界面反应。另外，在液/固界面反应中，通常会有两个过程同时发生，一个过程为焊盘金属溶解到熔融的钎料金属中去，另一个过程为钎料金属与焊盘金属结合，在界面处形成金属间化合物。焊接时一般都会发生焊盘向钎料中溶解的过程。焊盘向钎料适当的溶解，可以使钎料实现合金化，有利于提高焊点的强度。但是焊盘如果过度溶解就会造成钎料熔点的升高，黏度增加，铺展流动性变差，同时也会导致焊盘表面出现溶蚀缺陷。固态焊盘向钎料中的溶解过程是一个多相反应的过程。

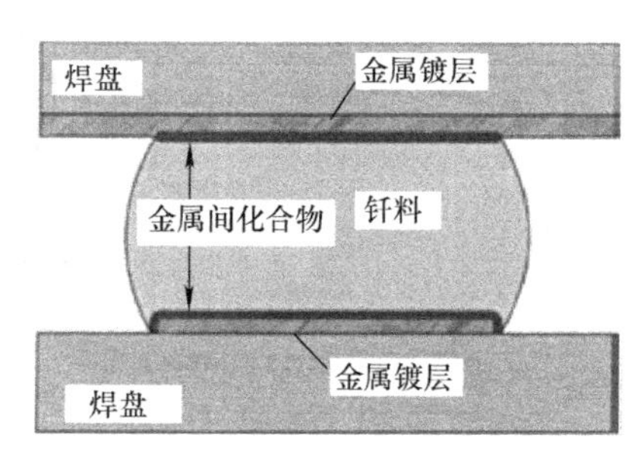

图 3-27 微电子焊接的焊点结构

1. 焊盘在钎料中的溶解

首先，讨论固相和液相都是纯金属的溶解情况。根据母材在液态钎料中的溶解形式，可以分为：母材与液态钎料之间的互溶度极小、互溶度较大、互溶度较大并形成同分化合物、互溶度较大并形成异分化合物四种基本类型。

如图 3-28 所示，F 是液态钎料，B 为固体母材，T_B 为钎焊温度。由图可以看出，无论钎料和母材组成的相图类型如何变化，开始时都是母材向液态钎料中溶解。钎料的组成因溶入母材而沿虚线右移，当分别达到 L_a、L_b、L_c、L_d 组成点时，母材的溶解停止。

1）如图 3-28a 所示，当固体母材 B 和液态钎料 F 之间的互溶度极小时，钎缝金属几乎只是由纯钎料组成的。例如用纯银或纯铜钎料钎焊铁时，铁在液态银或铜中的溶解度很小，钎缝金属主要是由纯银或纯铜构成。

2）如图 3-28b 所示，当固体母材 B 与液态钎料 F 的互溶度较大时，母材将快速溶入液态钎料中，直至组成达到 L_b 点才停止。若钎料成分选择不当，钎焊温度过高以及时间过长时，由于母材局部溶入钎料太多，在母材表面将形成蚀坑，这种现象称为溶蚀现象。为了克服溶蚀现象，通常在钎料中加入一定含量的母材成分，来减轻液态钎料对母材的溶蚀。严格

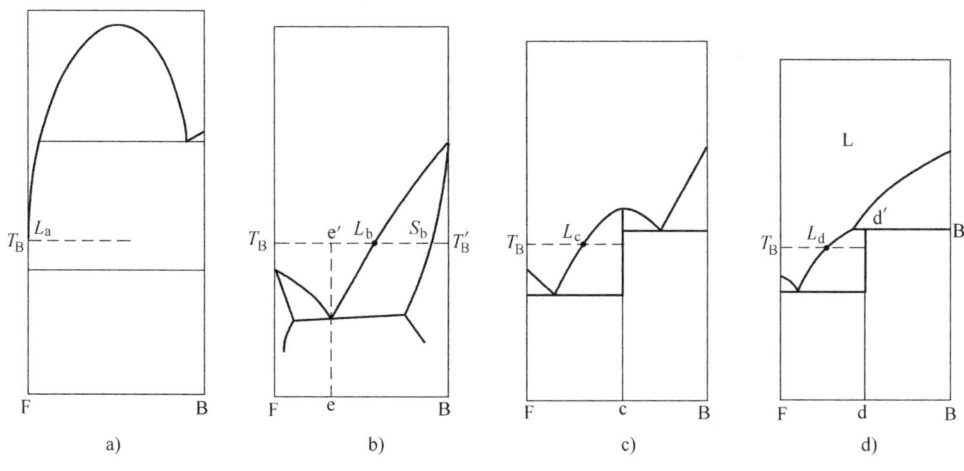

图 3-28 母材在液态钎料中溶解的基本形式

说来，只有当液态钎料中母材成分达到饱和时才能避免溶蚀的产生。一般钎焊温度均高于钎料液相线温度，母材的溶蚀是不可避免的。钎焊时微量的溶蚀是允许的，只有比较严重的溶蚀才会给母材带来伤害。

3）如图 3-28c 所示，当固体母材 B 与液态钎料 F 可生成固液同分化合物时，母材溶入液态钎料将会生成同分化合物。由于化合物 c 的熔点高于钎焊温度 T_B，它将呈固态包裹在母材与液态钎料的界面上。由于化合物相当稳定，一旦生成往往不易迅速扩散均化。固液同分化合物常具有独立的晶格，通常具有无机化合物的某些属性，如稳定性较好、不易分解、性脆、电导率和热导率比较低等，这对于接头的力学性能和电气性能都不利。

4）如图 3-28d 所示，当固体母材 B 与液态钎料 F 可生成固液异分化合物时，母材溶入液态钎料将会生成固液异分化合物 d。从热力学的观点来看化合物 d 和 c 性质应该相似，但由于 d 的生成是：L+B′=d′，在钎缝中将会同时存在 L、d′和 B′多相。

母材在液态钎料中溶解的现象，可认为是固态金属晶格内的原子结合键被破坏，促使它们与液态金属中的原子形成新键的过程。在一定的温度下，母材向液态钎料中的溶解量可以表示为

$$G=\rho C\frac{V}{A}(1-e^{-\frac{\alpha St}{V}})$$

式中 G——单位面积母材的溶解量；

ρ——液态钎料的密度；

C——母材在液态钎料中的极限溶解度；

V——液态钎料的体积；

A——液-固相的接触面积；

α——母材原子在液态钎料中的溶解系数；

t——接触时间。

可见，母材向液态钎料中的溶解与液态钎料的温度、数量、接触面积和时间以及母材在液态钎料中的极限溶解度等有关。

1）母材在钎料中的溶解度的影响。这个问题与母材在液态钎料中溶解的形式和类型有关，从根本上来说，它取决于母材与钎料的互溶度。在钎焊参数等条件一定时，母材与钎料的互溶度大的，其溶解量就大；反之，其溶解量就小。

2）钎料温度和接触时间的影响。钎焊时，液态钎料的温度和保温时间对母材在液态钎料中的溶解具有重要影响。随着温度的上升，母材在液态钎料中的溶解度增大，同时其溶解速度会显著加快。在高温下固体母材与液态钎料接触的时间越长，能使母材溶解充分，从而增大溶解量甚至达到极限溶解度。

3）施加钎料的数量和接触面积的影响。所施加的钎料越多，母材的溶解量越大。在接头内，钎料层较厚的地方，母材的溶解量往往较大；而在钎料层较薄的地方，母材的溶解量往往较少。在钎料量相同的条件下，液态钎料与固体母材的接触面积越大，母材的溶解会很快达到饱和状态；而接触面积小时，母材的溶解量也会较小。

母材向液态钎料中适量溶解，可使钎料实现合金化，有利于提高接头强度。对电子微连接接头的形成是有利的。但母材的过度溶解则是不利的，它会使液态钎料的凝固点上升，过度提高，流动性变差，从而降低液态钎料的润湿性和填充钎缝的能力，以致产生焊接缺陷。

金、钯等金属镀层能够立即扩散到含锡钎料中去而形成弥散细小的金属间化合物。在钎焊过程中，由于焊盘与钎料之间存在相互作用，一些焊盘组分会溶解到液态钎料中去。不同的材料在不同的液态钎料中的溶解速度是不同的。将直径为 0.5mm 的金、银、钯、铜、镍、铂丝浸入到液态钎料中，针对不同的温度和时间，测出溶解速率。表 3-7 给出了该实验的结果。从中可以看出，随着温度的升高，溶解量迅速增加，金和银的溶解速度最高，而铂和镍的溶解速度最低。

表 3-7　不同温度下几种金属元素在熔融 Sn-Pb 钎料中的溶解速率

金属	温度/℃	溶解速度/(μm/s)	金属	温度/℃	溶解速度/(μm/s)
Au	199	0.89	Ag	199	0.53
	216	1.74		232	1.11
	232	2.99		274	2.46
	252	4.25		316	4.84
Cu	232	0.10	Pd	232	0.036
	274	0.18		274	0.091
	316	0.54		316	0.16
	371	1.56		371	0.36
	427	3.63		427	1.03
	482	6.30		482	2.62
Pt	371	0.021	Ni	371	0.043
	427	0.13		427	0.11
	482	0.43		482	0.36

2. 液态钎料向焊盘的扩散

在软钎焊的过程中，发生润湿现象后会立即伴有扩散作用，因而形成界面层或合金层。固体中不会发生对流，因此扩散是唯一的物质迁移的方式，其原子或分子由于热运动不断地从一个位置迁移到另一个位置。当温度达到足够高时，就从一个晶格迁移到另一个晶格，称为扩散。原子的移动速度和数量与温度和时间有关。

扩散本身是一种物质传输过程，其驱动力是浓度梯度和原子（分子）的热运动，扩散的方向是由高浓度向低浓度方向进行，其平衡条件是使浓度梯度为零。事实上，液态钎料与焊盘金属发生相互扩散，既有焊盘金属被液态钎料溶解后在液相中的扩散，又有液态钎料向焊盘金属内部的扩散，即固相中的扩散。

（1）液态钎料向焊盘扩散的几种类型　固相扩散从微观上讲，是由于温度升高，金属原子在晶格点阵中产生热振动，金属原子从一个晶格点阵移动到另一个晶格点阵的过程。液态钎料向母材扩散可以分为表面扩散、晶内扩散、晶界扩散和选择扩散。

1）表面扩散如图 3-29 所示，是液态钎料的原子沿着焊盘表面进行的扩散。产生表面扩散的原因是由于两金属界面处原子之间的引力引起的。

2）晶内扩散如图 3-30 所示，是液态钎料原子扩散到基板表面后，继续扩散到晶粒中去的过程。钎料向基板内部晶粒的扩散，沿着不同的方向其扩散程度不同，并通过晶内扩散，在基板内部形成新相。

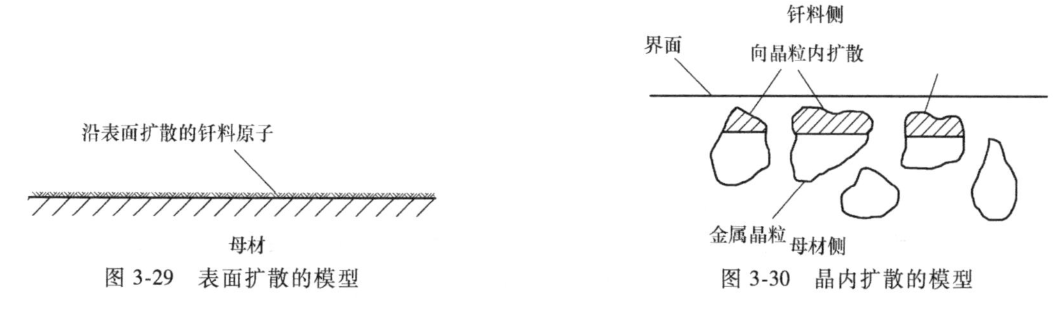

图 3-29　表面扩散的模型

图 3-30　晶内扩散的模型

3）晶界扩散如图 3-31 所示，就是液态钎料原子扩散到基板表面后，继续沿基板晶界向内部扩散。由于晶界扩散比晶内扩散的激活能低，所以晶界扩散较易发生。在高温下，由于激活能的作用不占主导地位，将同时发生晶界扩散和晶内扩散。例如，以锡基钎料钎焊铜时，锡在铜中既有晶内扩散，又有晶界扩散。

4）选择扩散如图 3-32 所示。用两种以上的金属元素组成的钎料进行钎焊时，其中某一种元素先扩散，或只有某一种元素扩散，其他元素不扩散，这种扩散称为选择扩散。例如：当用锡铅钎料钎焊时，钎料成分中的锡向母材扩散，而铅不扩散，这就是选择扩散。

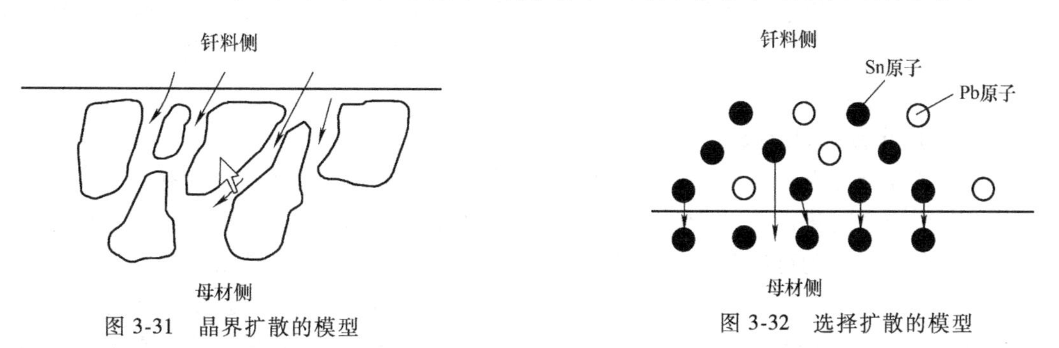

图 3-31　晶界扩散的模型

图 3-32　选择扩散的模型

（2）Fick 定律　当钎料凝固以后，金属间固相扩散的速度虽然减慢，但还在进行，速度相比液相扩散要慢得多。根据表象理论（根据所测量的参数描述物质传输的速度与数量等），1985 年 Fick 在研究热传导理论时，导出了关于扩散的两个定律，即 Fick 定律。给出了扩散过程中温度、扩散速度、浓度、时间等参数间的关系。

1）Fick 第一定律：

$$J = -D\frac{\mathrm{d}C}{\mathrm{d}x}$$

该方程称为 Fick 第一定律或扩散第一定律。式中，J 为扩散通量，表示单位时间内通过垂直于扩散方向 x 的单位面积的扩散物质质量；D 为扩散系数，其中负号表示物质的扩散方向与质量浓度梯度 $\mathrm{d}C/\mathrm{d}x$ 的方向相反，即表示物质从高的质量浓度区向低的质量浓度区的转移。Fick 第一定律描述了一种稳态扩散，即质量浓度不随时间而变化。

2）Fick 第二定律：

$$\frac{\partial C}{\partial t} = D\frac{\partial^2 C}{\partial x^2}$$

上述的扩散定律中均有这样的含义，即扩散是由于浓度梯度所引起的，这样的扩散称为化学扩散；另一方面，把不依赖于浓度梯度，而仅由热振动产生的扩散称为自扩散。自扩散系数 D_s 可以定义为

$$D_s = \lim_{\left(\frac{\delta\rho}{\delta x}\to 0\right)}\left(\frac{-J}{\frac{\delta\rho}{\delta x}}\right)$$

上式表示合金中某一组元的自扩散系数为其质量浓度梯度趋于零时的扩散系数。

Fick 扩散定律定量地给出了温度、浓度、时间等参数与扩散速度和扩散量之间的关系，其计算结果与实验结果比较接近，可以用于很多场合，尤其是溶液化学中的浓差扩散的近似计算。但是 Fick 扩散定律很难适用于金属在钎焊条件下液态钎料的各种现象。如前面所述，由晶格歪扭等原因引起复杂的物理变化，因此计算值与实验结果不可能一致。晶格缺陷和原子空穴是存在于实际结晶中的缺陷，它们对扩散到内部的原子的移动有很大的影响，所以 Fick 扩散定律不能充分解释焊接冶金反应过程中出现的所有现象。

应该指出，在钎焊的过程中，既会发生母材溶解后在液态钎料中的扩散，又会发生液态钎料组分向固体母材中的扩散，其中，前者是在液相中进行的，后者是在固相中进行的。这种相向的溶解和扩散作用，结果是钎缝凝固后，在固/液界面形成钎料与母材的过渡合金层。在高温和液态下，扩散速度非常快，当凝固成钎缝以后，固相金属间的扩散速度则显著减慢，但扩散仍在继续进行。与液/固相之间的扩散相比，固/固相之间的扩散速度非常低，当温度很低时可以忽略不计。

3. 金属间化合物的形成

焊接是依靠结合界面上生成合金层而形成连接的，这种以合金元素化学接合的方式形成的物质，叫作金属间化合物（IMC）。金属间化合物是一种以简单化学计量比（例如原子比）的成分较为单一的可区分的均匀相。由于锡非常容易和多种金属元素形成金属间化合物，因此用锡基金属作为钎料时，在互连结合处形成金属间化合物是最常见的现象。由图 3-33Cu-Sn 二元合金相图可知，铜与锡在液态下可以无限互溶，在固态下铜在锡中的溶解度则很小。因此钎焊时焊盘铜将向液态的锡钎料中溶解，在随后的冷却过程中将会出现金属间化合物 Cu_6Sn_5（η 相）。如果铜的溶解量过多，还可能出现 Cu_3Sn（ε 相）。可以说，化合物相 Cu_6Sn_5 的出现是保证锡钎料与焊盘之间实现冶金连接的基本前提。

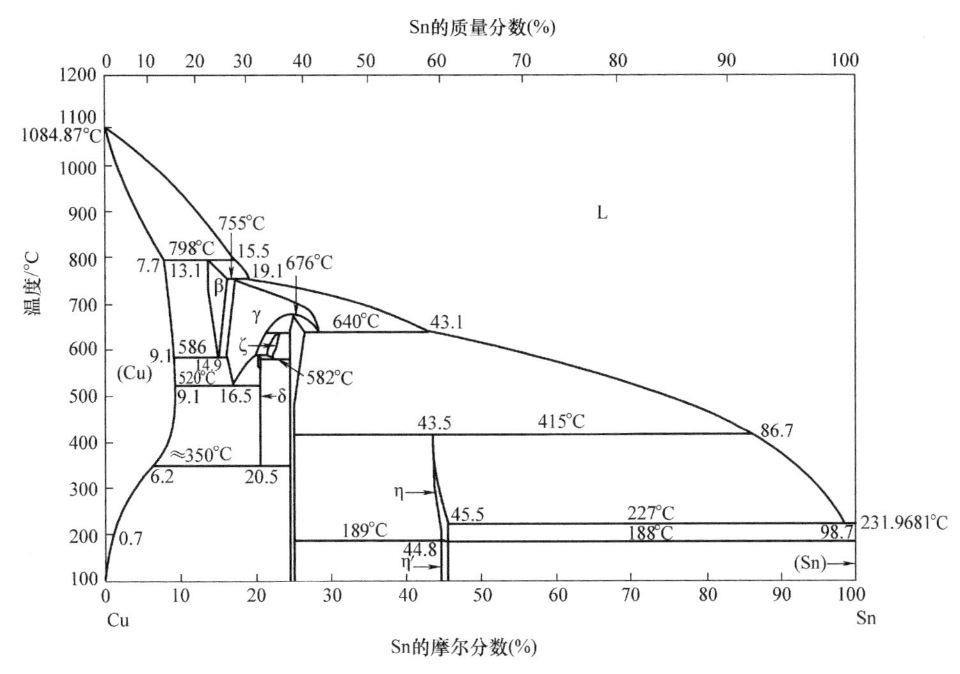

图 3-33 Cu-Sn 二元合金相图

由于金属间化合物相通常都具有硬而脆的特点，因此出现过多的化合物对焊点的性能是不利的。在钎料冷却凝固之后，由液态金属直接形成化合物的条件已经不存在，但是在随后的热过程中，铜与锡间的相互扩散过程仍可进行。因此化合物相仍将继续形成和长大，通常是在结合前沿处形成一层连续的化合物层。在电子产品的钎料互连过程中，除了铜基板和锡铅钎料之外，还经常涉及其他一些材料，例如铜基板上镀有其他金属覆层或者多层薄膜合金层体系可以形成金属间化合物。表 3-8 列出了母材和钎料之间可能形成的金属间化合物。

表 3-8 母材和钎料之间可能形成的金属间化合物

金属	Ag	Al	Au	Cu	Fe	In	Ni	Pb	Pt	Sb	Sn
Ag	—	Ag_2Al	ss	eu	ns	Ag_3In Ag_2In $AgIn_2$	ns	eu	pe	Ag_3Sb	Ag_3Sn
Al	—	—	Al_2Au AlAu $AlAu_2$ Al_2Au_5 $AlAu_4$	$AlCu_3$ Al_3Cu_9 AlCu Al_2Cu $AlCu_5$	$AlFe_3$ AlFe Al_2Fe Al_5Fe_2 Al_3Fe Al_5Fe	—	Al_3Ni Al_3Ni_2 AlNi $AlNi_3$	ns	$PtAl_2$ Pt_2Al Pt_2Al_3 PtAl Pt_5Al_3 Pt_3Al	AlSb	eu
Au	—	—	—	ss $AuCu_3$ AuCu Al_3Cu	pe	Au_4In AuIn Au_7In_3 Au_3In_2 AuIn $AuIn_2$ Au_8In	ss	$AuPb_2$ Au_2Pb	ss	$AuSb_2$	$AuSn_4$ $AuSn_2$ AuSn

（续）

金属	Ag	Al	Au	Cu	Fe	In	Ni	Pb	Pt	Sb	Sn
Cu	—	—	—	—	pe	Cu_4In Cu_3In Cu_9In_4 Cu_2In	ss	ns	ss CuPt Cu_3Pt	Cu_3Sb Cu_9Sb_2 Cu_2Sb	Cu_3Sn Cu_6Sn_5
Fe	—	—	—	—	—	ns	ss $FeNi_3$	—	$FePt_4$ FePt $FePt_3$	FeSb $FeSb_2$	Fe_3Sn Fe_3Sn_2 FeSn $FeSn_2$
In	—	—	—	—	—	—	In_3Ni_3 InNi $InNi_2$ $InNi_3$	pe	—	—	In_3Sn In_3Sn_4
Ni	—	—	—	—	—	—	—	ns	ss NiPt Ni_3Pt	Ni_3Sb Ni_5Sb_2 $NiSb_2$	Ni_3Sn_2 Ni_3Sn Ni_3Sn_4
Pb	—	—	—	—	—	—	—	—	$PbPt_3$ PbPt Pb_4Pt	eu	eu
Pt	—	—	—	—	—	—	—	—	—	PtSb $PtSb_2$	Pt_3Sn PtSn Pt_2Sn_3 $PtSn_2$

注：ss—连续固溶体；eu—共晶型；ns—液相分层固溶度极小；pe—包晶型。

从表 3-8 可以看到，Sn 与 Au、Ag、Ni、Cu 等均可以形成金属间化合物。锡和金之间的金属间化合物生长非常快。例如，在 150℃ 下只需 300h 就可以形成厚度为 50μm 的化合物层。金和锡形成的金属间化合物层包括 AuSn、$AuSn_2$ 和 $AuSn_4$。$AuSn_4$ 相极脆，且极易在与金的焊接中产生缺陷。在周期性热作用或其他机械应力作用下，AuSn 金属间化合物将会脱离基体而失效。这种脱离发生在金母材和 $AuSn_4$ 金属间化合物之间，这是多重因素导致的，如 AuSn 的脆性、本身过弱的结合力、多孔的构造以及 Kirkendall 缺陷等。为了使得镀金焊盘上有可靠连接，含金的金属间化合物必须溶入钎料内部，直至表面是 Sn-Ni 或 Sn-Cu 的金属间化合物。这就要求镀金层厚度要薄，一般不要超过 1μm。而 Ag_3Sn 是银和锡间形成的最常见的金属间化合物。

Sn 在镍基体上（或镀镍层表面上）能够形成 Sn 与 Ni 的金属间化合物。有三种 Sn-Ni 金属间化合物相：Ni_3Sn、Ni_3Sn_2、Ni_3Sn_4。

研究表明，Sn-Cu 金属间化合物形成较快，Sn-Ni 金属间化合物的形成比 Sn-Cu 要慢。

4. 金属间化合物的长大

互连界面间形成了金属间化合物，说明一种良好的焊接结合已经形成。但金属间化合物的脆性会对焊点的力学性能造成破坏性影响。如果这些金属间化合物层太厚，焊点互连界面因脆性而导致断裂和开路。在机械应力下，这将会是个非常大的问题。比如印制电路板在温度的变化下会收缩或膨胀，从而使焊点产生机械应力，移动电子产品会经常受到冲击载荷的作用而发生破坏。

实验表明，互连界面形成的金属间化合物应该有较适宜的厚度。过低则不能达到较好的固溶作用，过高则对系统的可靠性产生影响，例如，Cu 母材上涂有 Sn-Pb 涂覆层，若 Cu 和 Sn 的金属间化合物生长厚度达到 2~4μm，焊点的性能会显著降低。不同的金属间化合物对焊点的稳定性有不同的作用，因而了解相的形成是非常重要的。钎料和焊盘相互作用可以归结为如下两类：熔融状态下的钎粉母材相互作用和固化状态下的金属间化合物的生长。润湿过程中，熔化的钎料与固态母材接触并起反应。焊盘熔融到液态金属中，同时钎料中的活性成分与焊盘发生反应。两个过程都可以在熔化的钎料和焊盘之间的连接区域形成金属间化合物。焊盘熔融到液态钎料中的量取决于它在钎料中的溶解度，而金属间化合物的形成则取决于焊盘中活性元素的溶解度。许多研究都致力于研究熔融钎料和焊盘间的反应。特别是在无铅的情况下这种研究更为重要，它直接关系到电子产品的质量和工艺成本。

金属间化合物的生长速度有两种规律：线性生长和抛物线生长。线性生长是指金属间化合物的生长受原子间反应控制；而抛物线型生长则是指生长受扩散到反应界面元素的量的限制（扩散控制）。含有铜元素的焊盘体系与 Sn-Pb 钎料合金之间通常近似于抛物线或亚抛物线型生长方式。要获得良好的焊接效果，钎料成分与焊盘成分必须发生能够形成牢固冶金结合的反应，在界面上生成适当的合金层，因此界面上 IMC 的形成、厚度、形貌以及演化规律，对焊点的机械、电气、化学乃至可靠性都有至关重要的影响。图 3-34 显示了 Cu 与 Sn-Pb 共晶钎料的界面反应层生长随温度、时间的变化规律。在典型的焊接工艺条件下，由于 Cu、Sn 的互扩散要穿过 Cu_6Sn_5 相，因此初生的界面层厚度通常是有限的。焊接之后，随着服役时间和温度的变化，界面层的厚度仍将呈现缓慢的增长态势（图 3-35 中实线）。Sn 基钎料与其他常见金属的界面反应类似，固态时，所形成的 Sn 基金属间化合物也会因金属的扩散作用引起界面层厚度的继续增长，其增长速率也比焊接时的要低。

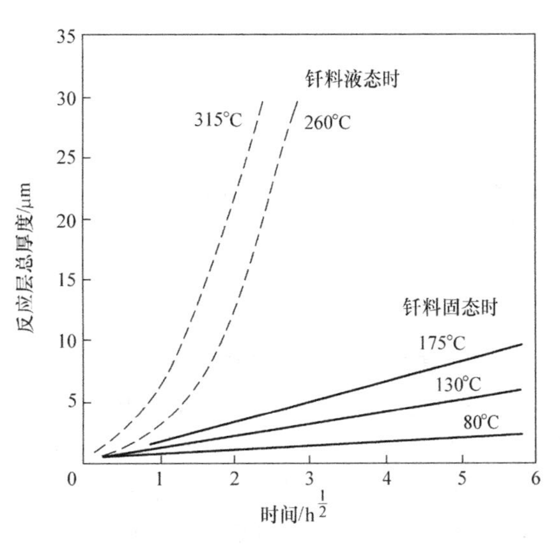

图 3-34 Cu 与 Sn-Pb 共晶钎料的界面反应层生长随温度、时间的变化规律

5. 金属间化合物的物理性能

金属间化合物与钎料或焊盘的物理性能明显不同。表 3-9 给出了 Sn-Cu 和 Sn-Ni 室温下金属间化合物的性能。金属间化合物的延性较差，硬度较高，这表明金属间化合物具有较大的脆性。金属间化合物的这种高硬度，使得在一般条件下焊点受到应力时不会有塑性形变产生。金属间化合物较大的弹性模量使得它们的延展性变差。金属间化合物的热膨胀系数与金属的相差不多，因而它们与连接着的焊盘金属的膨胀量也会差不多。金属间化合物的热导率和电导率比较低，这对于一个薄的金属间化合物层来说，其影响不会很大。但是对于微型焊点来说，由于焊点尺寸变小，这些物理性能将会对电路的性能造成很大的影响。

表 3-9 室温下金属间化合物的性能

性　能	Cu_6Sn_5	Cu_3Sn	Ni_3Sn_4
维氏硬度/(kg/mm^2)	378±55	343±47	365±7
断裂韧度/($MPa \cdot m^{1/2}$)	1.4±0.3	1.7±0.3	1.2±0.1
弹性模量/GPa	85.56±6.5	108.3±4.4	133.3±5.6
剪切模量/GPa	50.24	42.41	45.0
线胀系数 ($\times 10^{-6}$)	16.3±0.3	19.0±0.3	13.7±0.3
热扩散系数/(cm^2/s)	0.145±0.015	0.24±0.024	0.08±0.008
热容量/($J/g \cdot ℃^{-1}$)	0.286±0.012	0.326±0.012	0.272±0.012
电阻率/$m\Omega \cdot cm$	17.5±0.1	8.93±0.02	28.5±0.1
密度/(g/cm^3)	8.28±0.02	8.9±0.02	8.65±0.02
热导率/[W/(cm·℃)]	0.341±0.051	0.704±0.098	0.198±0.019

3.4.2 界面反应和组织

1. 理想的焊接界面组织

理想的焊接界面组织如图 3-35 所示，应该是偏析很少的且均匀分散的微细强化相组织。如果偏析多就会形成低熔点相接近的脆性相，这也是产生破断的起因。焊接界面最好是薄并且平坦的反应层，而不能是脆性的界面反应层，所以如果能够抑制脆性层的生长对形成理想的焊接界面很有好处。这种作用可能会发生，比如对 Sn-Ag-Cu 系合金添加微量的 Zn。要是焊接界面优先产生 Cu-Zn 反应层，对这个相，Sn 不能固溶，这样依赖 Zn 的含量可能还可以控制界面反应层的厚度。另外从控制润湿的观点出发，希望形成很薄的氧化膜，当然在焊接时还需要助焊剂的充分润湿，以控制残渣和锡球的产生。

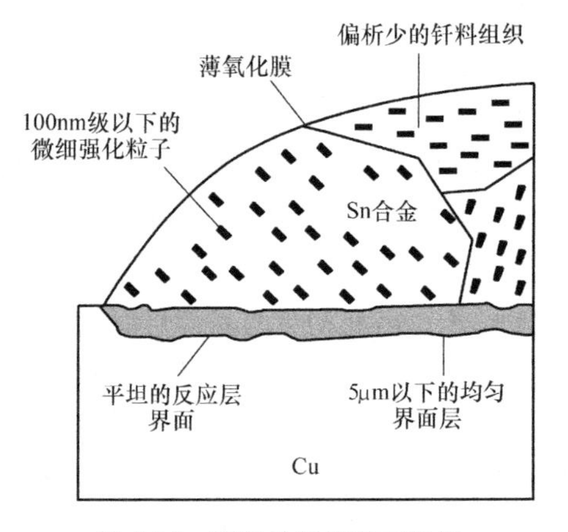

图 3-35 理想的焊接界面组织

2. Sn 基钎料与 Cu 的界面反应

Sn 合金与 Cu 焊盘的界面形成过程中，几乎在所有的条件下都会形成金属间化合物。图 3-36 所示为典型的 Sn-Ag-Cu 钎料与 Cu 母材的界面组织，这是在 1min 的焊接时间内形成的界面，与实际规模工业生产中的界面结构类似。在焊接 250℃左右的 Sn 系合金时，除了加入 Zn 元素以外，几乎所有合金都在与 Cu 的界面处形成 ε-Cu_3Sn/η-Cu_6Sn_5 两层化合物。在一般再流焊条件下 ε-Cu_3Sn 层为 1μm 以下，非常薄，很难区别。界面化合物层大部分是 η-Cu_6Sn_5。

Sn 基钎料合金和 Cu 焊盘焊接时所形成的界面，大体上从 Cu 侧依次形成 Cu_3Sn、Cu_6Sn_5 两层金属间化合物。而其钎料中所形成的金属间化合物，则基本上取决于钎料合金的成分。所不同的是，对 Sn-3.8Ag-0.7Cu 钎料合金来说，钎料基体组织中出现了 Cu_6Sn_5 和 Ag_3Sn 两种金属间化合物，而 Sn-3.5Ag 钎料中只出现 Ag_3Sn。这主要是因为在再流焊时，前者 Cu 的来源更丰富。另外，Sn-Zn 钎料合金和 Cu 焊盘焊接时，和其他 Sn 基钎料合金所形成的界面反应相比有较大的差异。

当前无铅钎料已普及，由于对 Sn-Pb 钎料研究的可靠性数据丰富，无铅钎料的研究及开发还得借鉴过去使用 Sn-Pb 钎料的经验。绝大部分 Sn 基钎料（除 Sn-Zn 系以外）与 Cu 的界面反应是封装器件与 PCB 焊盘的常见连接反应，经过液固反应之后其界面为连续层状的 Cu_6Sn_5 相。从热力学平衡分析，在 Cu_6Sn_5 相与 Cu 焊盘之间应存在一层 Cu_3Sn 相，该层非常薄以至常常在高精度的透射电镜中才能检测到。在随后老化（固态反应）条件下，Cu_3Sn 层随老化时间增加而长大。可以认为 Cu_3Sn 是 Cu_6Sn_5 与 Cu 之间反应形成的。Cu_3Sn 位于 Cu 和 Cu_6Sn_5 化合物层之间，其生长过程就是依靠元素之间的固相扩散。

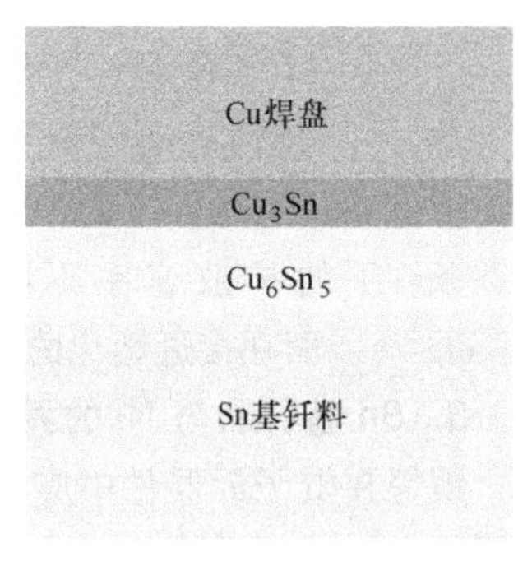

图 3-36　Sn-Ag-Cu 钎料与 Cu 焊盘的界面组织

在焊接后的固相状态下，Sn 元素和 Cu 元素的扩散仍继续进行，其中又以 Cu 通过化合物 Cu_3Sn 和 Cu_6Sn_5 向钎料中的扩散为主。Cu 和 Sn 的扩散是非平衡扩散，如图 3-37 所示，从原子水平上来看，由于焊盘中的 Cu 原子向钎料中扩散而在 Cu 焊盘表面上形成的原子空位并未被由钎料中扩散来的 Sn 原子占据，便会在 Cu 原子通过 Cu_3Sn 的界面上形成一部分永久空位，这些空位聚集后便形成了 Kirkendall 孔洞。研究表明，在再流过程中就伴随有 Kirkendall 现象的发生；时效过程更是加速了 Kirkendall 现象的发生，并促使新的 Kirkendall 孔洞聚集长大，形成更大的孔洞。由于 Kirkendall 孔洞尺寸很小，在一般情况下不易观察，多数是在长时间的时效后才能观测到。Kirkendall 孔洞的形成和长大会引起 Cu 侧 Cu_3Sn 界面断裂失效。Cu/Cu_3Sn 界面上 Kirkendall 孔洞的生长和聚集，会严重影响到焊点的可靠性。

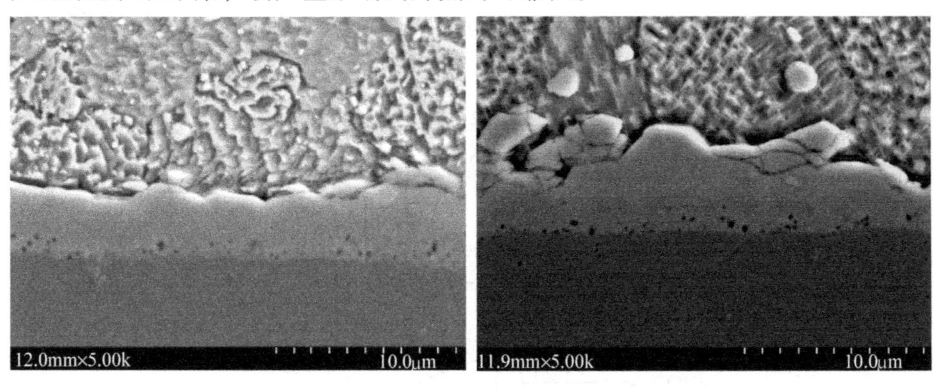

图 3-37　Sn-Cu 界面反应组织的 SEM 照片

界面层的形态对连接的可靠性影响很大，特别是形成很厚的反应层时，可以认为形成了相同尺寸的缺陷，应尽可能避免。由于反应产物是金属间化合物层，比较脆，与引线、基板之间的线胀系数等性能差别很大，容易导致裂纹的萌生与扩展，因此掌握界面反应层的形成和成长的机理，对焊点在服役条件下的可靠性尤为重要。虽然所有反应层几乎都是 ε-Cu_3Sn/η-Cu_6Sn_5 两层结构，但成长规律存在明显的差异，这跟反应温度、合金元素、焊盘种类、应力、电迁移等情况都有关联。

在固态反应中，金属间化合物的增长主要遵循扩散控制机制，即

$$X = X_0 + \sqrt{Dt}$$

式中　X——IMC 的厚度；

X_0——焊接产生的 IMC 厚度；

D——生长速率；

t——反应时间。

液态和固态条件下的 IMC 生长速率之间存在着巨大差别，这主要是由于原子在液态和固态条件下的扩散速率不同所造成的。在液态锡基钎料中，Cu 原子的扩散速率约在 $10^{-5}cm^2/s$，而在接近熔化的固体钎料中，Cu 原子的扩散速率约为 $10^{-8}cm^2/s$。

3. Sn 基钎料与 Ni 的界面反应

镀镍在电子元器件中应用很广，Ni 涂覆层具有表面较平，稳定性高，寿命长，焊接性好等优点。Ni 涂覆层的性能不仅受工艺方法（如电解镀或无电解镀）的影响，还受到磷含量［低磷（P 的质量分数为 1%～5%）、中磷（P 的质量分数为 6%～10%）和高磷（P 的质量分数为>10%）］的影响。这对研究其界面反应的影响因素增加了一些复杂性。

一般来说 Ni 是稳定的，其界面反应层与 Cu 相比是相当薄的，晶粒比较细。其线胀系数（CTE）为 $12.96\times10^{-6}/℃$，比 Cu 的线胀系数（$16.56\times10^{-6}/℃$）小。Ni 能阻挡 Cu 向钎料中扩散。经过焊接和老化，Ni 与 Sn-Pb 和 Sn-Ag 等合金形成了 Ni_3Sn_4 金属间化合物。在其他情况下，如 Sn-Ag-Cu 钎料合金焊接时，也能在形成的 $(Ni, Cu)_3Sn_4$ 金属间化合物上形成 $(Cu, Ni)_6Sn_5$，如图 3-38 所示。图 3-39 所示为 Ni-Sn 二元合金相图，从图中可以推测出其在再流焊接后的界面反应层的构造规律是 Ni 侧-Ni_3Sn-Ni_3Sn_2-Ni_3Sn_4。其中，Ni_3Sn 是不能观察到的。

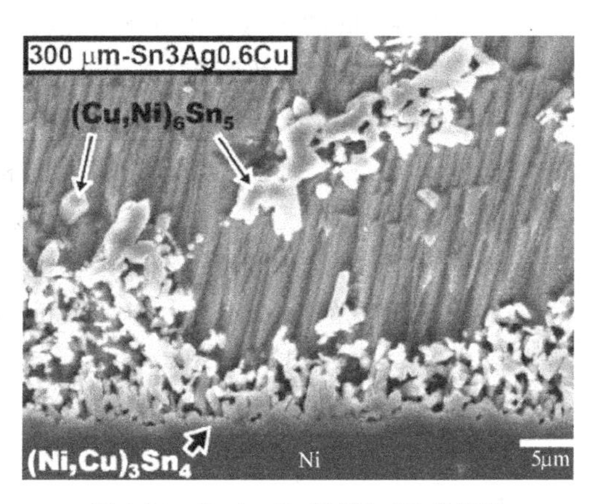

图 3-38 Sn-Ag-Cu 钎料与 Ni 基板界面反应后的组织

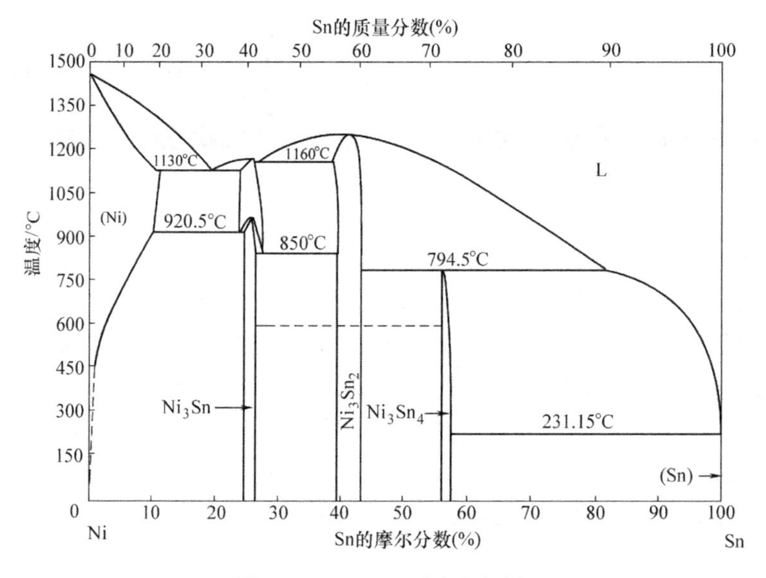

图 3-39 Ni-Sn 二元合金相图

在无电解镀 Ni-P 合金的情况下，从镀层 Ni 向钎料侧通过扩散过程形成了 Ni_3Sn_4 和薄的 Ni_2P。由于在与 Sn 的反应中消耗了 Ni，多余的 P 就积累在 IMC 界面，从而导致了富 P 层（Ni_3P+Sn）的出现。在 Ni_3Sn_4 和富 P 的 Ni 层界面上，由于 Sn 扩散进入 IMC 层后，在 IMC 层上的钎料里就容易出现 Kirkendall 空洞。这会使该界面附近的接合强度低而容易发生接触不良和劣化，即所谓黑盘，因此充分理解镀层的状态和再流焊条件，对控制工艺过程是非常重要的。

Sn-Ag-Cu 钎料与 Ni-P 镀层界面反应及时效后的组织分布如图 3-40 所示，Sn-Ag-Cu/Ni-P 界面反应后的元素分布如图 3-41 所示。

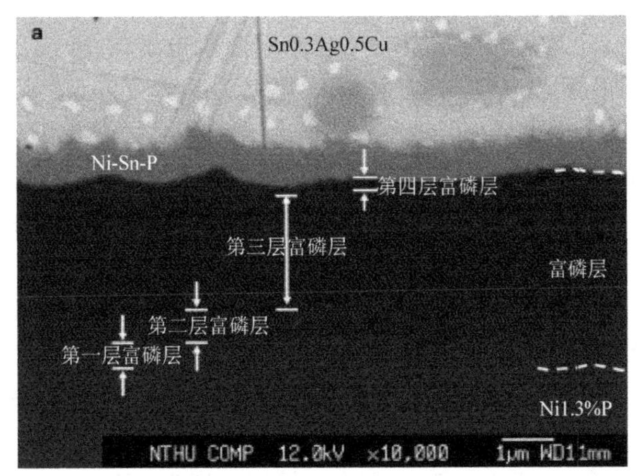

Ni–Sn–P	$Ni_2Sn_{1+x}P_{1-x}$
第四层富磷层	Ni_2P
第三层富磷层	$Ni_{12}P_5$
第二层富磷层	$Ni_3P + Ni_{12}P_5$
第一层富磷层	Ni_3P

图 3-40 Sn-Ag-Cu 钎料与 Ni-P 镀层界面反应及时效后的组织分布

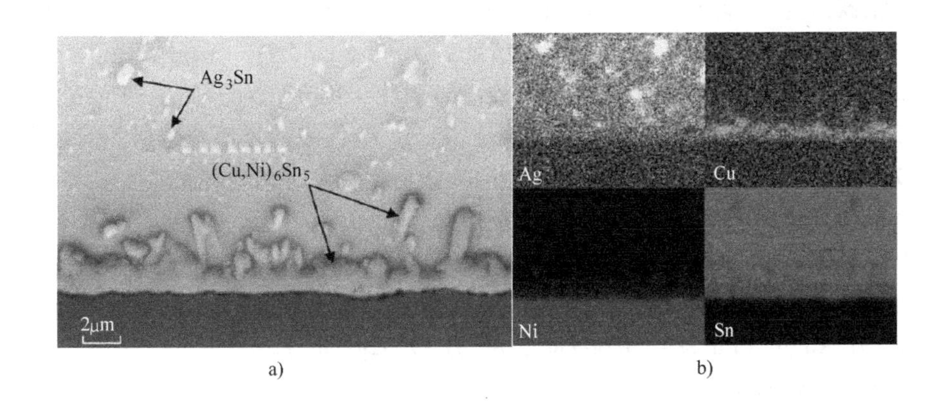

图 3-41 Sn-Ag-Cu/Ni-P 界面反应后的元素分布

4. Sn 基钎料与 Ni/Au 镀层的界面反应

Ni/Au 镀层就实质而言，镀 Ni 是主体，它构成了在焊接过程中母材 Cu 和钎料之间的阻挡层，以阻挡 Cu 向钎料中扩散。在焊接中虽然 Ni 层能形成比 Cu 层要稳定得多的钎料连接，但 Ni 在空气中容易氧化，因而镀 Au 层可作为 Ni 的保护层，以防止 Ni 层钝化。

如果 Au 层很薄，它能很快溶解在熔融的钎料中，从界面移出，从而可以忽略 Au 的脆性带来的不利影响；如果 Au 层不是很薄，则必须要考虑其脆性的影响。在同样的过热情况下，Au 溶解进 Sn 的速度比溶解进 Sn-Pb 钎料合金中要快得多。对于 Sn-Ag 共晶钎料合金也是这样，而且在 Sn- Ag 共晶钎料中 Au 的溶解度高于 Sn-Pb 共晶合金。

获得 Ni/Au 涂覆层通常有两种工艺方法：

（1）无电解 Ni/Au 工艺　无电解 Ni/Au 包括一个无电解的 Ni 内层和一个无电解的 Au 外层，通常将其称为 EG 工艺。EG 工艺中 Ni 层厚度为 3.25~5μm，而 Au 的厚度则取决于其应用场合：焊接时需要 0 .025~ 0.325μm 的硬金；连接时，需要 0.25μm 的硬金；引线键合时，则需要 0.25μm 的软金。在焊接应用中，如果钎料中 Au 的含量超过 3%（质量分数），Au 的脆性便会表现出来，这种含量大致相当于 0.25μm 的 Au 层厚度。如果 Au 层厚度能控制在 0.025~0.325μm，便能有效地控制 Au 的脆性。EG 工艺在润湿能力和针孔方面表现出了较好的性能，剪切强度中等，对老化、助焊剂成分、再流气氛等不敏感。

（2）化学镀镍浸金（ENIG）工艺　化学镀镍浸金工艺是 PCB 上最常用的形式，化学镀镍层厚度为 3~5μm，P6%~10%（质量分数），无定形结构，非磁性。化学镀纯度为 99.99%的薄金层（又称为浸金、置换金），厚度为 0.025~0.1μm。化学镀厚金层（又称还原金）厚度为 0.3~1μm，一般为 0.5μm 左右，镀层硬度为 $60HV_{0.1}$，它应在薄金层上施镀。

ENIG 工艺是在 PCB 涂覆阻焊层（绿油）之后进行的。它既可以压焊（绑定），又适用于高温焊接。它向 PCB 提供了集可焊、导通、散热功能于一身的理想镀层，镀层厚度均匀一致性可达施镀的任何部位，且设备和操作都不复杂。对 ENIG 工艺最基本的要求是焊接性和焊点的可靠性，需经受 2~3 次再流焊。因为 ENIG 工艺如果控制不合适，薄且多孔的 Au 层会导致 Ni 表面氧化，使焊点的焊接质量不可靠。而 Ni 的厚度和 Ni 中 P 的含量对焊接质量的可靠性也有明显的影响，如导致黑盘、涂覆不完整、外部裂化等。焊盘发黑表明 ENIG 工艺形成了质量很差的钎料连接，当这部分焊点断裂后，露出的焊盘表面是黑色的。黑盘缺陷是由于极度活跃的浸 Au 腐蚀溶液改变了相邻表面 Ni-P 的微结构，使其变成了非润湿的边界面而形成的。

Ni/Au 层的 Au 在焊接过程中完全溶入液态钎料中，因此它对界面层的形成没有贡献，最后还是和 Ni 镀层一样，由 Sn 和 Ni 反应形成 Ni_2Sn_4 等组成的界面合金层。但是当钎料合金中含有 Zn 时，则会形成 Au-Zn 化合物，当 Au 镀层比较厚时就会对润湿性带来不利影响。

5. Sn 基钎料与 Ni/Pd/Au 镀层的界面反应

Pd 和 Au 一样是贵金属，它作为有潜力的表面涂层，在下述几方面优于 Au：

1）价格比 Au 便宜。

2）密度比 Au 低（Pd 为 12.02g/cm^2，Au 为 19.32g/cm^2）。

3）抗拉强度比 Au 高 35%。

4）硬度为 250~290HV，为 Cu 的两倍，Au 的三倍，更适合接触应用。

5）在 Sn-40Pb 中溶解率比 Au 慢（Pd 为 0.01μm/s，Au 为 5μm/s），因此对焊点的掺杂

不敏感。

与 Ni/Au、Ni/Ag 涂层相比，由于 Pd 涂层的针孔率远远低于 Ni/Au 和 Ni/Ag，故 Pd 表现出了良好的焊接性和稳定性。在 Pd 层上加镀一层闪 Au 层能进一步提高存储的稳定性。非电镀 Pd 涂层工艺，主要是带闪 Au 或不带闪 Au 的一个自动催化过程。其中带闪 Au 厚度小于 0.025μm，用作焊接时的 Pd 层厚度为 0.025~0.225μm，典型值为 0.1~0.15μm，用作引线键合时厚度约为 0.6μm。

与热风整平（HASL）工艺相比，厚度 0.1~0.15μm 的纯 Pd 层能大幅度提高焊接性。在波峰焊或再流焊时，Pd 层在钎料中分解，以悬浮形态保持。在钎料和焊盘金属界面所形成的金属间化合物是 Cu-Sn。Pd 的焊接性可和 Ni/Au 相比拟。其突出优点是其寿命长，在加速老化试验后 Pd 的性能好于 Ni/Au。这是因为 Pd 充当着热和扩散的阻挡层，而 Au 或 Ag 则允许 Ni 或 Cu 穿过其扩散至表面。因为 Cu 不能直接穿过 Pd 扩散，所以 Pd 可以直接涂覆在 Cu 上，以保护 Cu 不被氧化。

带有浸 Au 或没有浸 Au 的非电镀 NiPd 涂覆层，相对于 ENIG 工艺是一个较便宜的替代工艺。由于 Cu 不能直接穿越 Pd 层而扩散，所以在 Cu 上直接涂覆一薄 Pd 层，就足够作为焊接性的终端处理层。

在 NiPdAu 工艺中，Ni 层典型厚度为 2.5~5μm；在其上的非电镀 Pd 层厚度为 0.125~0.25μm，典型值为 0.15~0.2μm，浸 Au 层厚度<0.025μm。如果 Pd 层厚度增加到 0.325~0.5μm，其表面就成为可焊接的。如果处理工艺合适，Ni/Pd 的焊接能力要好于 Ni/Au，这是由于 Pd 层的针孔要小于 Au，使 Ni 发生扩散的概率下降。

Pd 在 Sn 基钎料合金中的溶解要比 Au 困难，这就要求 Pd 非常薄，以避免 Ni 和钎料之间出现微弱界面层，因此 Pd 层厚度应该在 0.025~0.5μm 之间，过薄的 Pd 层极易受到摩擦等的破坏，而使 Ni 层暴露出来，这对 Ni 表面的焊接性是有害的。目前非电镀 Pd 层厚度大约为 0.15~0.2μm。

Sn-Ag-Cu/Ni-Pd-Au 的界面显微组织如图 3-42 所示。

6. Sn 基钎料与 OSP 保护金属的界面反应

有机焊接保护剂（organic solder protection，OSP）工艺是通过化学的方法，在裸铜表面形成一层薄膜。这层膜具有防止氧化、耐热冲击、耐湿性好等优点，因而在 PCB 制造业中，OSP 工艺可替代热风整平（HASL）技术。OSP 工艺生产的 PCB 板比热风整平工艺生产的 PCB 板具有更优良的平整度和翘曲度，更适应电子工业中 SMT 技术的发展要求。有机预钎剂涂覆工艺简单，价格具有竞争性，焊接性和护铜性都可以满足 PCB 经受二次或三次焊接的考验。目前 PCB 上使用的 OSP 主要有：苯并三唑、咪唑、衍生式苯并咪唑等。

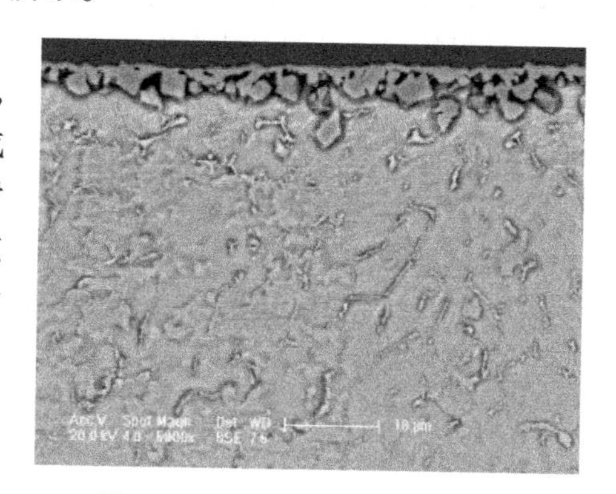

图 3-42 Sn-Ag-Cu/Ni-Pd-Au 的界面显微组织

某些环氮化合物很容易和清洁的铜表面起反应，生成的铜的复合物可以使 PCB 保存期超过一年。当焊接加热时，Cu 的复合物会很快分解，只留下裸铜。因为 OSP 只是一个分子层的厚度，而且焊接时会分解，所以不会有残留物或污染问题。OSP 膜本身不具备助焊能力，在波峰焊之前应保证孔内涂上足够量的助焊剂并保证有足够的预热时间，以使孔内 OSP 膜被彻底溶解掉。

采用 OSP 工艺的印制电路板组件（PCBA）在施焊过程中，首先由于助焊剂和温度的联合作用，使 OSP 和 Cu 反应形成的铜的复合物分解，在 Cu 箔表面留下润湿性非常好的活性 Cu 层，和钎料合金发生冶金反应。所生成的界面反应层（图 3-43）和前面已介绍的 Sn 基钎料合金和 Cu 的反应完全一样。

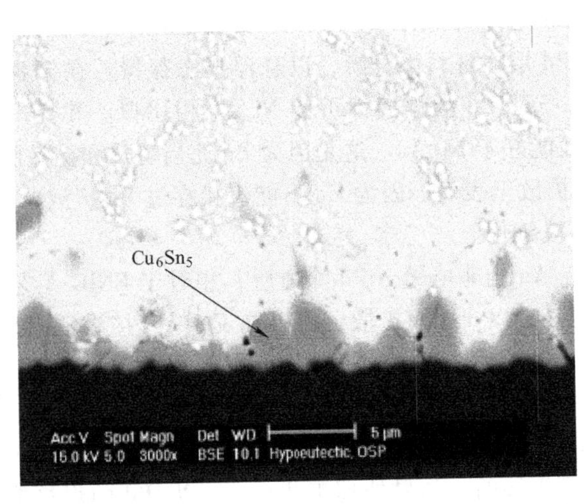

图 3-43　Sn-Ag-Cu 钎料与镀有 OSP 的 Cu 基板的界面反应组织

思　考　题

1. 什么是钎焊？
2. 软钎焊和硬钎焊的区别是什么？
3. 钎焊的主要过程是什么？
4. 钎料和焊盘的氧化对钎焊过程有什么影响？
5. 可采取哪些措施去除氧化层？
6. 影响钎料润湿作用的因素有哪些？
7. 钎料润湿性的常见评定方法有哪些？
8. 软钎焊过程中，界面反应的基本过程是什么？
9. 钎焊过程中，液态钎料向母材扩散的主要途径是什么？

答　　案

1. 钎焊是利用熔点比母材低的填充金属（称作钎料），在低于母材熔点、高于钎料熔点的温度下，利用液态钎料在母材表面润湿、铺展和填缝，与母材相互溶解和扩散，最终凝固结晶而实现被连接材料之间的原子间结合的连接方法。

2. 钎焊以钎料液相线温度划分为硬钎焊和软钎焊。美国焊接学会将 450℃ 作为分界线，钎料液相线温度高于此温度的称为硬钎焊，低于此温度的称为软钎焊。但也有一些不同的观点，多数从事微电子焊接工作的人认为，在 315℃ 以下进行的钎焊才算软钎焊。

3. ①钎剂的熔化及填缝过程；②钎料的熔化及填缝过程；③钎料与母材相互作用的过程。

4. 氧化层的存在使液态钎料无法直接润湿金属表面并生成预定的界面层，钎料的氧化还破坏了钎料的纯度，恶化了钎料的性能。

5. 见 3. 2. 3 节。

6. 钎焊温度、母材表面的氧化物、钎料和焊盘的成分、焊盘的表面粗糙度、钎剂、环境气氛。

7. 展宽法、接触角法、浸渍法、焊球法、润湿平衡法。

8. ①焊盘在钎料中的溶解；②液态钎料向焊盘的扩散；③金属间化合物的形成；④金属间化合物的长大。

9. 表面扩散、晶内扩散、晶界扩散、选择扩散。

参考文献

[1] 曾乐. 现代焊接技术手册 [M]. 上海：上海科学技术出版社，1993.

[2] 尹士科. 焊接材料手册 [M]. 北京：中国标准出版社，2000.

[3] 傅积和，孙玉林. 焊接数据资料手册 [M]. 北京：机械工业出版社，1997.

[4] 尹士科. 世界焊接材料手册 [M]. 北京：中国标准出版社，1996.

[5] 李亚江，杨虎重，任树全. 焊接材料选用指南 [M]. 北京：中国建材工业出版社，2000.

[6] 金德宣. 微电子焊接技术 [M]. 北京：电子工业出版社，1990.

[7] 李元山. 低熔点无铅焊料 Sn-Bi-X 的研制与无铅焊接工艺研究 [D]. 长沙：湖南大学，2007.

[8] 孙鹏. 电子封装中无铅焊点的界面演化和可靠性研究 [D]. 上海：上海大学，2007.

[9] 周婕. 军工企业无铅器件焊接可靠性浅析 [J]. 中国新技术新产品，2009，21：142-143.

[10] TIAN Y H，ZHANG R，HANG C J，et al. Relationship between morphologies and orientations of Cu_6Sn_5 grains in Sn3. 0Ag0. 5Cu solder joints on different Cu pads [J]. Materials Characterization，2014，88 (2)：58-68.

[11] 张启运，庄鸿寿. 钎焊手册 [M]. 3 版. 北京：机械工业出版社，2017.

第4章

微电子焊接用材料

4.1 钎料合金

4.1.1 电子产品对钎料的要求

1. 要求

钎料合金是易熔金属，它在母材表面能形成合金，并与母材连为一体，不仅实现机械连接，同时也实现电气连接。GB/T 33148—2016《钎焊术语》规定，使用液相线温度不大于450℃的钎料进行的钎焊称为软钎焊，所用的钎料又称为软钎料。电子线路的焊接温度通常在180~300℃之间，所以微电子焊接用材一般为软钎料。在电子产品的焊接中，通常要求钎料合金必须满足下列要求[3]：

1）焊接在相对较低的温度下进行，以保证元器件不受热冲击而损坏，如果钎料的熔点在180~220℃之间，通常焊接温度要比实际钎料熔化温度高30℃左右，实际焊接温度则在220~250℃范围内。根据IPC-SM-782规定，通常片式元器件在260℃环境中仅可保留10s，而一些热敏元器件耐热温度更低，此外，PCB在高温时也会形成热应力，因此钎料的熔点不宜太高。

2）熔融钎料必须在被焊金属表面有良好的流动性，有利于钎料均匀分布，能够对母材形成良好润湿。

3）凝固时间要短，以利于焊点成形，便于操作。

4）焊接后，焊点外观要好，便于检查。

5）导电性好，并有足够的机械强度。

6）耐蚀性好，电子产品应能在一定的高温或低温以及盐雾等恶劣环境下进行工作，特别是军事、航天、通信以及大型计算机等。为此钎料必须有很好的耐蚀性。

7）钎料原料的来源应该广泛，即组成钎料的金属矿产应丰富，价格应低廉，以保证稳定供货。

2. 形式

表面组装用钎料的形式主要有：膏状、棒状、丝状和预成形钎料。

1）膏状钎料：在再流焊工艺中采用膏状钎料，称为钎料膏或焊膏。钎料膏是表面组装焊接工艺的主要钎料形式。

2）棒状钎料：用于浸渍焊接和波峰焊接，使用中将棒状钎料熔于钎料槽中。

3）丝状钎料：用于烙铁焊接。采用线材拉伸加工——冷挤压法或热挤压法制成，中空部分填装松香型钎剂，焊接过程中能均匀地供给钎剂。在有些情况下，也采用实心丝状钎料。

4）预成形钎料：主要用于激光再流焊，也可用于普通再流焊。有不同的形状，如圆片状、环状和球状，根据不同需要选择使用。这种钎料形式也有不同的钎料合金成分。

3. 选用

针对不同的应用领域来选择合适的钎料，主要应注意以下几点：

1）正确选用温度范围。

2）力学性能的适用性。

3）被焊金属和钎料成分组合会形成多种金属间化合物，金属间化合物具有硬而脆的性质，应避免产生，焊接应尽量在低温和短时间内完成。

4）熔点问题，注意焊接温度与元器件耐热特性。

5）防止溶蚀现象的发生（被焊金属在熔融钎料合金中溶解）。

6）防止钎料氧化和沉淀。

7）无铅钎料。

4.1.2 锡铅钎料

人类使用锡铅钎料已有几千年历史，早在古罗马时代人们就使用锡铅合金连接铅制水管，而至今这类钎料仍在使用中。尽管由于环保的呼声，在电子行业中要使用无铅钎料，但仍有必要对在电子装连中已成熟应用的锡铅钎料进行认真的回顾和研究。

1. Sn-Pb 钎料的独特优势[3,4]

1）金属锡和其他许多金属之间有良好的亲和力，因此借助于低活性的钎剂就可以达到良好的润湿。

2）锡和铅在元素周期表中均是Ⅳ族元素，排列很近，它们之间互溶性良好，并且合金本身不存在金属间化合物。此外，锡铅钎料性能稳定，特别是金属锡在焊点表面能生成一层极薄而致密且具有良好耐蚀性的氧化亚锡（SnO_2），它对焊点有保护作用，通常军用电子产品中的 PCB 焊盘均采用锡铅合金保护层，以提高电子产品的耐蚀性。

3）锡铅钎料有较好的力学性能，通常纯净的锡和铅的抗拉强度分别为 15MPa 和 14MPa，而锡铅合金的抗拉强度可达 40MPa 左右；同样抗剪强度也有明显增加，锡和铅的抗剪强度分别为 20MPa 和 14MPa，锡铅合金的抗剪强度则可达 30~35MPa。焊接后，因生成极薄的 Cu_6Sn_5 合金层，故强度还会提高很多。

4）锡铅合金的熔点（183~189℃）正好在电子设备最高工作温度之上，而焊接温度在 225~230℃之间，该温度在焊接过程中对元件所能忍受的高温来说仍是适当的，并且从焊接温度降到凝固点，其时间也非常短，完全符合焊接工艺的要求。

5）作为钎料的锡和铅，其金属矿在地球上非常丰富，已探明世界锡的储量约在 10^7t，其中我国云南就占有很大比例。因此锡铅矿比其他钎料的金属的储量要大得多，锡铅金属价格比其他金属也要低得多。锡和铅的价格比约是 20∶1，锡、铅钎料在所有钎料之中，其价格最低。世界每年锡的消费量约在（3~4）×10^5t 之间，其中电子工业消耗量约占一半。用于做钎料的锡铅合金，全球每年用量相当大，它们在地球上的储存量也非常大。

2. 国内外常用 Sn-Pb 钎料牌号与成分

（1）国产 Sn-Pb 钎料牌号与化学成分　GB/T 3131—2001《锡铅钎料》中 AA 级 Sn-Pb 钎料的牌号和化学成分见表 4-1。

表 4-1　AA 级 Sn-Pb 钎料的牌号和化学成分

牌号	主成分(%,质量分数)				杂质成分(%,质量分数)不大于									
	Sn	Pb	Sb	其他元素	Sb	Cu	Bi	As	Fe	Zn	Al	Cd	S	除 Sb、Bi、Cu 以外的杂质总合
S-Sn95PbAA	94.5~95.5	余	—	—	0.05	0.03	0.03	0.015	0.02	0.001	0.001	0.001	0.010	0.05
S-Sn90PbAA	89.5~90.5	余	—	—	0.05	0.03	0.03	0.015	0.02	0.001	0.001	0.001	0.010	0.05
S-Sn65PbAA	64.5~65.5	余	—	—	0.05	0.03	0.03	0.015	0.02	0.001	0.001	0.001	0.010	0.05
S-Sn63PbAA	62.5~63.5	余	—	—	0.05	0.03	0.03	0.015	0.02	0.001	0.001	0.001	0.010	0.05
S-Sn60PbAA	59.5~60.5	余	—	—	0.05	0.03	0.03	0.015	0.02	0.001	0.001	0.001	0.010	0.05
S-Sn60PbSbAA	59.5~60.5	余	0.3~0.8	—	—	0.03	0.03	0.015	0.02	0.001	0.001	0.001	0.010	0.05
S-Sn55PbAA	54.5~55.5	余	—	—	0.05	0.03	0.03	0.015	0.02	0.001	0.001	0.001	0.010	0.05
S-Sn50PbAA	49.5~50.5	余	—	—	0.05	0.03	0.03	0.015	0.02	0.001	0.001	0.001	0.010	0.05
S-Sn50PbSbAA	49.5~50.5	余	0.3~0.8	—	—	0.03	0.03	0.015	0.02	0.001	0.001	0.001	0.010	0.05
S-Sn45PbAA	44.5~45.5	余	—	—	0.05	0.03	0.03	0.015	0.02	0.001	0.001	0.001	0.010	0.05
S-Sn40PbAA	39.5~40.5	余	—	—	0.05	0.03	0.03	0.015	0.02	0.001	0.001	0.001	0.010	0.05
S-Sn40PbSbAA	39.5~40.5	余	1.5~2.0	—	—	0.03	0.03	0.015	0.02	0.001	0.001	0.001	0.010	0.05
S-Sn35PbAA	34.5~35.5	余	—	—	0.05	0.03	0.03	0.015	0.02	0.001	0.001	0.001	0.010	0.05
S-Sn30PbAA	29.5~30.5	余	—	—	0.05	0.03	0.03	0.015	0.02	0.001	0.001	0.001	0.010	0.05
S-Sn30PbSbAA	29.5~30.5	余	1.5~2.0	—	—	0.03	0.03	0.015	0.02	0.001	0.001	0.001	0.010	0.05
S-Sn25PbSbAA	24.5~25.5	余	1.5~2.0	—	—	0.03	0.03	0.015	0.02	0.001	0.001	0.001	0.010	0.05
S-Sn20PbAA	19.5~20.5	余	—	—	0.05	0.03	0.03	0.015	0.02	0.001	0.001	0.001	0.010	0.05
S-Sn10PbAA	9.5~10.5	余	—	—	0.05	0.03	0.03	0.015	0.02	0.001	0.001	0.001	0.010	0.05
S-Sn5PbAA	4.5~5.5	余	—	—	0.05	0.03	0.03	0.015	0.02	0.001	0.001	0.001	0.010	0.05
S-Sn2PbAA	1.5~2.5	余	—	—	0.05	0.03	0.03	0.015	0.02	0.001	0.001	0.001	0.010	0.05
S-Sn50PbCdAA	49.5~50.5	余	—	Cd:17.5~18.5	0.05	0.03	0.03	0.015	0.02	0.001	0.001	—	0.010	0.05
S-Sn5PbAgAA	4.5~5.5	余	—	Ag:1.0~2.0	0.05	0.03	0.03	0.015	0.02	0.001	0.001	0.001	0.010	0.05
S-Sn63PbAgAA	62.5~63.5	余	—	Ag:1.5~2.5	0.05	0.03	0.03	0.015	0.02	0.001	0.001	0.001	0.010	0.05
S-Sn40PbSbPAA	39.5~40.5	余	1.5~2.0	P:0.001~0.004	—	0.03	0.03	0.015	0.02	0.001	0.001	0.001	0.010	0.05
S-Sn60PbSbPAA	59.5~60.5	余	0.3~0.8	P:0.001~0.004	—	0.03	0.03	0.015	0.02	0.001	0.001	0.001	0.010	0.05

（2）美国联邦标准 QQ-S-571 规定的 Sn-Pb 钎料牌号与化学成分（见表 4-2）

表 4-2 美国联邦标准 QQ-S-571 规定的 Sn-Pb 钎料牌号与化学成分

钎料牌号	元素含量（%，质量分数）					所含元素最大比例（%，质量分数）							熔点/℃	
	Sn	Pb	Sb	Bi	Ag	Cu	Fe	Zn	Al	As	Cl	其他	固相线	液相线
Sn70	69.5~71.5	余量	0.20~0.50	0.25	—	0.08	0.02	0.05	0.005	—	—	0.08	360	380
Sn63	62.5~63.5	余量	0.10~0.25	0.25	—	0.08	0.02	0.005	0.005	—	—	0.08	360	360
Sn62	61.5~62.5	余量	0.20~0.50	0.25	1.75~2.25	0.08	0.02	0.005	0.005	—	—	0.08	350	372
Sn60	59.5~61.5	余量	0.20~0.50	0.25	—	0.08	0.02	0.005	0.005	—	—	0.08	360	375
Sn50	49.5~51.5	余量	0.20~0.50	0.25	—	0.08	0.02	0.005	0.005	—	—	0.08	360	420
Sn40	39.5~41.5	余量	0.20~0.50	0.25	—	0.08	0.02	0.005	0.005	—	—	0.08	360	460
Sn35	34.5~36.5	余量	1.6~2.0	0.25	—	0.08	0.02	0.005	0.005	—	—	0.08	360	475
Sn30	29.5~31.5	余量	1.4~1.8	0.25	—	0.08	0.02	0.005	0.005	—	—	0.08	360	490
Sn20	19.5~21.5	余量	0.8~1.2	0.25	—	0.08	0.02	0.005	0.005	—	—	0.08	360	530
Sn10	9.5~11.0	余量	0.20	0.30	1.7~2.4	0.08	—	0.005	0.005	—	—	0.1	514	570
Sn5	4.5~5.5	余量	0.20	0.25	—	0.08	0.02	0.005	0.005	—	—	0.08	518	594
Sb5	94	余量	4.0~6.0	—	—	0.08	0.08	0.03	0.03	—	0.03	0.03	450	461
Pb90	—	余量	11.0~13.0	0.25	—	0.08	0.02	0.05	0.05	0.06	—	0.08	476	473
Ag1.5	9.75~1.25	余量	0.4	0.25	1.3~2.7	0.3	0.02	0.05	0.05	—	—	0.08	588	588
Ag2.5	0.25	余量	0.4	0.25	2.3~2.7	0.3	0.02	0.05	0.05	—	—	0.03	580	580
Ag5.5	0.25	余量	0.4	0.25	5~6	0.3	0.02	0.05	0.05	—	—	0.03	579	689

注：含量均为质量分数。

3. Sn-Pb 钎料的物理性能

（1）密度　锡和铅混合时，总体积几乎等于分体积之和（即不收缩不膨胀），这意味着合金的密度与体积分数之间为线性关系，并可以用下式计算：

$$\frac{1}{\rho}=\frac{m_{Sn}}{\rho_{Sn}}+\frac{m_{Pb}}{\rho_{Pb}}$$

式中　m_{Sn}——锡的质量分数；

m_{Pb}——铅的质量分数；

ρ、ρ_{Sn}、ρ_{Pb}——合金、锡、铅的密度。

（2）表面张力与黏度　钎料的表面张力与黏度是钎料的重要性能，通常优良的钎料应具有低的黏度和表面张力。锡铅钎料的黏度和表面张力与合金的成分有密切关系，合金配比与黏度及表面张力的关系见表4-3。

表4-3　Sn-Pb合金配比与黏度及表面张力的关系（280℃）

配比（%，质量分数）		表面张力/(N/cm)	黏度/mPa·s
Sn	Pb		
20	80	4.67×10^{-3}	2.72
30	70	4.7×10^{-3}	2.45
50	50	4.76×10^{-3}	2.19
63	37	4.9×10^{-3}	1.97
80	20	5.14×10^{-3}	1.92

（3）线胀系数　在0~100℃之间，纯锡的线胀系数（CTE）是$23.5\times10^{-6}K^{-1}$，纯铅的CTE是$29\times10^{-6}K^{-1}$，63Sn37Pb合金的CTE是$24.5\times10^{-6}K^{-1}$。从室温升到183℃，体积会增大1.2%，而从183℃降到室温，体积的收缩却为4%，故锡铅钎料焊点冷却后有时有缩小现象。在25~100℃的温度范围内，Cu_6Sn_5的CTE约为$20.0\times10^{-6}K^{-1}$，Cu_3Sn的CTE约为$18.4\times10^{-6}K^{-1}$，可见，Cu_3Sn与63Sn37Pb的CTE之差最大，这也是Cu_3Sn易引起焊点缺陷的内因。

4. Sn-Pb钎料的力学性能

（1）抗拉强度与抗剪强度　Sn-Pb钎料的力学性能见表4-4。

表4-4　Sn-Pb钎料的力学性能　（单位：psi）

合金成分	抗拉强度	抗剪强度
Sn-95Pb	4190	3000
Sn-90Pb	4400	3780
Sn-85Pb	4700	4470
Sn-80Pb	—	4740
Sn-75Pb	5770	5310
Sn-70Pb	6140	5500
Sn-65Pb	6230	5590
Sn-62Pb	6285	5640
Sn-60Pb	6320	5680
Sn-55Pb	6400	5780
Sn-50Pb	6450	5870

（续）

合金成分	抗拉强度	抗剪强度
Sn-40Pb	6400	5700
Sn-38Pb	6700	6060
Sn-37Pb	6700	6060
Sn-5Pb	5900	—

注：1psi=6.89kPa。

（2）蠕变性能　所谓蠕变是指在较小的恒定外力（拉伸、压缩或扭曲等）作用下，随时间的增长，材料表现出的一种缓慢的塑性变形，其发展的趋势与所受到的负载有关，通常畸变的速率随负载的增加而增加。

以63Sn37Pb合金为例，在20℃下，钎料在不同外力下的失效时间见表4-5。

表4-5　钎料在不同外力下的失效时间

外力/Pa	失效时间	外力/Pa	失效时间
10	10h后出现	2	100000h后出现
4	100h后出现	—	—

此外，温度对蠕变也有直接影响，温度的增加、钎料的畸变会导致应力松弛，对于60Sn40Pb钎料，在50℃时应力从10Pa减到5Pa，大约需要10h，从5Pa减到2.5Pa，大约要100h，而在100℃时仅需要4h。

（3）焊点的疲劳　焊点内的疲劳是内循环塑性变形引起的，造成的原因则是电子元件中断续的电流而产生的温度变化。这种疲劳的后果会导致焊点的破裂和失效，或似断非断的接触状态造成电子产品的可靠性降低。

电子产品焊点的疲劳属于低循环疲劳（通常循环时间为2~3h/周期），这种疲劳的数学模型可用Coffin-Manson关系式来描述，即

$$N^{a}\times\delta=常数$$

式中　N——循环次数；

δ——塑性应变振幅；

a——幂指数，通常在0.3~0.5之间；

常数可以从抗张试验的塑性应变中得出。

在对数坐标上，应变和循环次数是一条直线。

在25℃环境下，对63Sn37Pb钎料做抗剪试验，得到以下关系：

$$N^{0.4}\delta=0.56$$

若$\delta=3\%$，每分钟循环15次，则$N=1900$次。

若δ仍为3%，而每分钟循环5次，则$N=16000$次。

若δ仍为3%，而每分钟循环5次，但环境温度为100℃，则$N=3000$次。

这说明，锡铅钎料的疲劳寿命随循环频率的增加以及环境温度的升高而下降。这确实是电子产品中经常出现的情况，即电子产品的焊点疲劳属于低循环疲劳，而环境温度却会因焊点的电阻增大出现升温，这些均会加剧焊点的疲劳。

焊点的疲劳损坏除了与循环频率有关以外，还与焊接质量有密切关系。优良的润湿焊点

比差的润湿焊点耐疲劳。Cu_6Sn_5 的 IMC 比 Cu_3Sn 的 IMC 耐疲劳。

导致焊点疲劳损坏的微观原因还在于钎料锡晶体具有正方晶格结构，晶体的各向异性造成沿晶体主轴的线胀系数不同，系数的最大值为 30.5×10^{-6}，而最小值为 1.55×10^{-6}，若 $\Delta T=100℃$，则应变可达 0.15%，已高于弹性应变允许的范围。此外，铅晶体是立方晶格结构，当温度变化时，锡铅的不同 CTE 也会加剧焊点的疲劳发生。

疲劳损坏的表现在于原先光滑的钎料表面变得很粗糙，在极限情况下会出现裂纹。焊点疲劳损坏对于 SMT 产品有指导意义，表面组装元器件焊点形状小，结构多为刚性，直接受 PCB 热变形的影响及焊点工作时升温的影响，其蠕变及疲劳损坏是不言而喻的，从某种意义上说，远远超过通孔安装元器件。

4.1.3 无铅钎料

1. 无铅钎料的兴起

由于铅是一种重金属元素，在人体内容易积累，特别是铅离子与人体内的蛋白质结合，会抑制蛋白质的正常化合。此外铅离子还容易侵害神经系统。铅元素对婴幼儿的危害更大，会影响智商和正常发育。

在环境保护方面，欧洲一直走在国际前列。1998 年，欧盟先后出台了两道环保法令的草案，分别为《废旧电气电子设备指令》（*Directive on Waste from Electrical and Electronic Equipment*，简称 WEEE 指令）和《电子电器设备中限制使用某些有害物质指令》（*Restriction of the Use of Certain Hazardous Substances in Electricaland Electronic Equipment*，简称 RoHS 指令）。在这两个指令中列举出了在电子电气产品中大量使用的含铅、汞、镉、六价铬、聚合溴化联苯乙醚（PBDE）和聚合溴化联苯（PBB）等有毒有害物质。草案提议的主要目标是实现“绿色”产品，禁止含有上述六种有毒有害物质的电子和电器设备的进口和销售，旨在将使用、处理和报废电子设备过程中所带来的人体健康和环境的影响减到最低程度，并且也可以促进循环再利用方法的发展。根据指令的要求，自 2006 年 7 月 1 日起，在欧洲市场上销售的电子和电器设备中禁止使用铅等六种有毒有害物质，其中铅元素的质量分数不得超过 0.1%。

鉴于铅巨大的危害作用，中国早已明令禁止在食品罐和水管等方面使用含铅元素的材料，但是日益增多的电子产品废弃物同样是有害铅元素的重要来源；另一方面，在世界贸易组织原则下，市场准入门槛的环保法令将直接影响到各国的产品进出口额。在这样的背景下，中国政府也颁布了《电子信息产品生产污染防治管理办法》，要求电子产品中有毒有害物质含量必须与国际接轨，自 2007 年 3 月 1 日起实施电子产品“无铅、无镉”的“绿色制造”。

总之，无铅钎料的需求越来越迫切，已对整个行业形成巨大冲击。无铅化技术为电子产品制造业带来了巨大的挑战和机遇。

2. 无铅钎料的条件

前面提到，Sn-Pb 合金具有优良的焊接工艺、导电性和适中的熔点。在寻找替代 Sn-Pb 钎料的无铅合金时，首先需要关注的是，无铅钎料仍然能够完成传统的 Sn-Pb 钎料的职能，即在软钎焊允许的范围内实现与母材的良好连接。总的来说，一般要满足如下性能要求：

1）无毒，无公害，可再循环，环境友好。

2）原料来源广泛，资源储量丰富，价格可以接受。

3）具有与 Sn-Pb 钎料相似的熔化温度，以便在现有的工艺条件和设备下操作。

4）钎料在熔融状态下应对各种基体材料（如 Ni、Cu、Au 以及有机焊接保护剂等）有比较好的润湿性，从而可以形成优良的焊点。

5）具有良好的加工性能，无铅钎料需要被加工成多种产品形式，包括用于再流焊的钎料膏、用于波峰焊的钎料棒以及用于手工焊和修补的钎料丝等。

6）拥有非常好的导热、导电性能和耐蚀性。

7）钎焊焊点具有优良的力学性能，包括强度、抗疲劳性能、抗蠕变性能等。

由此可以看出，对于无铅钎料来说上述要求并不容易达到，因此无铅钎料还需要不断地开发研究。

3. 无铅钎料的定义

无铅钎料是指其基体元素不含有铅，而且也不加入铅元素的钎料。但是铅难免作为一种杂质元素存在于钎料当中，因此就需要对其中杂质铅的含量规定一个上限，所以无铅钎料的定义，也可以说是无铅钎料中铅含量的上限值问题。

早在含铅钎料被禁用之前，就已经有一些不含铅的钎料在某些特殊领域（如饮水管道的焊接）拥有广泛的应用，在 ISO 9453、JIS Z 3282 等国际标准中规定此类钎料中铅元素的质量分数不得高于 0.1%。另一方面，由于 Sn 元素可以与许多其他金属元素形成低熔点的共晶合金，并且 Sn 基钎料的润湿性也很好，因此 Sn 为基体材料成为无铅钎料研制中的主要方向。根据国内外研究，以及禁铅法令的规定，无铅钎料是添加 Ag、Cu、Zn、Bi、In、Sb 等合金元素，且 Pb 的质量分数在 0.1%以内的 Sn 基钎料合金。在我国的国家标准中将无铅钎料定义成“作为合金成分，铅含量不超过 0.10%（质量分数）的锡基钎料的总称”。无铅钎料的化学成分见表 4-6。

表 4-6 无铅钎料的化学成分

型号	熔化温度范围/℃	化学成分[①]（%，质量分数）													
		Sn	Ag	Cu	Bi	Sb	In	Zn	Pb	Ni	Fe	As	Al	Cd	杂质总量
Sn99.7Cu0.3	227~235	余量	0.10	0.20~0.40	0.10	0.10	—	0.001	0.007	0.01	0.02	0.03	0.001	0.002	0.2
Sn99.3Cu0.7	227	余量	0.10	0.5~0.9	0.10	0.10	—	0.001	0.07	0.01	0.02	0.03	0.001	0.002	0.2
Sn97Cu3	227~310	余量	0.10	2.5~3.5	0.10	0.10	—	0.001	0.07	0.01	0.02	0.03	0.001	0.002	0.2
Sn97Ag3	221~224	余量	2.8~3.2	0.05	0.10	0.10	—	0.001	0.07	0.01	0.02	0.03	0.001	0.002	0.2
Sn96.5Ag3.5	221	余量	3.3~3.7	0.05	0.10	0.10	—	0.001	0.07	0.01	0.02	0.03	0.001	0.002	0.2
Sn96.3Ag3.7	221~228	余量	3.5~3.9	0.05	0.10	0.10	—	0.001	0.07	0.01	0.02	0.03	0.001	0.002	0.2

（续）

型　　号	熔化温度范围/℃	化学成分①（%，质量分数）													
		Sn	Ag	Cu	Bi	Sb	In	Zn	Pb	Ni	Fe	As	Al	Cd	杂质总量
Sn95Ag5	221～240	余量	4.8～5.2	0.05	0.10	0.10	—	0.001	0.07	0.01	0.02	0.03	0.001	0.002	0.2
Sn98.5Ag1Cu0.5	217～227	余量	0.8～1.2	0.3～0.7	0.10	0.10	—	0.001	0.07	0.01	0.02	0.03	0.001	0.002	0.2
Sn98.3Ag1Cu0.7	217～224	余量	0.8～1.2	0.5～0.9	0.10	0.10	—	0.001	0.07	0.01	0.02	0.03	0.001	0.002	0.2
Sn96.5Ag3Cu0.5	217～220	余量	2.8～3.2	0.3～0.7	0.10	0.10	—	0.001	0.07	0.01	0.02	0.03	0.001	0.002	0.2
Sn95.5Ag4Cu0.5	217～219	余量	3.8～4.2	0.3～0.7	0.10	0.10	—	0.001	0.07	0.01	0.02	0.03	0.001	0.002	0.2
Sn95.8Ag3.5Cu0.7	217～218	余量	3.3～3.7	0.5～0.9	0.10	0.10	—	0.001	0.07	0.01	0.02	0.03	0.001	0.002	0.2
Sn95.5Ag3.8Cu0.7	217	余量	3.6～4.0	0.5～0.9	0.10	0.10	—	0.001	0.07	0.01	0.02	0.03	0.001	0.002	0.2
Sn96Ag2.5Bi1Cu0.5	213～218	余量	2.3～2.7	0.3～0.7	0.8～1.0	0.10	—	0.001	0.07	0.01	0.02	0.03	0.001	0.002	0.2
Sn99Cu0.7Ag0.3	217～227	余量	0.2～0.4	0.5～0.9	0.06	0.10	—	0.001	0.07	0.01	0.02	0.03	0.001	0.002	0.2
Sn95Cu4Ag1	217～353	余量	0.8～1.2	3.5～4.5	0.08	0.10	—	0.001	0.07	0.01	0.02	0.03	0.001	0.002	0.2
Sn92Cu6Ag2	217～380	余量	1.8～2.2	5.5～6.5	0.08	0.10	—	0.001	0.07	0.01	0.02	0.03	0.001	0.002	0.2
Sn91Zn9	199	余量	0.10	0.05	0.10	0.10	—	8.5～9.5	0.07	0.01	0.02	0.03	0.001	0.002	0.2
Sn95Sb5	235～240	余量	0.10	0.05	0.10	4.5～5.5	—	0.001	0.07	0.01	0.02	0.03	0.001	0.002	0.2
Bi58Sn42	139	41.0～43.0	0.10	0.05	余量	0.10	—	0.001	0.07	0.01	0.02	0.03	0.001	0.002	0.2
Sn89Zn8Bi3	190～197	余量	0.10	0.05	2.8～3.2	0.10	—	7.5～8.5	0.07	0.01	0.02	0.03	0.001	0.002	0.2
In52Sn48	118	47.5～48.5	0.10	0.05	0.10	0.10	余量	0.001	0.07	0.01	0.02	0.03	0.001	0.002	0.2

注：1. 表中单值为杂质元素含量的最大值，范围值为添加元素含量的限定区间。

2. 表中的“余量”表示100%与其余元素含量总和的差值。

3. 表中的“熔化温度范围”只作为资料参考，不作为对钎料的技术要求。

4. 铅的质量分数达到0.10%的钎料可以在不受法规限制的产品中获得应用，具体由供需双方协商。对于法规限定的产品，可能有较低的铅含量要求。

① 当In、Au等作为杂质元素存在时，供方应保证钎料中In≤0.1%，Au≤0.05%。

4. 常用无铅钎料

（1）Sn-Ag 钎料 Sn-Ag 系钎料是已经进入实用阶段的高熔点无铅钎料，尤其是其优良的机械特性、固有的微细组织和使用的可靠性，已成为用户接受的替代合金钎料。

1）合金相图及微观组织。Sn-Ag 共晶钎料中 Sn 的质量分数为 96.5%，Ag 的质量分数为 3.5%时，共晶温度为 221℃。凝固时生成两相，由均匀的液态转变成固态 Sn 和金属间化合物 Ag_3Sn 两相共存。图 4-1 是 Sn-Ag 二元合金的相图和 Sn-3.5Ag 共晶组织的金相照片，其中黑色的微粒子为 Ag_3Sn。这个合金组织特征表示了在 Sn 矩阵型基体中分散的 1μm 以下的细密 Ag_3Sn 的强化合金。

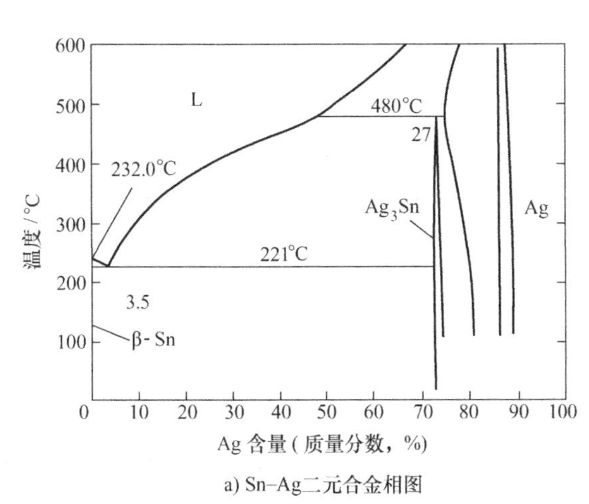

a) Sn–Ag二元合金相图

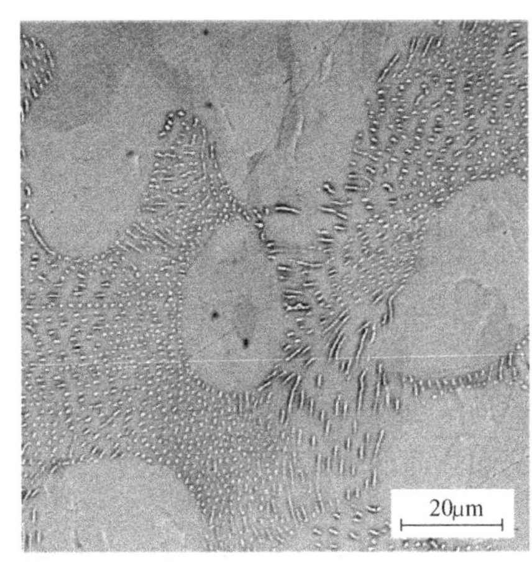

b) Sn–3.5Ag共晶组织的金相照片

图 4-1 Sn-Ag 二元合金相图和 Sn-3.5Ag 共晶组织的金相照片

图 4-2 是分散状态下 Ag_3Sn 的 TEM 照片，Ag_3Sn 具有 Sn 基体及其特定的方位关系，两者在界面处具有良好的结晶匹配性，Ag_3Sn 在微米级的环上分散，在环内部大体上保持无结晶形态，并且晶粒直径同其他钎料相同，有数十微米大小，各个环状并不是晶界，但是环状的形成有可能会阻碍 Ag_3Sn 的变位，形成一种亚晶界。

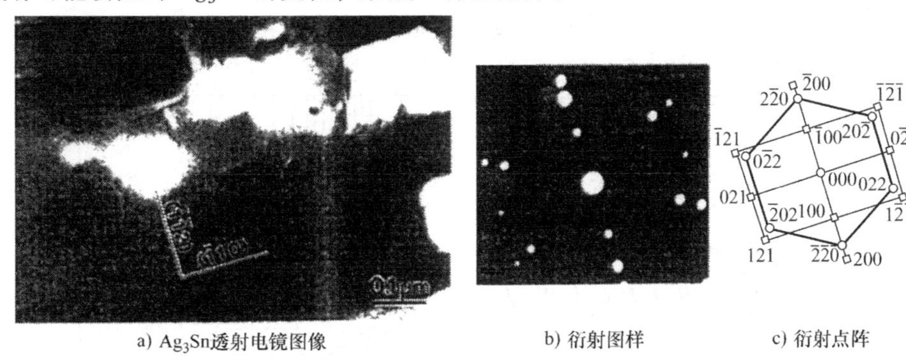

a) Ag_3Sn透射电镜图像　b) 衍射图样　c) 衍射点阵

图 4-2 分散状态下 Ag_3Sn 的 TEM 照片

2）力学性能。Sn-Ag 系钎料组织微细，具有优良的力学性能和较高的可靠性，该系钎料以 Sn-3.5Ag 共晶合金为主，有着多年的实际使用经验，风险较小，其作为 Sn-Pb 钎料的替代合金已被业界所接受，表 4-7 为 Sn-3.5Ag 钎料的力学性能。

Sn-Ag 系合金添加元素 Zn，将会在提高合金蠕变特性和细微化强度的同时，在钎料表面形成坚固的氧化膜，使得润湿性降低。

Sn-Ag 系合金添加元素 Bi，一方面，虽然可以降低钎料的熔点，但 Bi 的加入使钎料的脆性大幅度增加，使得钎料的加工困难；另一方面，也增加了焊点剥离现象的产生，这会降低钎料焊点的可靠性和钎料的抗蠕变疲劳特性。

表 4-7　Sn-3.5Ag 钎料的力学性能

钎料合金	Sn-3.5Ag	钎料合金	Sn-3.5Ag
密度/(g/cm^3)	7.42	伸长率（%）	22.5
硬度 HV	16.5	线胀系数/$\times10^{-6}K^{-1}$	30.2
抗拉强度/MPa	54.6	电阻率/$\mu\Omega\cdot cm$	12.7
抗剪强度/MPa	37.8	弹性模量/GPa	55

3）润湿性能。Sn-Ag 共晶钎料的润湿性能比 Sn-Pb 钎料差，这一点在毛细作用测试中得到证实。当缝隙宽度为 0.025cm 时，Sn-3.5Ag 上升高度为 2.0cm，而 Sn-40Pb 上升的高度为 2.8cm；当缝隙宽度为 0.008cm 时，Sn-3.5Ag 的上升高度为 1.8cm，而 Sn-40Pb 为无穷大。在 0.025cm 的缝隙中，孔的面积比为 3.7∶3.8，而在 0.008cm 的缝隙中，孔的面积之比为 11.9∶14.9。

在相同温度条件下，采用非活性钎剂进行润湿试验，在空气中或氮气环境下，几种钎料合金的润湿性能由大到小排序为：

Sn-Pb 共晶>Sn-Ag-Cu>Sn-Ag>Sn-Cu

有研究人员研究了钎料合金的铺展面积，在特定试验条件下，各种钎料合金铺展面积的排序为

Sn-37Pb>Sn-3.5Ag>Sn-25Bi>Sn> Sn-9Zn

并且，Sn 的铺展面积随 Ag 含量（<4%）的增加而升高，但随 Zn 的加入量（<9%）的增加而减小。

（2）Sn-Ag-Cu 系钎料

1）合金相图及微观组织。图 4-3 给出了 Sn-Ag-Cu 三元相图，可以看出在共晶点附近的组织为 $Sn+Ag_3Sn+Cu_6Sn_5$ 相。典型的 Sn-Ag-Cu 钎料组织如图 4-4 所示。照片中白色基体为 β-Sn，黑色粒子为 Ag_3Sn 和 Cu_6Sn_5 相。

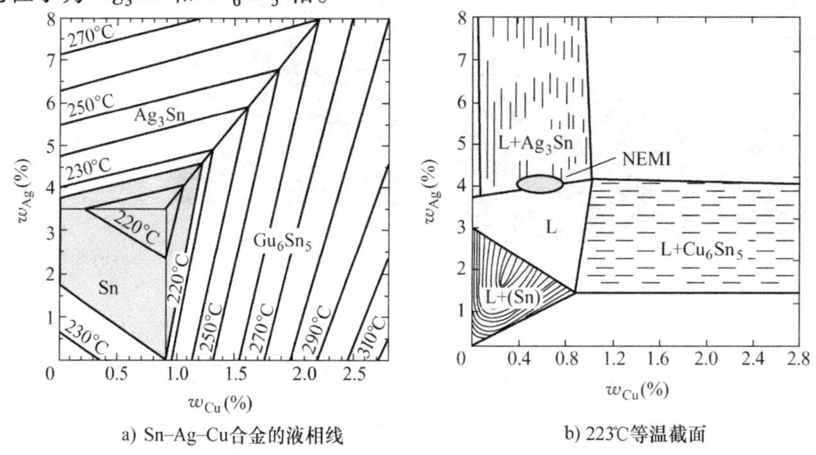

a) Sn-Ag-Cu合金的液相线　　b) 223℃等温截面

图 4-3　Sn-Ag-Cu 三元相图

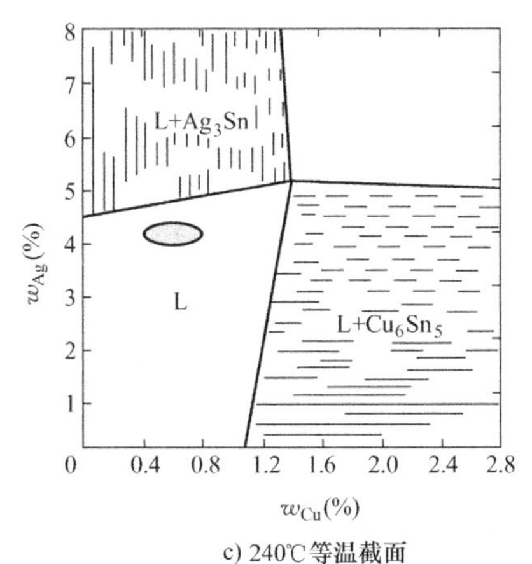

c) 240℃等温截面

图 4-3 Sn-Ag-Cu 三元相图（续）

2）力学性能。对 Sn-Ag-Cu 系列钎料在规定的材料形状、试验条件（拉伸速度为 5mm/min，试验温度分别为-30℃、25℃、80℃、120℃）下，得出了如图 4-5、图 4-6 所示结果。由图 4-5 可见，Sn-Ag、Sn-Ag-Cu 钎料在室温条件下具有和 Sn-Pb 共晶钎料相当的抗拉强度和更好的延展性。从图 4-6 可以看到，在 Cu 含量为 0.3%（质量分数）时，钎料伸长率达到最大值，而一般认为在 Cu 含量为 0.7%（质量分数）时，得到最佳的综合性能。

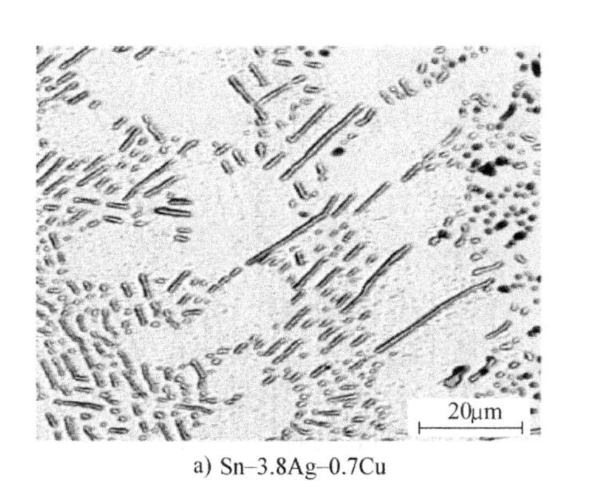

a) Sn-3.8Ag-0.7Cu

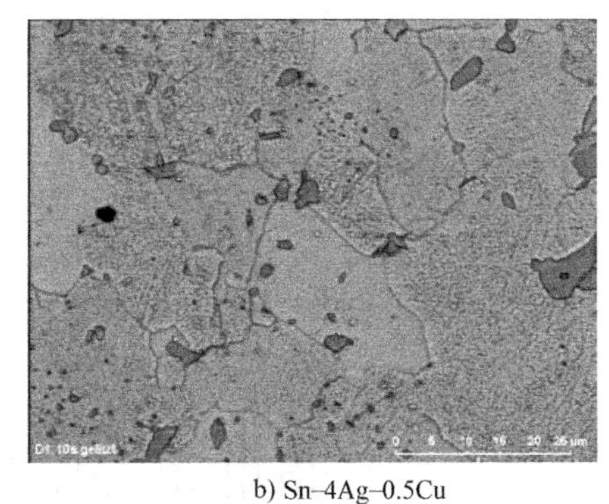

b) Sn-4Ag-0.5Cu

图 4-4 典型的 Sn-Ag-Cu 钎料组织

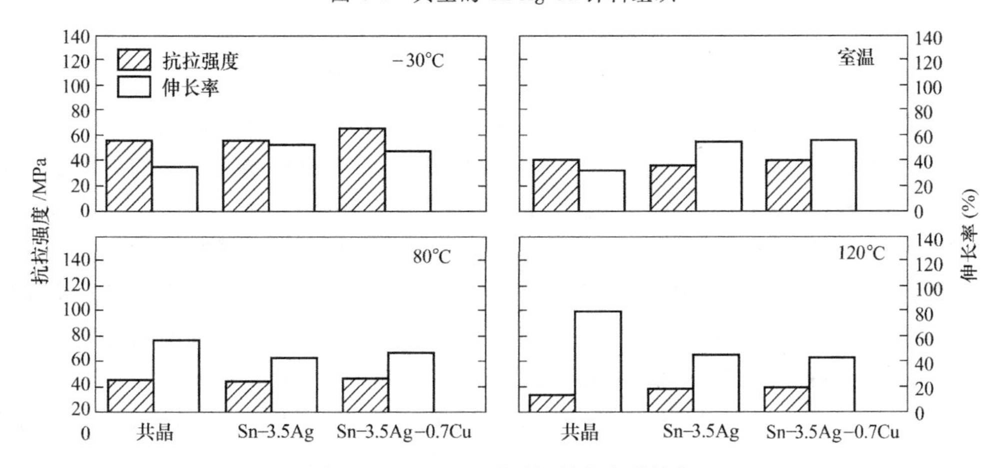

图 4-5 Sn-Ag-Cu 系列钎料的力学性能

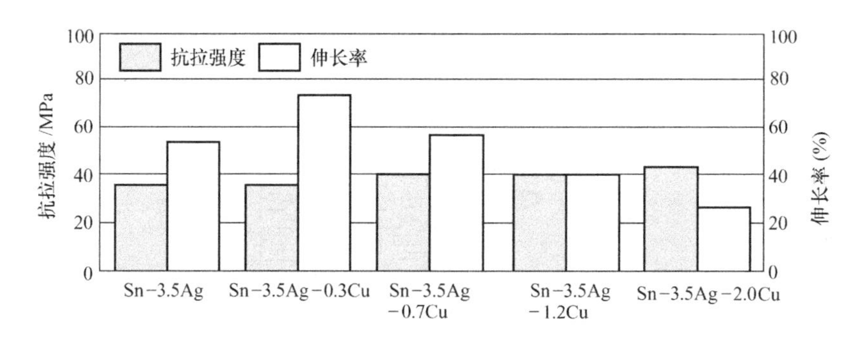

图 4-6　Sn-3.5Ag 合金室温时的力学性能以及 Cu 添加量的影响

3）润湿性能。Sn-Ag-Cu 系列钎料的润湿性如图 4-7 所示。可见，钎料中 Ag、Cu 元素含量的改变对钎料的润湿性并没有很大的影响。Sn-Ag 系列钎料尽管在润湿性方面较其他种类的无铅钎料要好一些，但是对于传统的 Sn-Pb 共晶钎料来说，仍然相差很多。

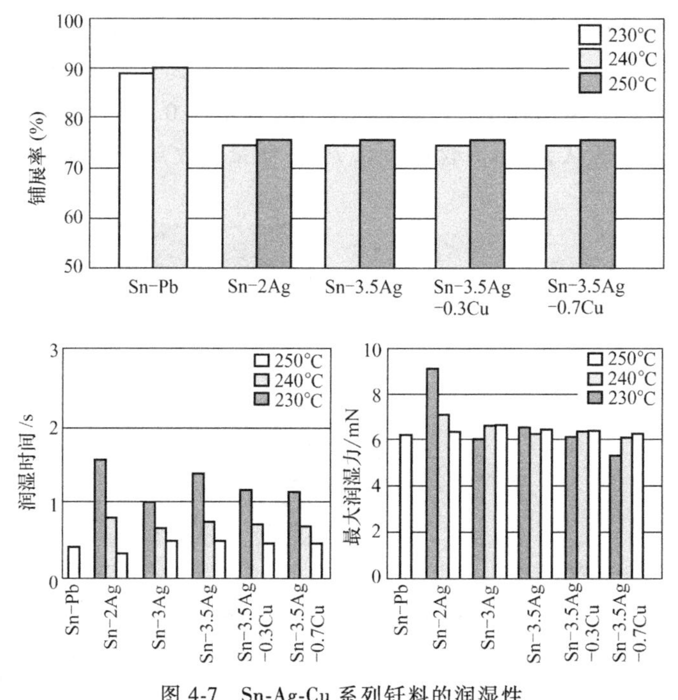

图 4-7　Sn-Ag-Cu 系列钎料的润湿性

4）焊点可靠性。美国的 Amkor 公司对 Sn-Ag-Cu 系列的钎料 BGA 焊点进行了充分的可靠性研究，其目的就是为了评价不同成分 Sn-Ag-Cu 钎料对焊点可靠性的影响。由于 Sn-Ag-Cu 钎料共晶成分的不确定，世界上许多工业组织给出了一系列 Sn-Ag-Cu 合金的成分，诸如 NEMI 的 Sn-3.9Ag-0.6Cu，IDEALS 的 Sn-3.8Ag-0.7Cu，JEIDA 的 Sn-(2～4)Ag-(0.5～1.0)Cu 等。当前对于准确的共晶成分仍然在进行激烈的争论，现已基本认同 Ag 成分处于 3.0%～4.0%，Cu 处于 0.5%～1.0%之间，然而到目前为止还不清楚成分的稍微变化是否对可靠性有着影响。除了这些 Sn-Ag-Cu 基合金，IDEALS 还推荐 Sn-Cu 合金用于波峰焊，主要是由于其便宜的价格。同时也包括了 Sn-Ag 共晶合金，这主要是因为 Sn-Ag 共晶合金仍是目前工业界中广泛使用的无铅钎料合金。为了研究这些合金焊点的可靠性问题，对这些合金进行了可靠性评估，下面给出其具体的试验结果。采用的钎料成分见表 4-8。建立了三种再流焊温度曲线，其最大温度不同（220℃、240℃、260℃），其中 220℃ 曲线用于 Sn-Pb 钎料，无铅钎料（除 Sn-Cu）采用了 240℃ 温度曲线，由于 Sn-Cu 的熔点要比其他无铅钎料的熔点高，从而采用了 260℃ 曲线，三种再流焊温度曲线如图 4-8 所示。

表 4-8 进行 BGA 焊点可靠性分析的无铅钎料成分

钎料编号	钎料种类	熔点/℃	钎料编号	钎料种类	熔点/℃
LF1	Sn-0.7Cu	227	LF4	Sn-3.4Ag-0.7Cu	≈217
LF2	Sn-3.5Ag	222	Sn-Pb	Sn-Pb	183
LF3	Sn-4.0Ag-0.5Cu	≈217			

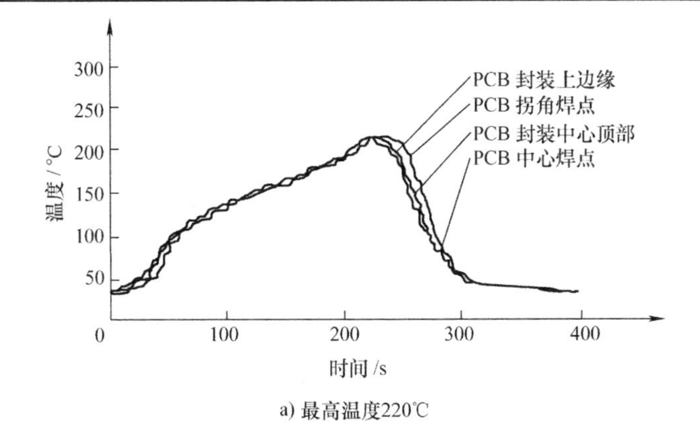

a) 最高温度220℃

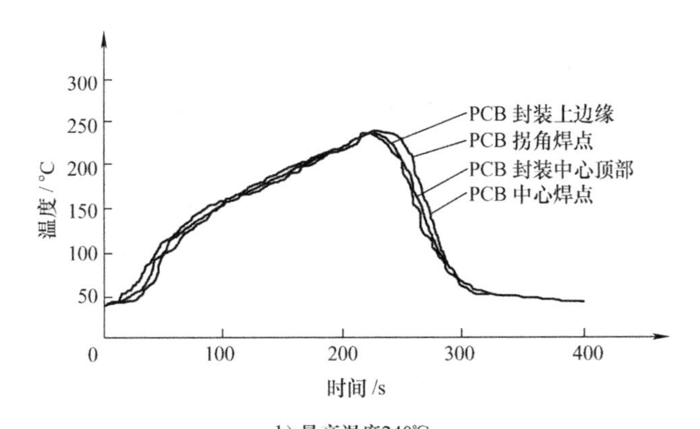

b) 最高温度240℃

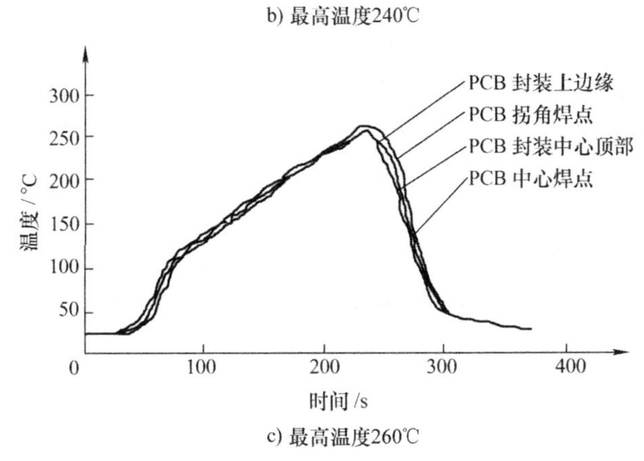

c) 最高温度260℃

图 4-8 用于表面封装的再流焊温度曲线

具体的焊点失效分布对比如图 4-9 所示，所有无铅钎料的试验结果都要好于 Sn-Pb，而且 Sn-0. 7Cu、Sn-3. 4Ag-0. 7Cu 及 Sn-4. 0Ag-0. 5Cu 钎料可靠性提高了 20%以上。两种 Sn-Ag-Cu 无铅钎料的性能相近。

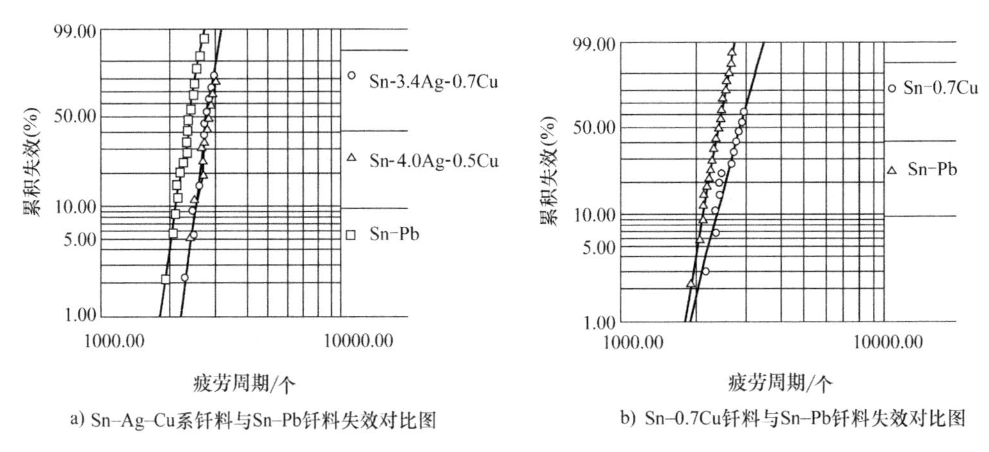

图 4-9　Sn-Pb 与无铅钎料焊点失效分布对比

对于采用第三种温度循环曲线，共进行了 7280 个 0～100℃ 循环，发现在该循环条件下所有无铅钎料与 Sn-Pb 相比表现都要好。Sn-Pb 钎料在 5100 次循环左右开始出现失效，然而 Sn-Ag 和其他两种 Sn-Ag-Cu 合金还没有产生失效。Sn-Cu 钎料 15 组器件中有两组经过 6130 次循环后产生失效。对于 Sn-Ag-Cu 无铅钎料，现有数据已表明在该温度循环下可靠性要比 Sn-Pb 钎料好至少 1. 5 倍。

所采用的无铅钎料焊点可靠性与 Sn-Pb 钎料相比，这几种无铅钎料封装的性能都比 Sn-Pb 钎料好。对于三种成分稍有差别的 Sn-Ag-Cu 钎料，这三种钎料性能相近，可靠性并没有太大差别。试验数据支持了工业界的推荐，即使用这种钎料合金系代替 Sn-Pb 钎料。

（3） Sn-Cu 钎料

1） 合金相图及微观组织。图 4-10 为 Sn-Cu 的二元合金相图。Sn-Cu 合金的共晶成分是 Sn-0. 7Cu，其熔点为 227℃，共晶组织是由 β-Sn 初晶和环绕初晶的 Cu_6Sn_5 微粒/Sn 共晶组织组成，如图 4-11 所示。其中由于 Cu_6Sn_5 不如 Ag_3Sn 性质稳定，微细共晶组织经过高温处理后易变成分散的 Cu_6Sn_5 微粒的粗大组织。

2） 物理、力学性能。表 4-9 列出了 Sn-0. 7Cu 的物理性能。在主要的几种无铅钎料中，Sn-Cu 系的熔化温度是最高的，这说明在使用其合金时会遇到更大的困难。它的表面张力、电阻率和密度都可以和 Sn-Ag 系相比拟，这主要是在两种合金中 Sn 的含量都很高的原因。

Sn-0. 7Cu 钎料的力学性能比 Sn-37Pb 钎料差，润湿性也远低于 Sn-37Pb 钎料，故早期没有用作钎料。随着欧盟指令的出台和无铅化的深入推广，人们又重新审视 Sn-0. 7Cu 合金作为钎料使用的可靠性。特别是作为波峰焊和浸渍焊用钎料，并通过添加微量 Ni、P、Ge、Sb、Bi 和稀土等元素，来改善 Sn-0. 7Cu 钎料合金的微观结构，进而提高其物理和力学性能。

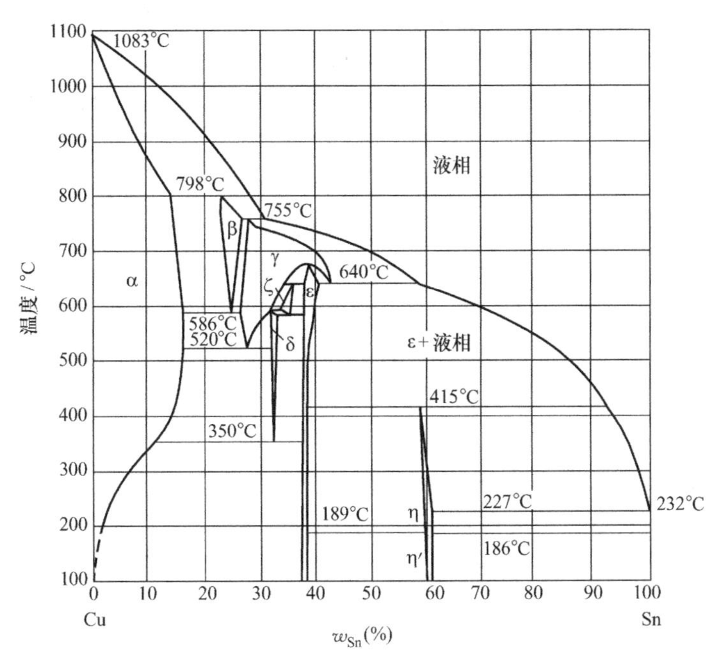

图 4-10 Sn-Cu 的二元合金相图

添加微量的 Ni 可细化 Sn-Cu 合金内的 Cu_6Sn_5 金属间化合物，从而可显著提高钎料的塑性，并少量提高钎料的润湿性；加入 Ag 可改善钎料的润湿性和力学性能，并能有效地降低钎料合金的熔点；加入微量的 Sb 还可提高钎料的强度和高温耐疲劳性能；添加稀土元素可以细化晶粒、抑制组织粗化和提高钎料的抗蠕变疲劳性能。

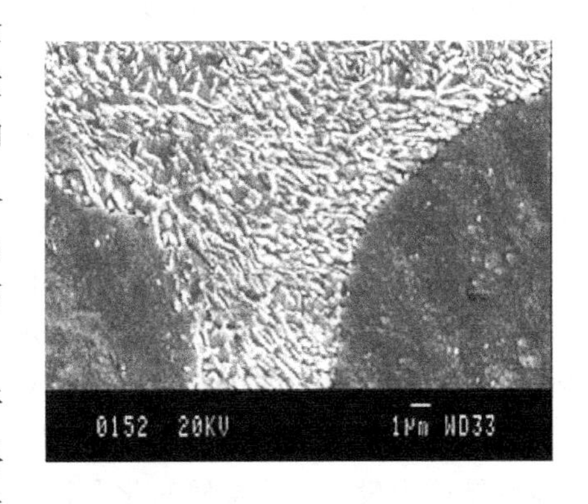

图 4-11 Sn-0.7Cu 的显微组织

3）润湿性能。从润湿性能而言，Sn-Cu 共晶钎料被认为是在波峰焊过程中最具潜力的 Sn-Pb 钎料的替代品。Hunt 等人对部分无铅钎料的润湿性能进行了测试，研究发现，无论是使用非活性钎剂还是活性钎剂，钎料的润湿性能排序相同，Sn-Pb>Sn-Ag-Cu>Sn-Ag>Sn-Cu，Sn-Cu 的润湿性能相对最差。研究发现：在空气再流焊过程中，钎焊性能下降，钎缝金属表面较粗糙，且钎剂残留物呈棕黑色，外观质量不良。但在 Meridian 台式电话制造中，Sn-Cu 共晶钎料的钎焊外观质量很好，几乎与 Sn-Pb 钎料相当。由于 Sn-Cu 钎料成本较低，因此在波峰焊中，Sn-Cu 共晶钎料被认为是替代 Sn-Pb 钎料的最佳钎料。

表 4-9 Sn-0.7Cu 的物理性能

熔点/℃	表面张力系数/(10^{-5}N/cm)	密度/(g/cm^3)	电阻率/μΩ · cm
227	491(277℃空气中) 461(277℃氮气中)	7.31	10~15

（4）Sn-Bi 钎料　随着科技的发展，行业内不仅对组装与封装的可靠性要求提高，也对

产品的装配温度提出要求，希望选择液相线温度低于200℃的合金钎料。以表面组装技术（SMT）为例，电子产品的小型化和微型化，使得电子元器件的焊接工艺要求更加严格。常规的Sn-3.0Ag-0.5Cu钎料再流焊的峰值温度为245℃，在组装超薄微处理器时，会导致封装基板和印制电路板（PCB）发生动态翘曲，降低产品优良率，而低温焊接过程可以大幅度减少或消除翘曲问题。此外，发光二极管（LED）、散热模组、柔性材料以及太阳能板光伏焊带等材料对温度敏感，需要在低温条件下完成组装。因此Sn-Bi系低温钎料成为首选，不仅可以提高SMT的产品优良率，也可以节省能源，实现低碳环保。

Sn-58Bi共晶合金钎料是无铅钎料之一，因为具有熔点低、良好的润湿性能和抗疲劳性能，以及成本低等优点，曾被认为是传统Sn-Pb钎料的理想替代品，但是由于Bi元素本身的脆性，使得Sn-58Bi共晶合金钎料的跌落和机械冲击的抵抗力差，无法真正作为Sn-Pb钎料的替代。从组装工艺上看，含铋合金在波峰焊工艺和SMT中都具有理论的应用价值，但是铋含量高的Sn-Bi系合金在冷却凝固时体积膨胀，限制了Sn-Bi钎料在波峰焊上的使用。在SMT中，Sn-Bi钎料合金以粉末形态使用，制成钎料膏储存，以防止焊接后冷却凝固过程体积膨胀产生的问题。

1）合金相图及微观组织。图4-12给出了Sn-Bi二元合金相图和Sn-58Bi共晶合金的金相照片，Sn-Bi系钎料能在138~232℃的熔化温度范围内配制成合金，锡与铋以固溶体的形式存在，不形成金属间化合物，随着Bi含量增加，熔化温度显著降低，因此Bi含量可以控制钎料熔化的温度。在Sn的质量分数为42%，Bi的质量分数为58%时，形成熔点为138℃的Sn-58Bi共晶合金，其微观结构是典型的层状共晶组织。在亚共晶区（富Sn），合金的微观结构为共晶组织基体上析出不规则的富Sn相，在过共晶区（富Bi），合金的微观结构为共晶组织基体上析出块状富Bi相，当钎料快速凝固时，可以细化组织，获得均匀的共晶组织而不出现任何析出相。图4-13所示为不同Bi含量时Sn-Bi合金的微观组织。Sn-Bi合金经过高温时效后，其显微组织会明显粗化。有研究表明，添加合金元素的方法，可以显著抑制组织粗化现象，显微组织的结构直接影响钎料的力学性能。图4-14给出了合金元素对Sn-Bi系钎料合金显微组织的影响，从图中对比可以看出，合金元素的添加在不同程度上对Sn-Bi钎料合金的组织进行细化。在亚共晶Sn-57Bi钎料中加入Cu0.5%（质量分数），钎料合金的微观结构中没有生成金属间化合物，基体保持共晶形态，但是组织得到了细化，层片间距

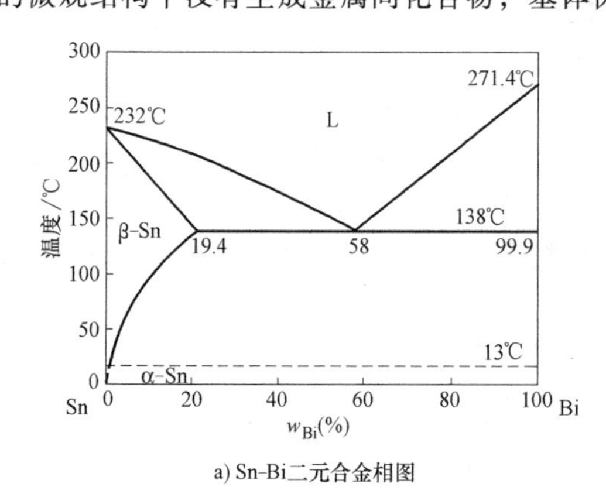

a) Sn-Bi二元合金相图

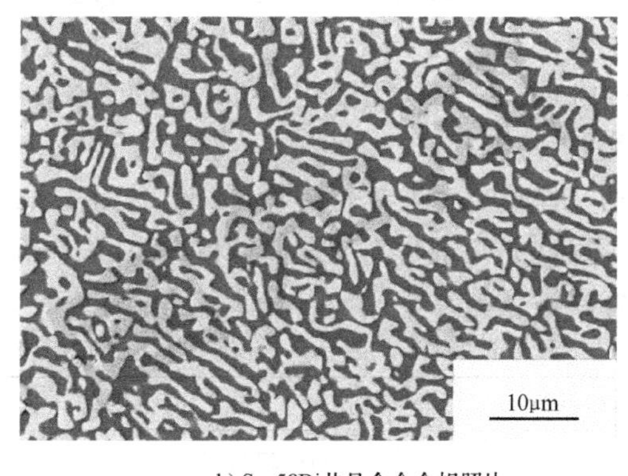

b) Sn-58Bi共晶合金金相照片

图4-12　Sn-Bi二元合金相图和Sn-58Bi共晶合金的金相照片

a) Sn-10Bi　b) Sn-20Bi　c) Sn-25Bi　d) Sn-35Bi

图 4-13　不同 Bi 含量时 Sn-Bi 合金的微观组织

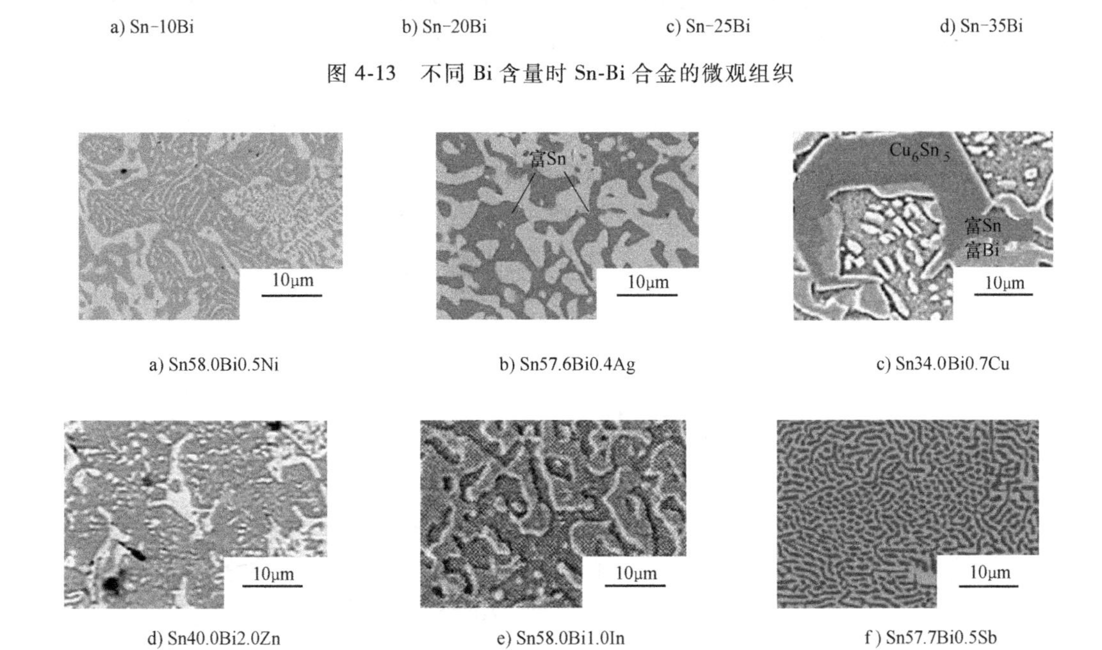

a) Sn58.0Bi0.5Ni　b) Sn57.6Bi0.4Ag　c) Sn34.0Bi0.7Cu

d) Sn40.0Bi2.0Zn　e) Sn58.0Bi1.0In　f) Sn57.7Bi0.5Sb

图 4-14　合金元素对 Sn-Bi 系钎料合金显微组织的影响

减小，同样，添加 Cu1.0%（质量分数）元素到 Sn-58Bi 共晶钎料中也可以得到相同的效果。因此合金元素的添加也被认为是改善 Sn-Bi 合金性能的最有效途径。

2）力学性能。钎料力学性能指标主要通过抗剪强度和抗拉强度来表征，钎料力学性能不仅受到钎料显微组织的影响，也和钎料与母材之间生成的金属间化合物（IMC）息息相关，由于 IMC 与钎料本身的物理性质差异，其形态、大小、厚度等都会影响焊点的性能，使焊点出现界面层结合能力下降、应力集中和工艺缺陷等问题，进而发展成微裂纹，最终导致焊点的失效。

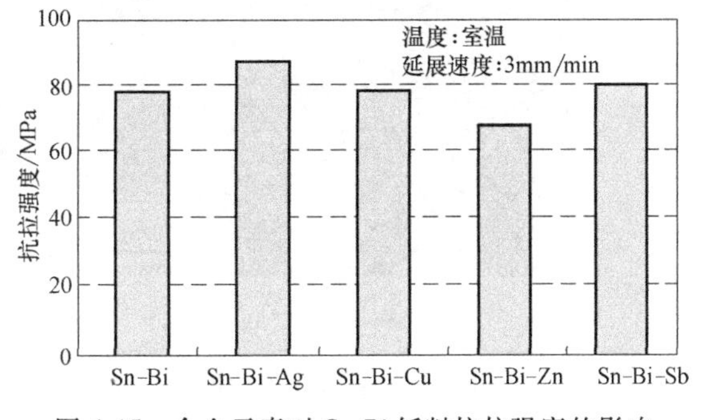

图 4-15　合金元素对 Sn-Bi 钎料抗拉强度的影响

图 4-15 给出了合金元素对 Sn-Bi 钎料抗拉强度的影响，数据结果显示 Ag 元素的添加可以更明显地改善 Sn-Bi 钎料的抗拉强度，而 Cu 元素和 Sb 元素的添加对抗拉强度的影响不大。

向 Sn-57.7Bi 钎料合金中添加 Sb0.5%，与 Sn-58Bi 共晶钎料相比，抗拉强度变化较小，但是在高温环境下，Sn-57.5Bi-0.5Sb 钎料的抗拉强度明显降低且低于 Sn-58Bi 和 Sn-3.0Ag-

0.5Cu 钎料。Sn-57.5Bi-0.5Sb 钎料的伸长率随着应变速率的增加而降低，随温度的升高而增加。向 Sn-58Bi 共晶合金中添加 Ag 元素后，钎料冷却结晶过程会析出针状或颗粒状 Ag_3Sn 相，Ag 的加入细化了合金组织，并通过形成 Ag_3Sn 金属间化合物起到颗粒强化作用，合金的抗拉强度显著提高，伸长率先增加后下降，如图 4-16a、c 所示。当 Ag 含量为 0.2%（质量分数）时，合金的抗拉强度基本保持一致，伸长率有较明显的提高；当 Ag 含量为 0.4%（质量分数）时，抗拉强度有一定提高，但伸长率开始下降；当 Ag 含量为 1.0%（质量分数）时，合金伸长率明显下降，比 Sn-58Bi 钎料合金降低了 38%。整体而言，Ag 含量可以改善 Sn-58Bi 共晶钎料的抗拉强度，在 Ag 含量为 0.4%（质量分数）时，能够获得较高的抗拉强度和适合的伸长率。In 元素的添加明显改变了 Sn-58Bi 共晶钎料合金的显微组织结构，组织中出现类似枝晶的组织，枝晶晶界周围连续分布着共晶组织。从图 4-16d 中观察发现，枝晶组织周围的白色块状为 Bi 相，这主要来源于 Bi 相的偏析。随着 In 含量的添加，Bi 相偏析严重，形成大块不规则的富 Bi 相，当 In 的添加量达到 3%（质量分数）时，共晶区域缩小，枝晶晶界处的富 Bi 相粗化，转变为蠕虫状，抗拉强度有下降趋势，伸长率先增加后减少，如图 4-16b 所示。

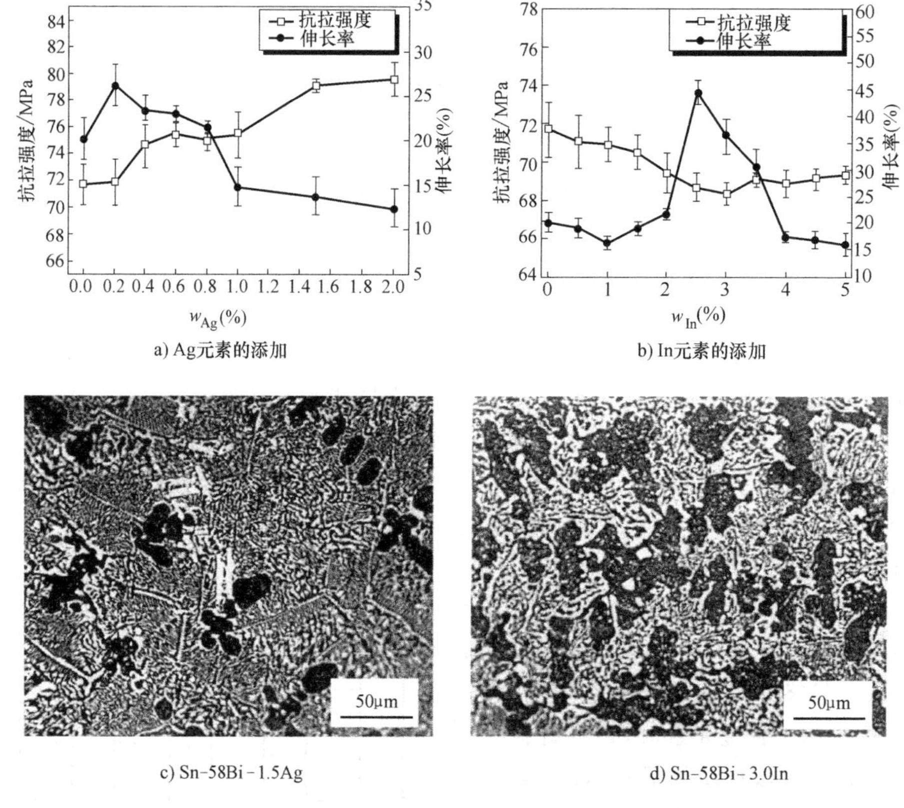

a) Ag元素的添加　　b) In元素的添加

c) Sn-58Bi-1.5Ag　　d) Sn-58Bi-3.0In

图 4-16　合金元素的添加对焊点抗拉强度、伸长率及显微组织的影响

此外，复合材料的添加也可以显著提高焊点的力学性能。纳米 Ag 颗粒尺寸为 76nm 时焊点的抗剪强度要明显优于 31nm 和 133nm，碳纳米管的添加可以细化 Sn-Bi 钎料显微组织，从而提高焊点的抗弯强度和断后伸长率，碳纳米管（CNTs）的含量在 0.03%（质量分数）时的力学性能和伸长率表现出更好。石墨烯纳米片在 Sn-Bi 钎料中的均匀分布，作为一种短

片状分散强化相可以阻碍位错线移动，从而提高了抗剪强度。树脂增强型 Sn-58Bi 复合钎料膏的抗剪强度约为传统 Sn-58Bi 共晶钎料膏的两倍，如图 4-17 所示。

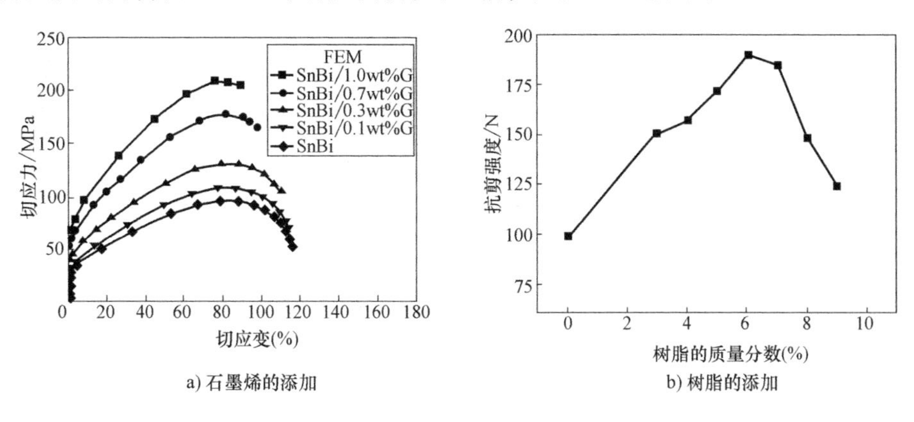

图 4-17 复合材料的添加对焊点力学性能的影响

3）润湿性能。Bi 元素是一种表面活性元素，有显著降低合金表面张力促进润湿的作用。在其他 Sn 基钎料合金中也常见用微量 Bi 元素改善润湿、降低熔点的例子。对 Sn-Bi 钎料铺展性能有促进作用的合金元素主要有 Cu、Ag、Sb 和 Zn 等，除了第三种合金元素的添加以外，复合材料（例如碳纳米管、石墨、Al_2O_3 颗粒、Cu 颗粒、Ag 颗粒等纳米材料）作为强化相添加到钎料中，也表现出了促进润湿的性能。

Sn-Bi 钎料的工艺参数设定对钎料的铺展性能至关重要。在对 Sn-58Bi 共晶钎料膏进行润湿性能测试时，常会发现有锡珠飞溅的产生。共晶 Sn-58Bi 钎料膏在铜基体上的动态润湿行为及焊球形成的过程表明，锡珠飞溅主要发生在再流焊的第二个炉温过渡阶段，且锡球飞溅主要是因为一些由 Sn 和 Bi 的氧化物经过氧化还原反应生成的含铋元素较高的液体锡球，经过助焊剂流动被推到熔池边缘，助焊剂液体膜破碎后，形成飞溅。通过缩短再流焊曲线的停留时间或降低温升速率可显著减少飞溅的产生，从而改善 Sn-58Bi 锡膏的润湿铺展性能，获得外观成形美观及接头性能良好的焊点。

在此基础上，添加第三种合金元素，可以改善钎料的润湿性能。将 Sb 元素作为第三种合金元素添加到 Sn-Bi 钎料中，发现在 190℃ 条件下，改变 Bi 的含量对润湿性能影响不大，而改变 Sb 的含量时，Sn-48. 0Bi-2. 0Sb 钎料合金具有最高的铺展率。添加 1%（质量分数）Ge 能够明显改善近共晶 Sn-57Bi 钎料的润湿性能。向 Sn-30Bi 钎料合金中添加 0. 5%（质量分数）Cu 元素，可以明显改善润湿性能。Ag1. 0%（质量分数）元素添加到 Sn-35. 0Bi 钎料合金中，在氮气辅助条件下也可以明显提高润湿性能，但随着 Ag 含量的升高，合金铺展率呈下降趋势，这是因为 Ag 元素可以降低锡在 IMC 上的界面能，从而改善在 Cu 基板表面的润湿性；但是 Ag 同时也是一种表面活性元素，可富集在 Cu 界面形成阻挡层，阻碍 Sn 原子的扩散。向 Sn-58Bi 钎料中添加 In 元素时，润湿性能随着 In 含量的增加先减小后增大，这是因为 In 元素不仅有助于改善流动性，还和 Bi 元素一样，易于氧化，形成的氧化层会增大表面张力，反而不利于润湿。Zn 元素的添加会抑制 Sn-Bi 系钎料的润湿性能，添加微量 Co 元素可以使 Sn-58Bi-0. 02Co 的润湿时间缩短、润湿性能提高。微量稀土元素的添加也同样可以获得润湿性能优良的 Sn-Bi 系钎料。

复合材料的添加也在一定程度上影响了 Sn-Bi 系钎料的润湿性能，如图 4-18 所示。将碳化钨（WC）纳米颗粒添加到 Sn-57.6Bi-0.4Ag 钎料膏，可改善钎料膏的铺展性能。纳米铜颗粒与 Sn-Bi 钎料混合会显著降低钎料在铜焊盘上的铺展性能。在 Sn-58Bi 共晶钎料中添加 CNTs0.03%（质量分数）后，钎料的润湿角显著减小，润湿性能提高。此外，除了通过改变合金元素的方法改善润湿性能以外，业内最新研究表明，不同比例的环氧树脂及固化剂添加到 Sn-Bi 钎料膏中，使钎料的润湿性能先增大后减小。

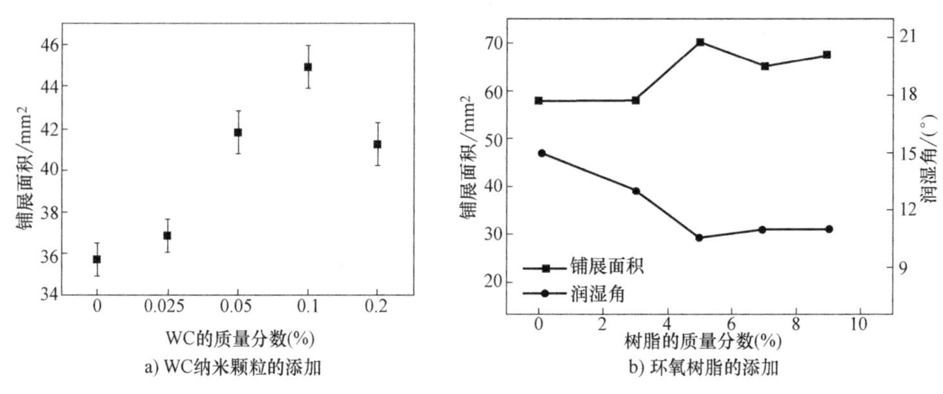

a) WC纳米颗粒的添加　　b) 环氧树脂的添加

图 4-18　复合材料对 Sn-Bi 系钎料铺展面积的影响

4）焊点可靠性。焊点可靠性主要包含了耐高温高湿、耐冷热冲击、抗跌落、电迁移和耐腐蚀等性能。在时效期间，钎料内的 Sn 原子和 Bi 原子的运动，界面层表面 Sn 原子与 Cu 原子的不断运动，使得钎料内部组织结构粗大，脆性富 Bi 层的生成以及不断长大的金属间化合物都会影响焊点可靠性。图 4-19 所示为 Sn-58Bi/Cu 焊点 125℃时效后的界面层及钎料显微组织照片，可以发现，随着老化时间的增加，IMC 厚度随之生长，直到 40 天时可看到

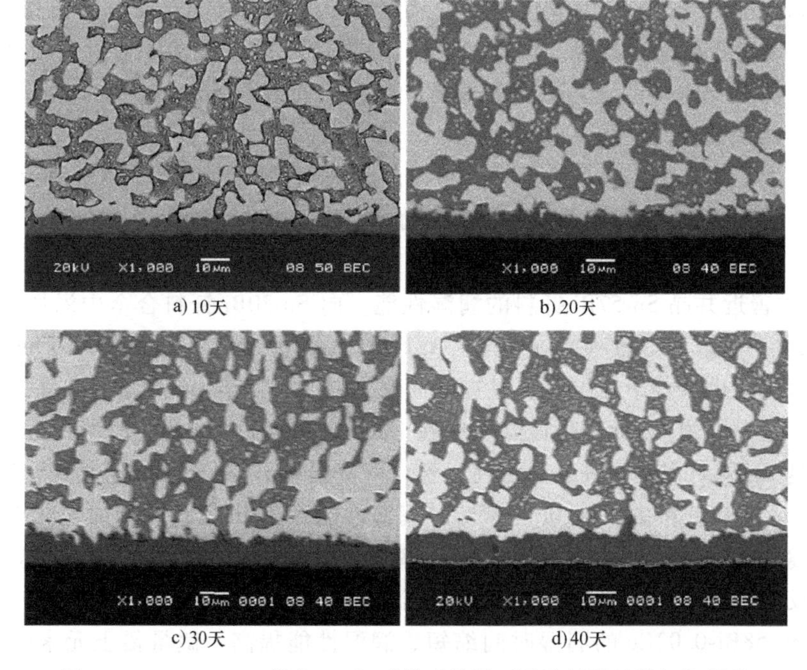

a) 10天　　b) 20天

c) 30天　　d) 40天

图 4-19　Sn-58Bi/Cu 焊点 125℃时效后的界面层及钎料显微组织照片

明显的 Cu_3Sn 层（黄色区域）。而 Cu_3Sn 层在 40 天时厚度很薄，是因为 Cu_3Sn/Cu 界面处 Bi 的富集限制了 Cu_6Sn_5 与 Cu 进一步反应生成 Cu_3Sn，而且 Sn-58Bi 钎料/Cu_6Sn_5 界面处 Bi 的富集导致 Sn 原子向界面的扩散减少，因此 Cu_3Sn 金属间化合物的反应速率降低，厚度较薄。同时，剪切试验表明 Sn-58Bi/Cu 焊点随着时效时间的延长，抗剪强度逐渐减小，性能上优于 Sn-40Pb/Cu 焊点，但是低于 Sn-Bi-Sb-Ag 钎料。

Sn-58Bi 钎料在常温下固/固电迁移中，随着通电时间的延长，焊点阳极界面产生大量金属小丘，Sn 晶须在此基础上形成，还会因原子的聚集产生压应力造成裂纹，阴极界面由于原子运动和迁移，留下的空穴不能及时补充而形成空洞，同时，因为阴极原子迁移而产生拉应力，造成裂纹。性价比较高的多壁碳纳米管颗粒（MWCNT）的添加，可以增强钎料的导电性，将 Ag-MWCNT 的 Sn-58Bi 复合钎料经过电迁移 100h 后，观察其显微组织发现，共晶 Sn-Bi 区域基本上未受到干扰，而传统的 Sn-58Bi 钎料中富 Sn 相聚集在阴极，富 Bi 相聚集在阳极，电迁移 500h 后，Sn-58Bi 焊点的 Bi 富集，IMC 层增厚，且出现了孔洞，而 Ag-MWCNT Sn-58Bi 焊点上未见孔洞产生，表明了多壁碳纳米管可以有效改善电迁移带来的质量问题，提高了焊点可靠性能。电迁移 100h 和 500h 后焊点的断面 SEM 形貌见表 4-10。

表 4-10 电迁移 100h 和 500h 后焊点的断面 SEM 形貌

时长	钎料	SEM 形貌	局部放大的 SEM 形貌
100h	Sn-58Bi	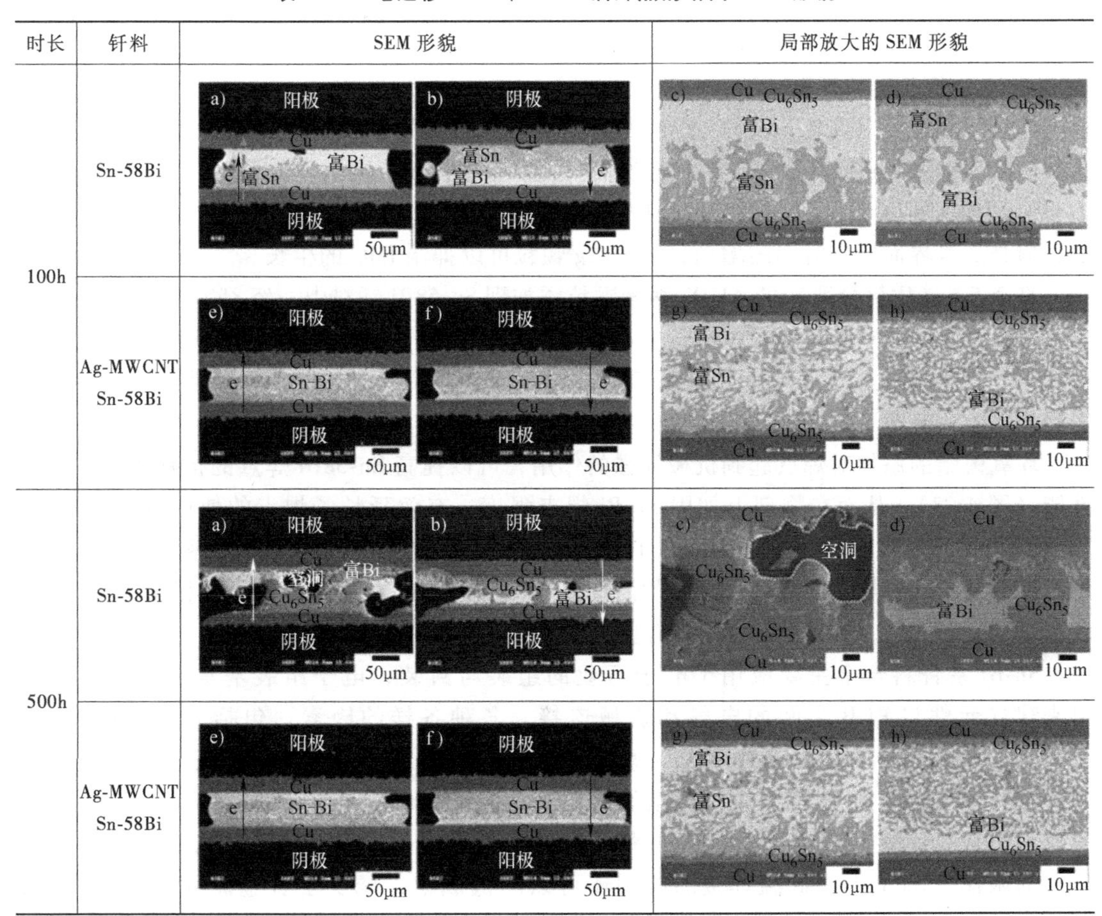	
	Ag-MWCNT Sn-58Bi		
500h	Sn-58Bi		
	Ag-MWCNT Sn-58Bi		

注：a)、b) 是 Sn-58Bi 焊点，c) 是 a) 的放大图，d) 是 b) 的放大图；e)、f) 是 Ag-MWCNT Sn58%Bi 复合焊点，g) 是 e) 的放大图，h) 是 f) 的放大图。

添加第三种合金元素或复合材料，均可以改善 Sn-58Bi 焊点的可靠性。经过回流焊和80℃时效处理后，Sn-58Bi-0.5Ag 钎料的 IMC 厚度增长明显，说明 Ag 能促进 IMC 的生长。时效时间 168h、504h 和 1008h 对（Sn-Bi）-0.5In、（Sn-Bi）-0.5Ni 焊点抗剪强度的影响试验结果如图 4-20 所示。从图中可以看出，随着时效时间的增加，所有焊点的接头强度都出现了退化，并且在时效后，含 In 元素的焊点接头抗剪强度都是所有焊点中最大的。图 4-20 还表明，添加 0.5%（质量分数）Ni 降低了 Sn-Bi 焊点的抗剪强度。

图 4-21 显示了添加纳米 Ag 颗粒后反应时间对 IMC 厚度的影响。时效时间短时，纳米 Ag 颗粒的添加对 IMC 层的厚度没有明显影响，但是随着界面反应时间的增加，纳米 Ag 颗粒可以抑制 IMC 的生长。

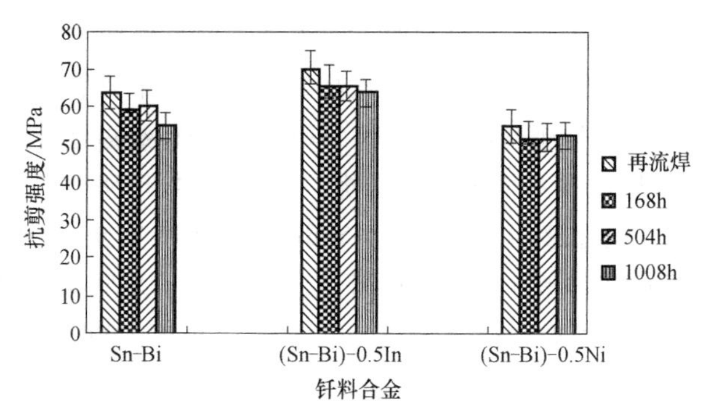

图 4-20　Sn-Bi 钎料合金时效后焊点力学性能

通常描述 IMC 层厚度和界面反应时间的经验关系为

$$y = Dt^n$$

式中　y——IMC 平均厚度；

t——界面反应时间；

D——IMC 生长扩散系数；

n——IMC 生长指数。

通过曲线拟合，可以发现 Sn-58Bi 钎料中 IMC 层的生长指数为 0.394。可以发现 IMC 的生长指数 n 随着纳米 Ag 颗粒的添加量的增加而降低。添加 76nm 银纳米粒子后，生长指数降至 0.339，为最低值。此外，时效时间短时，纳米 Ag 颗粒的添加对 IMC 层的厚度没有明显影响，但是随着界面反应时间的增加，纳米 Ag 颗粒可以抑制 IMC 的生长。

将 0.5%（质量分数）的 Al_2O_3 纳米颗粒添加到 Sn-58Bi 钎料中，经 85℃时效 288h 后发现，IMC 的平均厚度下降，Al_2O_3 纳米颗粒可以使富 Sn 相与富 Bi 相分布更加均匀（图 4-22），其抗拉强度和硬度分别提高了 22% 和 19% 左右，耐热性、耐蚀性及蠕变性能均得到加强。

环氧树脂的添加对焊点起到机械补强的作用，可以提高 Sn-58Bi 焊点的抗跌落冲击可靠性能（图 4-23），从而在物理上加固 Sn-Bi 焊点强度，有效延长了焊点的使用寿命。同时，Tamura 公司对推出的焊缝加固膏 SAM 10-401-27 进行了高温高湿可靠性测试和冷热冲击可靠性测试，试验结果显示其焊缝加固膏的耐高温高湿和耐冷热冲击性能优异，相比于传统 Sn-58Bi 钎料膏和 SAC305 钎料膏，均具有更突出的可靠性能。

Sn-Bi 系钎料合金主要应用于电子行业的组装与封装，电子组装基本上需要使用钎料来建立元件与 PCB 之间的电气和机械连接。各种各样的因素，包括立法上的变化、设计上的挑战和成本上的考虑，都为采用 Sn-Bi 钎料合金创造了机会，使其能够随着时间的推移而发展。而随着业内对低温焊接生产的需求不断扩大，低熔点 Sn-Bi 系合金钎料有潜力成为一种经济有效的钎焊材料，并使设计工程师能够克服由传统 SnAgCu 合金造成的限制。SMT 中，低温焊接的应用还可以降低成本，减少了贵金属的使用，同时，还实现了节能减排环保的需求。低温焊接将继续发展，并在未来几年成为 PCB 制造的重要组成部分。

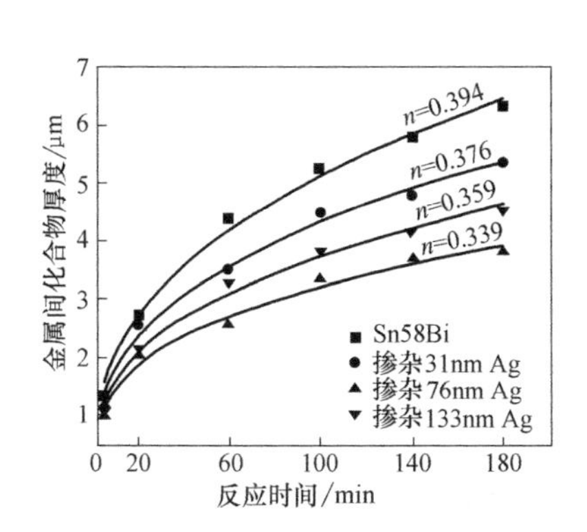

图 4-21 无 Ag 和含 Ag 复合焊点在 220℃时界面 IMC 厚度与液相反应时间的关系

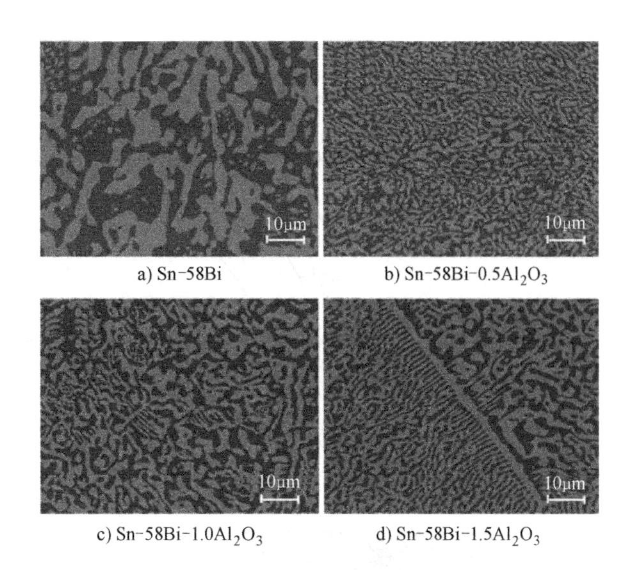

图 4-22 钎料合金的显微组织照片

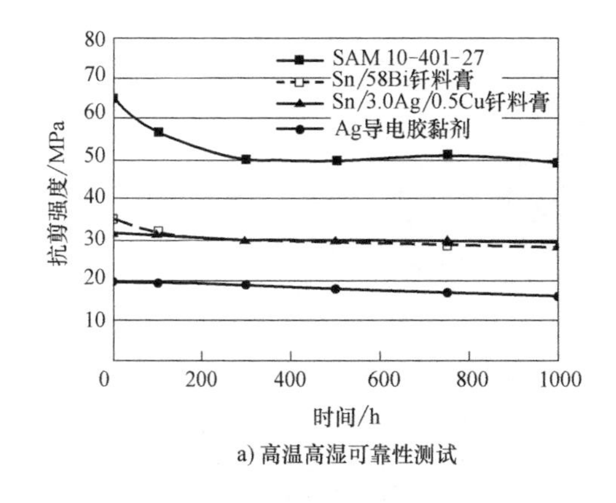

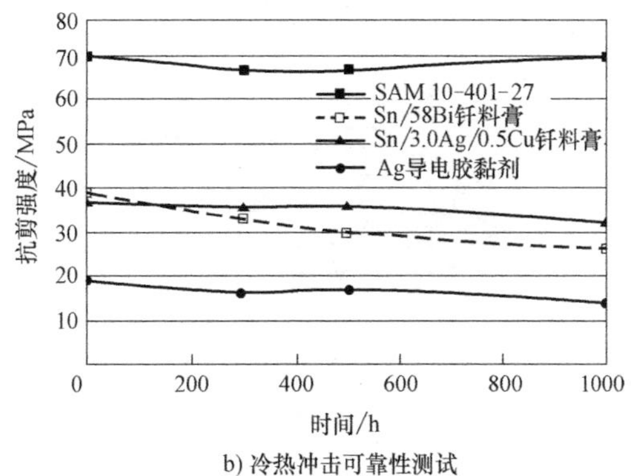

图 4-23 环氧树脂焊缝加固 Sn-58Bi 钎料膏的可靠性

（5）Sn-Zn 钎料 Sn-Zn 系钎料是无铅钎料之一。该合金系中的 Zn 元素资源丰富，价格低廉，并且完全无毒，而且从环境效益和经济效益上来看，该合金钎料是电子工业领域大量使用的无毒钎料的理想选择。Sn-9Zn 合金是共晶合金，熔点是 198.6℃，非常接近于传统的共晶 Sn-Pb 钎料，所以如果使用 Sn-9Zn 作为无铅钎料，可以在很大程度上减少无铅化改造的成本。但是当在空气中进行焊接等操作时，Sn-9Zn 合金在 Cu 表面的润湿性很差，这是其在走向工业应用的过程中首先应该克服的问题。多数的 Sn-Zn 系无铅钎料的研制都是以 Sn-9Zn 为基础进行的。

1）合金相图及微观组织。Sn-Zn 系共晶钎料的熔点最接近 Sn-Pb 钎料，且具有良好的力学性能，对其进入实用化有很大好处。图 4-24 是 Sn-Zn 系合金的相图，元素间基本不固溶，Sn 相与 Zn 相呈分离状，并且 Zn 相有比较大的结晶。图 4-25 是随 Zn 含量的变化其组织变化的状况。

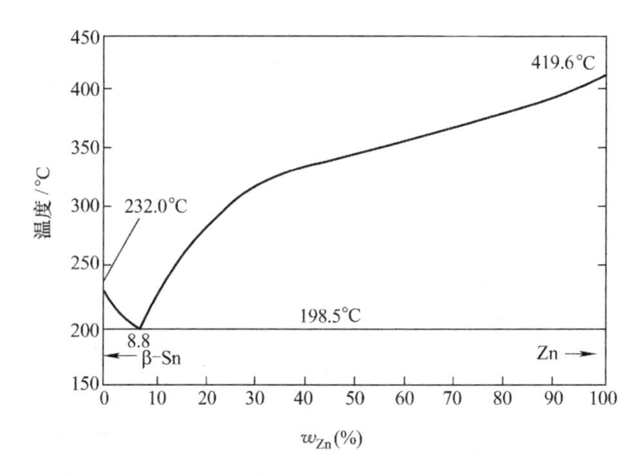

图 4-24　Sn-Zn 系合金的相图

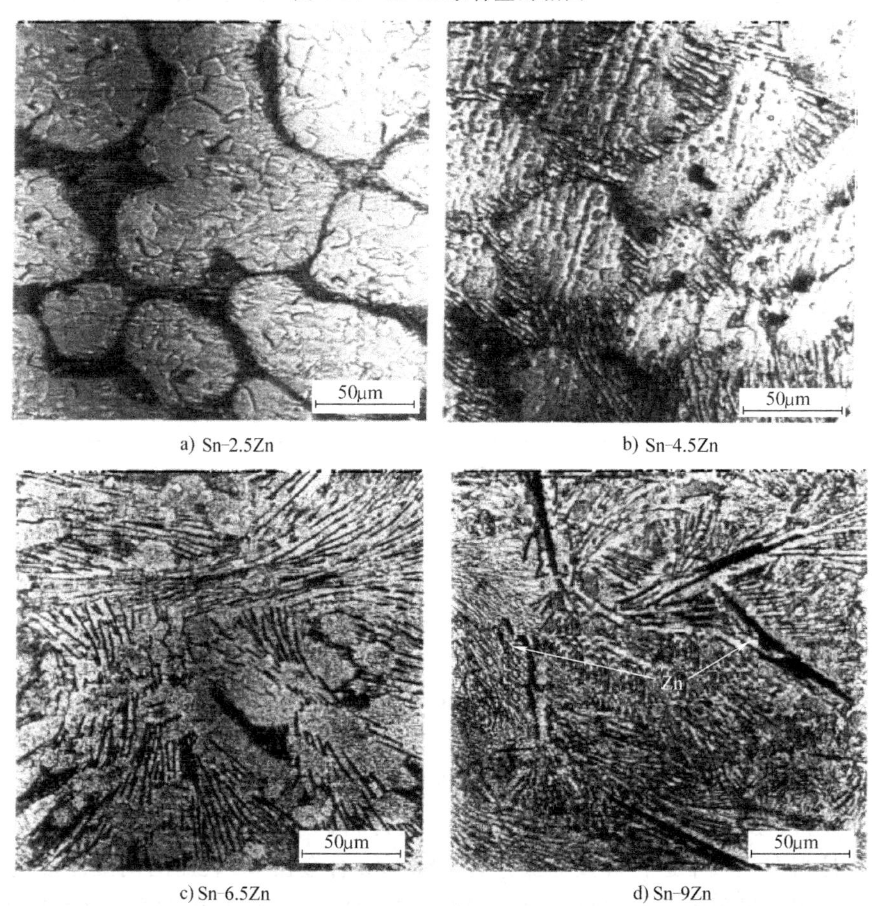

a) Sn-2.5Zn　b) Sn-4.5Zn　c) Sn-6.5Zn　d) Sn-9Zn

图 4-25　Sn-xZn 组织变化图

2）力学性能。Sn-Zn 基钎料的基本力学性能见表 4-11。

由表 4-11 可以看出，Sn-Zn 基钎料的熔点接近于传统 Sn-Pb 钎料，通过添加合金元素 Bi 或 In 可以进一步降低钎料的熔点。但钎料的润湿性很差，在常规润湿性试验中钎料的润湿角大于 60°，而在氩气保护条件下钎料才有很好的润湿性。Sn-Zn 系合金存在的问题是钎料的润湿性差，这就增加了对助焊剂的要求，但即使采用有着良好性能的助焊剂，钎料在大气条件下的润湿性还是非常差，因而如果在实际中使用Sn-Zn钎料时，要求在Ar或N_2保护气氛中进行焊接，这就增加了对设备的要求。

表4-11 Sn-Zn基钎料的基本力学性能

钎料成分	钎料熔点/℃	润湿角/(°)	润湿力/mN		密度/(g/cm³)
			水溶性	免清洗	
Sn-9Zn	198	很差	1.931	-5.790	7.27
Sn-9Zn-5In	188		—	—	—
Sn-8Zn-5In-(0.1-0.5)Ag	187		—	—	—
Sn-6Zn-6Bi	127		—	—	—
Sn-8Zn-10In-2Bi	175		—	—	—
Sn-37Pb	183	11	5.025	4.396	8.90

3）润湿性能。Sn-Zn钎料相较于其他无铅钎料，最大的不足在于它对焊盘的润湿能力差，降低了钎料的焊接性和接头的可靠性。一般认为，有两个原因导致Sn-Zn钎料对基板的润湿性较差，一是由于Zn易氧化影响其润湿性，这是主要原因；二是由于Zn元素大量存在，使得液态合金的表面张力变大而影响润湿。

针对Sn-Zn钎料润湿性差的不足，研究人员提出了诸多思路试图解决这一问题。首先考虑通过合金化的手段向钎料中添加表面活性元素，降低合金熔体的表面张力，从而提高其润湿能力。Bi就是一种表面活性元素，在熔融状态下，它能够向熔体表面富集，降低熔体表面张力，从而提高钎料润湿性能[18]。In和Ga的作用机理与Bi类似，也能提高钎料的润湿能力，但是这些元素的加入量相对较多，在提高合金润湿性能的同时，会使钎料熔化区间增大，恶化合金性能，用于封装时容易造成虚焊。因此研究者考虑采用微合金化的方法来改善钎料润湿性能，有研究发现，在向Sn-9Zn钎料中添加微量Ce-La混合稀土时，合金的润湿性能相对Sn-Zn原始钎料有明显提高，如图4-26所示，当RE添加量为0.05%（质量分数）时，在钎焊温度为290℃的条件下，借助高活性（RA）助焊剂的作用，钎料合金润湿力达到最大，并且润湿时间比Sn-Pb钎料要短得多。微量P的添加也可以有效改善合金的润湿性能，有研究通过二次离子质谱（SIMS）分析认为其原因可能是熔融状态下，P在合金表面形成偏聚，不仅可以降低熔体表面张力，还会与熔体竞争氧化，使得熔体表面脱氧，而P的氧化产物P_2O_5则溢出，从而提高钎料润湿性。

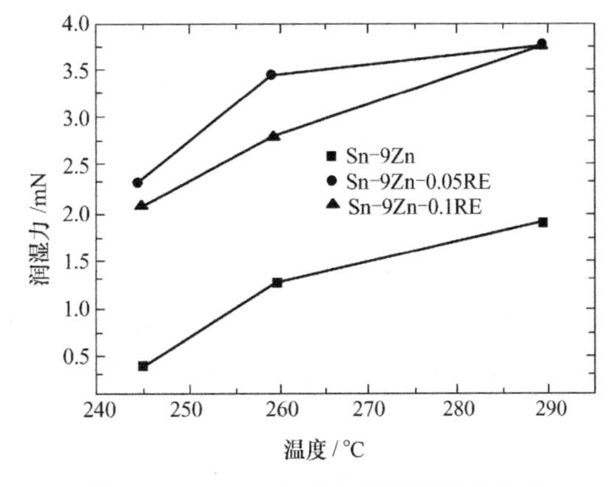

图4-26 Sn-Zn(-RE)钎料润湿力比较

合金化改善钎料润湿性的另一种考虑是添加可能降低Zn活度的元素，或者是能够提高合金抗氧化性能的元素，以提高润湿能力。当向Sn-Zn钎料中加入0.5%~10%（质量分数）

的 Cu 时发现，随着 Cu 含量的增加，虽然合金的熔点升高，但液态合金对 Cu 基板的润湿角却逐渐减小，润湿性能不断提高。研究显示，这是由于添入的 Cu 与钎料富 Zn 相中的游离态 Zn 原子生成了 Cu-Zn 化合物，它们在熔体中会形成短程有序乃至中程有序的团簇结构，降低了 Zn 原子的活度。

另外，研究提高助焊剂对 Sn-Zn 钎料的助焊能力，开发 Sn-Zn 钎料专用助焊剂也不失为一种可供选择的途径，但是目前已公开的有关 Sn-Zn 助焊剂的研究都存在各种各样的问题。传统的松香型助焊剂用于 Sn-Zn 系钎料时会由于 Zn 元素的过多氧化，使得松香有可能因稠化而失去助焊作用。有人研究向松香型助焊剂中加入有机 Sn 盐，发现 Sn-9Zn 合金熔体在铜表面的润湿性得到有效的改善，但问题是有机锡价格昂贵，难以制得，同时本身又有较大毒性。有学者研究开发出的一种水溶性助焊剂和一种免清洗助焊剂，对 Sn-Bi、Sn-In、Sn-Ag 系等无铅钎料的润湿效果很好，几乎达到 Sn-Pb 的润湿水平，但它们对 Sn-9Zn 钎料却又没有明显的助焊效果。虽然含有卤素的高活性助焊剂对于 Sn-Zn 钎料的助焊作用明显，但是又会带来腐蚀而引起的焊点可靠性问题。文献报道了添加二乙醇胺、丁二酸、聚氧乙烯醚、适量磺酸亚锡（质量分数为 20%）作为活性剂，制备的助焊剂，能够显著提高 Sn-9Zn 钎料在 Cu 基板上的铺展性能，铺展面积相对 NH_4Cl-$ZnCl_2$、树脂型以及水溶性助焊剂分别提高了 16.1%，116.1%，85.1%。如果进一步优化，有望在工业生产中得到推广应用。

4.2 钎剂（助焊剂）

在大气中金属表面都覆盖着氧化膜，而母材表面的氧化膜影响液态钎料的润湿和铺展，因此要实现钎焊过程并得到质量好的接头，母材和钎料表面的氧化膜都必须彻底清除。虽然钎焊前有安排清除氧化膜的工序，但金属在大气中氧化是很迅速的，钎焊的加热过程也会加速焊接表面的氧化。所以有必要在钎焊过程中进一步采取必要的措施清除工件和钎料表面的氧化膜及防止再被氧化。

在钎焊技术中利用钎剂去膜是目前广泛使用的一种方法。钎剂在钎焊过程中起着诸多作用：清除母材和钎料表面的氧化物，为液态钎料在母材上的铺展填缝创造条件，以液体薄层覆盖母材和钎料表面，隔绝空气而起保护作用，提高界面活性，改善液态钎料对母材的润湿，增强焊点的传热能力。

4.2.1 钎剂的要求

基于钎剂的作用，在配制和使用钎剂时应尽量满足以下要求：

1）钎剂应具有溶解或破坏母材和钎料表面氧化膜的能力。

2）钎剂的熔点和最低活性温度应低于钎料熔点。为了配合钎料的熔点，钎剂熔点应低于钎料熔点 10~30℃。特殊应用条件下，也有使钎剂的熔点稍高于钎料熔点的。但由于钎焊温度一般都高于钎料熔点，所以又必须同时保证钎剂的活性温度范围覆盖钎焊温度。故钎剂熔点不宜与钎料熔点相差过大。

3）钎剂应具有良好的热稳定性。热稳定性是指钎剂在加热过程中保持其成分和作用稳定不变的能力。即钎剂必须有一定的加热温度范围。一般希望钎剂具有不小于 100℃ 的热稳定温度范围。

4）在钎焊温度范围内，熔化的钎剂应该黏度小、流动性好，能很好地润湿母材和减小液态钎料与母材的界面张力；钎剂及起作用产物的密度应小于液态钎料的密度，这样钎剂才能均匀地在母材表面铺展，呈薄层覆盖住钎料和母材，有效地隔绝空气，促进钎料的润湿和铺展，液态钎料填缝时也才能将钎剂及起作用产物从间隙排出，不致阻碍钎料填缝或滞留在钎缝中形成夹渣。

5）钎剂及残渣不应对母材和钎缝有强烈的腐蚀作用，也不应具有毒性或在使用中析出有害气体。

6）钎焊后钎剂残渣应易于清除。

7）还应考虑运料供应的难易及其经济合理性。

4.2.2 钎剂的分类

钎剂的品种和数量繁多，根据适用钎焊温度的不同，可分为硬钎剂和软钎剂。目前电子封装行业焊接温度一般都低于450℃，使用的钎剂均为软钎剂。这里仅对软钎剂进行一些技术性的大致划分，以供正确使用钎料时参考。

1. 按钎剂状态分类

钎剂按其状态可分为干式钎剂、液态钎剂和膏状钎剂，它们的主要用途见表4-12。

表4-12 按钎剂状态分类

类 型	用 途
干式钎剂	焊锡丝内芯用，起助焊作用
液态钎剂	1）浸焊 2）搪锡用 3）波峰焊用
膏状钎剂	涂刷在印制电路板上，固化后可防止PCB氧化，并有助焊作用

2. 按活性剂特性分类

钎剂按其活性特性可分为四类，见表4-13。

表4-13 钎剂按活性特性分类

类 型	标 识	用 途
低活性	R	用于较高级别的电子产品，可实现免清洗
中等活性	RMA	用于民用电子产品中
高活性	RA	用于焊接性差的元器件
特别活性	RSA	用于元器件焊接性差或有镍铁合金

这里的活化剂标识为国内的习惯用法，目前在ANSI/J-STD-004等标准中，钎剂活性的标识已采用L、M和H来表示，它们的相互关系如下：

L0型钎剂——所有低活性（R）类，某些中等活性（RMA）类，某些低固态的免清洗钎剂。

L1型钎剂——大多数中等活性（RMA）类，某些高活性（RA）类。

M0型钎剂——某些高活性（RA）类，某些低固态“免清洗”钎剂。

M1 型钎剂——大多数全活性（RA）类。

H0 型钎剂——某些水溶性钎剂。

H1 型钎剂——所有全活性合成（RSA）类，大部分水溶性和合成全溶性钎剂。

3. 按钎剂中固体含量分类

钎剂按其中固体的含量可分为三类，见表 4-14。

表 4-14　钎剂按固体含量分类

类　型	固体含量（质量分数,%）	用　途
低固体含量	<2~3	免清洗焊接
中固体含量	5~10	通用电子产品
高固体含量	>15	民用电子产品

4. 按组分分类

根据钎剂的主要组分进行的分类见表 4-15。根据表 4-15 中对钎剂进行编号。例如：卤化物含量小于 0.01%的磷酸活性无机物类钎剂的编号为 3311，非卤化物活性剂的松香类钎剂的编号为 1131。

表 4-15　钎剂的主要组分分类及编号

<table>
<tr><th>钎剂类型</th><th>钎剂基体</th><th>钎剂活性剂</th><th>卤化物含量
(%,质量分数)</th></tr>
<tr><td>1. 树脂类</td><td>1. 松香(非改性树脂)
2. 改性树脂或合成树脂</td><td rowspan="2">1. 未添加活性剂
2. 卤化物活性剂
3. 非卤化物活性剂</td><td rowspan="5">1. <0.01
2. <0.15
3. 0.15~2.0
4. >2.0</td></tr>
<tr><td>2. 有机物类(低含量树脂或不含树脂)</td><td>1. 水溶性
2. 非水溶性</td></tr>
<tr><td rowspan="3">3. 无机物类</td><td>1. 水溶液中的盐类
2. 有机配方中的盐类</td><td>1. 有氯化铵
2. 不含有氯化铵</td></tr>
<tr><td>3. 酸类</td><td>1. 磷酸
2. 不含有磷酸</td></tr>
<tr><td>4. 碱类</td><td>胺和/或碳酸铵</td></tr>
</table>

4.2.3　常用的钎剂

1. 松香型钎剂

松香型钎剂是应用广泛、使用较早的一类钎剂，目前仍大量使用，现将其主要成分及功能分别叙述如下。

松香型钎剂的主要成分见表 4-16。

现将各种成分的主要功能简介如下：

（1）活性剂　活性剂是钎剂中最为关键的成分，通常均是“商业秘密”。活性剂是一种强还原剂，通常是有机物的盐酸盐、有机酸一类物质。活性剂的作用机理是：在加热时能释放出 HCl，微量的 HCl 能清除钎料及被焊金属表面的氧化物，并且能有效地降低熔融钎料表面张力，从而实现良好的焊接效果。

表 4-16 松香型钎剂的主要成分

成分		质量分数（%）
活性剂		0.1~1（固体含量总数为基准）
松香		10~30（固体含量总数为基准）
特种助焊	消光剂	微量或少量
	润湿剂	微量或少量
	缓蚀剂	微量或少量
	发泡剂	微量或少量
有机溶剂		65~70

通常用钎剂中氯离子（Cl^-）占固体总质量的百分数来表示活性剂的含量，随着Cl^-浓度的提高，钎剂的活性也在提高，当采用润湿平衡法测量时则反映出润湿时间的缩短，如图 4-27 所示。

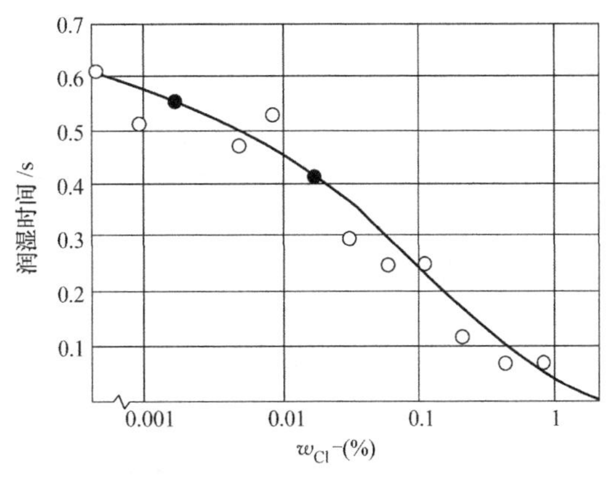

图 4-27 卤素含量与润湿时间的关系

从图 4-27 中可以看出，随着 Cl^- 含量的提高，润湿时间快速缩短，即润湿速率迅速提高，直到 Cl^-的含量达到 1%（质量分数）后才趋于平缓，表明 Cl^-高到一定程度其作用就不再明显，相反会出现腐蚀铜层的不良后果，这说明活性剂用量的增加在改善焊接性的同时，也会导致焊接后表面绝缘电阻降低，产生不应有的腐蚀性。活性剂对焊接过程的综合影响如图 4-28 所示。

用作活性剂的材料很多，经常使用的活性剂有如下几种：

1）含氮有机物。如乙二胺盐酸盐；环已胺盐酸盐；醇胺及其相应的盐，如三乙醇胺盐酸盐；肼及其相应的氢卤酸盐，如溴化酚等；酰胺如甲酰脑、尿素。

2）有机酸及其盐。如己酸、庚酸、月桂酸、草酸、酒石酸、乳酸、谷氨酸和硬脂酸锌；脂肪族多元羧酸及其衍生物，如丁二酸及相应的酸酐。

3）无机酸，如磷酸等。

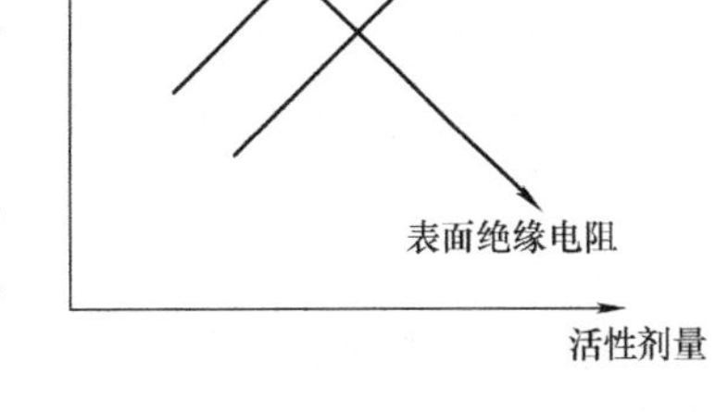

图 4-28 活性剂对焊接过程的影响

（2）松香 用作钎剂的松香是从松、杉等针叶树的树脂中制取的，即用蒸馏加工分离出液态松节油（$C_{10}H_{16}$）而得到的固体物质。松香的主要成分是松香酸，分子式为 $C_{19}H_{29}COOH$，分子结构为

CH_3 CH_3 CH_3 CH_3 COOH

松香本身是一种弱酸，故在钎剂中能起到一定的活化剂作用，在高温下能还原锡铅钎料及阳铜箔表面的氧化膜，使其相互润湿，促使熔融的锡铅钎料沿铜箔表面漫流；在焊接过程中它可以覆盖焊接部位，有效地防止焊接部位发生再氧化；焊接后钎剂残留物形成一层致密的有机膜，对焊点具有良好的保护作用，具有一定的防腐性能和电气绝缘性能。松香还可以起到调节密度的作用，并有利于改进发泡的工艺性。以上所述表明，松香在钎剂中起着综合平衡作用。但松香也存在着不少缺点，如熔点低，有溺性和吸湿性，在温度和湿度作用下松香膜易发白等。为了防止这些缺陷，常对松香进行改进，如通过氢化处理减少松香结构中的双键，使它的热稳定性提高。改进后的松香有氢化松香、歧化松香、聚合松香、全氢化松香等。这类松香结构相对稳定，用它们配制的助焊剂性能也相对稳定。

(3) 其他助剂　钎剂中还配有少量其他功能的助剂，数量虽少作用却很大，现列举几种助剂并说明它们的功能。

1) 消光剂。面积较大的SMA产品在波峰焊后，由于焊点数量多，当工人在检查时会出现刺眼的反光现象，影响检查，因此加入少量的带有消光性的化学助剂，如脂肪酸及其盐，以避免出现反光现象。

2) 缓蚀剂。钎剂中含有一定的卤化物，虽然增加了钎剂的活性，但也会带来腐蚀现象。因此在钎剂中加入缓蚀剂，以便在不影响钎剂助焊功能的同时，防止对铜层的腐蚀作用。当然，缓蚀剂的数量应严格控制，使两种功能互相兼顾。

3) 表面活性剂。表面活性剂是一种有机物，可以降低钎剂的表面张力，促进钎剂系统中各种助剂的溶解。并对钎料及焊接面起到快速润湿的作用。它协同活性剂起到助焊功能，但用量过多会降低焊接后的表面绝缘电阻。

4) 溶剂。溶剂是钎剂中的主要成分，一般占到90%以上，它可以使各种助剂有效地溶解，并可调节钎剂的浓度，以适应不同涂布要求。在生产中常使用乙醇、异丙醇及两者的混合物。

以上简述了松香型钎剂的成分及其功能。可见钎剂是一种具有综合功能的有机混合物。

2. 水溶性钎剂

早期的钎剂几乎全是溶剂型（松香型）钎剂，但是这类钎剂在焊接后，有时需要使用1.1.1-三氯乙烷或氟利昂（FC-113）来清洗钎剂的残留物。虽然FC-113具有非常优异的清洗性能，特别适用于清洗松香型钎剂焊接的电子产品，但是近年来发现1.1.1-三氯乙烷和FC-113严重地破坏大气臭氧层，给生态环境带来极大危害。为了减少氟利昂的消费量，人们除了研究新型的清洗剂外，还致力于开发新型的钎剂，其中水溶性钎剂就是为适应采用水清洗工艺而开发出来的新型钎剂。“水溶性”表示该钎剂焊接后的残留物能够溶解在水中，钎剂的成分中有时也含有水。水溶性钎剂主要是采用有机酸作为活化剂，故又称之为OA钎剂。早期的水溶性钎剂有较强的活性，同时也有较强的腐蚀性，焊接后必须用洁净水将它冲洗干净。目前已有许多水溶性钎剂是非腐蚀性的，焊接后能达到免清洗的要求。

水溶性钎剂在美国得到了很广泛的应用，已大量使用在波音航空公司制造军用电子产品的生产中，许多处于领先地位的工业、民用、通信行业的公司也在使用。水溶性钎剂被认为是能满足军用及民用清洁度要求的钎剂之一。

3. 低固含量免清洗钎剂/无挥发性有机物钎剂

(1) 低固体含量免清洗钎剂　低固体含量的免清洗钎剂是为了保护大气臭氧层，取缔氟利昂而研制出来的新型钎剂，它具有离子残渣少、固体含量低、绝缘电阻高、不含卤素、不需清洗以及良好的助焊性等优点。这种钎剂在国内外得到越来越广泛的应用。目前国内外低固体含量免清洗钎剂的技术指标见表 4-17。

表 4-17 国内外低固体含量免清洗钎剂技术指标

项 目	SJ/T 11389—2009 标准要求
外观	无沉淀或分层，无色透明，无刺激性气味
密度/(g/cm^3)	0.8~0.81
固体含量(%)	<3.0
Cl^-含量(%)	0
扩展率(%)	>80
铜镜腐蚀性	通过
绝缘电阻(焊后)/Ω	$>10^{11}$
离子污染物 NaCl/(μg/cm^2)	1 级<1.5,适用于高可靠性电子产品
	2 级<1.5~5.0,适用于通用类电子产品
	3 级<3~5.0,适用于消费类电子产品

注：含量均为质量分数。

通常认为满足上述指标的钎剂方能真正称得上“免清洗钎剂”，它可以用于较高级别的电子产品的焊接，并且焊接后不需要再清洗 SMA。但目前国内也有厂家把绝缘电阻达到 $10^{11}\Omega$ 的钎剂统称为“免清洗钎剂”，而不注意固体含量及残留离子量指标，其实这类“免清洗钎剂”仅适用于民用级别的电子产品中，属于“高固体含量的免清洗钎剂”（固体质量分数为 10%~15%）。

免清洗钎剂是由活性剂和溶剂组成的。其他功能助剂有缓蚀剂、消光剂、发泡剂等。

（2）无挥发性有机物钎剂　松香型低固体含量免清洗钎剂中采用有机溶剂，其含量在 97%（质量分数）以上，这里的有机溶剂通常称为挥发性有机化合物（volatile organic compounds，VOC），尽管它们不会对大气臭氧层产生破坏作用，但它们发散在低层大气中时，会形成光化学烟雾，对人类的身体健康有危害。

20 世纪 90 年代以来，人们已经注意到“水溶性钎剂”和“低残留免清洗钎剂”各自的优点，所以很快又推出“无 VOC 钎剂”，即在它的组成中，不使用松香而使用极少量的有机物；不使用有机溶剂而采用水为溶剂。无 VOC 钎剂的其他成分与用量和松香型低固体含量免清洗钎剂相同。不难看出，无 VOC 钎剂是理想的环保型钎剂。

但无 VOC 钎剂由于溶剂中几乎全部采用水做溶剂，因而其挥发过程吸热量大，使用中必须严格要求焊接设备具有足够的预热条件，确保 PCB 与钎料流接触前水分应挥发掉，通常 PCB 的预热温度应控制在 110~120℃。如果预热温度不到位，则在焊接时会出现“炸锡现象”，这是使用无 VOC 钎剂过程中应注意的问题。

此外在使用 VOC 钎剂时还应考虑到波峰焊设备的相关部件，如管道、喷头的耐蚀性。

总之，无 VOC 钎剂具有低残渣、无卤素、免清洗、储存及运输方便等综合优势，它既可以有效地帮助完成焊接过程，又不会影响操作工人的身体健康，对环境也没有直接危害，能称得上是“绿色钎剂”，因此它是钎剂发展的方向。尽管人们已在研究无钎剂焊接工艺，但使用钎剂来帮助焊接，在一个相当长的时期内仍将存在下去。

4. 有机焊接保护剂

有机焊接保护剂（organic solderability preservatives，OSP），是20世纪90年代出现的铜表面有机助焊保护层技术，是通过化学的方法，在PCB的裸铜导条表面形成一层厚0.2~0.6μm的有机保护膜，这层保护膜能起到防止铜表面氧化并且有助焊功能，对各种钎料均能兼容，并能承受PCB生产过程中二次高温的冲击。有机焊接保护已在印制电路板行业普遍推广应用，以代替热风整平工艺。用OSP涂覆后的PCB具有下列特点：

1）表面平整，特别适用于SMB的焊盘保护，保护期长。

2）保护层具有良好的助焊性，并能承受二次焊接高温。

3）生产过程易控制，有利于环保。

4）成本低，仅为热风整平工艺的50%。

早期的有机焊接保护剂是由普通的钎剂改进而来的，即在钎剂中添加耐热剂和抗氧剂，但效果差，不耐二次高温，仅适用于单面板。现行的OSP则是以烷基苯咪唑有机化合物为主要成分，与有机酸、Pb^{2+}、Cu^{2+}和Zn^{2+}等化合物组成。

有机焊接保护剂涂覆工艺如下：

PCB蚀刻 → 水洗 → 纯水洗 → 涂覆OSP（60℃，1~2min）吹干 → 纯水漂洗（去掉多余的OSP）→ 热风干燥（100℃，6s）。

4.2.4 钎剂的使用原则

由于钎剂的类型极其繁多，因此应根据产品的需要以及工艺流程（指清洗方法）来选用，通常遵循如下原则：

1）对于焊接后不打算清洗的电子产品来说，应首选免清洗钎剂。它具有残留物少的特点，但在选型时应注意钎剂与PCB预涂钎剂的匹配性，以及与发泡工艺的适应性。

2）对于消费类电子产品来说，选用低固体或中固体含量的松香型钎剂，也可以达到焊接后无须清洗的目的，但选型时应注意钎剂受潮后表面绝缘电阻（SIR）是否能达到要求，通常应不低于$10^{11}\Omega$。一般说这类钎剂的助焊性能好，工艺适应性强，能适应不同涂覆方法。

3）若电子产品焊接后需要清洗的话，则应根据清洗工艺来选用钎剂。如采用水清洗，则可选用水溶性钎剂；如采用半水清洗，则可选用松香型钎剂；如采用有机胺类皂化剂，也可以选用松香型钎剂对需清洗的PCB焊接，一般不采用免清洗钎剂，免清洗钎剂的助焊性能相对较弱，价格又贵，且有时采用非松香型配方还会给清洗带来困难。

4）如选用无VOC免清洗钎剂，则应注意与设备的匹配性，如有的基材吸水性大，易出现气泡缺陷。

5）不管选用哪种类型的钎剂，都应注意钎剂本身的质量及波峰焊机的适应性，特别是PCB预热温度，这是保证钎剂功能的首要条件。

6）对于发泡工艺，应经常测试钎剂的焊接功能和密度，对于酸值超标和水含量增加过大的，应更换新的钎剂。

4.2.5 无钎剂软钎焊

在传统的钎焊工艺中，通常使用液体钎剂来增强熔化钎料的润湿性。钎焊接头周围会产生钎剂的残留物，由于这些残留物有腐蚀性，会带来长期可靠性问题，因此必须去除钎剂残留物。一般采用卤化或氟氯化碳溶除松香基钎剂残留物，这些有害溶剂会导致臭氧贫化等环境问题，该问题使人们开发新的环境友好溶剂、清洁方法、免清洗钎剂和无钎剂软钎焊技术。与此同时，钎剂的残留物会污染光学表面，对光电子器件产生负面影响，如残留物使激光信号反射或衰减。电子器件尺寸缩小和细间距的趋势是需要避免钎剂的另一个原因，因为清洗钎剂残留物是十分困难的。正是由于这些原因，才使得无钎剂软钎焊工艺的开发变得尤为重要。在无钎剂软钎焊工艺中，Sn 的氧化膜去除可以有若干方法，如还原性气体无钎剂软钎焊、酸性气体无钎剂软钎焊、等离子体辅助干燥软钎焊和使用超声能量的无钎剂软钎焊等方法。

1. 还原性气体无钎剂软钎焊

还原性气体中的氢气偶尔被用于去除金属表面的氧化物。氢气可在钎焊温度下还原或溶解钎料的氧化物，并还原 Cu 的氧化物。尽管可以在约 350℃ 条件下采用氢气来还原高铅钎料的氧化物，但在 220~260℃ 的正常钎焊温度条件下该反应缓慢且低效。这导致在无钎剂软钎焊中应用氢气十分困难。氢气用于还原钎料氧化物的初始温度列于表 4-18 中。镀有 Sn/Au 的硅圆片可以在无钎剂的氢气气氛下与镀 Au 的硅基板键合。镀 In/Ag 的芯片也可以在氢气氛围下与镀 Au 基板实现无钎剂键合。

表 4-18　氢气还原钎料氧化物初始温度

钎料合金	氧化物主要类型	初始温度/℃
Sn-37Pb	锡氧化物	430
Sn-3.5Ag	锡氧化物	430
Sn-0.7Cu	锡氧化物	430
Sn-5Sb	锡氧化物	430
Sn-52In	铟氧化物	470
Sn-9Zn	锌氧化物	510

2. 酸性气体无钎剂软钎焊

在活性酸蒸气无钎剂软钎焊工艺中，由惰性气体携带汽化酸构成的稀释溶液可以取代钎剂去除氧化物层。酸性气体会覆盖于金属表面，与氧化物反应并去除氧化物。具有低沸点的甲酸是具有前景的酸性蒸气，以辅助 Sn 基或 In 基钎料实行钎焊，将 Sn 的氧化物去除的反应式为

$$SnO + 2HCOOH = Sn(COOH)_2 + H_2O$$

$$SnO_2 + 2HCOOH = Sn(COOH)_2 + H_2 + O_2$$

在高于 150℃ 时，$Sn(COOH)_2$ 将分解

$$Sn(COOH)_2 = Sn + 2CO_2 + H_2$$

为节省甲酸以避免其造成的二次污染，建议使用高纯氮气为载气，将甲酸带入真空共晶腔体，使甲酸的氛围变均匀，足够去除氧化物薄膜。具体工艺流程为：先抽真空，当真空度到达一定时，运行焊接工艺曲线，温度到达 150℃ 时，停止抽真空，向真空腔室充入氮气和甲酸的混合气体，按照腔体大小控制氮气和甲酸的饱和气体流量，在钎焊后期停止通入甲酸气体，再次抽真空控制气泡率，钎焊结束后充入氮气进行冷却。和传统液态钎剂的焊接效果

相比，有甲酸气体保护的效果无论从钎料的浸润，还是对芯片的散热效果，都明显较好。

对于在酸性气氛中的封装可靠性问题已有研究报道，Nishikawa 等研究者将 Sn-3.0Ag-0.5Cu 成分的 0.76mm 直径 BGA 球焊接在 Cu 焊盘上，研究了在时效温度为 150℃时，时效时间对界面 IMC 的影响，同时对比了在甲酸气氛中和液态钎剂两种作用环境得到的焊点抗冲击性能。结果显示两种环境得到的焊点界面 IMC 生长相似（图 4-29），随着时效时间的延长，界面 IMC 的厚度也随之增加，但是抗冲击性能随着时间的延长而逐渐降低（图 4-30）。

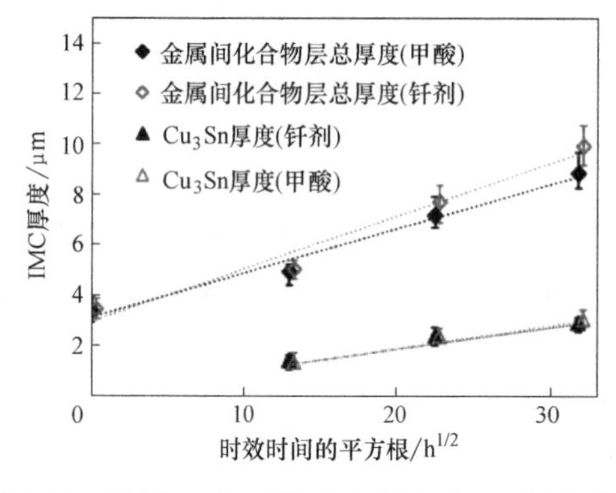

图 4-29　经历 150℃时效后焊点界面 IMC 厚度变化

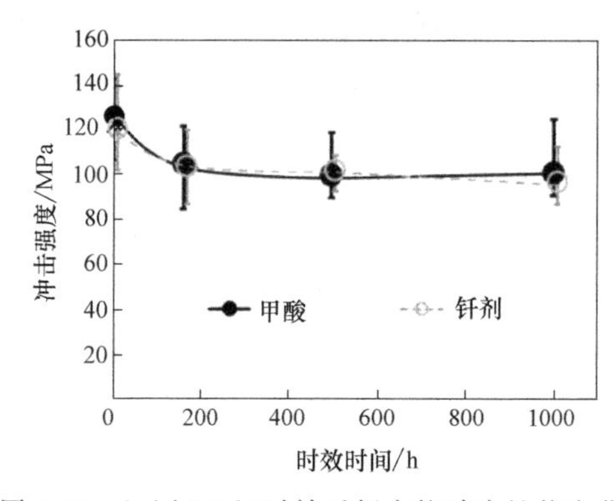

图 4-30　经历 150℃时效后焊点抗冲击性能变化

3. 等离子体辅助干燥软钎焊（PADS）

PADS 工艺将钎料表面氧化物转化为新的化合物和氟化物，实现无钎剂软钎焊。该工艺中有含氟气体，如 CF_4 或 SF_6，经过射频发生等离子体或微波离解，并形成活性氟原子气。制造出的氟原子与钎料中的氧化物的反应为

$$SnO_x + yF \xlongequal{} SnO_xF_y$$

PADS 工艺可以在惰性气体和 N_2，甚至是空气中进行。通过 PADS 工艺处理过的钎料可以在空气中储存 1 周，可以在惰性气体和 N_2 中储存两周。处理后的薄膜在钎焊过程中破裂，将新鲜的液态钎料暴露出来，并实现连接。

4. 氩和氢等离子体环境下的无钎剂软钎焊

等离子体是利用辉光放电释放的高能粒子，是可以代替钎剂应用的一种方法。常用的等离子体激发频率有三种：40kHz 超声等离子体、13.56MHz 射频等离子体和 2.45GHz 微波等离子体。超声等离子体主要是物理反应，射频等离子体主要是物理反应和化学反应，微波等离子体则主要是化学反应。等离子体可以通过物理和化学作用去除氧化物或有机污染物。作为一个干燥的清洗工艺，等离子体处理产生的废物很少，或没有废物产生，因此相对于溶剂或酸性气体环境更有吸引力，这是由于溶剂或酸性气体环境会产生更多的废物。从经济上讲，考虑到去除环境污染所需的清洗溶剂和设备，与钎剂和钎剂应用系统相比，等离子体工艺花费并不是很高。

传统的微波等离子体包括氩或氢等离子体。在微波等离子体系统中产生的氩离子在电场的作用下，高速撞击待清洗表面，以撞击力溅射掉污染物或者将碳氢污染物化学键裂解，形成气体挥发。在氩等离子气体中添加氢气，有助于降低氧化率，但并不能最终阻止氧化，因为任何金属暴露于空气，在室温条件下氧化物都会重新生长。Ar 和 H_2 混合气体对环境更加友好，等离子气体通常由少于 10%（体积分数）的 H_2 和 Ar 构成，但对硅芯片钝化层有较小的伤害。

如果 Ar 在等离子体中被电离，Ar^+可以促进单原子氢生成，氢会促进氧化物的消除。

$$Ar^+ + H_2 = ArH + H^+$$

R J Wassink 报道了当液态钎料存在于氧化层下，薄的锡氧化膜可以被机械的静水压力破坏，被称作“浮冰”理论，可以解释为什么一些金属锡存在于氧化层下面容易实现钎焊。Nishikawa 报道了当钎料在普通带式炉的惰性气体环境中，钎料表面的薄氧化膜容易在体积膨胀的作用下发生破裂。然而等离子体处理必须在倒装芯片键合之前进行，使钎料凸点表面氧化物的生长降至最低。

目前，关于氩和氢等离子体的研究十分活跃。等离子体清洗的应用，对于提高各种材质表面的洁净度和活化能效果明显；同时，它也是溶剂清洗的重要补充，通过两者的取长补短，更能达到理想的效果。

5. 使用超声能量的无钎剂软钎焊

在重熔钎焊方法中，超声波钎焊可以作为一种无钎剂软钎焊方法。钎料池中的超声能量可以去除金属表面的氧化物和污染物。传统的超声波钎焊已经取得了一些成功，基板温度、键合负载和超声功率及时间是用来优化超声倒装芯片键合工艺的主要参数。

超声钎焊的原理还没有被完全理解，一些研究表明，芯片与基板通过键合载荷实现接触，芯片在基板表面经受强烈的振动。通过振动将键合界面处的表面氧化膜破坏和去除。新鲜的钎料和 UBM 金属表面在振动的作用下暴露出来，从而实现新鲜表面的键合。过大的键合载荷将限制超声振动的振幅，以及两工件之间的相对运动。已有报道在热超声键合 Au 凸点应用中观察到了类似的结果，延长键合时间会导致已键合接头由于疲劳造成键合失效。

S M Hong 报道了 Sn-3.5Ag 倒装芯片凸点的键合强度会受到键合参数的影响，键合强度与键合温度呈正比例增长。在低于 Sn-3.5Ag 钎料熔点（221℃）条件下，采用超声波键合芯片的抗剪强度是很高的。在 25W 的键合功率条件下键合载荷与芯片抗剪切强度之间的关系如图 4-31 所示。在键合载荷为 0.8N/凸点的情况下，芯片的抗剪强度高达 50gf/凸点（0.5N/凸点），但键合载荷在超过 1.0N/凸点的情况下却开始下降。图 4-31c 展示了芯片抗剪强度变化与键合功率之间的关系，表明强摩擦会提高键合强度。随着超声功率的增加，芯片键合强度也随之增长。

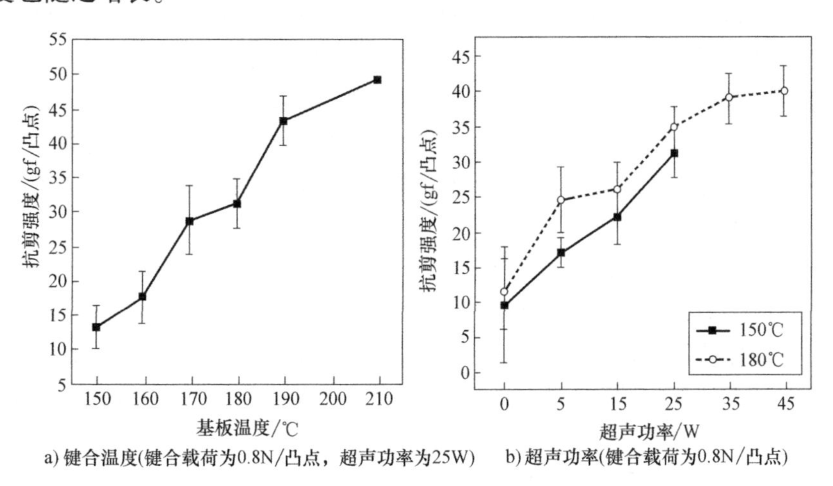

a) 键合温度(键合载荷为0.8N/凸点，超声功率为25W)　b) 超声功率(键合载荷为0.8N/凸点)

图 4-31 超声键合参数对 Sn-3.5Ag 倒装芯片凸点键合强度的影响

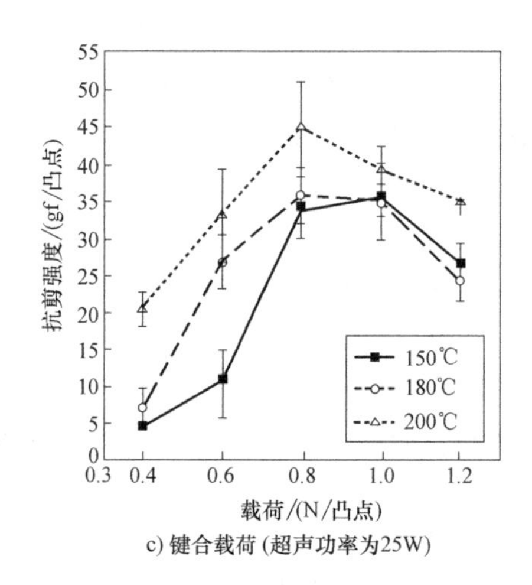

c) 键合载荷 (超声功率为25W)

图 4-31 超声键合参数对 Sn-3.5Ag 倒装芯片凸点键合强度的影响（续）

注：$1gf = 10^{-2}N$。

作为一种无钎剂软钎焊方法，超声有着在低温条件下实现芯片键合的优势，因此对温度敏感型倒装芯片器件十分有用。然而在超声键合过程中键合区域还保持固相状态，其他倒装芯片键合过程中的自对准现象并不出现。因此如需得到良好键合质量的芯片与基板，就要进行更精确的放置。

4.3 印制电路板的表面涂覆

印制电路板表面需要涂覆一个保护层，该保护层主要起到防止铜导线和铜焊盘的氧化与保证焊盘焊接性的作用。为了保证可靠的互连，印制电路板表面涂覆层的特性和性质与元器件引线和端子的涂覆层性能一样重要。

在传统的印制电路板制作工艺中，Sn-Pb 钎料的热风整平（HASL）已被广泛应用于上述的保护层涂覆工艺中。在表面组装技术中为形成一致和可靠的窄节距焊点，印制电路板上拥有厚度均匀的平坦表面日益重要，而 HASL 工艺常常达不到要求。代替 HASL 工艺的其他表面涂覆工艺包括：浸镀 Sn、电镀 SnPb（再流焊或非再流焊）、电镀 Au/Ni、化学镀 Au/化学镀 Ni、浸镀 Au/化学镀 Ni、浸镀 Pd、浸镀 Pd/化学镀 Ni、电镀 SnNi 合金以及有机焊接保护剂（OSP）。当选择一个替代的表面涂覆工艺用于 PCB 组装时，要考虑以下几个关键参数：焊接性、环境稳定性、高温稳定性、用于接触/通断表面的适用性、焊点的完整性、引线键合性能以及成本。

理想情况下，PCB 表面涂覆能实现焊接性保护、接触/通断、引线键合、焊接四个功能。实际上，一些表面涂覆系统主要是用作焊接性保护。

对于焊接性的保持和保护，热风整平 Sn-Pb 工艺已成功地用于表面组装和混装 PCB 上的表面涂覆。随着工业的持续发展，推动不断开发 HASL 替代工艺的有下列几个主要的因素：

1）对焊盘平整度和均匀度的要求增加。

2）对表面涂覆厚度一致性的要求增加。

3）要求接触/开关部位的金属材料和工艺与 PCB 上其他部位一致。

4）对于易受温度变化而损坏的 PCB，如 PCMCIA，具有较小的热应力工艺。

5）无铅化。

4.3.1 PCB 的表面涂覆体系

随着无铅化电子组装进程的不断发展，各种环保型、无铅化的 PCB 表面防护层不断出现在研究报告和实际产品之中。当前的各种无铅化 PCB 表面涂覆层见表 4-19。

表 4-19 各种无铅化 PCB 表面涂覆层

涂覆层种类	材料及工艺	涂覆层种类	材料及工艺
OSP	苯并三氮唑 烷基咪唑 苯并咪唑 预涂助焊剂	Ni-Pd	化学镀 Ni/浸 Pd 化学镀 Ni/自身催化化学镀 Pd 化学镀 Ni/自身催化化学镀 Pd(浸金)
Ni-Au	电解电镀 Ni-Au(EG) 化学镀 Ni/浸 Au(ENIG) 化学镀 Ni/化学镀 Au(自身催化) 化学镀 Ni/化学镀 Au(基板催化)	Sn	电解电镀 Sn 浸 Sn 浸 Sn+自身催化化学镀 Sn
		Ni-Sn	电解电镀 Ni/电解电镀 Sn
Ag	化学镀 Ag(浸银或微电流电镀银)	Sn-Ag	电解电镀 Sn-Ag
Bi	浸 Bi	Sn-Bi	电解电镀 Sn-Bi 浸 Sn-Bi
Pd	电解电镀 Pd 或 Pd 合金 自身催化化学镀 Pd 自身催化化学镀 Pd(浸 Au)	Sn-Cu	电解电镀 Sn-Cu
		Sn-Ni	电解电镀 Sn-Ni

对与 PCB 组装，当选择一个代替的表面涂覆工艺时，需要考虑各种相关性能及成本等。表 4-20 总结了几种无铅化 PCB 涂覆层的性能比较。

表 4-20 几种无铅化 PCB 涂覆层的性能比较

物理性能	Sn-Pb(HASL)	浸 Ag	浸 Sn	OSP	ENIG
保存寿命/月	12	12	12	12	6
可经历再流次数/次	4	5	5	≥4	4
成本	中等	中等	中等	低	高
工艺复杂程度	高	中等	中等	低	高
工艺温度/℃	240	50	70	40	80
厚度范围/μm	1~25	0.05~0.20	0.8~1.2	0.005~0.02 0.2~0.5	0.05~0.24Au 3~5Ni
助焊剂兼容性	好	好	好	一般	好

4.3.2 几种典型的 PCB 表面涂覆工艺比较

1. 浸 Ag

Ag 比 Cu 具有更高的标准电动势，因此浸 Ag 实际上是一种基于电化学置换反应的过程，即

$$Cu+2Ag^{+} \rightarrow Cu^{2+}+2Ag$$

表4-21为浸Ag工艺中四个主要工艺流程。由于浸Ag工艺是在涂覆阻焊膜之后，因此酸洗工序是为了去除表面残留的各种油脂、氧化物及有机物，从而为随后的微腐蚀工序准备出一个清洁的铜表面。由于微腐蚀工序后有一个水冲洗工序，因此在正式浸Ag之前又有一个预浸工序，预浸所用的溶液与后面正式浸Ag时所用的溶液基本相同，其目的是去除水冲洗可能带来的表面氧化物，同时避免将一些化学杂质带入后面用于浸Ag的沉积槽。浸Ag沉积槽内是一种呈现化学中性的溶液，其主要成分见表4-22。由于Ag在Cu表面的沉积是基于置换反应，所以它具备“自动终止”特征，即表面的Cu原子均被置换为Ag原子后，沉积过程会自动结束。最后是烘干工序。一般而言，经过浸Ag表面处理的印制电路板最好在22℃和50%相对湿度的环境下保存。

表4-21　浸Ag工艺的四个主要工艺流程

工艺流程	温度/℃	时间
酸洗	50	5min
表面微腐蚀	40	60s
预浸	30	30s
浸Ag	50	60s

表4-22　浸Ag溶液主要成分

化学成分	功　能
Ag	沉积金属，与Cu之间存在0.46V左右的电位差
硝酸	产生Ag的阳离子，加速反应
Cu的络合剂	防止置换出来的Cu离子影响后续的置换反应
抑制剂	降低溶液对光的敏感度，保证均匀沉积
表面活性剂	防止电迁移和表面失去光泽
缓冲剂	调节溶液的pH值

浸Ag工艺具有成本相对较低、工艺易于实现且稳定性良好的优点。通过在溶液中添加一些特殊物质已经克服了其表面容易失去光泽的问题。但是浸Ag工艺还有需要进一步改善的地方，如对通孔和盲孔的覆盖率的提高，而且在某些工艺实践中发现浸Ag表面容易在后面的焊接中导致空洞缺陷。

2. 浸Sn

浸Sn工艺已经存在了很多年。但是旧的浸Sn工艺带来的灰暗的表面保护层及较差的焊接性，使其仅在低成本产品中得到有限的应用。直到20世纪90年代，美国IBM公司的研究人员对浸Sn工艺做出了重要改进，极大地提高了浸Sn保护层的焊接性和长期保存寿命之后，浸Sn工艺才得到较多的应用。

浸Ag工艺中，由于Ag与Cu之间存在正的标准电位差，所以Ag在Cu表面的沉积只是一个自然的置换反应。但是Sn与Cu之间存在的是负的电位差，单纯地将Cu板浸在液态Sn中的话，Sn不会向Cu板上沉积。根据Nernst方程

$$E=E_0+\frac{RT}{nF}\ln a_{Cu^+}$$

式中 E——电动势；

E_0——标准电动势；

R——气体常数；

T——温度（K）；

n——反应涉及的摩尔电子数；

F——法拉第常数；

a——离子浓度。

可见如果增加溶液中 Sn 离子的摩尔浓度同时将 Cu 离子的摩尔浓度控制到接近于零的话，将可能逆转电位差从而使 Sn 可以在 Cu 表面沉积，即

$$Cu+Sn^{2+} \rightarrow Cu^{2+}+Sn$$

因此浸 Sn 工艺中使用的溶液首先是含有硫脲（CH_4N_2S）和/或氰化物等成分，它们与 Cu 离子之间有强烈的络合作用，从而可以将溶液中的 Cu 离子浓度控制到接近于零。另一方面，浸 Sn 沉积槽内的溶液主体不是单纯的 Sn，而是硫酸锡或者氯化锡溶液，从而可以大幅度增加 Sn 离子的浓度。浸 Sn 用溶液的典型成分为：$SnCl_2$，20g/L；硫脲，75g/L；次磷酸钠，16g/L；表面活性剂，1g/L；盐酸，50mL。操作温度为 70~73℃。其中 $SnCl_2$ 用于提供二价 Sn 离子，硫脲用于与 Cu 离子发生络合反应，即

$$2Cu^{+}+8SC(NH_2)_2 \rightarrow 2Cu[SC(NH_2)_2]_4$$

次磷酸钠是强烈的还原剂，即

$$NaH_2PO_2+H_2O=NaH_2PO_3+2H^{+}+2e^{-}$$

用来防止二价 Sn 离子被氧化成四价 Sn 离子，同时也可以防止硫脲的氧化。IBM 的研究人员发现，能否获得良好的浸 Sn 表面防护层关键就在于监控溶液中次磷酸钠的含量。因为溶液中次磷酸钠摩尔浓度太低的话，沉积在 Cu 表面的更多的是 Sn 的氧化物，而不是纯锡。防止次磷酸钠摩尔浓度过低的关键在于通过彻底冲洗的方法尽可能消除溶液中的锡、铁离子和过硫酸盐离子，因为它们是易氧化物质，会消耗次磷酸钠。浸 Sn 工艺流程见表 4-23。

表 4-23 浸 Sn 工艺流程

步 骤	工 艺	工艺参数	
1	酸洗	49℃，4min	29~43℃，2~4min
2	水冲洗	室温	1~2min
3	微腐蚀	27℃	30~60s，24~39℃
4	水冲洗	室温	1~2min
5	预浸	室温	1~2min，16~32℃
6	浸 Sn	66℃，8min	61~71℃，6~12min
7	温水冲洗	43℃，1min	2~4min
8	水冲洗	—	1~2min

浸 Sn 工艺主要存在以下问题：

1）浸 Sn 工艺中用到的硫脲可能是一种致癌物质，这违背了环保的初衷。

2）浸 Sn 表面易于生长晶须，可靠性存在问题。

3）Sn-Cu 之间在常温下也会有金属间化合物的不断生长，必然会降低表面焊接性和印

刷电路板的存储寿命。

4）浸 Sn 工艺生产成本上不具有优势，几乎与 ENIG 相同。在生产成本被高度关注的今天，无法在此方面提供附加价值。

3. 有机焊接保护剂（OSP）

OSP 的基本原理是利用唑类有机物与氧化铜之间的化学反应来生成聚合物保护层。表 4-24 为 OSP 的基本工艺流程。其最大的优点是成本低，而且表面平整。

表 4-24　OSP 的基本工艺流程

步　骤	工　艺	步　骤	工　艺
1	酸洗	6	水冲洗
2	水冲洗	7	沉积 OSP（BTA） 沉积 OSP（BAs）
3	腐蚀		
4	水冲洗	8	去离子水冲洗
5	酸冲洗	9	烘干

OSP 是目前得到广泛应用的一种无铅化 PCB 表面保护方法，其优点如下：

1）焊盘表面平整度很高，利于得到均匀一致的钎料膏印刷效果，同时有利于减少在 HASL 情况下常见的桥连缺陷。

2）在波峰焊和再流焊中均表现出良好的焊接性。

3）润湿直接发生于钎料与 Cu 焊盘之间，Sn-Cu 之间易于生成金属间化合物的特点保证了良好焊点的形成。

4）可以承受至少四次的再流温度循环。

5）返修容易。

6）供应商的选择不会受到限制，因为大多数 PCB 制造商有能力采用 OSP 工艺。

7）合理的保存环境下，存储寿命可达到一年。

OSP 工艺的主要缺点有：

1）日常处置要特别小心，不能让手直接接触到 OSP 保护层，因为人体汗液中的盐分会损害 OSP 保护层并导致焊接性变差。

2）对后续钎料膏的印刷要求很高，不能出现印刷错误，因为清洗会破坏 OSP 保护层。如醇类有机溶剂可以溶解 75%左右的 OSP，即使是水也可以溶解 15%左右。

3）OSP 表面保护层可能不适用于射频电路的组装件。因为绝大多数射频电路组装件需要在印制电路板上焊接一个与地线相连的金属屏蔽。但是在 OSP 保护层基础上焊接的金属屏蔽可能无法做到完全屏蔽，因为这不是金属与金属的焊接。

4）OSP 保护层会给 ICT 测试带来困难。测试时可能需要较为昂贵的多点探针，而且探针的清洗也会比较频繁。

5）在包装和运输方面，每一块带有 OSP 保护层的印制电路板之间要使用隔离纸以防止相互之间的摩擦破坏 OSP 表面。

6）OSP 不能用于引线键合。

4. 化学镀镍浸金（ENIG）

即使是在 HASL 流行的年代，ENIG 也已经得到了大量应用。关键在于 ENIG 具备如下优点：

1）ENIG 表面平整度好，有利于后续的钎料膏印刷和焊接。特别是对于越来越小的焊盘尺寸来说，这一优点更为重要。例如在手机行业，一些小型四边扁平封装元件对应的焊盘节距已经小到 0.2mm，HASL 工艺带来的表面高低不平是无法适应后面的钎料膏印刷工艺的。

2）表面焊接性好，接触电阻佳，这主要是因为 Au 不易氧化且不易被腐蚀。

3）与引线键合工艺兼容，从而可以取代成本昂贵的电镀 Ni/Au。

4）在高温下也不易氧化，适用于大功率器件的散热通道。

化学镀镍浸金是最早应用于五金电镀的表面处理，后来采用以次磷酸钠（NaH_2PO_2）作为还原剂的酸性镀液，逐渐地运用于印制板业界。

（1）化学镀镍浸金的催化原理　作为化学镀镍的沉积，必须经过催化，才能发生选择性沉积。由于铜原子不具备化学镀镍的催化晶种特性，所以需要通过置换反应得到铜面沉积所需要的催化晶种。

1）钯活化剂：$Pd^{2+}+Cu \rightarrow Pd+Cu^{2+}$。

2）钌活化剂：$Ru^{2+}+Cu \rightarrow Ru+Cu^{2+}$。

（2）化学镀镍的原理　化学镀镍是在高温下（85~100℃）借助次磷酸钠（NaH_2PO_2），使 Ni^{2+} 离子在催化表面被还原为金属，这种新生的 Ni 成为继续推动反应进行的催化剂，再经过溶液中的各种因素得到控制和补充，即可得到任意厚度的镍镀层。完成反应也不需外加电源。而以次磷酸钠为还原剂的酸性化学镀镍的反应则比较复杂，用下列四个反应加以说明：

$$H_2PO_2^- + H_2O \rightarrow H^+ + HPO_3^{2-} + 2H$$

$$Ni^{2+} + 2H \rightarrow Ni + 2H^+$$

$$H_2PO_2^- + H \rightarrow H_2O + OH^- + P$$

$$H_2PO_2^- + H_2O \rightarrow H^+ + HPO_3^{2-} + H_2$$

通过以上化学式可知，化学反应在催化下产生镍（Ni）沉积的同时，不仅有磷（P）析出，同时还伴随着产生氢气（H_2）的逸出。此外，一般 4~5μm 为化学镀镍层厚度的可控范围，其作用与金手指电镀镍相同，既可对铜面进行有效保护，有效防止铜迁移，又具备一定的硬度和耐磨性能，同时拥有良好的平整度。在镀件经过浸金保护后，既可以取代拔插不频繁的金手指用途（例如电脑内存条），而且还可以避免金手指附近连接导电线处斜边时所遗留的裸铜切口。

镍面浸金属于置换反应的一种。当镍浸入 $Au(CN)^{2-}$ 溶液中时，立即受到溶液的侵蚀抛出两个电子，并马上会被 $Au(CN)^{2-}$ 所捕获从而迅速在镍上析出 Au

$$2Au(CN)^{2-} + Ni \rightarrow 2Au + Ni^{2+} + 4CN^-$$

浸金层的厚度通常在 0.03~0.1μm 之间，最多不超过 0.15μm。镍面因此受到了良好的保护，而且具备优良的接触导通性能。很多需按键接触的电子器械（如笔记本电脑、手机），其镍面都是采用化学浸金法来实施保护。

除此之外，化学镀镍浸金层的焊接性能是受镍层控制的，金只是保证了镍的焊接性。

若浸金层厚度过高，会产生脆性和焊点不牢的故障，但金层太薄防护性能又会变坏。

（3）化学镀镍浸金工艺流程　化学镀镍浸金的流程要满足生产要求需具备以下六个工作站：

化学脱脂（3~7min）→微蚀（1~2min）→预浸（0.5~1.5min）→活化（2~6min）→沉镍（20~30min）→浸金（7~11min）。

4.4 电子元器件的无铅化表面镀层

无铅化电子组装必须是整个组装流程中所用到的PCB表面保护层、元器件表面镀层和钎料合金都是无铅的。电子元器件中涉及表面镀层的主要是引出端部分（又称外引线）和引线框架，镀层的主要作用是提高焊接性。传统工艺中大多采用电镀、浸锡的方法形成以Sn-Pb钎料为主体的表面镀层。而在无铅化过程中，人们则主要将目光放在寻找替代合金方面，纯Sn、Sn-Ag合金、Sn-Cu合金、Sn-Bi合金等都成为不同用户的选择，而Sn-Ag合金因其高成本不如其他三种使用广泛。例如可以选择纯Sn作为引线框架的表面镀层（同时选择OSP和浸Ag作为PCB表面保护层，Sn-4.0Ag-0.5Cu作为再流焊用无铅钎料，Sn-0.7Cu作为波峰焊用无铅钎料）。也有企业选择了热浸Sn-0.7Cu合金作为元器件表面镀层（他们同时选择ENIG、OSP和浸Ag作为PCB表面保护层，Sn-3.8Ag-0.7Cu作为再流焊用无铅钎料，Sn-0.7Cu作为波峰焊用无铅钎料）。还有的企业采用了热浸Sn-Bi合金。电子元器件的引线焊端镀层的无铅技术经过多年的不断发展，现已经成为较成熟的技术，国内外许多元器件供应商已经采用无铅化技术进行电子元器件批量生产。目前已应用的元器件引线焊端镀层合金主要包括纯Sn、Sn-Bi、Sn-Cu、Ni/Pd、Ni/Pd/Au、Ni-Au、Pd-Au、Ag-Pt等，其中前六种合金为目前使用的主流镀层合金。采用主流无铅技术的元器件的技术难度和原来有铅技术基本相同，但成本较高是其主要缺点。

4.4.1 纯Sn镀层

电子元器件，如电阻器、电容器等的引线（镀锡铜包钢线、镀锡铜线）是在一定线径的铜线或铜包钢线上镀锡，以提高引线的抗氧化性及焊接性，使电子元器件可以瞬间被焊牢，从而保证了整机可靠性。通常的引线镀锡有两种方法：热浸镀和电镀，由于它们的镀覆机理完全不同，所以在镀层的组成、形式和性能等方面存在较大的差异。

电子信息产业中广泛应用酸性镀锡。在酸性镀锡中加入各种添加剂以增加电化学极化，防止枝晶形成。因为在酸性条件下，Sn^{2+}还原的交换电流很大，假如镀液中不加入添加剂，Sn^{2+}离子的电离过程将主要由扩散控制，大量的枝晶便极易形成，所以添加剂不仅影响了锡沉积的电极过程，而且还影响了锡镀层结构的织构择优取向和表面形貌。T. Teshigawara等人的研究表明，对电沉积锡的表面形貌和织构择优的影响因素除了溶液组成和电流密度这两种因素外，还包括基底的性质。并且镀层织构择优程度的降低在某种意义上意味着镀层表面粗糙度的增大和光亮性的下降，织构择优也会影响电镀层的物理、化学和力学性能。可钎焊镀锡层在印制电路板中应用最广泛，但容易发生“Sn疫”现象，传统方法在Sn中加Pb，从而有效地抑制Sn晶须生长，现在研究主要集中在合金化镀层，如Cu、Bi等金属元素抑制Sn晶须生长的作用。

4.4.2 Sn-Cu 合金镀层

Sn-Cu 合金镀层因其成本低、兼容性好等优点，通常应用于装饰性镀层或者作为 Ni 镀层的代用镀层。既可应用于表面贴装型的再流焊，也可应用于接插型的波峰焊，是目前研究、应用最多的 Sn 基镀层之一。但目前已开发的镀液体系中有机添加剂较多，镀层中不可避免夹有杂质，再流焊时受温度的影响，镀层中的有机物部分完全汽化，易导致气泡生成、焊后表面粗糙等缺陷；有机物夹杂在再流焊时还会浮到焊层表面，易使 Sn-Cu 表面氧化变色。此外，在含有 H_2S、SO_2 等酸性气体的腐蚀环境中，Cu 的耐蚀性较差，长期放置会导致 Cu 氧化变色，零交时间（指从润湿开始到润湿力为零所经历的时间）延长，降低焊接性。

4.4.3 Sn-Bi 合金镀层

可钎焊镀锡层在印制电路板中应用最广泛，但容易发生“Sn 疫”现象，合金镀层尤其是 Sn-Bi 合金镀层性能良好，特别是焊接性很好，是非常有发展前途的镀层。Sn-Bi 合金镀层的表面结构致密且孔隙率小，故抗氧化能力增强；锡和铋的熔点相差不大，易形成低熔点共晶锡铋合金。减低焊接工作温度可防止热应力对热敏感元器件产生伤害。硫酸盐镀 Sn-Bi 体系具有优良的稳定性、导电性和分散能力，可获得致密均匀的光亮镀层，是一种极具发展前途的可钎焊镀层。

4.4.4 Ni-Pd 和 Ni-Pd-Au 合金镀层

自从钯金属 2001 年用于汽车市场的催化转换器以来，其成本不断增加。随着汽车行业开始采用其他材料代替钯，使得钯金属价格又大幅度降低，Ni-Pd 和 Ni-Pd-Au 等材料开始受到半导体供应商及其终端用户的广泛关注。

具有 Ni-Pd 或 Ni-Pd-Au 多层结构的全面镀 Pd 系预镀引线框架（即 Preplated frame，PPF），是一种在引线框架电镀流程中一次性完成的内引线金线键合性镀层与外引线焊接性镀层表面处理的特殊引线框架。PPF 工艺由于省略了电镀、清洗工序，可以为半导体制造商带来简化 IC 装配流程的优势，从而节省了大量的资金，缩短了制造周期，而且与纯锡涂层相比，用户的 PCB 装配工艺可采用与 Sn-Pb 系钎料相同的再流焊工艺而不用担心锡须增长的问题。

思 考 题

1. 针对不同应用领域选择钎料需要注意哪些方面？
2. Sn-Pb 钎料有何独特优势？
3. 钎剂在钎焊中的作用是什么？
4. 常用的钎剂类型有哪些？
5. PCB 表面涂敷的作用。
6. 常见的印制电路板表面涂敷工艺有哪些？
7. 阐述无铅表面镀层的常见材料体系并介绍其优劣。

答　　案

1. ①正确选用温度范围；②力学性能的适用性：③被焊金属和钎料成分组合形成多种金属间化合物；④熔点问题；⑤防止溶蚀现象的产生；⑥防止钎料氧化和沉淀；⑦选用无铅钎料。

2. 见 4. 1. 2 节的“1. Sn-Pb 钎料的独特优势”。

3. 清除母材和钎料表面的氧化物，为液态钎料在母材上的铺展填缝创造条件；以液体薄层覆盖母材和钎料表面，隔绝空气而起保护作用；起界面活性作用，改善液态钎料对母材的润湿，增强焊点的传热能力。

4. 目前在电子加工行业，常用四种类型的钎剂：松香型钎剂、水溶性钎剂、低固体含量免清洗钎剂/无 VOC 钎剂以及 PCB 有机耐热预钎剂。

5. ①焊接性保护；②接通/触断；③引线键合；④焊点界面。

6. 浸 Ag、浸 Sn、有机涂层（OSP）、化学镀镍浸金。

7. 见 4. 4 节。

参 考 文 献

[1] 周德俭，吴兆华．表面组装工艺技术［M］. 北京：国防工业出版社，2006.

[2] 金德宣．微电子焊接技术［M］. 北京：电子工业出版社，1990.

[3] 王俭辛．稀土 Ce 对 Sn-Ag-Cu 和 Sn-Cu-Ni 钎料性能及焊点可靠性影响的研究［D］. 南京：南京航空航天大学，2009.

[4] 魏秀琴．亚共晶 Sn-Zn 合金无铅电子焊料研究［D］. 南昌：南昌大学，2006.

[5] 曹艳玲，谈兴强．SMD 准确贴装的相关因素［J］. 电子工艺技术，2001，22（3）：106-112.

[6] 韩宗杰．电子组装元器件半导体激光无铅软钎焊技术研究［D］. 南京：南京航空航天大学，2009.

[7] 薛松柏，王俭辛，禹胜林，等．热循环对片式电阻 Sn-Cu-Ni-Ce 焊点力学性能的影响［J］. 焊接学报，2008，29（4）：5-8.

[8] 中国电子科技集团电科院电子电路柔性制造中心．SMT 连接技术手册［M］. 北京：电子工业出版社，2008.

[9] 张文典．SMT 生产技术［M］. 南京：南京无线电厂工艺所，1993.

[10] 宣大荣．SMT 生产现场使用手册［M］. 北京：北京电子学会 SMT 专委会，1998.

[11] 雷晓娟．Sn-Bi 系低熔点非共晶无铅焊料的研究［D］. 长沙：湖南大学，2007.

[12] 刘汉诚，汪正平，李宁成，等．电子制造技术［M］. 姜岩峰，张常年，译．北京：化学工业出版社，2005.

[13] 周德俭．SMT 组装质量检测中的 AOI 技术与系统［J］. 电子工业专用设备，2002，6-15.

[14] 高明阳．电路板元件贴装缺陷视觉检测系统［D］. 武汉：华中科技大学，2007.

[15] 邱宝军，罗道军，汪洋，等．军用电子组件（PCBA）失效分析技术与案例［J］. 环境技术，2010，5：44-49.

[16] ZHENG Y Q. Effect of surface finished and intermetallics on the reliability of SnAgCu interconnects［D］. Maryland：University of Maryland，2005.

[17] 马学辉．无铅焊接爆板之成因及控制［J］. 印制电路信息，2007，6：64-69.

[18] 江锡全．表面组装技术原理与应用［Z］．北京：计算机与信息处理标准化编辑部，1991.

[19] 郜振国．电子设备中元器件发生虚焊的原因［J］．电子报，2008，4-13.

[20] 纪丽娜．手机用印制电路板开裂盲孔与失效焊点的表征分析及研究［D］．上海：复旦大学，2010.

[21] 莫芸绮．LCD 用 COF 挠性印制板制作工艺研究及 PCB 失效分析［D］．成都：电子科技大学，2009.

[22] 张亮，薛松柏，禹胜林，等．有限元模拟在微连接焊点可靠性研究中的应用［J］．电焊机，2008，38（9）：13-21.

[23] 彩霞．高密度电子封装可靠性研究［D］．上海：中国科学院研究生院上海微系统与信息技术研究所，2002.

[24] 罗文功．BGA 封装的热应力分析及其热可靠性研究［D］．西安：西安电子科技大学，2009.

[25] 史建卫．无铅焊接工艺中常见缺陷及防止措施［J］．电子工艺技术，2008，29（2）：116-119.

[26] 周运鸿．微连接与纳米连接［M］．田艳红，王春青，刘威，等译．北京：机械工业出版社，2011.

[27] 中国焊接标准化技术委员会．无铅钎料：GB/T 20422—2018［S］．北京：中国标准出版社，2018.

[28] ZHANG Z H，LI M Y，LIU Z Q，et al. Growth characteristics and formation mechanisms of Cu6Sn5 phase at the liquid-Sn0. 7Cu/（111）Cu and liquid-Sn0. 7Cu/（001）Cu joint interfaces［J］. Acta Materialia，2016，104：1-8.

[29] WANG F J，HUANG Y，DU C C. Mechanical properties of SnBi-SnAgCu composition mixed solder joints using bending test［J］. Materials Science and Engineering：A，2016，668：224-233.

[30] WANG F，LI D，ZHANG Z，et al. Improvement on interfacial structure and properties of Sn-58Bi/Cu joint using Sn-3. 0Ag-0. 5Cu solder as barrier［J］. Journal of Materials Science：Materials in Electronics，2017，28（24）：19051-19060.

[31] WANG X J，WANG Y L，WANG F J，et al. Effects of Zn，Zn-Al and Zn-P Additions on the Tensile Properties of Sn-Bi Solder［J］. Acta Metallurgica Sinica，2014，27（6）：1159-1164.

[32] CHEN X，XUE F，ZHOU J，et al. Effect of In on microstructure，thermodynamic characteristic and mechanical properties of Sn-Bi based lead-free solder［J］. Journal of Alloys and Compounds，2015，633：377-383.

[33] WU J，XUE S B，WANG J W，et al. Recent progress of Sn-Ag-Cu lead-free solders bearing alloy elements and nanoparticles in electronic packaging［J］. Journal of Materials Science Materials in Electronics，2016，27（12）：1-35.

[34] CHEN X，ZHOU J，XUE F，et al. Mechanical deformation behavior and mechanism of Sn-58Bi solder alloys under different temperatures and strain rates［J］. Materials Science and Engineering：A，2016，662：251-257.

[35] TIAN S，LI S，ZHOU J，et al. Effect of indium addition on interfacial IMC growth and bending properties of eutectic Sn-0. 7Cu solder joints［J］. Journal of Materials Science Materials in Electronics，2017，28（21）：16120-16132.

[36] WU J，XUE S B，WANG J W，et al. Effects of α-Al2O3 nanoparticles-doped on microstructure and properties of Sn-0. 3Ag-0. 7Cu low-Ag solder［J］. Journal of Materials Science：Materials in Electronics，2018，29（9）：7372-7387.

[37] HE S L，NISHIKAWA H. Effect of Thermal Aging on the Impact Strength of Soldered Bumps under Formic Acid Atmosphere［J］. 日本溶接学会論文集，2017，35（2）：127-131.

[38] HE S L，NISHIKAWA H. Effect of substrate metallization on the impact strength of Sn-Ag-Cu solder bumps fabricated in a formic acid atmosphere［C］//International Conference on Electronics Packaging，2017：381-385.

[39] KOOPMAN N，BOBBIO S，NANGALIA S，et al. Fluxless soldering in air and nitrogen［C］//Electronic

Components & Technology Conference. IEEE, 1993.

[40] NANGALIA S, DEANE P, BONFEDE S, et al. Issues with fine pitch bumping and assembly [C]//Advanced Packaging Materials: Processes, Properties and Interfaces, 2000. Proceedings. International Symposium on. IEEE, 2000.

[41] NISHIKAWA T, IJUIN M, SATOH R, et al. Fluxless soldering process technology [C]//Electronic Components & Technology Conference. IEEE, 1994.

[42] R J Wassink. Soldering in Electronics [M]. Ayr: Electrochemical Publications Ltd, 1989.

[43] H R FARIDI, J H DEVLETIAN, H P Le. A new look at flux-free ultrasonic soldering [J]. Welding Journal, 2000, 10 (3): 41-45.

[44] KANG S Y, WILLIAMS P M, LEE Y C. Modeling and Experimental Studies on Thermosonic Flip-Chip Bonding [J]. IEEE Transactions on Components Packaging & Manufacturing Technology Part B, 1995, 18 (4): 728-733.

[45] S M HONG, C S KANG, J P JUNG. Fluxless Sn-3.5 mass%Ag Solder Bump Flip Chip Bonding by Ultrasonic Wave [J]. Materials Transactions, 2002, 43 (6): 1336-1340.

[46] KRZANOWSKI J E. A transmission electron microscopy study of ultrasonic wire bonding [J]. IEEE Transactions on Components Hybrids & Manufacturing Technology, 1990, 13 (1): 176-181.

[47] 杨起. Ni对Sn-58Bi钎缝界面反应及接头性能的影响 [D]. 南昌: 南昌航空大学, 2017.

[48] SILVA B L, GARCIA A, SPINELLI J E. Complex eutectic growth and Bi precipitation in ternary Sn-Bi-Cu and Sn-Bi-Ag alloys [J]. Journal of Alloys and Compounds, 2017, 691: 600-605.

[49] WANG X J, ZHU Q S, LIU B, et al. Effect of doping Al on the liquid oxidation of Sn-Bi-Zn solder [J]. Journal of Materials science: Materials in Electronics, 2014, 25 (5): 2297-2304.

[50] SAKUYAMA S, AKAMATSU T, UENISHI K, et al. Effects of a Third Element on Microstructure and Mechanical Properties of Eutectic Sn-Bi Solder [J]. Transactions of The Japan Institute of Electronics Packaging, 2009, 2 (1): 98-103.

[51] 陈旭. Sn-Bi基焊料组织与性能研究 [D]. 南京: 东南大学, 2017.

[52] HE P, LU X C, LIN T S, et al. Improvement of mechanical properties of Sn-58Bi alloy with multi-walled carbon nanotubes [J]. Transactions of Nonferrous Metals Society of China, 2012, 22: s692-s696.

[53] PENG Y T, DENG K. Study on the mechanical properties of the novel Sn-Bi/Graphene nanocomposite by finite element simulation [J]. Journal of Alloys and Compounds, 2015, 625: 44-51.

[54] LI Y, CHAN Y C. Effect of silver (Ag) nanoparticle size on the microstructure and mechanical properties of Sn58Bi-Ag composite solders [J]. Journal of Alloys and Compounds, 2015, 645: 566-576.

[55] LIU L, XUE X B, LIU S Y. Mechanical property of Sn-58Bi solder paste strengthened by resin [J]. Applied Science, 2018, 8 (11): 2024.

[56] LIU Y, ZHANG H, SUN F L. Solderability of SnBi-nano Cu solder pastes and microstructure of the solder joints [J]. Journal of Materials Science: Materials in Electronics, 2016, 27 (3): 2235-2241.

[57] 何鹏, 吕晓春, 张斌斌, 等. 合金元素对Sn-57Bi无铅钎料组织及韧性的影响 [J]. 材料工程, 2010 (10): 13-17.

[58] 许磊, 张宇鹏, 张宇航, 等. 时效处理对Sb改性的Sn-58Bi低温无铅钎料的影响 [J]. 材料研究与应用, 2010, 4 (4): 542-545.

[59] CHEN X, XUE F, ZHOU J, et al. Effect of In on microstructure, thermodynamic characteristic and mechanical properties of Sn-Bi based lead-free solder [J]. Journal of Alloys and Compounds, 2015, 633: 377-383.

[60] 董昌慧, 王凤江, 丁海健, 等. 微量Co的添加对Sn-Bi共晶钎料性能的影响 [J]. 热加工工艺,

2015, 44 (1): 190-192.

[61] ZHANG L, SUN L, GUO Y H. Microstructures and properties of Sn58Bi, Sn35Bi0.3Ag, Sn35Bi1.0Ag solder and solder joints [J]. Journal of Materials Science: Materials in Electronics, 2015, 26 (10): 7629-7634.

[62] YANG L, WANG G Q, ZHANG Y C, et al. Influence of tungsten carbide (WC) nanoparticle on microstructure and mechanical properties of Cu/Sn57.6Bi0.4Ag/Cu solder joints [J]. Applied Physics A, 2018, 124 (12): 849.

[63] 黄瑛. 光伏焊带用 Sn-Bi 基钎料性能与界面行为研究 [D]. 镇江: 江苏科技大学, 2018.

[64] KIM J, JUN K H, KIM J H, et al. Electromigration behaviors of Sn58%Bi solder containing Ag-coated MWCNTs with OSP surface finished PCB [J]. Journal of Alloys and Compounds, 2019, 775: 581-588.

[65] 周丽丽. 电迁移作用下 Sn-58Bi 的界面演变及抑制行为研究 [D]. 镇江: 江苏科技大学, 2017.

[66] MOKHTARI O, NISHIKAWA H. Correlation between microstructure and mechanical properties of Sn-Bi-X solders [J]. Materials Science and Engineering A, 2016, 651: 831-839.

[67] ZHU W B, MA Y, LI X Z, et al. Effects of Al_2O_3 nanoparticles on the microstructure and properties of Sn58Bi solder alloys [J]. Journal of Materials Science: Materials in Electronics, 2018, 29 (9): 7575-7585.

[68] 韩若男, 薛松柏, 胡玉华, 等. Sn-Zn 系钎料专用助焊剂 [J], 焊接学报, 2012, 33 (10): 101-104.

微电子表面组装技术

5.1 概述

微电子表面组装技术（SMT）的内容主要涉及组装基板、组装材料、表面组装元器件、组装工艺、组装设计和组装系统控制与管理等方面；技术范畴涉及材料、制造、电子技术、检测与控制和系统工程等诸多学科，是一项综合性的工程科学技术。

5.1.1 SMT 涉及的内容

(1) 表面组装元器件

1）设计：包括结构尺寸、端子形式、耐焊接热等设计内容。

2）制造：各种元器件的制造技术。

3）包装：有编带式包装、棒式包装、散装等形式。

(2) 电路基板　包括单（多）层 PCB、陶瓷、瓷釉金属板等。

(3) 组装设计　包括电设计、热设计、元器件布局、基板图形布线设计等。

(4) 组装工艺

1）组装材料：包括粘结剂、钎料、钎剂、清洗剂。

2）组装技术：包括涂敷技术、贴装技术、焊接技术、清洗技术、检测技术。

3）组装设备：包括涂敷设备、贴装机、焊接机、清洗机、测试设备等。

(5) 组装系统控制和管理　组装生产线或系统组成、控制与管理等。

5.1.2 SMT 的主要特点

SMT 产品一般均具有元器件种类繁多、元器件在印制电路板上具有高密度分布、引线间距小、焊点微型化等特征，而且其组装焊点既有力学性能要求又有电气、物理性能要求。为此与之对应的表面组装工艺技术除了其涉及的技术领域范围宽、学科综合性强的特征外，还具有下列特点：

1）组装对象（元器件、多芯片组件、接插件等）种类多。

2）组装精度和组装质量要求高，组装过程复杂及控制要求严格。

3）组装过程自动化程度高，大多需借助或依靠专用组装设备完成。

4）组装工艺所涉及的技术内容丰富且有较大技术难度。

5）SMT 及其元器件发展迅速引起的组装技术更新速度快等。

表面组装件的组装方式见表 5-1。

表 5-1 表面组装件的组装方式

序号	组装方式		组装结构	印制电路板	元器件	特征
1	单面混装	先贴法	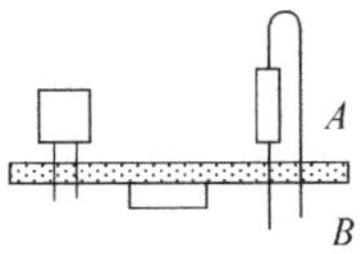 A B	单面 PCB	表面组装元器件及通孔插装元器件	先贴后插，工艺简单，组装密度低
2	单面混装	后贴法	A B	单面 PCB	表面组装元器件及通孔插装元器件	先插后贴，工艺较复杂，组装密度高
3	双面混装	SMD 和 THC 都在 A 面	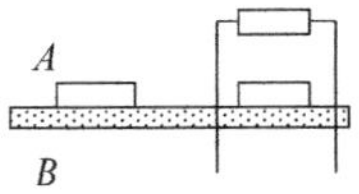 A B	双面 PCB	表面组装元器件及通孔插装元器件	先插后贴，工艺较复杂，组装密度高
4	双面混装	THC 在 A 面，A、B 两面也都有 SMD	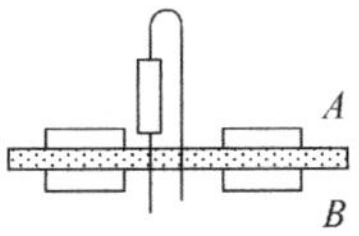 A B	双面 PCB	表面组装元器件及通孔插装元器件	THC 和 SMC/SMD 组装在 PCB 同一侧
5	表面组装	单面表面组装	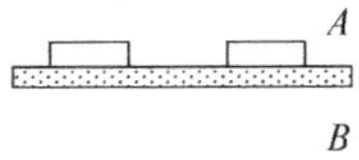 A B	单面 PCB 陶瓷基板	单面 PCB 陶瓷基板表面组装元器件	工艺简单，适用于小型、薄型化的电路组装
6	表面组装	双面表面组装	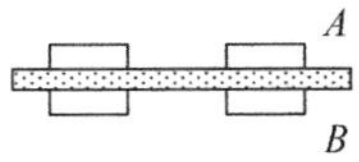 A B	双面 PCB 陶瓷基板	单面 PCB 陶瓷基板表面组装元器件	高密度组装，薄型化单面 PCB 陶瓷基板

5.1.3 SMT 与 THT 的比较

从组装工艺角度分析，SMT 和通孔插装技术（THT）可以归纳为“插”和“贴”的根本区别。THT 是将有引线元器件插在预先设计制作好的 PCB 的通孔中，暂时固定后采用波峰焊等软钎焊技术进行焊接，形成可靠的焊点，建立长期的机械和电气连接。而 SMD 在印制电路板上的组装是靠“贴”。之所以出现“插”和“贴”这两种截然不同的电路组装技术，是由于采用了外形结构完全不同的两种类型的电子元器件。电子装联技术的发展主要受元器件类型所支配，一块 PCB 或陶瓷基板组件的功能主要来源于电子元器件和互连导体组成的电路。通孔插装技术采用有引线元器件，通过把元器件引线插入 PCB 上预先钻好的安装孔中，在基板的另一面进行焊接，元器件主体和焊点分别在基板两侧。而表面组装元器件，设有焊接端子（外电极或短引线），在 PCB 或其他印制电路板上则设计了相应于元器件焊接端子的平面图形（焊盘图形），SMT 就是利用粘结剂或钎料膏的黏性将表面组装器件上的焊接端子对准基板上的焊盘图形，把表面组装器件贴到印制电路板的表面上，通过焊接使元器件端子和电路焊盘之间建立牢固的连接。

5.1.4 SMT的工艺要求和发展方向

1. SMT的工艺要求

随着SMT的快速发展和普及，其工艺技术日趋成熟，并开始规范化。美国、日本等国均针对表面组装技术制定了相应标准。我国也制定了《表面组装技术术语》《表面组装元器件可焊性试验》《表面组装工艺通用技术要求》《印制板组装件装联技术要求》《表面组装件焊点质量的评定》等中国电子行业标准，其中《表面组装工艺通用技术要求》中对SMT生产线和组装工艺流程分类、元器件和基板及工艺材料的基本要求、各生产工序的基本要求、储存和生产环境及静电防护的基本要求等内容进行了规范。

SMT工艺设计和管理中可以以上述标准为指导来规范一些技术要求。由于SMT发展速度快，其工艺技术将不断更新，因此在实际应用中要注意上述标准引用的适用性问题。

2. SMT的发展方向

目前SMT工艺技术主要朝着以下四个主流方向发展：①与新型表面组装元器件的组装要求相匹配；②与新型组装材料的发展相匹配；③与现代电子产品的多品种、快速更新特性相匹配；④与高密度组装、三维立体组装、微机电系统组装等新型组装形式相匹配。主要体现在以下几个方面：

1）随着元器件引线细间距化，0.3mm引线间距的微组装设备及其工艺技术已趋向成熟，并正在向着提高组装质量和提高一次组装通过率方向发展。

2）随着器件底部阵列化球型引线形式的普及，与之相应的组装工艺技术已趋向成熟，同时仍在不断完善之中。

3）为适应绿色组装的发展需求和无铅钎料等新型组装材料投入使用后的组装工艺需求，相关组装工艺技术研究已趋于成熟。

4）为适应多品种、小批量生产和产品快速更新的组装需求，组装工序快速重组技术、组装工艺优化技术、组装设计制造一体化技术等已趋于成熟。

5）适应高密度组装，三维立体组装的工艺技术，是今后一个时期内需要研究的主要内容。

6）有严格安装方位、精度要求等特殊组装要求的表面组装工艺技术，也是今后一个时期需要研究的内容，如微机电系统的表面组装等。

5.2 SMT用软钎料、粘结剂及清洗剂

5.2.1 软钎料

软钎料是电路组装中最常用的钎焊材料。随着SMT的广泛应用和微电子焊接技术的不断发展，钎料合金作为电路组装中的主要连接材料，其性能直接影响电子器件的可靠性。有关表面组装技术用钎料的详细介绍见本书第2章。

5.2.2 粘结剂

通孔插装和表面组装元器件混合组装的PCB组件，在进行波峰焊之前，必须把元器件

固定在 PCB 板的相应位置上，现在一般采用粘结剂完成这一预固定工作。

1. 粘接理论

粘结剂必须与被粘接的材料完全紧密地接触，任何类型的污染（如油脂，甚至手指印）都必须去除，以便粘结剂对材料产生润湿。当粘结剂和被粘接材料完全接触时，就会在它们之间产生化学的和物理的作用力，从而使粘结剂对原材料润湿，实现二者的粘接。

影响粘接的物理作用力的主要因素是粘结剂和被粘接材料的接触表面积及其表面微孔。当粘结剂和粘接材料的表面相接触时，它将趋向于流动并取代被粘接表面微孔内的空气。随着这个过程的进行，粘结剂和被粘接表面的接触面积逐渐增加。表面微孔越多，粘结剂在表面下的渗透就越多。随着接触表面积和渗透的增加，粘结剂的机械粘接强度增加。

影响粘接的化学作用力可以用粘结剂和粘接面之间的分子引力来解释。任何两种材料接触时都产生一定的亲和力，不同材料之间的接触产生的亲和力不同，两种材料表面的接触取决于表面张力和亲合力的关系，所以表面张力和亲合力在润湿中或在表面的接触中起着重要作用。材料间一旦发生接触（润湿），相互间就受到弱的分子力的吸引，这种弱的分子力叫做范德华力。显然，两种材料之间的分子亲和力越大，其粘接强度就越大。

2. 粘结剂的种类

可以从功能和化学这两个范畴对粘结剂进行分类。

（1）按功能分　根据粘结剂的功能可将其分成结构型粘结剂、非结构型粘结剂和密封型粘结剂三种。

1）结构型粘结剂：结构型粘结剂具有较高的机械强度，通常用于把两种材料永久地粘接在一起，并有较强的承载能力，固化状态下具有一定硬度。

2）非结构型粘结剂：非结构型粘结剂有一定的机械强度，通常用于暂时固定载荷要求不大的物体，例如把表面组装器件粘接在 PCB 上。非结构型粘结剂在固化状态下通常也是硬的。

3）密封型粘结剂：对于密封型粘结剂无机械强度要求，可用于缝隙填充、密封或封装等，通常用于两种不受压力载荷的物体之间的粘接。密封型粘结剂一般是软的。

（2）按化学性质分　依据化学性质可以将粘结剂分成热固型粘结剂、热塑型粘结剂、弹性型粘结剂和合成型粘结剂四类。

1）热固型粘结剂：热固型粘结剂通过由化学反应固化形成的交联聚合物，固化之后再加热也不会软化，不可重新粘接。如果在接近或高于热固型粘结剂的玻璃转变温度点重新加热热固型粘结剂，会很大程度减小其粘接强度。热固型粘结剂又分成单组分粘结剂和双组分两类，单组分粘结剂要求高温固化，而双组分粘结剂在室温便能迅速固化，但需要以精确配比混合树脂和催化剂，以获得合适的粘接特性。

2）热塑型粘结剂：热塑型粘结剂不会形成像热固型粘结剂那样的交联聚合物，故而可以重新软化、粘接。它是单组分系统，会因高温冷却而硬化，或因溶剂蒸发而硬化。

3）弹性型粘结剂：弹性型粘结剂具有较大的伸长率，可由合成或天然聚合物加入溶剂配制而成，通常呈乳状，如硅树脂、尿烷和天然橡胶等。

4）合成型粘结剂：合成型粘结剂是由以上热固型、热塑型和弹性型三种粘结剂组合配制而成的，集合了每种材料的长处，所以具有较好的综合性能，如环氧聚硫化物和乙烯基料。

3. SMT 常用粘结剂

用于 SMT 的粘结剂主要有以下几种材料：聚丙烯、环氧树脂和聚脂等，常用的是前两种。表 5-2 列出了常用粘结剂的性能及固化方法。粘结剂的成分可依据用户对性能的要求，如粘接强度、黏度、罐藏寿命、固化温度和固化规范等进行配制。

表 5-2　常用粘结剂的性能及固化方法

基本树脂	性　能	固化方法
丙烯酸酯	性能较稳定，无须特殊低温储存，室温下使用寿命为 12 个月；固化温度高，但固化速度很快；粘接强度、电气特性一般	采用紫外线+热双重固化系统
环氧树脂	对热敏感，必须低温储存以确保使用寿命（一般 5℃左右 6 个月，常温下 3 个月）；固化温度低，但固化速度慢；粘接强度高，电气特性优良；高速点胶性能差；随着温度提升，粘接寿命缩短，在 40℃时，其寿命、质量将迅速下降	采用热固化单一固化系统

在 SMT 中，越来越普遍使用聚丙烯粘结剂，主要用于波峰焊工艺前把 SMT 元器件预固定在印制电路板上。与环氧树脂相比，聚丙烯是比较新的粘结剂。聚丙烯粘结剂是以甲基丙烯酸酯为基础，通常用短时间紫外线辐照固化，或用红外线辐照，固化温度 150℃左右，固化时间为 1~2min。这种粘结剂固化时间比环氧树脂粘结剂短，但它不能在室温固化，须采用相适应的设备，例如采用紫外线辐照固化。为获得最佳粘接强度，聚丙烯粘结剂必须涂在元器件的能暴露在紫外线辐照的位置。采用紫外线照射 10s，然后用红外线（或其他加热方法）辐射加热 150℃，10~30s，从而充分发挥这种粘结剂的粘接特性。

4. SMT 对粘结剂的性能要求

由于将表面组装器件组装在 PCB 上，要经过几个不同的工序，特别是在混合组装情况下，采用双波峰焊接工艺，为了确保表面组装件的可靠性，对 SMT 用的粘结剂提出以下几项要求：

1）能适用于把各种形状的表面组装器件粘接在印制电路板上。

2）常温使用寿命要长。

3）要求具有一定的黏度，黏度可调节性要好，能适合于手工和自动涂敷；胶滴间不拉丝；涂敷后能保持足够的高度，而不形成太大的胶底或塌边；涂敷后到固化前胶滴不会漫流，以免流到焊接部位，影响焊接质量，形成虚焊。

4）固化速度要快，应在 5min 内固化，固化温度要求在 150℃以下。固化温度高或固化时间长对印制电路板和元器件有不良影响。

5）要求固化后和焊接过程中粘结剂无收缩，在焊接过程中无气析现象，这就要求严格调配粘结剂的组成，并且固化要充分。

6）要求固化后粘接强度高，以便能经受得住印制电路板的移动、翘曲、洗刷，以及助焊剂、清洗剂和焊接温度的作用。还要求耐高温，尤其在波峰焊（250℃左右）条件下，元器件不会剥落。在 25℃±2℃时，要求抗剪强度为 6~10MPa。这就要求粘结剂具有一定强度，涂敷量要适当和固化要充足，但强度不宜太高，以便于维修。有的粘结剂设计的使用期短，在使用时要注意确保工序间不超过使用期。如果固化后的粘结剂用烙铁加热就能再次软化，那就有利于维修。

7）粘结剂还应与后续工艺过程中的化学用品相容，不发生化学反应；在任何情况下，不干扰电路工作；还应具有颜色，以利于目视检验和计算机检测。

5.2.3 清洗剂

1. 清洗的作用与清洗剂种类

（1）清洗的作用与清洗原理　在 SMT 焊接工艺流程中必须采用合适的钎剂（助焊剂），从而获得优良的焊接性。当前采用的钎剂一般为树脂型钎剂，焊接后都会在 PCB 和焊点表面留下残留物，为防止残留物造成电路的损坏，必须对其进行清洗。且对一些可靠性要求高的产品，即便是采用水溶性钎剂，也必须进行焊后清洗。故焊后清洗是保证高可靠性组装的工艺之一，其作用是使 SMT 产品满足有关标准对离子杂质污染物和表面绝缘电阻的要求。

需要清洗的残留物主要有颗粒状、极性以及非极性三种。钎料小颗粒、灰尘和纤维等是粒状污染物，通常采用机械方法清洗，如压力喷射和超声波等。松香钎剂含有的污染物分为非极性和极性，松香残留物和插装过程中的汗渍、油渍等是非极性污染物；酸、盐、卤化物等活化剂残留物是极性污染物。极性和非极性污染物均会对电路产生不良的影响，是清洗的重要对象，通常采用对应的非极性和极性的溶剂，利用他们的化学反应溶解清洗，因此清洗的关键是选择优良的清洗溶剂。

（2）清洗剂的种类　清洗溶剂常简称为清洗剂。常用清洗溶剂可分成疏水型溶剂、亲水型溶剂和疏水、亲水混合物组成的共沸型溶剂三种。疏水型溶剂不能与水混合，只具有非极性特征，对离子污染几乎无任何溶解作用，但大部分疏水型溶剂对非离子或非极性的污染具有较大的溶解能力，如松香、油和油脂。亲水型溶剂可以和水相溶解，所以和极性污染物能发生较大的溶解作用。表 5-3 列出普通的疏水型溶剂和亲水型溶剂。

表 5-3　普通的疏水型溶剂和亲水型溶剂

疏水型溶剂	亲水型溶剂
二氯甲烷、三氯乙烷、全氯乙烯、1,1,1-三氯乙烷、三氯三氟乙烷（1,1,2-三氯-1,2,2-三氟乙烷）、四氯二氟乙烷、三氯氟甲烷	甲醇、乙醇、n-丙醇、丙酮、异丙醇、甲基乙基酮、甲基丁酸、仲丁醇

2. SMT 对清洗剂的要求

（1）良好的稳定性　清洗剂的稳定对于表面组装组件的清洗可靠性非常重要。若溶剂在使用期间发生化学反应或损坏与其接触的材料，就会严重影响表面组装组件的可靠性，并使清洗剂的回收和再使用成为不可能。所以要求其有良好的化学稳定性，有可接受的稳定性等级，要求在储存和使用期间不发生分解，不与其他物质发生化学反应，对接触材料低腐蚀或无腐蚀。然而几乎所有的清洗剂都会在一定程度上与活性金属起反应并引起腐蚀，尤其是需要多次重复清洗的组件或当传送带浸没在清洗剂中时，最容易引起腐蚀。所以必须在清洗剂中加入适量的化学抑制剂。

（2）良好的清洗效果和物理性能　选择适合于所设计的表面组装组件的清洗剂时，应根据所选用的钎剂类型，对预选的几种清洗剂进行电导率、电阻率测试和比较，以便确定其洗净度等级。在此基础上，还要考虑适当的物理性能——沸点、蒸汽压、比热容、表面张力和溶解性等。要求有良好的热稳定性，能在给定温度和给定时间内完成有效的清洗操作，要求其能适合于所选用的清洗系统，以及能对 SMA 上下两面进行有效清洗。

（3）良好的安全性和低损耗　清洗剂应有可接受的毒性等级，具有不燃性和低毒性，确保操作安全。并要求无色，操作过程中的损失小，价格适当。

5.3 表面组装元器件贴装工艺技术

5.3.1 表面组装元器件贴装方法

表面组装元器件贴装是表面组装生产中的关键工序。表面组装元器件贴装一般采用贴装机（也称贴片机）自动进行，也可采用手工借助辅助工具进行。手工贴装只有在非生产线自动组装的单件研制或试验、返修过程中的元器件更换等特殊情况下采用，而且一般也只能适用于元器件引线类型简单、组装密度不高、同一 PCB 上 SMC/SMD 数量较少等有限场合。

随着表面组装元器件不断微型化和引线细间距化，以及栅格阵列芯片、倒装芯片等焊点不可直观芯片的发展，不借助专用设备的表面组装元器件手工贴装已很困难。实际上，表面组装元器件手工贴装已演化为借助返修装置等专用设备和工具的半自动化贴装。

自动贴装是表面组装元器件贴装的主要手段，贴装机是表面组装生产线中的核心设备，也是表面组装技术的关键设备，是表面组装技术自动化程度、组装精度和生产效率的决定因素。如图 5-1 所示为 FUJI NXT Ⅲ模组型高速多功能贴装机。

图 5-1 FUJI NXT Ⅲ模组型高速多功能贴装机

5.3.2 影响准确贴装的主要因素

任何一台贴装机在实际应用中都有一定的局限性，不存在十全十美的贴装机。在具体应用领域，为了充分发挥贴装机某一方面的性能，就必须采用一些折中的方案。比如，要提高贴装机的精度，就要在一定程度上降低贴装速度，反之亦然。从用户角度考虑，要根据实际需要选择具有相应性能的贴装机，才能避免不必要的功能上或经济上的损失。因此讨论影响贴装机功能的因素，对于设计和选用贴装机都具有非常重要的意义。下面讨论影响贴装机性能的主要因素。

1. 贴装机的总体机械结构

贴装机的总体机械结构设计主要考虑采用何种方式使要贴装的元器件定位并贴装在 PCB 的焊盘图形上。不同方法将有不同的贴装速度和贴装精度。一般有以下两种类型的机械结构：

1）所有运动都集中在贴装头上，在贴装元器件时，PCB 保持静止。

2）在贴装元器件过程中，PCB 和贴装头都运动。典型的设计方案是：贴装头从供料器拾取元器件并把它贴放在 PCB 的预定位置上，而工作台使 PCB 沿 x 轴和 y 轴运动，将 PCB 上的焊盘图形定位在要贴装的元器件下面。

当所有运动都集中在贴装头上时，一般可以获得最高的贴装精度，因为这种情况下只有两个传送机构影响 x-y 定位误差。而当贴装头和 PCB 都运动时，贴装头和 PCB 工作台机构的运动误差相重叠，导致总误差增加，贴装精度下降。这两种设计方案中，元器件的旋转都由贴装头的运动来完成。

采用PCB工作台移动的贴装机，为了实现高的贴装率，PCB工作台就必须快速移动，其加速度可以达到10~30m/s。在这种情况下，由于大型元器件的惯性，会使已贴好的大型器件移位，导致故障。所以在贴装这类器件时，应降低PCB工作台的运动速度和加速度。

精度和速度的选择经常需要考虑折中的方案。在贴装头和工作台都运动的贴装机上，二者可以同时并行运动，贴装头从供料器上拾取元器件，同时工作台运动使PCB定位。这种类型的贴装机虽然精度会下降，但却可以获得0.2~0.7s的贴装周期。当贴装所需的运动都集中在贴装头上时，这类贴装机在贴装过程的每一个工序都要由贴装头按顺序完成，尽管可提高贴装精度，但贴装周期却需要1~3s。

2. *x-y* 传送机构

贴装机的精度和速度是由使 x 轴和 y 轴运动的传送机构决定的。传送机构的定位控制系统有开环系统和闭环反馈系统两种。开环系统没有纠正轴驱动误差的任何形式的反馈，所以精度低，价格便宜。闭环反馈系统采用旋转或线性轴编码器跟踪机构位置，以减少定位误差，所以使贴装系统的精度大幅度提高，但设备成本高。开环系统用于低精度贴装机，闭环系统用于高精度贴装机。

传送机构有几种类型。在廉价的开环控制的设备中常采用链条或带式传送机构。这种传送机构也可用于闭环系统，但是闭环系统一般采用滚珠丝杠螺旋副驱动机构，可获得更精密的运动。它是在一根磨光的轴上设有精密螺旋轨速，再用滚珠轴承套面套在轨道上，套筒做与轴的旋转成比例的线性运动。在闭环系统中，当采用丝杠驱动时，用旋转轴编码器作反馈传感器，编码器数是丝杠的旋转数，将信息反馈给比较器，以便确定贴装头的精确位置。这种驱动机构靠丝杠轨道的精度把旋转运动转换成线性运动。

用来取代滚珠丝杠的驱动机构是最新开发的驱动器。这种机构与线性编码器组合在一起可获得较高的精度和速度。线性编码器将贴装头的实际位置信息直接反馈，所以比旋转轴编码器更精确，但结构更复杂，价格更昂贵。

3. 坐标读数的影响

自动贴装机按照程序把元器件贴放在PCB的目标位置上。为了确保这些位置精确地与PCB焊盘图形的位置相对应，PCB焊盘图形和元器件（包括引线）的有关信息必须寄存在机器的坐标系统中。

（1）PCB对准标志　表面贴装要求元器件必须对准实际的焊盘图形，因此用作参考特征的加工孔或其他标志必须精确地表示印制电路板的影像（电路图形和焊盘图形）。为了进行精确定位，根据不同的精度要求，采用几种不同的方法把PCB的位置特征寄存在贴装机的坐标系统中。一般采用的方法有：

1）寄存PCB边缘。最简单的方法是把PCB边缘作为参考值寄存在贴装机的坐标系统中。具体方法是将PCB边缘与工作台上的挡板接触。以确定贴装机坐标的起点和取向。这种方法的精度取决于PCB边缘对准PCB电路图形的影像精度。PCB边缘和电路图形影像的典型定位精度是±0.25mm，冲切边缘的定位精度为±0.18mm，剪切边缘的定位精度为±0.5mm。

2）寄存加工孔。印制电路板角落设置的加工孔作为参考特征，可以获得较高的精度。钻孔与电路图形影像的定位误差约为±0.1mm，采用精冲孔，其定位误差可优于±0.025mm。

当采用加工孔作对准标记时，要考虑表 5-4 所示的几个加工孔精度因素，这导致总的对准精度约为±0. 17mm。

表 5-4　加工孔精度因素

加工孔位置	典型公差/mm	加工孔位置	典型公差/mm
钻孔	±0. 1	加工针位置	±0. 01
精冲孔	±0. 025	加工针直径	±0. 01
加工孔直径	±0. 05		

3）PCB 级视觉对准。当贴装多引线细间距器件时，通常不适用于采用机械参考特征，而必须以 PCB 的实际影像作参考特征进行对准。当采用这种方法时，加工孔或 PCB 边缘可用于粗对准。再在 PCB 原图上角落附近设计三个基准标志，利用这三个基准标志，贴装系统根据设定的基准位置和 PCB 的实际位置之间的差别计算 PCB 精确定位补偿值，在系统控制下完成全部操作，不需要人工干预。采用这三个基准标志，贴装系统能对 x 轴和 y 轴的线性平移、正交、定标和旋转等误差进行补偿。如果把视觉系统的传感部件安装在贴装头上，就可以消除贴装头运动机构的不精确性引起的误差，最终可使 PCB 的对准精度达到±0. 025mm。表 5-5 列出各种不同的对准方法的近似精度。

表 5-5　各种对准方法的近似精度

<table>
<tr><th colspan="2">对准方法</th><th>对准精度/mm</th><th colspan="2">对准方法</th><th>对准精度/mm</th></tr>
<tr><td rowspan="2">印制电路板边缘</td><td>剪切</td><td>±0. 25</td><td rowspan="2">加工孔</td><td>钻孔</td><td>±0. 17</td></tr>
<tr><td>冲孔</td><td>±0. 18</td><td>精冲孔</td><td>±0. 10</td></tr>
<tr><td colspan="2">PCB 级视觉</td><td>±0. 25</td><td colspan="2">元器件级视觉</td><td>±0. 01</td></tr>
</table>

（2）元器件定心　仅根据供料器提供的元器件大致取向定心，对于精确定位是不够的，所以贴装工具拾取元器件之后必须进行元器件定心。可以根据贴装精度的实际要求选择采用机械定心爪、定心台或光学对准系统进行元器件定心。

1）采用机械定心爪。这种方法一般采用与贴装工具同轴安装的镊子型机械定心爪。通常采用两对定心爪，对应同一条轴线。在贴装工具拾取元器件后，定心爪靠紧元器件使之定心，在贴装工具贴放元器件前定心爪放开。采用这种定心爪，通常有两种定心方法。最常采用的是同时定心，即两对定心爪同时靠紧元器件，这种方法精度高，但特定的定心爪只能适用于一定尺寸范围的元器件。另一种是顺序定心，即在操作时，先启动一对定心爪，紧跟着再启动第二对定心爪，这在一定范围内取消了对元器件尺寸的限制，但其明显的缺点是第二对定心爪引起的元器件的移动将不能消除，所以定心精度差，但价格便宜。机械定心爪也可以不与贴装工具同轴安装，而安装在接近供料器的固定位置上。在贴装操作时，贴装头从供料器上拾取元器件，传送并放在定心爪上定心，然后再从定心爪上拾取元器件贴放在 PCB 上。这种贴装头结构简单，成本低。但是由于增加了辅助工序，使贴装率下降。总的来说，采用机械定心爪价格便宜，定心时能获得一定精度，且不降低贴装率。但由于是对准元器件本体定心，相对于元器件引线来说，定心精度受到限制；另外，定心爪对元器件施加一定机械力，有时会损坏元器件及其引线，所以应用受到限制。

2）采用定心台。采用定心台对元器件定心可以克服采用机械定心爪的许多问题。如

图 5-2 所示，定心台由一套适合于器件引线的梳子组成。在贴装时，贴装头从供料器取元器件，并放到定心台上，由于重力作用元器件引线落到 V 形梳子的齿上，使之与定心台中心对准。然后再由贴装头从定心台上拾取元器件并贴放到 PCB 上。由于定心台应使贴装工具精确地对准元器件引线的中心，所以要求它的对准精度高，且对引线不施加力，以适用于易损元器件定心，如细间距芯片载体，当然也适用于无引线的片式元件。定心台的主要缺点是由于加入了额外工序引起贴装率下降，另外不同类型引线数的器件要求使用相应的定心台。

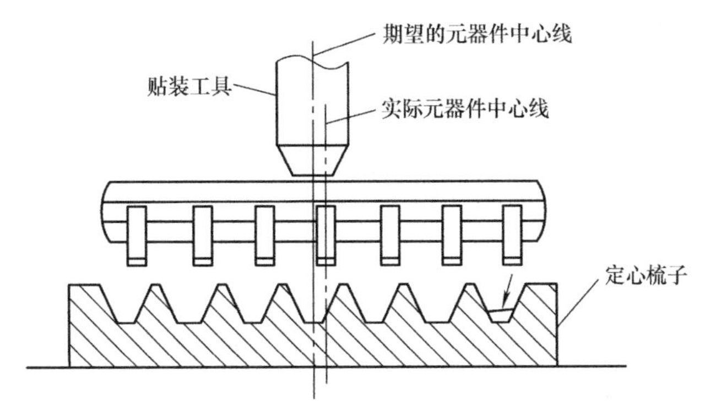

图 5-2 元器件定心台

3）采用光学定心。光学定心是采用视觉系统观测器件引线进行定心，如图 5-3 所示。视觉系统的摄像机安装在机架上，向上观察器件引线的实际情况和视觉系统中存在的相应标准之间的差别，由计算机系统进行分析处理，确定贴装纠正因素，由贴装系统控制贴装头精确地进行贴装。这种方法可获得很高的贴装精度，已广泛应用于高精度贴装机。

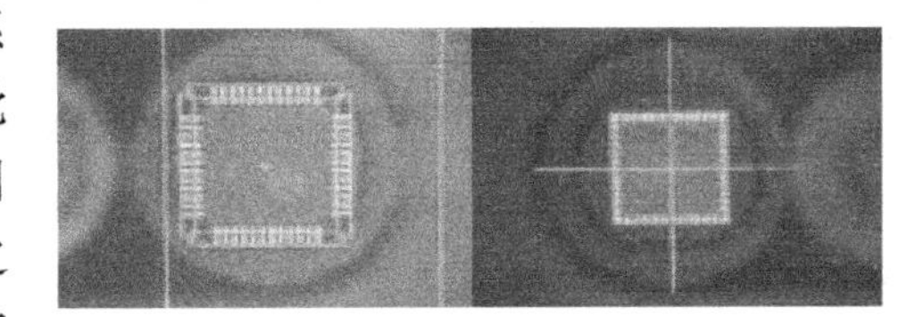

图 5-3 光学定心

4. 准确贴装的检测

（1）元器件检测 贴装机以高度自动化的方式在 PCB 上快速贴装大量表面组装元器件。为了确保表面组装的可靠性，不允许有缺陷的元器件贴装到 PCB 上。所以在贴装时要求贴装机自动地对贴装的元器件进行检测并纠正可能有的缺陷。元器件检测主要有三项基本内容：元器件有/无；机械检测；电气检测。

首先贴装机应检测元器件是否已被贴装头成功地从供料器上拾取，拾取的元器件取向是否正确，元器件的电气技术规格是否符合要求。完成这些检测项目要求贴装机有复杂的检测系统。并且，发现有缺陷的元件，贴装机必须进行适当的纠正动作。在通用贴装机上通常是放弃有缺陷的元器件，并另取一个代替。而在高速贴装机上则不可能马上执行纠正动作，它将丢弃有缺陷元器件并继续按程序贴装，直到全部程序完成后，再进行替换有缺陷元器件的补贴工序。

1）元器件有/无：这是检验元器件的最简单形式，几乎所有贴装机都有这种功能。一般都采用真空检测器感受元器件是否已被拾取。当贴装工具拾取元器件后，堵塞空气流，在贴装工具内形成真空，真空检测器感觉到这个真空后显示元器件已成功地被拾取。

2）机械检测：一般的贴装机很难对元器件的外形，特别是器件引线的情况进行实地检测。高准确度贴装机采用视觉系统可完成该检测，发现引线有缺陷的器件，执行纠正动作，避免贴装故障。

3）电气检测：对于片式元器件，可以通过设置在定心爪上的电气触点进行电气检测。所以电气检测触点成了定心爪的结构组成部分，把定心爪上的触点连接到外部仪器上即可完成片式元器件的综合电气检测。复杂的器件必须在专门的检测台上进行检测，贴装工具拾取器件后先把它放在测试台上进行电气性能检测，然后再由贴装工具从测试台上拾取器件进行定心和贴放。由于增加了额外的工序，所以贴装率下降。表面组装组件的组装厂对元器件和PCB进行在线检测，是确保组件可靠性的重要工序，但是在线电气检测是一项十分困难的工作，现在由于从元器件制造厂家出厂的元器件已经进行了可靠的电气检测，所以表面组装组件的组装厂一般不再对元器件进行在线检测。

（2）贴装准确度的测量方法　对SMD印制电路板装联工厂而言，贴装机的贴装准确度与重复精度的测量方法是一道必要的工艺流程。电子组装中，一般对于大尺寸多引线器件的贴装准确度有很高的要求，特别是精细间距引线四边扁平封装器件，贴装准确度是保证其组件钎焊顺利的必要条件之一。多引线器件以及片式元器件贴装准确度测量方法及主要步骤如下：

1）多引线器件贴装准确度的测量。检测贴装准确度需要使用玻璃仿真器件样本。玻璃仿真器件样本的外形尺寸略大于正式器件标称值，在其背面采用真空薄膜工艺法来沉积金属层，光刻法制作器件引线轮廓投影，采用这种工艺来制作器件样本，其外形尺寸准确度甚至可达到亚微米级别。利用同样的方法在玻璃板平面制作基准标志与贴装焊盘位置的轮廓投影图形，其准确度在1~5μm。须在贴装焊盘上喷涂粘结剂或粘贴双面胶带（厚度为5~10μm），同时应尽可能避免视差对测量数据产生不利的影响。

将玻璃板测试样本送进贴装机，然后采用承载板使玻璃板平放在贴装机最大贴装区的任何一个位置上。将器件样本装载在华夫盘上，贴装机以正常的操作流程进行。在众多测量玻璃板样本器件贴装偏差的方法中，最简单的便是使用光学工具显微镜，而且其准确度可满足测试样本的要求。每个样本器件进行四次测量：①样本器件顶面引线图形与玻璃板焊盘图形的相对偏差；②样本器件底面引线图形与玻璃板焊盘图形的相对偏差；③样本器件左侧引线图形与玻璃板焊盘图形的相对偏差；④样本器件右侧引线图形与玻璃板焊盘图形的相对偏差。

x轴向偏差是顶面/底面偏差平均值；y轴向偏差是左侧/右侧偏差平均值；样本与焊盘图形的相对转动角偏差是顶面与底面偏差的差值。

通常一台高质量贴片机的传动系统应该没有基本的传动缺陷，在整个贴装区范围内，只显示极小的偏差波动。测试过程中，测量采样次数的确定必须遵照实际制造的技术要求正确取得，真实地反映贴片机所能达到的准确度指标。在贴装区内，按照一定规则选择几个测试点，每个点以0°、90°、180°、270°几个不同的角度组合，每组至少对五个测量值提供统计分析。在理想情况下，排除了器件和印制电路板等因素，采用精密的样本器件及贴装样板可以正确客观表征贴装机的真实性能。

2）片式元器件贴装准确度的测量。贴装如1206、0805等片式元器件，常用的测量贴装准确度的方法是利用实际器件直接在印有坐标栅格的基板表面上进行贴装测量，栅格交点的坐标值由基板的基准标志确定。这种测量方法的缺点是实用器件通常为长方形，外形尺寸随机变化，且测量器件的中心定位很困难，但并没有光学比较仪或其他测量工具测量时繁琐费时。在加工尺寸准确度高的金属或塑料的样本器件时，其测量误差可小于25μm，通常的贴装机对片式元器件的贴装准确度为0.15mm。所以测量准确度高于贴装准确度5~6倍。

另外有一种较为简便的测量方法是在PCB片式元器件贴装后，不再从贴装机内取出，而是由内置的下视摄像机测量器件贴装偏差。例如采用视像对中，因测量时使用的是同一个光学检测系统，该系统的误差将会引入测量数据，这些重复误差都包含在内，所以这种方法的测量准确度都比较低，只能用来做比较参考。

5. 计算机控制

计算机控制系统是贴装机的“大脑”，所有贴装操作的指挥中心。计算机可安装在贴装机中，也可设置单独的控制台。它由控制硬件和程序两部分组成。更加复杂的全自动贴装系统还可以和中央过程控制计算机接口，以协调整个生产线的全部操作，如图5-4所示。

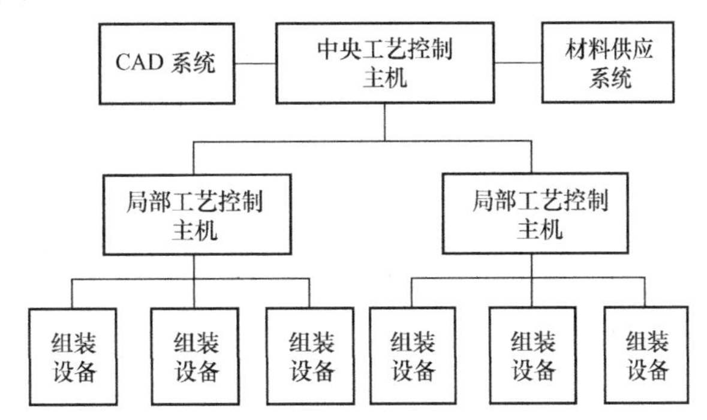

图5-4 采用中央计算机控制的贴装系统

（1）控制硬件　贴装机控制器一般由专用计算机组成，并利用终端设备实现人机对话，控制全部贴装操作。有的贴装机与工艺控制计算机接口，由主机控制全部贴装操作。二级工艺控制主机可以选用不同的计算机，最普通的是选用PC机，它适应性强，成本低，容易普及。更加高级的全自动化表面组装技术采用高级微型机作主机，以满足更加复杂的过程控制的需要。

（2）编程方式　低成本的贴装机常采用示教方式编程，优点是不需要编程用计算机，所以成本低。另外，操作人员能补偿PCB实际位置和设计位置之间的误差，这在无设计数据备用情况下显得特别有意义。缺点是：贴装头的定位完全取决于操作人员的技巧，因此精度低，编程操作慢，编程时贴装机不能进行贴装操作。

较高档的贴装机广泛采用计算机编程，有联机编程和脱机编程。联机编程时贴装机要停止贴装操作，但节省了脱机编程用计算机的投资。在生产中，大多数贴装机采用脱机编程，这种编程避免了示教式编程易出现的问题，并可直接使用设计数据，可获得更高的贴装精度，它对生产无任何影响。如果采用CAD数据，可完全避免人工干预，大幅度减少产生误差的机会。但脱机编程要求附加资本投入和对操作人员进行专门培训。

（3）数据存储介质　早期的数控贴装机采用穿孔纸带存储数据，后来采用磁带存储介质、软盘。现在的贴装机已经普遍采用硬盘存储器作存储介质。硬盘提供了高的存储容量和快的存取时间，比软盘有更高的可靠性。

5.4 微电子焊接方法与特点

5.4.1 概述

微电子焊接工艺是表面组装技术中的主要工艺技术之一。在一块表面组装组件（SMA）

上少则有几十个，多则有成千上万个焊点，一个焊点不良就会导致整个 SMA 或表面组装产品组件失效。所以焊接质量是组件可靠性的关键，它直接影响电子装备的性能及经济效益。焊接质量主要取决于所用的焊接材料、焊接方法、焊接工艺以及焊接设备等。

表面组装中采用的焊接技术主要为软钎焊技术，软钎焊技术即针对特定组件，选择合适的钎焊材料，并在一定的钎焊工艺条件下，将元器件焊接到 PCB 的焊盘上，使元器件与 PCB 电路之间建立可靠的电气和机械连接。

根据熔融钎料的供给方式，在表面组装技术（SMT）中采用的软钎焊技术，主要分为波峰焊（wave soldering）和再流焊（reflow soldering）。

通常情况下，波峰焊经常用于混合组装方式，再流焊经常用于全表面组装方式。波峰焊是通孔插装技术中使用的传统焊接工艺技术，根据波峰的形状不同可以分为单波峰焊、双波峰焊等形式。根据热源不同，再流焊有对流、红外、激光、传导、气相等方式。再流焊与波峰焊之间的基本区别在于热源与钎料的供给方式不一样。在再流焊中，热是由再流焊设备自身的加热机理决定的，钎料膏首先是由专用的设备以确定的量涂覆的；在波峰焊中，钎料波峰有两个作用：一是供热，二是提供钎料。再流焊与波峰焊技术是 PCB 上进行大批量焊接元器件的主要方式。就目前而言，再流焊技术与设备是表面组装厂商组装表面组装元器件的主选技术与设备，但波峰焊仍不失为一种高产量、高效自动化、可在生产线上串联的焊接技术。所以在今后很长的一段时间内，再流焊技术与波峰焊技术仍会是电子组装的首选焊接技术。

由于表面组装元器件的微型化和 SMA 的高密度化，SMA 上元器件之间和元器件与 PCB 之间的间隔很小，因此表面组装元器件的焊接与传统引线插装元器件的焊接相比，主要有以下几个特点：

1）元器件本身受热冲击大。

2）要求形成微细化的焊接。

3）由于表面组装元器件的电极或引线的形状、结构和材料种类繁多，因此要求对各种类型的电极或引线都能进行焊接。

4）要求表面组装元器件与 PCB 上焊盘图形的接合强度和可靠性高。

SMT 与 THT 相比，对焊接技术提出了更高的要求，然而这并不是说获得高可靠性的 SMA 是困难的，事实上，只要对 SMA 进行正确设计和执行严格的组装工艺，其中包括严格的焊接工艺，SMA 的可靠性甚至会比通孔插装组件的可靠性高。关键在于根据不同情况正确选择焊接技术、方法和设备，严格控制焊接工艺。

除了波峰焊和再流焊技术之外，为了确保 SMA 的可靠性，一些热敏感性强的表面组装器件（SMD）常采用局部加热方式进行焊接。

5.4.2 波峰焊

波峰焊是利用波峰焊机内的机械泵或电磁泵，将熔融钎料压向波峰喷嘴，形成一股平稳的钎料波峰，并源源不断地从喷嘴中送出。装有元器件的印制电路板以直线平面运动的方式通过钎料波峰面而完成焊接的一种成组焊接工艺技术，波峰焊机结构如图 5-5 所示。

波峰焊技术自从 20 世纪 50 年代中期由英国 Press Metal 公司研制成功以来，经过了几十年的不断完善，现在已成为广泛应用的电子装联工艺技术之一，目前主要用于通孔插装电路组件和采用混合组装方式的 SMA 的焊接工艺中。

波峰焊按照波峰类型可以分为单波峰焊和双波峰焊。此外，在波峰焊无法实现的高精密 PCB 焊接时，选择性波峰焊可以实现对焊点的精确控制，完成高质量的焊接过程。单波峰焊技术是用锡泵将熔融钎料垂直向上朝着狭窄的出口不断涌出，形成 10~40mm 高的锡波峰，使钎料以一定的速度和压力作用在 PCB 上，通过熔融钎料与焊点的充分接触，完成焊接过程。由于锡波的涌动，即使 PCB 不够平坦，只要板弯翘曲低于 3%，也可以获得良好的焊接。单波峰焊的缺点是在引线间距窄的通孔类插件元器件、元器件分布较密集的 PCB 或者应用在焊接表面组装元器件时，会出现漏焊、桥接和钎缝不充实等缺陷。这些问题主要是由于表面组装元器件具有一定的高度且安装密度大（漏焊）、引线对钎料的拖尾作用（引起桥接）、沿元器件本体末端严重的钎料尾流形成的无钎料“阴影”效应（图 5-6），以及元器件与残留的钎剂气泡的遮蔽效应等因素造成的。虽然在 PCB 上接近元器件贴装部位钻有排气孔，可以消除由于残留钎剂气体所引起的缺陷，严格的元器件取向设计可以在一定程度上消除无钎料“阴影”效应，但仍难确保焊接的可靠性。因此在表面组装技术中广泛采用双波峰和喷射式波峰焊工艺和设备。

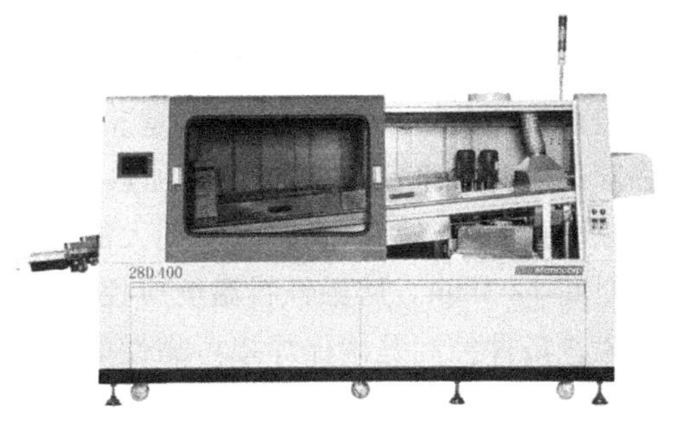

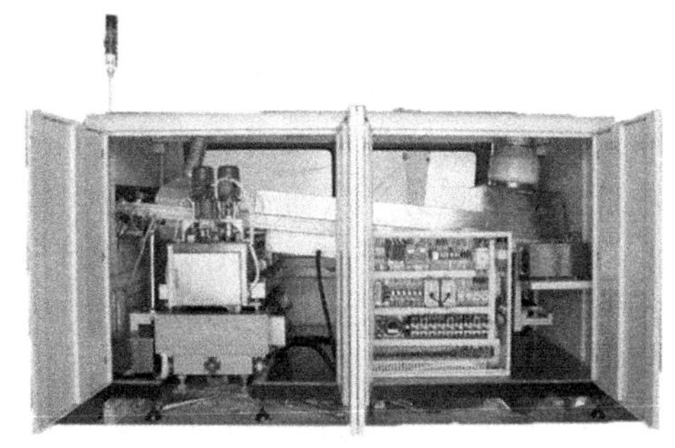

图 5-5 波峰焊机结构

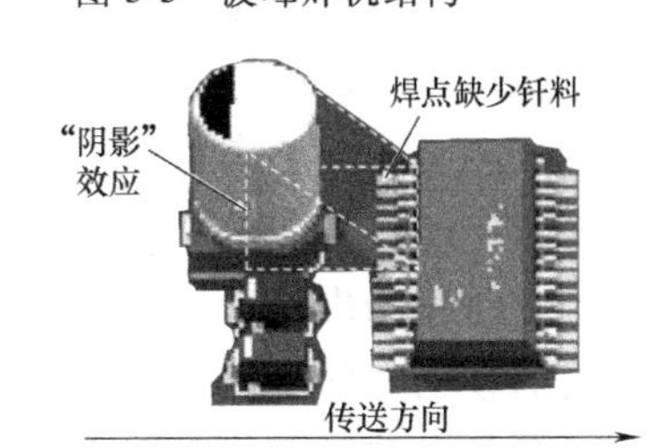

图 5-6 波峰焊接时的“阴影”效应

1. 波峰焊接工艺和焊接原理

表 5-6 列出了 SMT 中采用的波峰焊接工艺。

表 5-6 SMT 中采用的波峰焊接工艺

工 艺	目 的	装 置	主要技术要求
表面组装元器件的贴装→涂敷钎剂→预热→焊接→清洗	用粘结剂将表面组装元器件暂时固定在 PCB 上，插入有引线元件，引线打弯	自动贴装机、自动插装机	元器件与 PCB 接合强度，定精度
	将钎剂涂敷到印制电路板上	喷雾式供给装置、发泡式供给装置、喷流式供给装置	整个基板涂敷 钎剂比例控制
	钎剂中的溶剂蒸发，缓解热冲击	预热器	预热条件：基板表面温度 130~150℃，时间 1~3min
	连续地成组焊接，元器件和电路导体之间建立可靠的电气和机械连接	喷射式波峰焊机、双波峰焊接设备	钎料温度 240~250℃，钎料不纯物控制，基板与钎料槽之间的角度为 6°~11°
	SMA 清洗	清洗设备	清洗种类，清洗工艺和设备选择，超声波频率等

波峰焊中的三个主要因素：钎剂的供给、预热和熔融钎料槽。钎剂的供给方式有喷雾式和发泡式。熔融钎料槽是波峰焊系统的心脏，双波峰焊系统的典型钎料槽设计由两个独立的部分组成。预热对于 SMA 的焊接是非常重要的焊接工序。在预热阶段，钎剂活化，从钎剂中去除挥发物，将 PCB 焊接部位加热到钎料润湿温度，并提高表面组装组件（SMA）的温度，以防止曝露于熔融钎料时受到大的热冲击，一般预热温度（PCB 表面）为 130~150℃，预热时间 1~3min。熔融钎料温度应控制在 240~250℃之间。在合理的结构设计前提下，严格的工艺条件控制是确保焊接可靠性的关键。

图 5-7 为双波峰焊原理图。在波峰焊时，印制电路板先接触第一个波峰，然后再接触第二个波峰。第一个波峰是由窄的喷嘴喷射出的“湍流”波峰，此“湍流”具有较快的流速，可使 SMA 获得较高的垂直压力，从而使钎料对尺寸小、贴装密度高的表面组装元件（SMC）仍具有较好的渗透性。熔融钎料通过湍流在所有方向上擦洗 SMA 表面，从而可以提高钎料的润湿性，并且克服了由于元器件的形状和取向复杂所带来的问题。同时克服了钎料“阴影”效应。湍流波上升的喷射力足以使钎剂气体排出，所以即使 PCB 上不设排气孔也不存在钎剂气体的影响，从而大幅度减少了漏焊、钎缝不充实或桥接等焊接缺陷，提高了可靠性。但是，由于这种湍流波速度快，PCB 离开波峰时湍流钎料与 PCB 的角度使元器件端子上留下过量的钎料，因此 SMA 必须进入第二个波峰。第二个波峰为一个“平滑”的波峰，流动速度相对缓慢，提供了钎料流速为零的出口区，故有利于形成充实的钎缝。同时它可以有效地去除引线上过量的钎料，并且使所有的焊接面的钎料润湿良好，同时修正了焊接面，消除了可能的拉尖和桥接，降低钎焊的缺陷，从而最终确保了 SMA 的焊接质量。

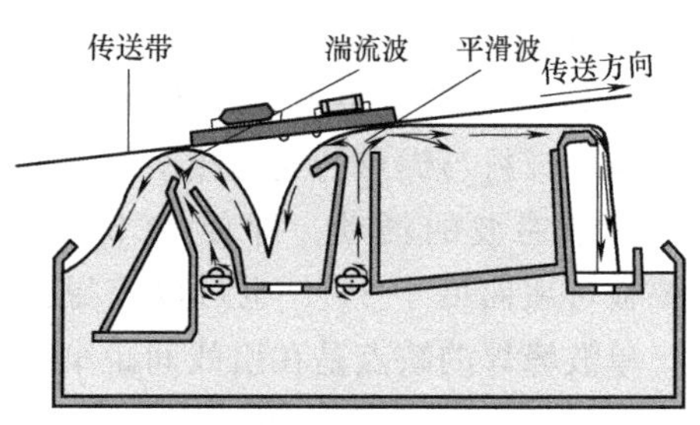

图 5-7　双波峰焊原理图

2. 双波峰焊接系统

国内外各公司制造的双波峰焊接设备种类繁多，这里仅就其设计特点进行概括介绍。

用于焊接 SMA 的双波峰焊接系统，采用了三种类型的设计，如图 5-8 所示。这三种设计类型的主要区别是第一个波峰。它们分别采用了窄幅度对称湍流波、穿孔摆动湍流波和穿孔固定湍流波。第二个波峰是相同的。另外，在第三种类型的设计中，第二个波峰后面加入了热空气刀，以进一步消除桥接和钎料拉尖。当焊接贴装有片式元器件和小外形封装（SOP）的各种 SMA 时，这三种类型的双波峰焊接系统都可获得较为满意的效果。

（1）窄幅度对称湍流波　采用这种波的双波峰焊系统的波形设计如图 5-8a 所示，它由窄缝隙喷嘴产生的窄幅度快速湍流对称波和宽缝隙喷嘴产生的不对称慢速流动的平滑波组成。采用这种波形的双波峰焊接系统适用于组装密度低的 SMA 的焊接。当元器件组装密度高时，就要采用其他类型的波峰焊系统。

（2）穿孔摆动湍流波　采用这种波的双波峰焊接系统的波形设计如图 5-8b 所示。此系统中的第二个波峰与上一系统相同，但第一个波峰是可调节穿孔喷嘴产生的摆动湍流波，摆动方向平行于第二个波，摆动速度可调节，这种喷嘴由中空金属管组成，管壁上钻了大小相同的数排小孔，各排孔的位置相互交错，孔的直径可以根据具体情况确定，钻有小孔的金属管以一定速度摆动。当熔融的钎料从这些小孔喷出时，就以一定的规则图形“冒泡”，“冒泡”的速度和对 SMA 的冲击力的大小取决于喷嘴的摆速和熔融钎料从孔中喷出的速度。

采用这种波形的双波峰焊系统可适用于组装密度较高的 SMA 的焊接，其最大优点是熔融钎料能以不同的速度擦洗 PCB，这种功能可防止钎料的“阴影”。

（3）穿孔固定湍流波 采用这种波形的双波峰焊系统的波形设计如图 5-8c 所示。该系统中的湍流波与上述湍流波的产生原理相同，只是构成喷嘴的穿孔中空金属管位置固定不变，并且只在熔融钎料喷出部位钻有小孔。与前两种的另一个区别是，在第二个平滑波的后面设置了一个热空气喷嘴，喷嘴呈窄缝隙形，与 SMA 呈 45°角，喷出的热空气形似刀子，所以称为“热空气刀”，主要用于吹掉钎料桥接。这种固定的湍流波对 SMC 的渗透性和对 SMA 的擦洗作用都不如摆动湍流波。因而消除焊接缺陷的能力较差。

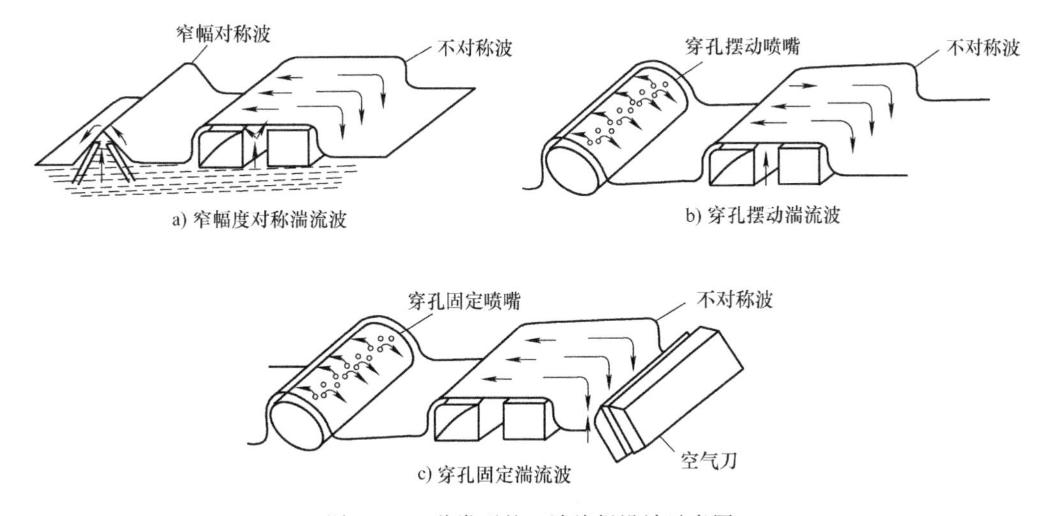

图 5-8 三种类型的双波峰焊设计示意图

焊接有引线的 PCB 时的主要问题是离开波峰时引线间的钎料桥接。由于热空气喷嘴和 SMA 有一定距离，所以要求较高的热空气速度才有可能吹掉全部桥接，但却有可能吹掉片式元器件。

3. 喷射式波峰焊系统

喷射式波峰焊系统的波形设计如图 5-9 所示。这种焊接系统的波形既不是双波峰，也不是湍流波峰，而是一种高速单向流动的熔融钎料波，由于流速快，在熔融钎料下面形成中空区，所以称为喷射式空心波。这种波的钎料流速快，上冲力大，对钎缝和孔的渗透性好，并有较大的前倾力，不仅对焊接表面有较强的擦洗作用，而且能消除桥接和拉尖。焊接的最小间距可达 0.2mm。而且由于波峰中空，不易造成热容量过度积累而损坏表面组装元器件，同时有利于钎剂气体的排放。但是这种波峰焊接效率低，对通孔插装元器件的焊接适应性差，应用范围受到限制。同时，它也仅适用于片式元器件和 SOP 的焊接，而对其他有引线表面组装器件的焊接效果不佳。

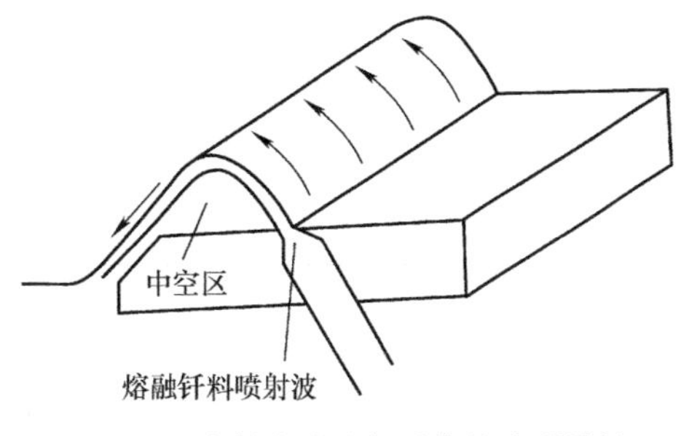

图 5-9 喷射式波峰焊系统的波形设计

4. 波峰焊系统的改进

波峰焊系统尽管有多种类型，但仍难以满足 SMA 对焊接技术的要求，所以近年来，国外一些公司不断地进行研究开发，以便增加波峰焊系统的适应性和提高 SMA 焊接的可靠性。

（1）波峰的应用　在双波峰焊系统中，SMA 两次经过熔融钎料波峰，热冲击大，PCB 易产生变形。为了解决这个问题，近年来研究设计了一种“Ω”形波峰，它属双向宽平波形，只是在喷嘴出口处设置了水平方向微幅振动的垂直板，如图 5-10 所示，以产生垂直向上的扰动，从而获得双波峰的效果。

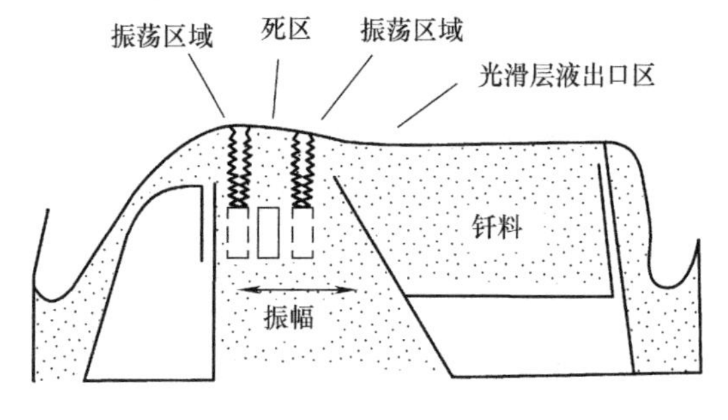

图 5-10　“Ω”形波峰焊系统的原理示意图

（2）气泡焊接系统　为了消除残留钎剂气体引起的缺陷，国外研制了一种气泡焊接系统，该系统在钎料槽靠近喷嘴附近设置了一个惰性气体喷出机构，把惰性气体（或氮气）注入钎料槽内，在熔融的钎料中形成大量气泡，气泡受热膨胀，向波峰面浮动，当浮动至残留的钎剂气囊时，推动气囊移动，使钎料进入被气囊遮蔽的部位，消除了由于钎剂气囊的遮蔽效应造成的焊接缺陷。

（3）45°斜置喷嘴　传统的钎剂波峰和熔融钎料波峰和 PCB 传送方向呈 90°角，如图 5-11a 所示。这种安装方式在表面组装技术（SMT）中存在下列缺点：

1）对于表面组装集成电路，由于器件的遮蔽效应（图中 *B* 为遮蔽区），在 *B* 区钎剂不易涂敷上。

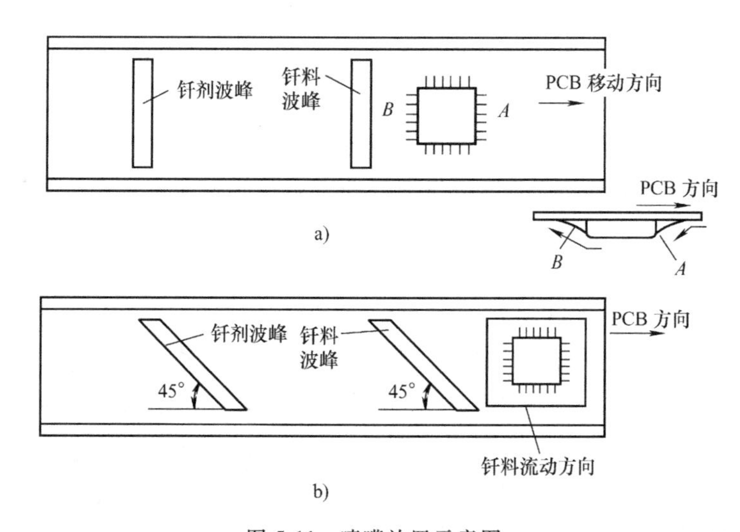

图 5-11　喷嘴放置示意图

2）焊接时，也由于器件的遮蔽效应，在 *B* 区钎料波峰不与焊接部位接触，造成漏焊，*A* 区成为阻流区，熔融钎料流向混乱，且流速有变化，易产生桥接。为了克服上述缺点，采用钎剂波峰和钎料波峰与 PCB 传送方向呈 45°角的设计方案，如图 5-11b 所示。这就消除了阻流区，减少了对波峰的干扰，而且增强了钎料剥离和再流效果，从而有可能消除拉尖和桥接等缺陷。

（4）“O形波峰”焊接系统　该系统在喷嘴中嵌入螺旋桨，熔融钎料从喷嘴喷出，形成旋转式运动的波峰。它可以控制波峰的方向和速度，消除焊接死角，使钎剂气体易于排放，从而改善表面组装元器件焊接质量，提高波峰焊接SMA的可靠性。

（5）计算机控制技术的应用　采用计算机控制技术改进现有波峰钎焊设备和开发新型的波峰焊系统是国外在波峰焊技术领域的热门的研究项目，并取得了丰硕的成果。计算机控制系统已经成为波峰焊系统的组成部分。在SMT应用的波峰焊系统中采用计算机控制技术，有助于严格控制波峰钎焊参数，减少或消除可能出现的焊接缺陷，提高SMA的焊接可靠性。

5. 选择性波峰焊

选择性波峰焊是用不断移动的喷嘴将熔融的钎料通过涌动的锡波接触元器件的引线，从而完成焊接的过程。与普通波峰焊接技术相比，选择性波峰焊接具有以下几个明显的优势：

1）可以安全快速地进行工艺的优化，工艺具有可重复性。

2）可以保护焊点的可靠性，不会使元器件过热。

3）可焊接双面通孔插件元器件的电路板。

4）可以局部喷洒助焊剂，无须掩盖其他组件。

5）喷嘴尺寸多样，适用于不同尺寸的通孔类元器件，而且可以根据锡波接触时间和所需钎料量设置不同的参数。

6）可以焊接普通波峰焊无法实现的PCB，解决漏焊问题。

图5-12所示为选择性波峰焊示意图。

图5-12　选择性波峰焊示意图

6. 波峰焊工艺的相关问题

波峰焊的具体焊接工艺与波峰焊设备和SMA的具体情况（诸如组装的元器件类型和组装密度）有着直接关系，还应该根据实际生产条件和SMA的具体要求研究、确定合适的工艺规范。这里重点介绍对焊接质量影响较大的三个因素：PCB的焊盘设计、钎剂类型和使用、预热。

（1）PCB的焊盘设计　波峰焊工艺与再流焊不同，它对印制电路板的设计要求非常严格，否则在大多数情况下，正确的焊接工艺仍然会引起由于PCB设计不佳引起的焊接缺陷。因此在波峰焊情况下，必须严格遵循下列PCB设计规则：

1）在任何情况下使用的PCB厚度不应小于1.58mm。过薄的PCB经过第二个波峰时会出现凹陷，进而导致PCB浸入熔融的钎料中。尽管采用夹具可以避免这种情况，但会给工业生产带来很大麻烦。

2）要采用耐高温焊接掩膜。一般采用光成像湿式焊接掩膜。这种掩膜能耐高温，并且在焊接温度下仍有足够黏着力而无皱纹，即便经过几次双波峰焊接周期也仍能保持很强的黏着力。只要采用合理的掩膜设计，就能够确保在各种焊接条件下的可靠性。

3）当表面组装组件（SMA）需要采用波峰焊工艺时，不要把J形和鸥翼形引线的四方扁平封装的IC组装在PCB的焊接面上，因为目前的波峰焊工艺将无法避免在相邻引线间形成钎料桥接。如不能采用合适的焊盘设计，小外形集成电路封装（SOIC）不要放在 PCB 的焊接面上。也不可把高外形的 SOP 放在 PCB 的焊接面上。

4）焊盘的几何图形设计和 PCB 上元器件的排列必须符合波峰焊接的设计要求。

（2）钎剂类型和使用

1）双波峰焊要求钎剂中的固体质量分数不少于 20%，因为如果含量太低，会由于第一个湍流波的擦洗作用和钎剂的蒸发，导致 SMA 进入第二个波峰时钎剂剂量不足，从而导致钎料桥接和拉尖。

2）波峰焊需要将钎剂均匀地涂敷并黏附在 PCB 上，且尽量不使它产生堆积，否则，当在焊接部位有钎剂微滴进入熔融钎料波峰时，将会导致焊点短路或开路。

（3）预热　图 5-13 示出双波峰焊系统的典型加热曲线。SMA 在波峰焊前必须预热，以便去除钎剂中的挥发物，使钎剂活化，同时提高 SMA 的温度，以防止突然进入熔融钎料中受到热冲击。

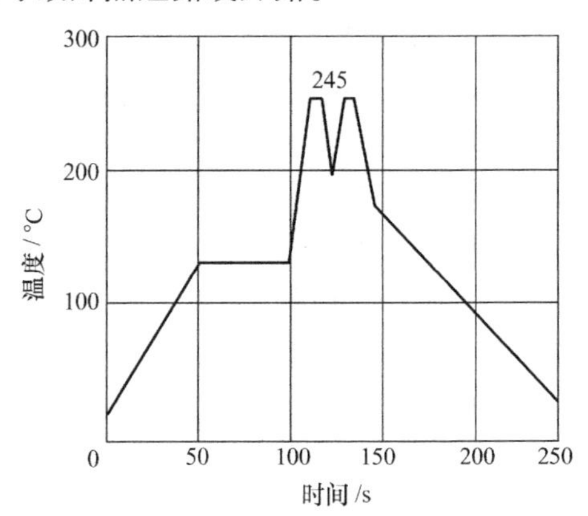

图 5-13　双波峰焊系统的典型加热曲线

表面组装技术采用软钎焊的方法把表面组装元器件焊接到印制电路板的焊盘上，使元器件与印制电路板之间形成可靠的电气和机械连接，从而实现具有一定可靠性的电路功能。根据钎料的供给方式，表面组装技术中采用的软钎焊技术主要有流动软钎焊和再流软钎焊两种。

流动软钎焊技术，尤其是波峰焊技术，能够大幅度提高生产率，节约人力和钎料，焊点质量和可靠性也得到了明显的升高，故一直受到人们广泛的重视。但是，流动软钎焊技术仍然存在一些根本性的问题，诸如元器件的引线与 PCB 的焊盘会对熔融钎料扩散 Fe、Zn、Cu 等各种金属杂质；熔融钎料在空气中高速流动较易产生氧化物等。这些问题会导致多种缺陷，且流动软钎焊技术本身很难解决。

5.4.3　再流焊

1. 再流焊技术概述

再流软钎焊，又称再流焊、回流焊，是指预先在 PCB 焊接部位（即焊盘）上施放适量和适当形式的钎料，然后贴放表面组装元器件，经固化（在使用钎料膏时）后再利用外部热源使钎料再次流动达到焊接目的的一种成组或逐点焊接工艺。再流焊技术可以完全满足各类表面组装元器件对焊接的要求，其可根据不同的加热方式使钎料再流，实现可靠的连接。

（1）再流焊技术的特点　再流焊工艺技术与波峰焊工艺技术具有明显的区别，其是预先在 PCB 焊接部位（焊盘）放置钎料，然后贴装表面组装元器件，经固化（在采用钎料膏时）后，再利用外部热源加热使钎料熔化、流动并形成一定的冶金结合，达到焊接的目的。再流焊技术可以完全满足各类表面组装元器件对焊接的要求，在表面贴装组件焊接中具有广泛的应用。

与波峰焊技术相比，再流焊技术具有以下一些特征：

1）它不像波峰焊那样，要把元器件直接浸渍在熔融的钎料中，所以元器件受到的热冲击小。但由于其加热方法不同，有时会施加给器件较大的热应力。

2）仅在需要部位施放钎料，能控制钎料施放量，能避免桥接等缺陷的产生。

3）当元器件贴放位置有一定偏离时，由于熔融钎料表面张力的作用，只要钎料施放位置正确，就能自动校正偏离，使元器件固定在正常位置。

4）可以采用局部加热热源，从而可在同一基板上，采用不同焊接工艺进行焊接。

5）钎料中一般不会混入不纯物。使用钎料膏时，能正确地保持钎料的组成。这些特征是波峰焊技术所没有的。虽然再流焊技术不适用于通孔插装元器件的焊接，但是在电子装联技术领域，随着PCB组装密度的提高和SMT的推广应用，再流焊技术已成为电路组装焊接技术的主流。

（2）钎料供给方法　在再流焊中，将钎料施放在焊接部位的主要方法是：

1）钎料膏法：这是再流焊接中最常用的施放钎料的方法。

2）预敷钎料法：在元器件和PCB上预敷钎料，在某些应用场合可采用电镀钎料法和熔融钎料法将钎料预敷在元器件电极部位或微细引线上，或者是PCB的焊盘上。在细间距器件的组装中，采用电镀法预敷钎料是比较合适的方法，但电镀的钎料层不稳定，需在电镀钎料后进行一次熔融，经过这样的稳定化处理后，可获得稳定的钎料层。

3）预成形钎料：预成形钎料是将钎料制成各种形状，有片状、棒状和微小球状等预成形钎料，钎料中也可含有钎剂。这种形式的钎料主要用于半导体芯片的键合和部分扁平封装器件的焊接工艺中。

（3）再流焊工艺的加热方法　再流焊工艺中，熔化预敷在PCB焊盘图形上和元器件电极或引线上的钎料具有多种加热方法，主要的加热方法，见表5-7。这些方法各有其优缺点，在表面组装中应根据实际情况灵活选择使用。

表5-7　再流焊接主要加热方法

加热方式	原　理	优　点	缺　点
红外线	吸收红外线热辐射加热	连续，同时成组焊接，加热效果很好，温度可调范围宽，减少了钎料飞溅，虚焊及桥焊	材料不同，热吸收不同，温度控制困难
气相	利用惰性溶剂的蒸汽凝聚时放出的气体潜热加热	热冲击小，加热均匀，温度控制准确，升温快，可在无氧环境下焊接，同时成组焊接	设备和介质费用高，容易出现吊桥和芯吸现象
热风	高温加热的空气在炉内循环加热	温度控制容易，加热均匀	强风使元器件有移位的危险，易产生氧化
激光	利用激光的热能加热	集光性很好，适于高精度焊接，非接触加热，用光纤传送	CO_2 激光在焊接面上反射率大，设备昂贵
热板	利用热板的热传导加热	基板的热传导可缓解急剧的热冲击，设备结构简单、价格便宜	受基板的热传导性影响，不适合于大型基板、大型元器件，温度分布不均匀

2. 再流焊技术的类型

再流焊技术主要按照加热方法进行分类，主要包括红外再流焊、气相再流焊、热板加热再流焊、热风炉再流焊、激光再流焊、红外光束再流焊和工具（如电烙铁）加热再流焊等类型。

（1）热板传导加热再流焊　利用热板的传导热来加热的再流焊称为热板再流焊，也称热传导再流焊。热板传导加热法是应用最早的再流焊方法，其工作原理如图 5-14 所示。

发热器件通常为块形板，放置在传送带上。且传送带是由导热性能良好的材料制成。待焊 PCB 放在传送带上，热量先经过印制电路板，再传至钎料膏与表面组装元器件，钎料膏受热熔化，进行表面组装元器件与印制电路板的焊接。热板传导加热法通常都有预热、再流、冷却三个温区。

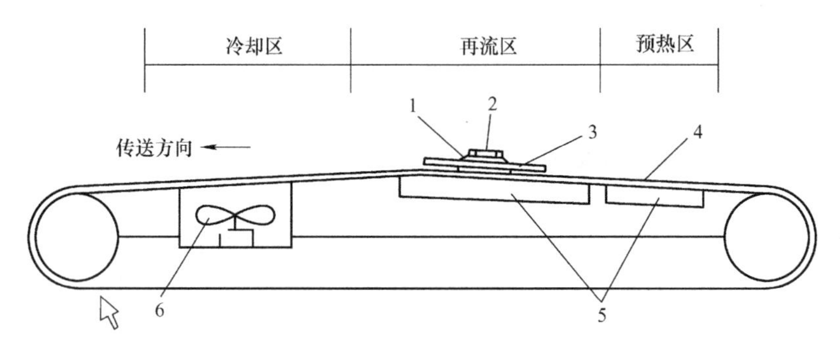

图 5-14　热板传导加热再流焊示意图

1—流动钎料膏　2—SMC/SMD　3—PCB　4—传送带　5—加热板　6—风扇

该方法的优点有：设备结构简单，成本较低，初始投资和操作费用低；可以用惰性气体保护；系统内有预热区，能迅速改变温度和温度曲线，传到元器件上的热量相当小；焊接过程中易于目测检查；产量适中。20 世纪 80 年代初我国一些厚膜电路厂曾引进过此类设备。其缺点有：热板表面温度限制在小于 300℃；只适于单面组装，不能用于双面组装，也不能用于底面不平的 PCB 或由易翘曲材料制成的 PCB 组装；温度分布不均匀。

热板传导再流焊适合于高纯度氧化铝基板、陶瓷基板等导热性能良好的电路板的单面贴装形式。普通覆铜箔层的压制板类印制电路板由于其导热性能较差，焊接效果不佳。

（2）红外线辐射加热再流焊　隧道加热炉是红外线辐射加热法通常采用的热源设备，热源以红外线辐射为主，有远红外线与近红外线两种，通常前者多用于预热，后者多用于再流加热。该种加热方法适用于流水线大批量生产，由于设备成本较低，是当前工业生产中应用较为普遍的再流焊方法。整个加热炉分成几段温区分别进行温度控制，再流区温度一般为 230～240℃，时间为 5～10s，如图 5-15 所示。

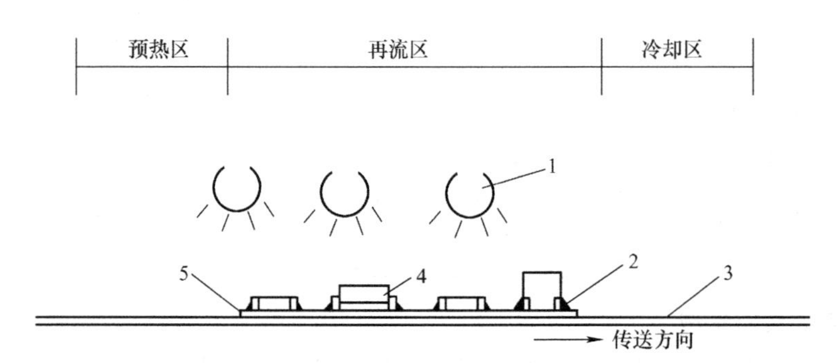

图 5-15　红外辐射加热再流焊示意图

1—红外热源　2—钎料膏　3—传送带　4—SMD　5—PCB

红外线辐射加热再流焊的优点：钎料膏可以是不同成分或不同熔点的；波长范围为 1~5μm 的红外线就可以使有机酸以及溶剂中其他活性剂离子化，钎剂的润湿性得到了提高，焊接能力得到了显著改进；红外线能量可以渗透到钎料膏内，使溶剂逐渐挥发，而不引起钎料飞溅；与气相再流焊相比，加热温度和速度可调范围宽，且加热速度缓慢，元器件所受热冲击更小；在红外加热条件下，PCB 温度上升比气相加热快，元器件引线和 PCB 湿度的上升较气相再流焊更易协调一致，大幅度减少了虚焊等现象的产生；温度曲线控制方便，变换时间短；红外加热器热效率高、成本低；可采用惰性气体保护焊接。

由于红外再流焊的以上优点，使其成为再流焊的最基本形式，但是红外再流焊也存在着缺点，例如元器件的形状和表面颜色不同会导致对红外线吸收系数不同；因荫屏效应和散热效应的产生，会导致焊件受热不均匀，甚至会导致元器件受热损坏。为了克服红外再流焊的缺点，逐步又发展了红外再流焊和热风再流焊结合的方式。

（3）热风对流红外线辐射再流焊　如图 5-16 所示，热风对流加热是利用风扇与加热器，不断加热炉膛内空气并进行对流循环。相比以上两种方法，它具有加热均匀、温度稳定的特点。在再流区内还可以细分成若干个温区，分别进行温度场控制，从而获得合适的温度曲线，必要时可以向炉中充入氮气，以尽量避免焊接过程中的氧化作用。

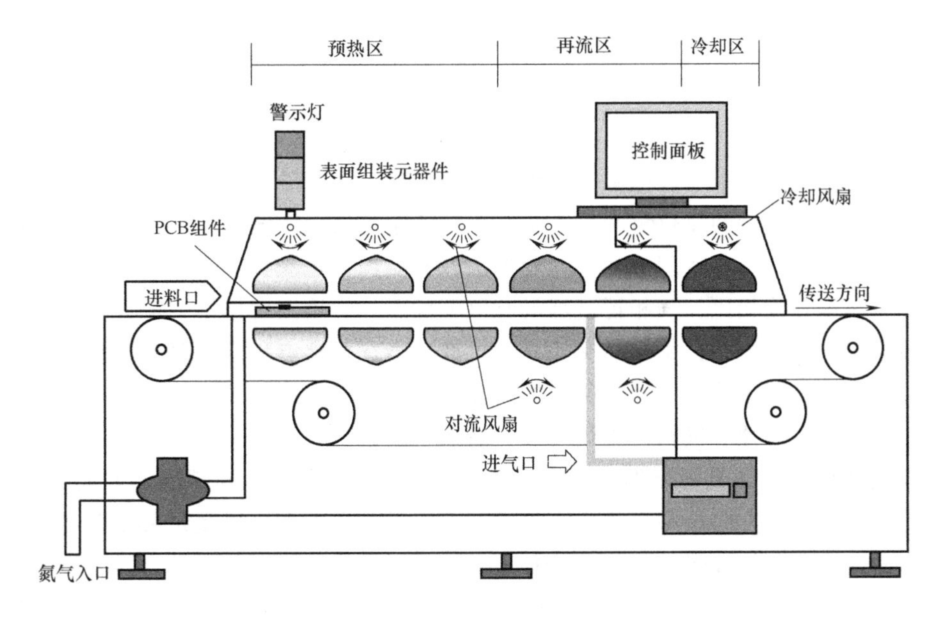

图 5-16　热风对流红外线辐射再流焊示意图

热风再流焊是以强制循环流动的热空气或氮气来加热的再流焊方式，但是因温度不稳定，易氧化，通常不单独使用。热风对流红外线辐射再流焊是按一定的热量百分比和空间分布，同时采用红外辐射和热风循环对流来混合加热的方式，故称为热风对流红外线辐射再流焊。该方式具有更多的优点：焊接温度-时间曲线的灵活性大幅度增强，降低了设定的温度曲线与实际控制温度之间的误差，使再流焊可以有效地按设定的温度曲线进行；温度均匀、稳定；可以克服吸热差异及荫屏效应等不良现象。基板表面和元器件之间具有很小的温差，使得再流焊过程中不同的元器件都具有较为均匀的钎焊温度；可满足高密度组装的钎焊要求；具有较高的生产能力和较低的操作成本。因此热风对流红外线辐射再流焊也成为用表面组装技术大批量生产中的主要焊接方式之一。

（4）气相加热再流焊　气相法是利用氟氯烷系溶剂（较典型的牌号为 FC-70）饱和蒸气的汽化潜热进行加热的一种再流焊。待焊接的 PCB 放置在充满饱和蒸气的氛围中，蒸气在与表面组装元器件接触时冷凝，并放出汽化潜热，这种潜热使软钎料膏熔融再流。气相法的特点是整体加热，溶剂蒸气可到达每一个角落，热传导均匀，可形成与产品几何形状无关的高质量焊接。可精确控制温度，不会发生过热现象。加热时间短，热应力小，其原理如图 5-17 所示。

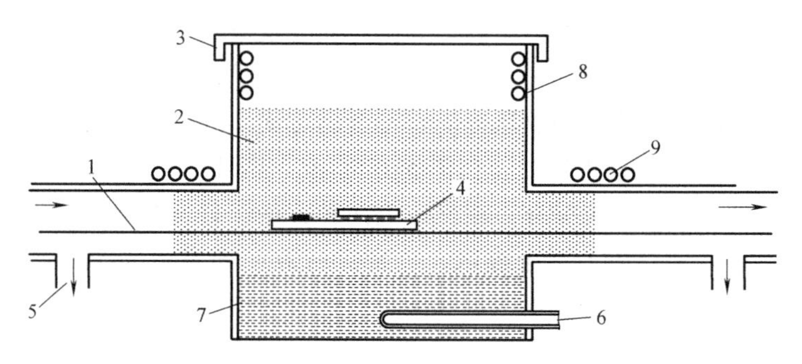

图 5-17　气相加热再流焊原理

1—传送带　2—饱和蒸气　3—冷凝管　4—PCB 组件　5—排气口　6—加热管
7—氟溶剂　8—蒸气冷凝线圈　9—冷却线圈

气相加热再流焊应用很广，但氟氯烷溶剂价格昂贵，生产成本高，而且如操作不当，氟溶剂经热分解会产生有毒的氰化氢和异丁烯气体。近年还发现，氟氯烷对大气环境有破坏作用，因而尽管气相法是一种较理想的再流焊方法，其应用还是受到了限制。

与其他再流焊方式相比，气相再流焊具有以下优点：焊接温度保持一定，不会发生过热现象；加热均匀，热冲击小；由于热交换介质可变，当选择沸点稍低的含氟惰性液体，即可采用低熔点钎料膏，用于热敏元器件的焊接；在无氧的环境中进行焊接，焊件将不会再被氧化，确保了焊接的可靠性。气相再流焊的最大缺点是设备与介质费用昂贵。

（5）激光再流焊　激光再流焊，也常称为激光软钎焊，是一种局部加热方式的再流焊。利用了激光光束优良的方向性和高功率密度的特性，通过光学系统将激光束在很短的时间内聚集在很小的区域上，使被焊处形成一个能量高度集中的局部加热区域。常用的有 CO_2 激光和 YAG 激光两种。CO_2 激光发射 10.6μm 波长的光束。YAG 激光系统工作波长则为 1.06μm，仅为 CO_2 激光的 1/10。YAG 激光能量可被钎料膏迅速吸收，不易被印制电路板的陶瓷基板等绝缘材料吸收。激光束的聚焦光点可在 $\phi0.3 \sim \phi0.5$mm 范围内调节，其原理如图 5-18 所示。

激光再流焊具有以下优点：

1）激光束可以聚焦到很小的斑点直径上，激光能量被约束在很小的斑点范围内，可以实现对钎焊部位严格的局部小区域加热，对电子元器件特别是热敏元器件可以完全避免热冲击的影响。

2）激光的能量密度较高，加热和冷却速度快，焊点金属组织细密，而且可以有效控制金属间化合物的过生长。

3）可以精确控制钎焊部位的输入能量，这点对于保证表面组装软钎焊接头的质量稳定性非常重要。

4）激光软钎焊由于可以只对钎焊部位进行局部加热，引线间的基板不被加热或温升远远低于钎焊部位，阻碍了熔融钎料在引线之间的过渡。故可有效地防止桥连缺陷的产生。

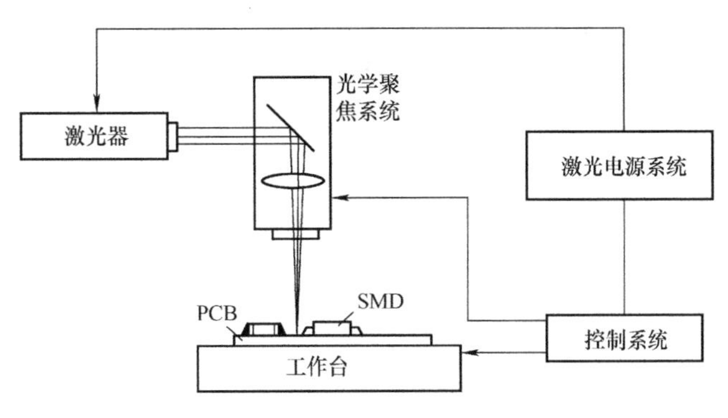

图 5-18 激光再流焊原理

激光再流焊方法有多种加热方式，常见的有光点移动法、线状光束照射法和扫描法，如图 5-19 所示。

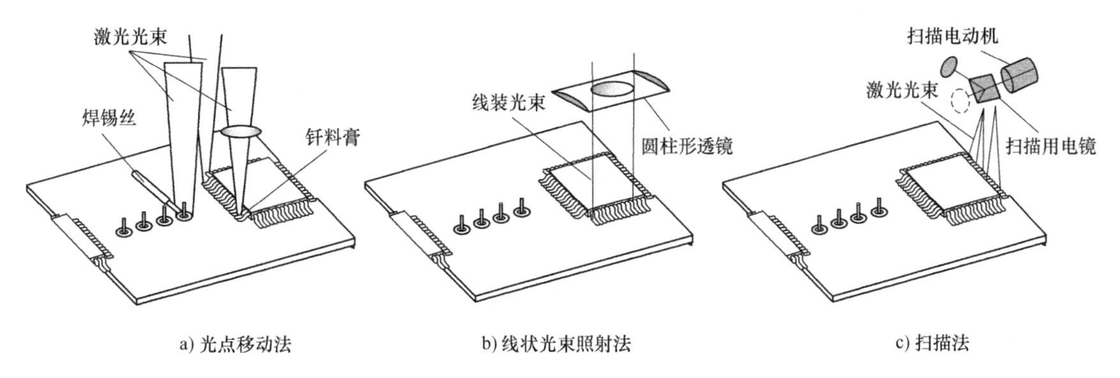

图 5-19 激光再流焊三种常见加热方式

1）光点移动法：这是应用最早且最传统的方式，该方法一般先将钎料膏通过丝网印制于 PCB 板上，然后再贴放好电子元器件，在引线上沿着钎焊部位用激光照射使钎料熔化，从而产生流动，直至钎料覆盖整个连接区。钎料冷却之后，便可形成良好的连接。该方式结构简单、价格便宜，且为逐点局部加热，所以热损伤小。光点移动是被钎焊部位和激光光点之间的相对移动，既可移动元器件，也可移动光束。移动元器件时，可采用数控机床。光点移动法激光再流焊所需的激光输出功率较小，通常为 15W 左右；移动光束时，多采用机器人方式。

2）线状光束照射法：这是用柱面透镜将激光束聚焦为一条线的方式进行钎焊，故它能钎焊较宽的部位，实现各部位的同时焊接。该方式将集成电路一侧的若干个引线用一次激光照射完成钎焊，从而大幅度缩短了钎焊时间。若将激光束分割为平行的两束，则对于具有双向引线的元器件，可用一次激光照射完成钎焊；对于四向引线元器件，只需两次激光照射即可。虽然线状光束照射虽然提高了钎焊速度，但钎焊部位很难获得均匀分布的激光束，钎焊质量不佳。这是因为激光器输出圆形光斑后，经透镜聚焦，线状光束中部的能量密度要比两端大，所以各钎焊部位加热并不均匀。随着元器件引线数目增多、间距减小，钎焊参数范围越来越严格，这种方式的缺陷也越来越明显。

3）扫描法：扫描系统通过光纤路径传输激光束，采用振镜实现往复扫描，使元器件引线的钎焊效率得以提升，并能够实现多点同时对称焊，提高了钎焊质量。这种方法把通常用于局部加热的激光束，通过振镜模拟变换成为线状光束，将该线状光束照射到若干个钎焊部位，一次完成整个电路板的钎焊过程，方便快捷。

5.5 清洗工艺技术

5.5.1 污染物类型与来源

1. 污染物的类型

污染物是各种表面沉积物或杂质，以及被表面组装组件（SMA）表面吸附或吸收的一种能使 SMA 性能降低的物质。当污染物和与其接触的材料发生分子等级的化学反应时产生吸附。如果焊接掩膜固化不足，当再流焊加热时，未固化和未交联的部分与焊剂剩余物等污染物产生反应，焊剂剩余物中的污染物就会被未固化的掩膜中的弱共价链吸附，这种被吸附的污染物几乎无法去除，唯一的办法是采用高沸点溶剂［如四氯二氟乙烷（沸点 80℃）或 1，1，1-三氯乙烷（沸点 73.6℃）］软化并与被污染的掩膜反应，通过破坏这种未固化掩膜中的弱共价键来去除污染物。当液体焊剂接触 SMA 表面的疏松区时，会通过毛细管作用，被吸收渗入疏松区，渗透到材料表面下。经过再流工艺，冷却固化后，坚固地保留在组件表面下，难以去除。

污染物还可能是一种杂质或夹杂物。杂质通常呈现颗粒状态，嵌入诸如焊接掩膜或电镀沉积的材料中，并且凸出表面。而夹杂物也是同类固体颗粒，它们被封在污染的材料里。夹杂物来源于 PCB 的制造过程。

表 5-8 列出了污染物的类型和可能来源。这些不同类型的污染物可归纳为极性和非极性两种。极性污染物的分子具有偏心的电子分布，即在原子之间“连接”的电子分布不均匀，这就叫作“极性”特征。如 HCl 或 NaCl 的极性分子分离时，产生正的或负的离子，即

$$NaCl+H_2O \rightarrow Na^{+}+Cl^{-}+2H^{+}+O^{-}$$

$$HCl+H_2O \rightarrow H_3O^{+}+Cl^{-}$$

表 5-8 污染物类型和可能来源

污染类型	来　源
有机化合物	钎剂、焊接掩膜、编带、指印
无机难溶物	光刻胶、PCB 处理、钎剂剩余物
有机金属化合物	钎剂剩余物、白剩余物
可溶无机物	钎剂剩余物、白剩余物、酸、水
颗粒物	空气中的物质、有机物残渣

这种自由离子是良好的导体，能引起电路故障，还能与金属发生强烈反应，导致腐蚀。另外，极性污染物也可以是非离子化的。当非离子化的极性污染物出现在电场中，同时又有高温或有其他应力存在时，不同的负电性分子自身就形成电流。

非极性污染物是没有偏心电子分布的化合物，而且不分离成离子也不带电流。这些类型的污染物大多数是由长链的碳氢化合物或含碳原子的脂肪酸组成。通常，非极性污染物是绝

缘体不产生腐蚀和电气故障，但使焊接性下降和妨碍 SMA 有效电测试。而且，极性污染物有可能夹杂在非极性污染物中，或被非极性污染物覆盖，如果极性污染物暴露在外面，就有可能出现电气故障。

2. 钎剂剩余物

从清洗角度来分析，钎剂主要有两种类型：可溶于有机溶剂的和可溶于水的。可溶于有机溶剂的钎剂是 SMA 用的标准型钎剂，并且广泛应用于再流焊和双波峰焊工艺中。它们主要由天然树脂、合成树脂、溶剂、润湿剂和活化剂等成分组成。钎剂在去除焊接部位的氧化物和降低钎料表面张力、提高润湿性的同时，也是 SMA 上污染物的主要来源。这种污染物是焊接工艺之后加热改型的钎剂生成物。

树脂钎剂的典型溶剂是醇类，如异丙醇、乙二醇和乙醚或萜烯。一般情况下，预热和再流期间溶剂蒸发，只有极少量的溶剂变成钎剂剩余物。润湿剂在树脂钎剂中的浓度很小，对剩余物的影响很小。树脂中的松香酸在加热过程中容易被氧化，氧化了的松香在许多有机溶剂中的溶解度下降，并且会变成聚合物而成为难以清洗的剩余物，所以在使用中要尽量避免松香氧化。

松香基钎剂的最大的化学变化发生在再流工艺期间。异构化反应是焊接时松香钎剂的最主要反应。异构化反应是松香原子的重新排列而不是相对分子质量的增加，经凝胶渗透色谱法测量证明，焊接后至少有三种主要的有机松香钎剂剩余物留在 SMA 上。它们是松香酸、脱氢松香酸和新松香酸。实际上，松香主要由松香酸组成，所以在中温加热时，这种酸的异构化反应能生成新松香酸，而在高温加热时能生成脱氢松香酸。在焊后的 SMA 上还检查出其他异构体，如二氢松香酸、四氢松香酸和焦松香酸，另外还有海松酸和异海松香酸。

松香钎剂中的有机酸是很温和的，它本身没有足以减少金属氧化物的化学活性，不能加速钎料润湿条件的形成。为了增强松香钎剂去除金属氧化物的能力，加入活化剂制成中度活性松香和活性松香钎剂。用于高可靠性的电子组件的钎剂腐蚀性很小，只加入了有限的卤素活化剂，因此中度活性钎剂剩余物主要由松香有机酸的异构体组成。

为增强钎剂活性，把胺的氢卤化物和链烷醇胺的氢卤化物等活化剂加到松香钎剂中形成活性类钎剂，当加热这些活化剂时，会分解释放出氢卤化物（HCl 或 HBr）。这种很强的无机酸 HCl 很容易与金属氧化层起反应，有助于氧化层的去除，并将纯金属暴露于钎料下，如 $CuO+2HCl \rightarrow CuCl_2+H_2O$，所以这种活化剂在焊接条件下常常形成松香酸铜或氯化铜等绿色的物质。这样形成的铜盐弥散在钎剂剩余物中，用含有极性成分的清洗剂很容易完全去除。这些绿色的剩余物没有腐蚀性，但是有可能掩蔽导致腐蚀周期的剩余物和其他潜在的腐蚀剩余物。

3. 不溶解的剩余物

在采用松香型钎剂焊接的 SMA 上，常发现不溶解的白色或褐色剩余物。这种剩余物是焊接时锡-铅钎料和松香之间反应产生的锡的松香酸盐，以及松香弥散在松香酸盐中。当用共沸溶剂中的乙醇去除松香之后，这种不溶解的剩余物呈现白色。对其进行电子显微镜分析，证明组成中含有锡、氯和微量成分铅、铜、铁和溴。锡是白的，它是不溶解剩余物的主要成分，是焊接时松香和熔融的锡-铅钎料之间的反应产物。钎料中的铅与松香的反应比锡少，所以只发现剩余物中有微量铅。铜和铁分别来源于 PCB 和元器件引线，氯和溴来源于钎剂配方中的活化剂。

4. 腐蚀周期产生原因

不管是采用溶剂可溶的还是水可溶的活性钎剂，焊接后用相应的溶剂可以很快去除其留在 SMA 上的剩余物。如前面所述，这种钎剂在焊接过程中形成强无机酸，它不仅能有效地和焊接部位的金属氧化物起反应，而且很容易腐蚀净化了的金属引线和钎料本身，当活化剂中有卤素时，将形成金属卤酸盐，并与钎剂中的粘结剂（如松香）相结合。如果焊接后到清洗前的停放时间增加，清洗后这种盐常被留在 SMA 上，当采用非极性和半极性溶剂清洗时，这种现象更明显。在潮湿的环境中，这种卤盐剩余物将会变成良导体。另外，这种卤盐的离子（Cl^-或 Br^-）很容易和钎料反应生成氯化铅（PbCl）或溴化铅（PbBr）。在潮湿的空气中，还发生下述反应：

$$PbCl_2+CO_2+H_2O \rightarrow PbCO_3+2HCl \text{ 或 } PbBr_2+CO_2+H_2O \rightarrow PbCO_3+2HBr$$

在这种反应中生成的 HCl 又立即和钎料反应，生成更多的 $PbCl_2$，如此循环下去，出现持续的腐蚀周期。在这个腐蚀周期中形成的白色剩余物 $PbCO_3$ 不溶于水，覆盖在钎料上，成为防止或终止腐蚀周期的清洗工艺的障碍。所以 SMA 焊接后必须马上进行清洗，以免出现腐蚀周期。

5.5.2 清洗原理

1. 污染物的结合机理

一般认为污染物和 SMA 是依靠物理结合或化学结合，多数情况下这两种结合都存在。清洗就是为了破坏或削弱这种结合机理。

（1）物理结合　引起污染物粘接的物理结合可以包括机械力和吸收力（毛细作用力），这种力把 PCB 表面的污染物“拉住”。产生污染物的机械粘接是由于污染物粘连到 PCB 的显微表面凹凸不平的部位。在 PCB 上铜箔被腐蚀后，PCB 表面就形成凹凸不平的显微表面，使得 PCB 的真正表面积是视在表面积的几十倍。这是促进和维持污染物和 PCB 表面之间很强的机械结合的理想条件。当毛细作用把污染物吸进 PCB 或组件多孔区时发生污染物的吸收，污染物的吸收与污染物一般地留在基板上相比是更主要的污染原因。例如，层压印制电路板用的树脂或焊接掩膜中的树脂混合和固化不好，导致树脂的聚合反应不充分，清洗时未聚合的树脂就被溶解掉，结果出现多孔表面，污染物通过毛细作用被吸入多孔表面。当 SMA 经受多次再流焊工艺时，焊接掩膜会失去黏性，特别是当采用干膜时，出现掩膜皱褶或其边缘起卷、裂纹或空隙，最终产生开口，液体污染物从这里被吸收进入焊接掩膜底下，这种情况下，污染物不能被除去。

（2）化学结合　化学结合是通过价键耦合或通过“吸附现象”形成的，污染物通过化学结合黏附到基板上，非常难以去除。当两种材料的两个或更多原子共享其最外层电子而结合在一起时就叫作价键耦合。PCB 上的铜箔和元器件引线上所形成的金属氧化物就是价键耦合的例子。吸附分为物理吸附和化学吸附。物理吸附发生在分子级，它始终在 PCB 表面进行、材料的弱分子力能引起接触材料的吸引亲和力，这种吸附通常称为润湿。由于强化的化学反应而发生的吸附为化学吸附。例如，当熔融钎料与清洁的铜表面接触时发生化学吸附，形成金属间化合物。另一种化学吸附是由于层压基板固化不足，从而在焊接工艺期间焊接掩膜上形成有机物间化合物。

2. 去除污染的机理

去除 SMA 上的污染物，就是要削弱和破坏污染物和 SMA 之间的结合。采用适当的溶剂，通过污染物和溶剂之间的溶解反应和皂化反应提供能量，就可达到破坏它们之间的结合，使污染物溶解在溶剂中，从而达到从 SMA 上去除污染物的目的。

（1）溶解反应　用溶剂溶解污染物方法已经广泛地用在 SMA 的焊后清洗中，而且可以重复清洗，直至全部污染物被溶解和从黏着的表面上去除。由于 SMA 上组装了不同引线间距、不同形状和不同类型的表面组装器件，使清洗工艺操作比在 PCB 表面上进行更复杂和困难，因此对于 SMA 的清洗，重要的是了解溶剂的物理和化学性能，以及掌握应用工艺，以便在限定时间内达到期望的洗净度等级。

（2）皂化反应　松香酸和海松酸是松香的主要成分，它几乎完全不溶于水，因此用水溶性清洗工艺去除松香钎剂剩余物时会出现一些困难。为解决这些问题，采用表面活性剂和水一起与松香剩余物发生化学反应，使之转化成可溶于水的脂肪酸盐（皂），这就是“皂化反应”，如图 5-20 所示。氢氧化胺和单乙醇胺是用于松香的皂化反应的典型表面活化剂。皂化反应是去除松香剩余物的常用方法，其目的是采用安全的水清洗溶液代替溶剂基的清洗溶液。但是这种方法对于复杂的 SMA 的清洗有一定困难，即使采用高压喷射和去离子水漂洗也难以获得满意的清洗效果。对于采用松香基钎剂焊接的 SMA，有效的清洗方法和相应清洗工艺及清洗设备要配合使用，才能获得符合一定标准要求的洗净度等级。

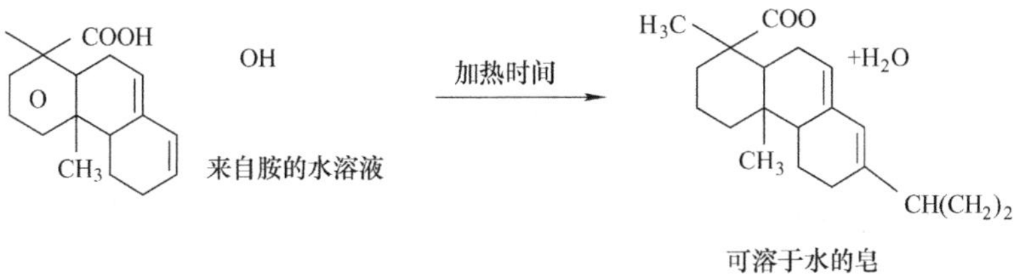

COOH　OH　加热时间　H_3C　COO　$+H_2O$
O　CH_3　来自胺的水溶液　CH_3　$CH(CH_2)_2$
可溶于水的皂

图 5-20　皂化反应

5.5.3　影响清洗的主要因素

1. 元器件类型与排列

随着元器件向小型化和薄形化的发展，元器件和 PCB 之间的距离越来越小，这使得从表面组装组件（SMA）上去除焊剂剩余物越来越困难。例如无引线陶瓷封装（LCCC）、小外形集成电路封装（SOIC）、四边扁平封装（QFP）和有引线塑料片式封装（PLCC）等复杂器件，焊接后进行清洗时，会阻碍清洗溶剂的渗透和替换。当 SMD 的表面积增加和引线的中心间距减少时，特别是当表面组装器件（SMD）四边都有引线时，会使焊后清洗操作更加困难。又如 LCCC、片式电阻和片式电容等无引线元器件，本身与 PCB 之间几乎无间隔，而仅由于焊盘和钎料增加了它们之间的间隙，一般情况下这种元器件与 PCB 的间隔为 0.015~0.127mm。当使用焊接掩膜时，这个间隔更小，所以焊接 LCCC 时，采用中度活性的钎剂为宜，以便焊后只在 SMA 上留下较少的钎剂剩余物，减少清洗的困难。

元器件排列在元器件引线伸出方向和元器件的取向两个主要方面影响 SMA 的可清洗性，它们对从元器件下面通过的清洗溶剂的流动速度、均匀性和湍流有很大影响。采用连续式清洗系统清洗时，传送带向下倾斜 8°~12°，溶剂以非直角的角度喷射到 SMA 上。在这种较好的清洗条件下，SOIC 的引线伸出方向和片式元器件的轴向应垂直于组件清洗移动方向，如图 5-21 所示。在这种取向情况下，通过 PCB 向下流动的溶剂，不会中断或偏离元器件体下面，从而使清洗最困难的部位获得较佳的清洗效果。

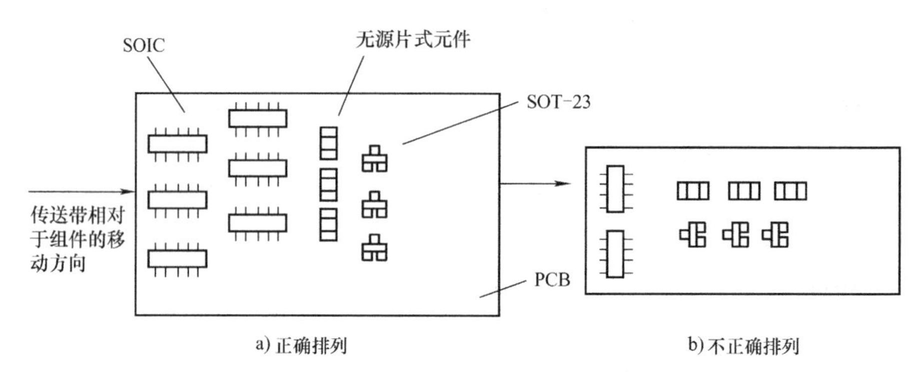

图 5-21　元器件排列对清洗效果的影响

2. PCB 设计

如果 PCB 的设计没有考虑到对清洗的潜在影响，就会导致清洗困难和产生缺陷。为了易于去除钎剂剩余物和其他污染物，PCB 设计应考虑下列因素：

1）避免在元器件下面设置电镀通孔。在采用波峰焊接的情况下，钎剂会通过设置在元器件下面的电镀通孔流到 SMA 上表面或其上表面的元器件的下面，给清洗带来困难。为了防止这种情况的出现，应尽量避免在元器件下面设置电镀通孔，或采用焊接掩膜覆盖电镀通孔。

2）PCB 厚度和宽度相匹配、厚度适当。在采用波峰焊时，较薄的基板必须用加强筋或加强板增加抗变形能力，而这种加强结构会截流钎剂，清洗时难以去除，使清洗后还有钎剂剩余物留在 PCB 上，以致不得不在清洗前用机械方法去除。

3）焊接掩膜黏性优良。焊接掩膜应能保持优良的黏性，经几次焊接工艺后也无微裂纹或皱褶。采用光成像液体焊接掩膜比干焊接掩膜更具有优良的黏性和耐高温性能。

3. 焊剂类型

焊剂类型是影响 SMA 焊后清洗的主要因素。随着焊剂中固体含量和焊剂活性的增加，清洗焊剂的剩余物变得更加困难，所以在军事和空间装备用的 SMA 上一般使用中度活性的树脂或松香型焊剂。对于具体的 SMA 究竟应选择何种类型的焊剂进行焊接，必须与组件要求的洗净度等级及其能满足这种等级的清洗工艺结合进行综合考虑。

4. 再流焊工艺与焊后停留时间

再流焊工艺对清洗的影响主要表现在预热和再流加热的温度及其停留时间，也就是再流加热曲线的合理性。如果再流加热曲线不合理，使 SMA 出现过热，会导致焊剂劣化变质，变质的焊剂清洗很困难。焊后停留时间是指焊接后组件进入清洗工序之前的停留时间，即工艺停留时间。在此时间内焊剂剩余物会逐渐硬化，以致无法清洗掉，并且能形成金属卤酸盐等腐蚀物，因此焊后停留时间应尽可能短，对于具体的 SMA，必须根据制造工艺和焊剂类型确定允许的最长停留时间。

除了上述因素之外，清洗溶剂、清洗系统和清洗工艺也是清洗效果的重要影响因素。

5.5.4 清洗工艺及设备

1. 清洗的作用、分类及清洗能力

（1）清洗的主要作用　清洗实际上是一种去污染的工艺。SMA 的清洗就是要去除组装后残留在 SMA 上的、影响其可靠性的污染物。组装焊接后清洗 SMA 的主要作用是：

1）防止电气缺陷的产生。最突出的电气缺陷就是漏电，造成这种缺陷的主要原因是 PCB 上存在离子污染物，有机残料和其他黏附物。

2）清除腐蚀物的危害。腐蚀会损坏电路，造成器件脆化；腐蚀物本身在潮湿的环境中能导电，会引起 SMA 短路故障。以上这两种作用主要是排除影响 SMA 长期可靠性的因素。

3）使 SMA 外观清晰，清洗后的 SMA 外观清晰，能使热损伤、层裂等一些缺陷显露出来，以便于进行检测和排除故障。

SMA 组装后都有清洗的必要，特别是军事电子装备和空中使用电子设备（一类电子产品）等高可靠性要求的 SMA，以及通信、计算机等耐用电子产品（二类电子产品）的 SMA，组装后都必须进行清洗。家用电器等消费类产品（三类电子产品）和某些使用免洗工艺技术进行组装的二类电子产品可以不清洗。一般而言，在电路组件的制造过程中，从 PCB 上电路图形的形成直到电子元器件的组装，不可避免地要经过多次清洗工艺。特别是随着组装密度的提高，控制 SMA 的洗净度就显得更加重要了。焊接后 SMA 的洗净度等级关系到组件的长期可靠性，所以清洗是表面组装技术中的重要工艺。

（2）清洗方法分类　根据清洗介质的不同，有溶剂清洗和水清洗两大类；根据清洗工艺和设备不同可分为批量式（间隙式）清洗和连续式清洗两种类型；根据清洗方法不同还可以分为高压喷洗、超声波清洗等几种形式。对应于不同的清洗方法和技术有不同的清洗设备系统，可根据不同的应用和产量的要求选择相应的清洗工艺技术和设备。

（3）清洗能力　不同清洗方法的清洗能力不同，表 5-9 为不同清洗方法对 PCB 表面尘埃去除率的比较。

表 5-9　不同清洗方法对 PCB 表面尘埃去除率的比较

清洗方法	对小于 5μm 的粒子的去除率(%)
氟利昂 TF 蒸气清洗	11~20
气体喷射清洗(压力 10.7×10^6 Pa)	52~61
氟利昂 TF 超声清洗	24~92
氟利昂 TF 清洗(压力 0.35×10^6 Pa)	92~97
水清洗(压力 1.75×10^7 Pa)	98.8~99.95
氟利昂 TF 清洗(压力 0.7×10^7 Pa)	99.8~99.95
锉插方式清洗	99.6~99.98

注：TF—三氯三氟甲烷

2. 批量式溶剂清洗技术

（1）批量式溶剂清洗系统结构特点　批量式溶剂清洗技术用于清洗 SMA 较普遍，其清洗系统有许多类型。最基本的有：环形批量式系统、偏置批量式系统、双槽批量式系统和三槽批量式系统。这些溶剂清洗系统都采用溶剂蒸气清洗技术，所以也称为蒸气脱脂机。它们

都设置了溶剂蒸馏部分，并按下述工序完成蒸馏周期：

1）采用电浸没式加热器使煮沸槽产生溶剂蒸气。

2）溶剂蒸气上升到主冷凝蛇形管处，冷凝成液体。

3）蒸馏的溶剂通过管道流进溶剂水分离器，去除水分。

4）去除水分的蒸馏溶剂通过管道流入蒸馏储存器，从该储存器用泵送至喷枪进行喷淋。

5）流通管道和挡墙使溶剂流回到煮沸槽，以便再煮沸。

另一类批量式系统采用电转换加热器蒸发溶剂，用冷却水凝聚溶剂，用可调加热致冷系统完成同样的过程。

（2）清洗原理　无论何种溶剂蒸气清洗系统，其清洗技术原理基本相同：将需清洗的SMA放入溶剂蒸气中后，由于其相对温度较低，故溶剂蒸气能很快凝结在上面，将SMA上面的污染物溶解、再蒸发，并带走。若加以喷淋等机械力和反复多次进行蒸气清洗，其清洗效果会更好。

（3）清洗工艺要点

1）煮沸槽中应容纳足量的溶剂，以促进均匀迅速地蒸发，维持饱和蒸气区。还应注意从煮沸槽中清除清洗后的剩余物。

2）在煮沸槽中设置有清洗工作台，以支撑清洗负载；使污染的溶剂在工作台水平架下面始终保持安全水平，以便在装清洗负载的筐子上升和下降时，不会将污染的溶剂带进另一溶剂槽中。

3）溶剂罐中要充满溶剂并维持在一定水平，以使溶剂总是能流进煮沸槽中。

4）当设备启动之后，应有充足的时间（通常最少15min）形成饱和蒸气区，并进行检查，确信冷凝蛇形管达到操作手册中规定的冷却温度，然后再开始清洗操作。

5）根据使用量，周期性地用新鲜溶剂更换煮沸槽中的溶剂。

3. 连续式溶剂清洗技术

（1）连续式溶剂清洗技术的特点　连续式清洗机一般由一个很长的蒸气室组成，内部又分成几个小蒸气室，以适应溶剂的阶式布置、溶剂煮沸、喷淋和溶剂储存，有时还把组件浸没在煮沸的溶剂中。通常，把组件放在连续式传送带上，根据SMA的类型，以不同的速度运行，水平通过蒸气室。溶剂蒸馏和凝聚周期都在机内进行，清洗程序、清洗原理与批量式清洗类似，只是清洗程序是在连续式的结构中进行的。连续式溶剂清洗技术适用范围广泛，对量小或量大的SMA清洗都适用，其清洗效率高。

采用连续式清洗技术清洗SMA的关键是选择满意的溶剂和最佳的清洗周期，周期由连续清洗的不同设计决定。

（2）连续式溶剂清洗系统类型　连续式清洗机按清洗周期可分为以下三种类型：

1）蒸气—喷淋—蒸气周期。这是在连续式溶剂清洗机中最普遍采用的清洗周期。组件先进入蒸气区，然后进入喷淋区，最后通过蒸气区排除溶剂送出。在喷淋区从底部和顶部进行上下喷淋。不论采用哪一种清洗周期，通常在两个工序之间都对组件进行喷淋。开始和最终的喷淋在倾斜面上进行，以利于提高SMD下面溶剂流动的速度。随着高压喷淋的采用，这种清洗周期取得了很大的改进，提高了喷淋速度。典型的喷淋压力范围为4116~13720Pa，这种类型的清洗机常采用扁平形、窄扇形和宽扇形等喷嘴，并辅以高压、喷射角度控制等措施进行喷淋。图 5-22 示出几种类型的扁平窄扇形和宽扇形喷淋喷嘴。

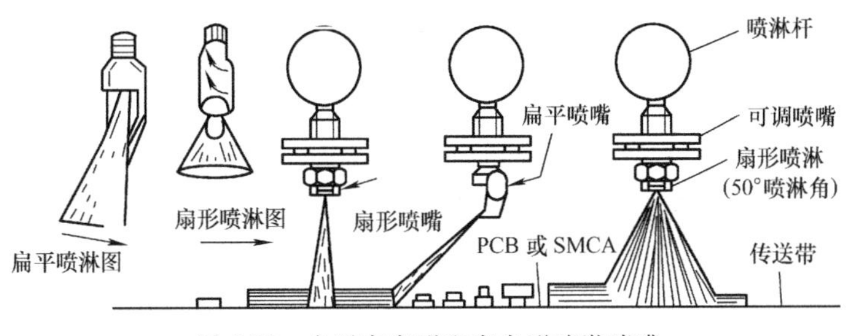

图 5-22 扁平窄扇形和宽扇形喷淋喷嘴

2）喷淋—浸没煮沸—喷淋周期。采用这类清洗周期的连续式溶剂清洗机主要用于难清洗的 SMA。要清洗的组件先进行倾斜喷淋，然后浸没在煮沸的溶剂中，最终再倾斜喷淋，最后排除溶剂。

3）喷淋—带喷淋浸没煮沸—喷淋周期。采用这类清洗周期的清洗机与第二类清洗机类似，只是在煮沸溶剂上面附加了溶剂喷淋。有的还在浸没煮沸溶剂中设置喷嘴，以形成溶剂湍流，如图 5-23 所示。这些都是为了进一步加强清洗作用。这类清洗机在煮沸浸没系统的溶剂液面降低到传送带以下时，清洗周期就变成蒸气—喷淋—蒸气周期。

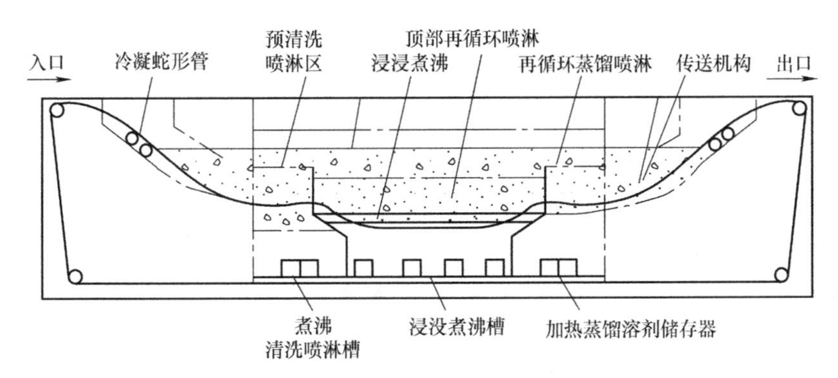

图 5-23 喷淋—带喷淋浸没煮沸—喷淋周期的连续式溶剂清洗机

4. 溶剂清洗采用的可调加热致冷系统

高效溶剂清洗机大多采用可调加热致冷系统替代电浸没式加热器与蛇形管水冷系统，通过闭环管路系统进行溶剂煮沸和凝聚。

标准的闭环可调加热回收致冷溶剂清洗系统按照致冷冷却系统的原理工作，如图 5-24 所示。致冷剂进入蒸发器，伴随蒸发和吸热，转变成低压的热气体。此时溶剂在蒸发器的冷却的蛇形管上凝聚。压缩机把低压的热气体（致冷剂）从蒸发器抽出，由活塞压缩该气体，并通过排放管把加热气体送入蛇形管。被压缩的致冷剂热气体把热量传给蛇形管周围的溶剂，使溶剂煮沸。然后致冷剂进入辅助冷凝器，并转变成液体传送到接收罐以备蒸发器使用。在冷凝器和蒸发器之间的扩张阀根据蒸发器的要求控制液体流动，液体返回到蒸发器重复冷却和加热周期。

5. 水清洗和半水清洗工艺技术

（1）半水清洗工艺技术　半水清洗属水清洗范畴，所不同的是清洗时加入可分离型的

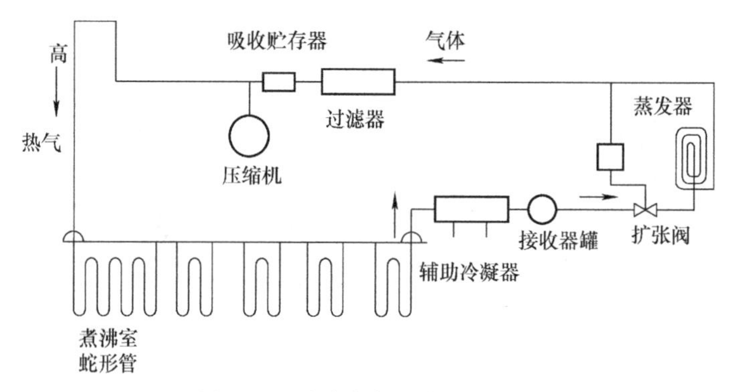

图 5-24 致冷冷却系统工作原理

溶剂，与水形成乳化液，洗后待废液静止，可将溶剂从水中分离出来。半水清洗先用萜烯类或其他半水清洗溶剂清洗焊接好的表面组装组件，然后再用去离子水漂洗。采用萜烯的半水清洗工艺流程如图 5-25 所示。为了提高清洗效果，可将表面组装组件浸没在萜烯溶剂中，并在浸没下进行喷射清洗，从而提供有效的机械搅拌和清洗压力，获得最佳的清洗效果。或在萜烯溶剂中采用超声波作为机械振动源进行超声波清洗，由于萜烯溶剂具有较好的超声波效应，从而可以获得更加满意的清洗效果。针对萜烯溶剂燃点低的缺点，可以采用氮气保护气氛萜烯清洗喷射系统，如图 5-26 所示。

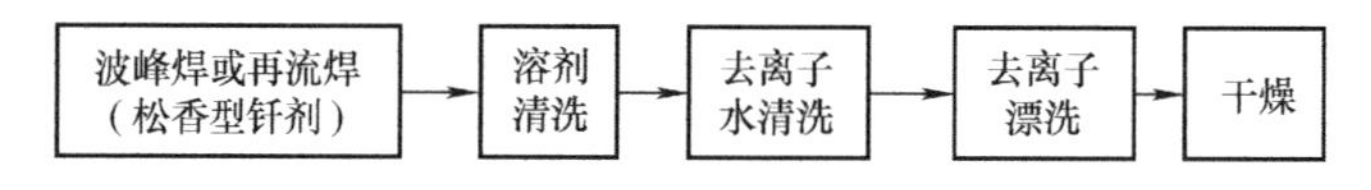

图 5-25 采用萜烯的半水清洗工艺流程

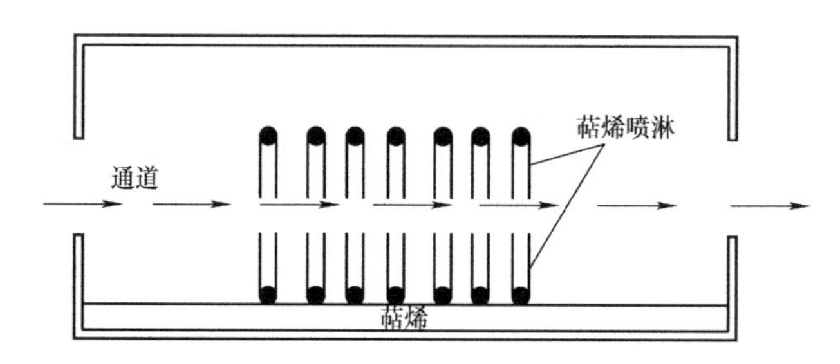

图 5-26 氮气保护气氛萜烯清洗喷射系统

由于萜烯等半水清洗溶剂对电路组件有轻微的副作用，所以溶剂清洗后必须用去离子水漂洗。可以采用流动的去离子水漂洗，也可以采用蒸汽喷淋漂洗工艺。在实际应用中，应根据需要选用不同的半水清洗溶剂和相应的工艺和设备。然而不论采用哪种清洗溶剂和工艺，废渣和废水的处理是半水清洗中的一个重要环节，要使排放物符合环保的规定要求。

（2）水清洗工艺技术　水清洗技术是替代氟氯化碳（CFC）清洗表面组装组件的有效途径。图 5-27 所示为常用的两种类型水清洗技术工艺流程。一种是采用皂化剂的水溶液，在 60~70℃ 的温度下，皂化剂和松香型钎剂剩余物反应，形成可溶于水的脂肪酸盐（皂），然后用连续的水漂洗去除皂化反应产物。另一种是不采用皂化剂的水清洗工艺，用于清洗采用非松香型水溶性钎剂焊接的 PCB 组件。采用这种工艺时，常加入适当中和剂，以便更有效地去除可溶于水的钎剂剩余物和其他污染物。

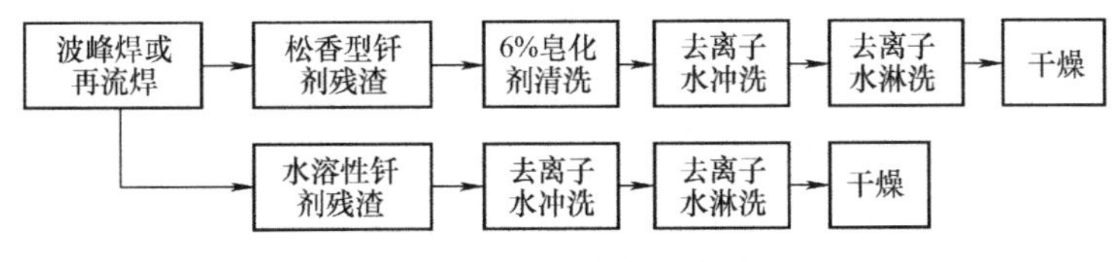

图 5-27 水清洗技术工艺流程

图 5-28 示出了简单的水洗工艺流程。这种水洗工艺适用于结构简单的通孔 PCB 组件的清洗。预冲洗部分从 PCB 组件上去除可溶的污染物，预冲洗用水来自循环漂洗用过的水。预冲洗用过的水，从清洗系统排出。冲洗部分由冲洗槽和泵组成，冲洗槽内设有浸没式加热器。冲洗槽一天排污水一次，或根据 PCB 组件的污染情况酌定。漂洗部分的结构和冲洗部分相同，只是不设置浸没式加热器，最后用高纯度水进行漂洗。清洗过的 PCB 组件要进行吹干和红外加热烘干。

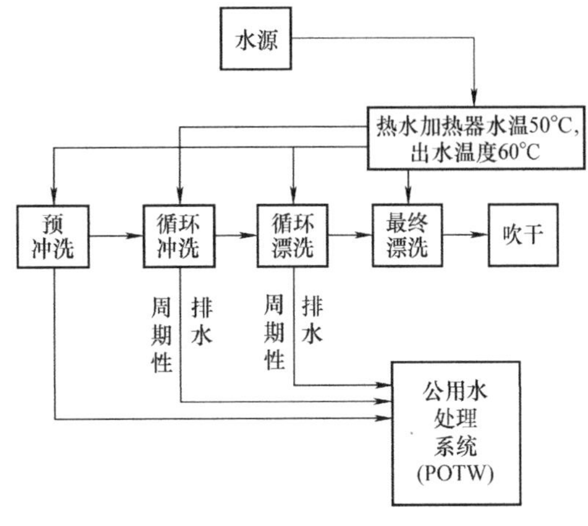

图 5-28 简单的水洗工艺流程

5.6 SMT 的检测与返修技术

5.6.1 检测技术概述

1. 检测技术的基本内容

检测是保障 SMA 可靠性的重要环节。随着表面组装技术的发展和 SMA 组装密度的提高，以及电路图形的细线化、表面组装器件的细间距化、器件引线的不可视化等特征的增强，给表面组装产品的质量控制和相应的检测工作带来了许多新的难题。同时，也使得在表面组装工艺过程中采用合适的可测试性设计方法和检测方法成为越来越重要的工作。表面组装检测技术的内容很丰富，基本内容包含：可测试性设计、原材料来料检测、工艺过程检测和组装后的组件检测等。

可测试性设计主要是在线路设计阶段进行的 PCB 电路可测试性设计，它包含测试电路、测试焊盘、测试点分布、测试仪器的可测试性设计等内容。原材料来料检测包含 PCB 和元器件的检测，以及钎料膏、助焊剂等所有表面组装工艺材料的检测。工艺过程检测包含印刷、贴片、焊接、清洗等各工序的工艺质量检测。组件检测含组件外观检测、焊点检测、组件性能测试和功能测试等。

表 5-10 所示为来料检测的主要内容和基本检测方法。表 5-11 所示为组装工艺过程中的主要检测项目。

2. 电路可测试性设计

光板测试是为了保证 PCB 在组装前所设计的电路没有断路和短路等故障，测试方法有针床测试、飞针测试、光学测试等。光板的可测试性设计应注意以下几个方面：

1）PCB 上需设置定位孔，定位孔最好不放置在拼版上。

2）确保测试焊盘足够大，以便测试探针可顺利进行接触检测。

3）定位孔的间隙和边缘间隙应符合规定。

表 5-10　来料检测的主要内容和基本检测方法

检测项目	检测方法
元器件：焊接性 引线共面性 使用性能	润湿平衡试验、浸渍测试仪 光学平面检查、贴片机共检测装置 抽样检测
PCB：尺寸与外观检查、阻焊膜质量 翘曲和扭曲 焊接性 阻焊膜完整性	目检、专业量具 热应力测度 旋转浸渍测试、波峰钎料浸渍测试、钎料珠测试 热应力测试
钎料膏：金属百分比 钎料球 黏度 粉末氧化均量	加热分离称重法 再流焊 旋转式黏度计 俄歇分析法
焊锡：金属污染量	原子吸附测试
助焊剂：活性 浓度 变质	铜镜试验 比重计 目测颜色
粘结剂：黏性	粘接强度试验
清洗剂：组成成分	气体包谱分析法

表 5-11　组装工艺过程中的主要检测项目

组装工序	工序管理项目	检查项目
PCB	表面污染 损伤、变性	入库/进厂时检查、投产前检查
钎料膏印刷	网板污染、钎料膏印刷量、膜厚	印刷错位、模糊、渗漏、膜厚
点胶	点胶量、温度	位置、拉丝、溢出
SMD 贴装	元器件有无、位置、极性正反、装反	
再流焊	温度曲线设定、控制	焊点质量
焊后外观检查	基板受污染程度、钎剂残渣、组装故障	漏装、翘立、错位、贴错、装反、引线上浮、润湿不良、漏焊、桥接、焊锡过量、虚焊、焊锡珠
电性能检测	在线检测、功能检测	短路、开路、制品固有特性

3. 自动光学检测（AOI）技术

（1）自动光学检测技术的基本原理　随着 PCB 导体图形的细线化、表面组装器件小型化和组件的高密度化发展的需要，自动光学检测技术迅速发展起来，并已在表面组装检测技术中广泛采用。

自动光学检测原理与贴片机和印刷机所用的视觉系统的原理相同，一般采用设计规则检验（DRC）和图形识别两种方法。设计规则检验法根据一些给定的规则（如所有连线应以焊点为端点，引线宽度不小于 0.127mm，引线之间的间隔不小于 0.102mm 等）检查电路图形。此法可以从算法上确保被检验电路的正确性，且具有制造容易，算法逻辑易实现高速处理，程序编辑量小，数据占用空间小等优点，采用该检验方法的较多。但该方法确定边界能力较差，常采用引线检验算法，根据求得的引线平均值确定边界位置，并按照设计确定灰度级。

图形识别法是指将存储的数字化图像与实际图像对比。检查时依据一块完好的印制电路板或按照模型建立起来的检查文件进行比较，或根据计算机辅助设计中编制的检查程序进行对比。精度则取决于分辨率和所用检查程序，通常与电子测试系统相同，但是采集的数据量较大，数据实时处理能力要求高。图形识别法用实际设计数据代替设计规则检验中既定设计原则，具有明显的优越性。

（2）自动光学检测技术的检测功能　自动光学检测具有 PCB 光板检查、元器件检验、焊后组件检查等功能。自动光学检测系统进行组件检测的常规程序为：对已装元器件的印制电路板自动记数，开始检验；先检查印制电路板有引线一面，以确保引线端排列和弯折适当；再检查印制电路板正面是否有元器件缺漏、损伤、错误、装接方向不当等问题；检查装接的 IC 及分立器件型号、位置和方向等；检查 IC 器件上的标记印制质量等。图 5-29 所示为 AOI 对 PCB 板缺陷检测实例。一旦自动光学检测发现不良的组件，系统会向操作者发出信号，或触发执行机构将不良组件自动取下。系统将对缺陷进行分析，并向主计算机提供缺陷类型和频数，同时对制造过程做必要的调整。自动光学检测的检查效率和可靠性关键取决于所用软件的完善性。自动光学检测还具有调整容易、使用方便、不必为视觉系统算法编程等优点。

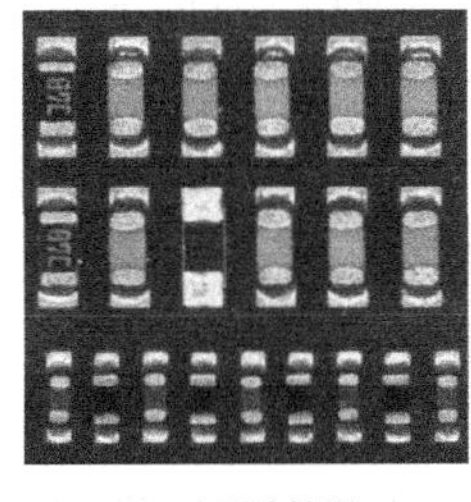

a) 元器件缺漏

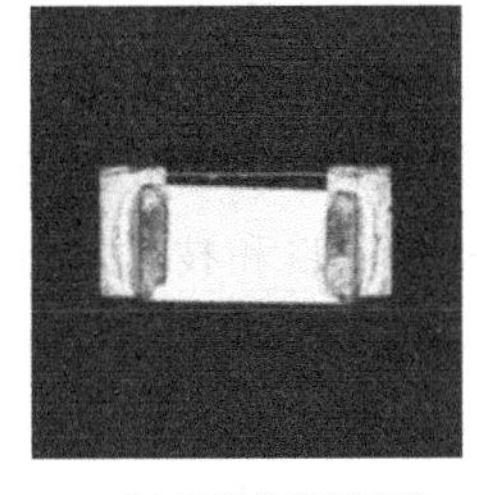

b) 元器件位置偏移

图 5-29　AOI 对 PCB 板缺陷检测实例

（3）自动光学检测系统的构成　以日本 PI-2000 检测设备为例，它以自动光学检测设计规则法作为基础，又附带了比较检测功能。采用两个摄像头，图 5-30 所示为其检测系统结构。检测子系统用一维图像传感器对印制线的图形进行摄像，所得图像信号经过校正、高速 A-D 变换处理后送至控制子系统。再由控制子系统对缺陷进行判断，并令检测台前后做直线

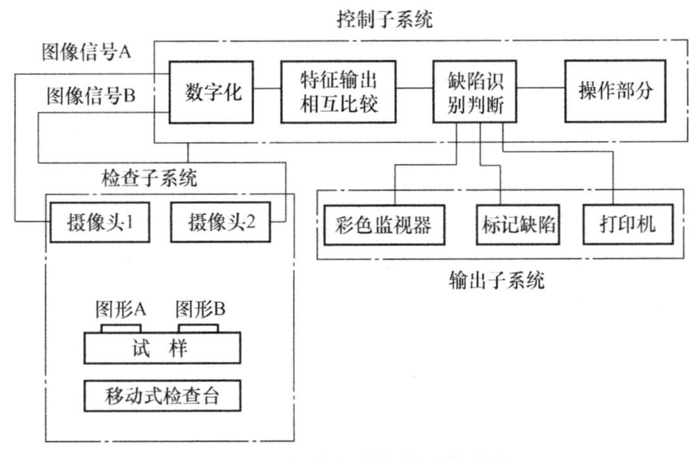

图 5-30　自动光学检测系统结构

移动进行扫描，使一维图像传感器能得到二维（平面）的图形输出信号。检测结果为实时的并和扫描同步地利用墨水在印制电路板有缺陷的地方做标记，也可以把有缺陷的地方逐个放大，并显示在监视器上，用目视就能直接核对。

通过显示器以对话形式进行操作。输出子系统由数字图像监视器、实体图像监视器、同步示波器和打印机组成。将缺陷位置的数字化彩色图像与实体图像分别显示在监视器上，同时打印缺陷。用同步示波器可以观测到图像信号和数字化的限幅电平等图形，也使照度和数字化的限幅电平等的变更设定调整更加容易。PI-2000 机的检查速度最高是 1.24m/min，分辨率高，最小像素尺寸为 10μm，有高分辨/低分辨档，可以切换。印制机尺寸为 500mm×650mm ×2mm。最小线宽/线间距为 160μm/80μm。对被检图形的形状无限制。

5.6.2 SMT 来料检测

在采用表面组装技术（SMT）的情况下，来料检测对于提高表面组装组件（SMA）的质量可靠性是至关重要的，是发现影响可组装性和焊接性的早期环节，所以应该把它列入表面组装工艺的组成部分。本节将对表面组装用元器件、PCB 和组装工艺材料的最主要的来料检测项目和技术进行概括介绍。

1. 元器件的来料检测

表面组装元器件的检测是来料检测的关键部分，对组装工艺可靠性影响比较大的元器件问题是引线共面性、焊接性和片式元器件的制造工艺。

（1）元器件引线共面性检测　由于元器件的包装和运输等因素，因此进厂的器件不可能 100%地满足引线共面性要求。JEDEC（美国电子器件工程联合委员会）已经制定了表面组装器件引线共面性的标准公差值。它规定引线应落在 0.1mm 宽的公差区内。实际上，这个公差区是由两个平面组成，即器件引线所处的平面（一个器件的所有引线底面应在同一平面内）和 PCB 上焊盘图形所处的平面组成，如果一个器件的所有引线的三个最低点能处在同一平面内，并且与焊盘图形所处平面平行，在这种条件下进行的贴装，可使表面组装器件处于稳定位置，所有引线都能平行地落到相应的焊盘上，实现可靠的贴装。可以采用不同的方法进行引线共面性检测，最简单的方法是将器件贴放在光学平面上，然后用显微镜测量非共面的引线和光学平面间的距离。目前，在高精度贴装系统中，多采用先进的机械视觉系统检测引线的共面性。这种贴装系统可将不符合引线共面性要求的器件送回到处理品料盒中，重新拾取器件进行检测。符合引线共面性要求的器件才能被系统贴装，从而确保贴装工艺的可靠性。

（2）元器件的焊接性检测　元器件端子（引线或电极端子）的焊接性是影响焊接缺陷的主要因素。导致元器件引线焊接性问题的原因很多，最主要的原因是元器件引线的氧化。一直采用焊接性好的和较厚的改善焊接性的镀层（0.127mm 或更厚），如电镀锡或其他镀层，以满足引线的焊接性要求。在采用镀层以后，大多数元器件焊接性问题将主要是母材上镍阻挡层厚度不足，或在整个面积上有遗漏部位，导致形成 Cu_3Sn 或 Cu_6Sn_5（铜引线）或 $FeSn_2$（铁合金引线）。这些可能的化学反应速度随时间和温度按指数率增加，并且金属间化合物一旦暴露出来，就被氧化，氧化了的金属间化合物，甚至用活性很强的钎剂也不可能去除，导致严重的焊接性问题。因此要求焊接性涂层要均匀，特别是要有适当厚度的均匀一致的镍阻挡层，以便确保获得优良的焊接性。

对元器件进行焊接性测试最简单的方法是用目测进行评估，其具体测试方法在有关技术规范中都有明确规定。基本的测试程序是：把样品浸渍在活性或非活性钎剂中，取出除掉多余钎剂，然后浸渍在熔融的钎料中，试样浸渍部分不小于2mm，浸渍速度为20~25mm/s，浸渍时间一般为元器件在实际生产中焊接时间的两倍。这种试验通常采用浸渍测试仪进行，以便控制浸渍深度和时间，然后目测进行焊接性评价。

定量焊接性测试方法有焊球法和润湿平衡试验法。表面组装元器件的焊接性测试采用润湿平衡试验法进行。相关详细介绍见前述第3章。

（3）元器件外观性能和质量的检查　元器件性能和外观质量对组件可靠性有很大影响，所以在来料检测中应根据有关标准进行元器件的性能和外观质量检测。

2. PCB的来料检测

表面组装技术的发展和广泛采用使电路组装密度不断提高，这就导致更加复杂和更高密度的PCB设计、多层板的采用、导体宽度和间隔以及电镀通孔的直径不断减小。这些都增加了PCB制造的难度，使来料中不合格和不可靠的PCB增加。此外，由于表面组装技术的组装工艺比通孔插装技术施加给PCB更大的热应力，因此要求用于表面组装技术的PCB更加可靠和耐久，所以PCB的来料检测是SMT组装工艺中不可缺少的组成部分。PCB的质量检测包括PCB尺寸测量、外观缺陷检测和破坏性检测。

（1）PCB尺寸测量　在接收制造厂家提供的PCB时，首先应进行PCB尺寸测量，主要测量加工孔的直径和彼此的距离，以及PCB边缘尺寸，以便检查PCB是否符合印制电路板对准的要求。

（2）外观缺陷检测　在PCB的来料检测中应进行下列外部制造工艺的检查：

1）阻焊膜是否流到了焊盘上，阻焊膜和焊盘的对准情况如何。

2）有无阻焊膜剥层和膜上有无外来物夹杂，当采用干膜时有无皱褶导体、密封情况如何和有无剥层。

3）圆环形基准标记尺寸是否符合要求。

4）导体宽度变化公差是否符合要求。

5）多层板有无剥层，有无麻点，以及有无编织物外露情况。

（3）破坏性检测　破坏性检测是为了发现潜在的缺陷，这些缺陷主要影响焊接和清洗工艺的可靠性。其主要测试项目是PCB的翘曲和扭曲、焊接性和阻焊膜的完整性和内部缺陷。

1）PCB翘曲和扭曲的检测。PCB翘曲和扭曲主要是由于PCB设计不合理和制造工艺问题所致。在国际电子工业联接协会标准IPC-TM-650的2.4.22中规定了对PCB翘曲和扭曲的测试方法，在其他有关标准中也有类似的规定。不管采用哪种测试方法，在测试前应将PCB暴露在组装工艺中具有代表性的热环境中，对PCB进行热应力测试。典型的热应力测试方法是旋转浸渍测试或钎料漂浮测试。在这种测试中，将PCB浸渍在熔融钎料中一定时间，然后取出进行翘曲和扭曲检测。工业和军用PCB，应进行更加严格的热应力测试。

2）PCB的焊接性检测。在PCB的来料检测中，焊接性是最重要的测试项目。其中最关心焊盘区和电镀通孔（PTH）。IPC-S-804规定了PCB的焊接性测试方法。它包括边缘浸渍测试、旋转浸渍测试、波峰钎料浸渍测试和钎料珠测试。边缘浸渍测试仅用于测试表面导体的焊接性，旋转浸渍测试和波峰钎料浸渍测试用于表面导体和电镀通孔的焊接性测试，而钎料珠测试仅用于电镀通孔，在进行焊接性测试的 PCB 试样上设计了不同的焊盘几何图形、几种尺寸的电镀通孔和至少两个大的暴露的导体表面。

3）PCB 阻焊膜的完整性检测。表面组装技术用的 PCB，其阻焊膜的质量比用于通孔插装技术的更加重要。液体阻焊膜因为其对准精度低和流动特性，已经不适用于表面组装组件。在表面组装技术用的 PCB 上，正在广泛采用干膜阻焊膜和光学成像阻焊膜，这两种阻焊膜具有高的分辨率和不流动性。

干膜阻焊膜是在压力和热的作用下层压在 PCB 上的，这就要求非常清洁的 PCB 表面和有效的层压工艺。由于这种阻焊膜在锡-铅表面的黏性很差，因此在表面组装技术的再流焊工艺中产生的热应力常会使干阻焊膜从 PCB 表面剥层或断裂；另外，由于这种阻焊膜很脆，因此当进行整平时，在热和机械应力作用下会产生微裂纹。这种阻焊膜的另一潜在质量问题，是在清洗溶剂中它们会产生物理和化学损坏。为了暴露干膜阻焊膜的这些可能的潜在缺陷，在来料检测中应对 PCB 进行更加严格的热应力试验。主要进行钎料漂浮试验，时间约 10~15s，钎料槽的温度为 260~288℃。在热应力试验时，阻焊膜会从 PCB 表面剥离，但有时观察不到。为了便于观察，在钎料漂浮试验后，将 PCB 试样浸在水中，利用水在阻焊膜和 PCB 表面之间的毛细管作用可以观察到阻焊膜的剥离情况。同样的 PCB 试样，在钎料漂浮试验后，可放在与实际表面组装组件清洗用的相同的清洗溶剂中至少 15min，观察其与溶剂有无化学的或物理的作用。

4）PCB 内部缺陷检测。采用显微切片技术进行 PCB 内部缺陷检测。PCB 在经过钎料漂浮热应力试验后进行显微切片检测。其主要检测项目有铜和锡-铅镀层的厚度。对双面板或多层板，还应检测内部导体层间对准情况，树脂是否涂抹掉，层压空隙和铜裂缝等。

在许多标准中，如 IPC-D-320、IPC-A-600A 和美国军用标准 MIL-STD-55110，都介绍和规定了 PCB 的来料检测方法，可根据实际应用需要选择使用，以便满足不同的组装可靠性要求。

3. 组装工艺材料来料检测

（1）钎料膏检测　钎料膏来料检测的主要内容有金属含量、钎料球、黏度、金属粉末氧化物含量等。

1）金属含量。在表面组装技术的应用中，通常要求钎料膏中的金属含量在 85%~92%（质量分数）范围内，常采用的检测方法和程序为：取钎料膏样品 0.1g 放入坩埚→加热坩埚和钎料膏→使金属固化并清除钎剂剩余物→称量金属重量：金属含量=金属重量/钎料膏重量×100%。

2）钎料球。常采用的钎料球检测方法和程序为：在氧化铝陶瓷或 PCB 基板的中心涂敷直径 12.7mm、厚度 0.2mm 的钎料膏图形→将该样件按实际组装条件进行烘干和再流→钎料固化后进行检查。为判定测试结果是否合格，可以参考标准 IPC-TM-650 的 2.4.43。

3）黏度。表面组装技术用钎料膏的典型黏度是 200~800Pa·s，对其产生影响的主要因素是钎剂、金属含量、金属粉末颗粒形状和温度。一般采用旋转式黏度测量钎料膏的黏度，测量方法可见相关测试设备的说明，并参考 IPC-TM-650 的 2.4.43 进行操作。

4）金属粉末氧化物含量。金属粉末氧化是形成钎料球的主要因素，采用俄歇分析法能定量检测金属粉末氧化物含量。但价格贵且费时，常采用下列方法和程序进行金属料末氧化物含量的定性测试和分析：①称取 10g 钎料膏放在装有足够花生油的坩埚中；②在 210℃的加热炉中加热并使钎料膏再流，这期间花生油从钎料膏中萃取钎剂，使钎剂不能从金属粉末中清洗氧化物，同时还防止了在加热和再流期间金属粉末的附加氧化；③将坩埚从加热炉中取出，并加入适当的溶剂溶解剩余的油和钎剂；④从坩埚中取出钎料，目测即可发现金属表面氧化层和氧化程度；⑤估计氧化物覆盖层的比例，理想状态是无氧化物覆盖层，一般要求氧化物覆盖层不超过25%。

（2）钎料合金检测　表面组装工艺中一般不要求对钎料合金进行来料检测，但在波峰焊和引线浸锡工艺中，钎料槽中的熔融钎料会连续溶解被焊接物上的金属，产生金属污染物并使钎料成分发生变化，最后导致不良焊接。为此，要对其进行定期检测，检测周期一般是每月一次或按生产实际情况决定，检测方法有原子吸附定量分析方法等。表5-12列出了美国QQ-S-571E规定的钎料中金属污染物的含量极限。

表5-12　钎料中金属污染物的含量极限

金属污染物	污染物含量极限(%)	金属污染物	污染物含量极限(%)
铝	0.005	金	0.08
锑	0.2~0.5	铁	0.02
砷	0.3	银	0.01
铋	0.25	锌	0.005
镉	0.005	其他	0.08
铜	0.08		

注：含量均为质量分数。

（3）钎剂检测

1）水萃取电阻率试验：水萃取电阻率试验主要测试钎剂的离子特性，其测试方法在QQ-S-571E等标准中有规定，非活性松香钎剂（R）和中等活性松香钎剂（RMA）水萃取电阻率应不小于$1\times10^5\Omega\cdot cm$；而活性钎剂的水萃取电阻率小于$1\times10^5\Omega\cdot cm$，不能用于军用表面组装组件等高可靠性要求的电路组件。

2）铜镜试验：铜镜试验是通过钎剂对玻璃基底上涂敷的薄铜层的影响来测试钎剂活性。例如，QQ-S-571E中规定，对于活性和中等活性类钎剂，不管其水萃取电阻率试验的结果如何，它不应该有去除铜镜上涂敷铜的活性，否则即为不合格。

3）密度试验：密度试验主要测试钎剂的浓度。在波峰焊等工艺中，钎剂的密度受其溶剂蒸发和SMA焊接量影响，一般需要在工艺过程中跟踪检测，及时调整，以使钎剂保持设定的比重，确保焊接工艺顺利进行。密度试验常采用定时取样，用密度计测量的方式进行，也可采用联机自动钎剂密度检测系统连续、自动进行。

4）彩色试验：彩色试验可显示钎剂的化学稳定程度，以及由于曝光、加热和使用寿命等因素而导致的变质。比色计测试是彩色试验常用方法，当测试者有丰富的经验时，可采用最简单的目测方法。

（4）其他来料检测

1）粘结剂检测：粘结剂检测主要是黏性检测，应根据有关标准规定检测用粘结剂把表面组装器件粘接到PCB上的粘接强度，以确定其是否能保证被粘接元器件在工艺过程中受振动和热冲击不脱落，以及粘结剂是否有变质现象等。

2）清洗剂检测：清洗过程中溶剂的组成会发生变化，甚至会变成易燃的或腐蚀性的，同时会降低清洗效率，所以需要定期对其进行检测。清洗剂检测一般采用气体色谱分析（GC）方法进行。

5.6.3 SMT 组件的返修技术

1. 返修的基本概念

人们在表面组装自动化和组装制造工艺方面一直在力求提高电子组件的组装通过率，然而 100%的成品率仍是一个理想的目标，不管工艺有多完美，总会存在一些制造过程中由于不确定因素而产生的不良品。因此 PCB 组装中必须对废品率有一定的预估，且有必要采用一定的返修手段来弥补组装过程中产生的某些问题。

表面组装组件的返修，通常是为了去除失去功能、损坏引线或排列错误的元器件，重新更换新的元器件。或者说就是使不合格的电路组件恢复成与特定要求相一致的合格的电路组件。返修和修理是两个不同的概念，修理是使损坏的电路组件在一定程度上恢复其电气性能，而不一定与特定要求相一致。

为了完成返修，必须采用安全而有效的方法和合适的工具。所谓安全是指不会损坏返修部分的器件和相邻的器件，也指对操作人员不会有伤害。所以在返修操作之前必须对操作人员进行技术和安全方面的培训。习惯上返修被看作操作者掌握的手工工艺，实际上，高度熟练的维修人员也必须借助返修工具才可以使修复的表面组装组件产品完全令人满意。然而为了满足电子设备更小、更轻和更便宜的要求，电子产品越来越多地采用精密组装微型元器件，如倒装芯片、芯片尺寸封装、球栅阵列封装等。在装配工艺及返修工艺方面，新型封装器件对其提出了更高的要求，而此时手工返修已经无法满足这种新要求，因此需要采用正确的返修技术、方法和返修工具。

2. 返修基本过程

（1）取下元器件　将焊点升温至熔点，接着小心地将元器件从基板上取下。升温参数控制是返修的一个关键，钎料必须充分熔化，避免在取走元器件时对焊盘产生损伤。同时，加热温度也不宜过高，以防止 PCB 加热过度而导致 PCB 的扭曲变形。

（2）印制电路板和元器件的加热控制　在返修过程中，使用先进的返修系统并采用计算机对其加热过程进行精准的控制，使得返修过程的加热曲线尽量同钎料膏制造厂商给出的工艺要求相近，以降低返修过程中产生的不良影响。在返修过程中，应该尽量采用顶部与底部组合加热方式，如图 5-31 所示。底部加热用来升高 PCB 的温度，而顶部加热则是用来加热元器件。此外，采用大面积底部加热器能消除因局部加热过度造成的 PCB 扭曲。

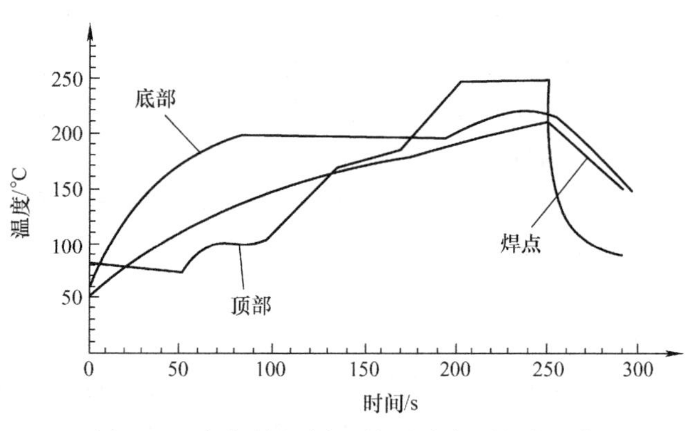

图 5-31　在印制电路板顶部和底部测得的温度曲线及焊点实际温度

（3）加热曲线　加热曲线应依据组件的要求进行合理设计，

合理的加热曲线需要提供合适的预热时间和温度，目的是激活助焊剂，时间太短或温度太低都不能到达这一点。合适的再流焊峰值温度区间以及此温度区间的保温时间十分重要，温度过低或保温时间过短都会造成浸润不够或焊点开路，温度过高或保温时间过长会导致生成过量的金属间化物，也会对焊点造成不良的影响。关于设计最佳加热曲线，最常用的方法是将一个热电偶放在返修位置的焊点处，先根据推测设置最佳温度值、温升速率以及加热时间，然后开始试验，并把测量的数据记录下来，将结果与所想要的曲线相比较，根据比较情况进行实际调整。这种试验和调整过程可重复多次，直到获得理想的焊接效果。

(4) 取元器件　设定好加热曲线，就可以准备取走元器件，这要求返修系统应保证这部分工艺尽可能简单且具有重复性。一旦加热喷嘴对准元器件后即可进行加热，一般先是从底部开始，然后将喷嘴与元器件吸管分别降到 PCB 和元器件的上方，开始从顶部加热。加热结束时，许多返修工具的元器件吸管中将会产生真空，元器件将被吸管从板上提起。但在钎料完全熔化以前吸起元器件会造成板上焊盘的损伤，“零作用力吸起”技术能确保在钎料液化前元器件不会被取走。

(5) 预处理　将新元器件换到返修位置前，应该对该位置做预处理。其中预处理包括两个步骤：除去残留的钎料，添加助钎剂和钎料膏。

1) 除去残留的钎料。除去残留钎料可采取手工或自动方法，一般手工方式的工具包括烙铁和铜锡线，不过手工工具用起来比较困难，对于小外形的芯片尺寸封装和倒装芯片焊盘还容易造成损伤。对于自动方法，自动化钎料去除工具能十分安全地用于高精度板的处理，目前有些清除器是自动化非接触系统，采用热气使残留钎料液化，再采用真空将熔化的钎料吸入一个可更换的过滤器中，然后清除系统的自动工作台会一排一排依次扫过印制电路板，最后将所有焊盘阵列中的残留钎料去除。对 PCB 与清除器加热需要进行控制，提供均匀的处理过程以免 PCB 过热。

2) 添加助焊剂和钎料膏。在大批量生产中，一般只将元器件在助焊剂中浸一下，而在返修工艺中则是将助焊剂直接刷在 PCB 上。但芯片尺寸封装和倒装芯片的返修则很少使用钎料膏，只需稍稍使用一些助焊剂就够了。球栅阵列封装返修时，钎料膏涂敷的方法可采取模板或可编程的分配器。很多球栅阵列封装返修系统都会提供一个小型模板装置用来涂敷钎料膏，该方法可使用多种对准技术，其中包括元件对准光学系统。

在返修过程中，PCB 上使用模板难度较大同时可靠性较低。为了在相邻元器件中间放入模板，模板的尺寸必须很小，除了用于涂敷钎料膏的小孔几乎就没有空间了，因为空间小，所以很难涂敷钎料膏并获得均匀的效果。目前有一种工艺可以替代模板涂敷钎料膏，即采用元器件印刷台直接将钎料膏涂敷在元器件上，可以减少相邻元器件的影响。钎料膏也能直接点到相应焊盘上，使用 PCB 高度自动检测技术与一个旋转钎料膏挤压泵进行点膏，提供均匀一致的钎料膏点。

(6) 元器件更换　当取走元器件并对 PCB 作预处理后，就可将新的元器件装到 PCB 上。为避免 PCB 扭曲，设定的加热曲线应仔细考虑以获得理想再流焊效果，采用自动温度曲线设置软件进行温度设置是一种首选技术。

(7) 元器件对位及放置　要求新元器件和 PCB 必须正确对准，对小尺寸焊盘和细间距芯片尺寸封装及倒装芯片器件来说，返修系统的放置能力要满足其要求。放置能力取决于两个因素：精度（偏差），准确度（重复性）。重复性为在同一位置放置元件的一致性，但是一致性较高并不代表元件被置于所需的位置上；偏差为放置位置测得的平均偏移值，高精度的系统必须具有很小或者零放置偏差，但这并不意味着元器件的放置重复性。因此返修系统既要具有很好的重复性，又要有很高的精度，确保元器件被放置到正确的位置。

（8）其他工艺注意事项　由于小质量的元器件在对流加热过程中可能被吹动而不能对准，所以一些返修系统采用吸管将元器件压在位置上以免它移动，这种方法在定位元器件时需要保留一定的热膨胀余量。元器件在对准时不能存在表面张力，把球栅阵列封装类元器件放得太靠近 PCB（短路）或者太离开（开路）都会出现问题。防止元器件在再流焊时移动的较好的方法是减小对流加热的气流量，根据工艺流程要求减少气流量，最后喷嘴自动降低并开始进行加热。由于自动加热曲线保证了最佳加热工艺，而系统放置性能则保证元件对位准确，因此放置能力和自动化工艺结合起来可提供一个完整且一致性好的返修工艺。

3. 返修的基本方法

采用三种方法对 PCB 加热，即热传导、热空气对流和辐射加热方式。热传导加热要求热源与 PCB 相接触，这不适用于背面有元器件的 PCB；辐射加热法使用红外（IR）线，较实用，但 PCB 上各种材料和元器件对红外线吸收不均，也影响质量，目前对流加热是返修和装配中最有效和最实用的加热方式。

（1）热空气对流加热返修　热空气对流加热方法是将热空气施加到表面组装组件上要返修的器件引线钎缝处，使钎料熔化。常用两种类型的对流加热返修工具：手持便携式和固定组件式。

1）手持便携式热空气返修工具重量轻，使用方便。采用这种返修工具时，要为不同类型的表面组装器件设计特殊的热空气喷嘴。操作时要精确地控制加热的空气流，使之喷流到与被返修的器件引线相对应焊盘的位置上，而又不会使相邻器件钎缝上的钎料熔化。钎缝上的钎料熔化后，即刻用镊子夹取器件或用热空气工具将器件引线推离焊盘，完成拆焊操作。更换新器件可用镊子进行取放操作，用普通烙铁进行焊接操作或用手持式热空气返修工具进行再流焊接操作。

2）固定组件热空气返修系统有通用型和专业型。通用型用于常规元器件的返修，专业型用于球栅阵列封装（BGA）类焊点不可见元器件的返修。通用型的工作原理与手持式热空气返修工具的原理相同，对应于不同的表面组装器件有不同的特殊的热空气喷嘴。它能半自动地用热空气喷嘴加热器件引线，钎料熔化后可用安装在喷嘴中央并与喷嘴同轴的真空吸嘴拾取拆下的器件。这种固定式返修工具有不同的结构形式：一种结构形式是在 PCB 下面设置一个用于预热表面组装组件（SMA）的热空气喷嘴，以减少 SMA 所受的热冲击，避免返修引起的 SMA 故障。这种结构使要返修的组件放在两个固定的热空气喷嘴之间；还有一种结构形式是通用喷嘴固定组件式热空气返修工具，它的喷嘴可根据拆焊的元器件类型进行调整，另外，这种喷嘴设置了两种空气通孔，内侧是热空气通孔，外侧是冷空气通孔（小孔），这种喷嘴结构可有效地防止邻近器件引线焊接部位受热。

（2）传导加热返修　传导加热返修工具也可以分为手持式和固定组件式两种类型。这种返修工具与热棒再流焊工具完全相同。但它用的热靴制造精度和拆焊操作要求都很严格，因为拆焊时要求热靴端能与器件的所有引线焊接部位均匀地同时接触，还要防止和相邻器件引线接触，所以返修操作必须十分小心。

4. 装有 BGA 器件的 SMA 返修工艺

BGA 器件具有高的 I/O 数量、易于 SMA 产品的小型化等优点，应用越来越广泛。但由于其焊点阵列面在器件下面不可见，返修操作比较困难，必须借助专用返修设备和工具进行。如图 5-32 所示，球栅阵列封装返修台可以实现 BGA 器件的自动精准定位、抓取和放置动作。

图 5-32 BGA 返修台配件

装有塑料球栅阵列封装（PBGA）器件的 SMA 返修工艺包含 BGA 器件拆除、钎料球修复、返修焊接等几个主要内容。

（1）BGA 器件拆除　将 BGA 器件从 SMA 上拆除可采用专用夹具嵌抱器件后加热至共晶合金钎料熔化时取下 BGA 器件，也可采用喷嘴式热风通用返修工具进行加热。采用专用夹具加热的特点是对器件整体的加热温度均匀，操作时间短，易于控制，不易损坏器件。采用喷嘴式热风加热时，易形成 BGA 器件局部受热温度过高的现象，操作较难，容易损坏器件。为使 BGA 器件整体均匀受热，加热过程中应控制热风喷嘴在 BGA 器件上有规律移动或旋转。

BGA 器件从 SMA 上拆除后，有部分钎料或钎料球将保留在 PCB 上，部分被 BGA 器件携带。若是 PBGA 器件，还会拉成丝状。为此，必须对它们进行清理和钎料球修复或补加。

（2）钎料球修复　BGA 器件的钎料球修复一般可采用四种方法。

1）预成形法，该方法将已备钎料球嵌入水溶基钎剂中，将 BGA 面向下通过再流焊接实现，修复成本较高。

2）模仿原始制造技术，即在双马来酰亚胺三嗪（bismaleimide ttriazine，BT）树脂玻璃基板上印刷钎料膏及将钎料球自动填加到面向下的 BGA 上的厚模板中，修复成本比预成形法低，但当钎料球过多时，应拆除模板进行再流焊。

3）钎料膏印刷法，该法成本较低，它使用专用模板在 BGA 器件上印刷钎料膏，用温控热风加热再流，再流过程中模板保留在器件上，能保证钎料球可靠定位，再流焊后取下模板。模板一般采用冷轧不锈钢板制成，可重复使用。

4）将 BGA 放置于特制模具内，模具上盖为对应 BGA 焊盘的钢板网孔，将助焊剂用刷子少量均匀涂抹在 BGA 焊盘表面，盖上模具上盖，撒入对应尺寸大小的钎料球，轻轻摇晃，待每一个网孔均有钎料球落入，移开模具上盖，目视检查钎料球是否均匀正确粘在焊盘表面，若有个别偏移，可用镊子轻轻调整，随后放入 BGA 返修台进行再流焊接，完成 BGA 钎料球的返修。

（3）返修焊接　返修焊接前必须对 PCB 焊盘进行清理，重新印刷钎料膏，贴上 BGA 器件后进行再流焊。装有陶瓷球栅阵列（CBGA）器件的 SMA 返修比装 PBGA 器件的 SMA 返修简单，由于 CBGA 器件的钎料球是非坍塌高温钎料球，拆卸后可重复利用，但其前提是不损坏。为此，CBGA 器件在拆除和清理加热过程中要特别注意温度控制，不能形成高温再流。器件加热（或称为顶部加热）时一般采用对流热气喷嘴，需准确控制顶部加热使器件达到受热均匀，尤其是对小质量器件更需要注意。可在返修台上将热电偶放置于焊点附近焊盘，监控再流焊温度曲线。若遇到返修元器件周边有热敏感元器件或不耐高温的 IC 类器件，需要使用额外保护罩对周边元器件进行保护，以防止过热造成元器件失效。

思　考　题

1. SMT 粘结剂有哪些种类？
2. SMT 对清洗剂有哪些要求？
3. 影响表面贴装准确度的因素有哪些？
4. 阐述影响波峰焊质量的因素及其作用机理。
5. 再流焊根据加热方式可以分为哪几类？请分别介绍并对比各方法的优劣。
6. 表面组装后污染物的类型和其来源是什么？
7. 简要介绍去除污染的机理。
8. 检测技术的基本内容包括哪些方面？
9. 阐述返修的基本方法和基本流程。

答　　案

1. 见 5.2.2 节的“2. 粘结剂的种类”。
2. 见 5.2.3 节的“2. SMT 对清洗剂的要求”。
3. 贴装机的总体机械结构、x-y 传送机构、坐标读数、贴装的检测、计算机控制精度。
4. 见 5.4.2 节的“6. 波峰焊工艺的相关问题”。
5. 见 5.4.3 节的“2. 再流焊技术的类型”。
6. 见表 5-8。
7. 见 5.5.2 节的“2. 去除污染的机理”。
8. 可测试性设计、原材料来源检测、工艺过程检测、组装后的组件检测。
9. 见 5.6.3 节。

参 考 文 献

[1] 周德俭，吴兆华. 表面组装工艺技术［M］. 北京：国防工业出版社，2006.

[2] 金德宣. 微电子焊接技术［M］. 北京：电子工业出版社，1990.

[3] 赵健. PCB 组件热力分析的有限元模型及仿真［D］. 天津：天津大学，2006.

[4] GAO F，TAKEMOTO T. Mechanical properties evolution of Sn-3. 5Ag based lead-free solders by nanoindentation［J］. Materials Letters，2006，60（19）：2315-2318.

[5] 张昕. QFP 器件半导体激光无铅钎焊工艺研究［D］. 南京：南京航空航天大学，2008.

[6] 曹艳玲，谈兴强. SMD 准确贴装的相关因素［J］. 电子工艺技术，2001，22（3）：106-112.

[7] SEO S K，CHO M G，LEE H M，et al. Comparison of Sn2. 8Ag20In and Sn10Bi10In solders for intermediate-step soldering［J］. Journal of Electronic Materials，2006，35（11）：1975-1981.

[8] NISHIMURA Y，OONISH K，MOROZUMI A，et al. All lead free IGBT module with excellent reliability［C］. Proceedings of the 17th International Symposium on Power Semiconductor Devices & IC's，Santa Barbara，CA，2005.

[9] 黄丙元. SMT 再流焊温度场的建模与仿真［D］. 天津：天津大学，2005.

[10] 周德俭. SMT 组装质量检测中的 AOI 技术与系统［J］. 电子工业专用设备，2002（2）：87-91.

[11] 胡文刚. Sn-0.3 Ag-0.7 Cu-XBi 低银无铅钎料的开发与研究 [D]. 哈尔滨：哈尔滨理工大学，2008.

[12] RIZVI M J, BAILEY C, CHAN Y C, et al. Effect of adding 0.3wt.% Ni into Sn-0.7Cu solder part Ⅰ: wetting behavior on Cu and Ni substrates [J]. Journal of Alloys and Compounds, 2007, 438 (1-2): 116-121.

[13] 姚立华. 半导体激光软钎焊技术研究 [D]. 南京：南京航空航天大学，2006.

[14] 李宾，魏道鹏，王小玲. 波峰焊机的小波峰清理装置 [P]. 200920185952.

[15] 薛松柏，王俭辛，禹胜林，等. 热循环对片式电阻 Sn-Cu-Ni-Ce 焊点力学性能的影响 [J]. 焊接学报，2008，29 (4)：5-8.

[16] 鲜飞. 波峰焊接工艺技术的研究 [J]. 电子工业专用设备，2009 (2)：10-14.

[17] 高明阳. 电路板元件贴装缺陷视觉检测系统 [D]. 武汉：华中科技大学，2007.

[18] 韩宗杰. 电子组装元器件半导体激光无铅软钎焊技术研究 [D]. 南京：南京航空航天大学，2009.

[19] 马丽利. 黑焊盘有关问题探讨及失效案例分析 [Z]. 中国江西玉山：2009.

[20] 曲静. 回流焊设备及焊接工艺 [J]. 电子制作，2005 (12)：50-51.

[21] 胡仲波. 基于虚拟仪器技术的 PCB 视觉检测系统 [D]. 南京：南京理工大学，2006.

[22] 韩宗杰，薛松柏，王俭辛，等. 激光钎焊及其在表面组装技术中的应用 [J]. 电焊机，2008 (9)：27-32.

[23] 中国电子科技集团电科院电子电路柔性制造中心：SMT 连接技术手册 [M]. 北京：电子工业出版社，2008.

[24] 蔡鑫泉. 视觉系统在 SMT 设备中应用 [J]. 电子工业专用设备，1991 (2)：9-18.

[25] 王亚. 双波峰焊接工艺的有关问题研究 [J]. 情报指挥控制系统与仿真技术，1998 (6)：66-68.

[26] 李波勇. 谈 CSP 封装器件的返修工艺流程 [J]. 世界电子元器件，2003 (5)：79-80.

[27] 宣大荣. SMT 生产现场使用手册 [M]. 北京：北京电子学会 SMT 专委会，1998.

[28] 王旭艳. 提高 SnAgCu 无铅钎料润湿性及焊点可靠性途径的研究 [D]. 南京：南京航空航天大学，2006.

[29] 史建卫. 无铅焊接工艺中常见缺陷及防止措施 [J]. 电子工艺技术，2008 (1)：53-56.

[30] 郭小辉. 无铅钎料在 PCB 再流焊中翘曲的模拟仿真 [D]. 天津：天津大学，2007.

[31] 雷晓娟. Sn-Bi 系低熔点非共晶无铅焊料的研究 [D]. 长沙：湖南大学，2007.

[32] 刘汉诚，汪正平，李宁成，等. 电子制造技术 [M]. 姜岩峰，张常年，译. 北京：化学工业出版社，2005.

[33] SHAPIRO A A, BONNER J K, OGUNSEITAN O A, et al. Implications of Pb-free microelectronics assembly in aerospace applications [J]. IEEE Transactions on Components and Packaging Technologies, 2006, 29 (1): 60-70.

[34] ABTEW M, SELVADURAY G. Lead-free solders in microelectronics [J]. Materials Science and Engineering R, 2000, 27 (5-6): 95-141.

[35] HWANG J S, GUO Z F, KOENIGSMAN H. A high-performance lead-free solder—the effects of In on 99.3Sn/0.7Cu [J]. Soldering & Surface Mount Technology, 2001, 13 (2): 7-13.

[36] ZHENG Y Q. Effect of surface finished and intermetallics on the reliability of Sn-Ag-Cu interconnects [D]. Maryland: University of Maryland, 2005.

[37] 吴玉秀，薛松柏，胡永芳. 引线尺寸对 CPGA 翼形引线焊点可靠性的影响 [J]. 焊接学报，2005，26 (10)：105-108.

[38] 江锡全. 表面组装技术原理与应用 [M]. 北京：计算机与信息处理标准化编辑部，1991.

[39] 宣大荣. 表面组装技术 [J]. 电子元件与材料，1990 (3)：1-69.

[40] JI H J, MA Y Y, LI M Y, et al. Effect of the Silver Content of SnAgCu Solder on the Interfacial Reaction and on the Reliability of Angle Joints Fabricated by Laser-Jet Soldering [J]. Journal of Electronic Materials, 2015, 44 (2): 733-743.

微电子焊接中的工艺缺陷

在微电子焊接过程中，希望从贴装工序开始，到焊接工序结束，焊点质量都处于零缺陷状态，但实际很难达到。由于生产工序较多，不能保证每道工序不出现丝毫差错，因此在实际生产过程中经常会碰到一些焊接缺陷。这些焊接缺陷通常是由多种原因所造成的。在无铅化的进程中，钎料、PCB 焊盘与元件镀层的无铅化工艺，配合新钎剂的使用逐步得到应用，但随之产生的各种焊接缺陷，如剥离等现象困扰着无铅微电子焊接技术的快速发展。

6.1 钎焊过程中的熔化和凝固现象

在钎焊及微电子焊接过程中，在环境因素的影响下，钎料合金经历了一系列的相变过程，其成分和性能也发生了显著的变化，与其相接触的基板、引线等材料的成分和性能也发生了相应的变化。在受热条件下，钎料熔化，与基板、引线、焊盘等材料发生界面反应和相互扩散，焊盘发生溶蚀现象。焊点的微观结构如图 6-1 所示。

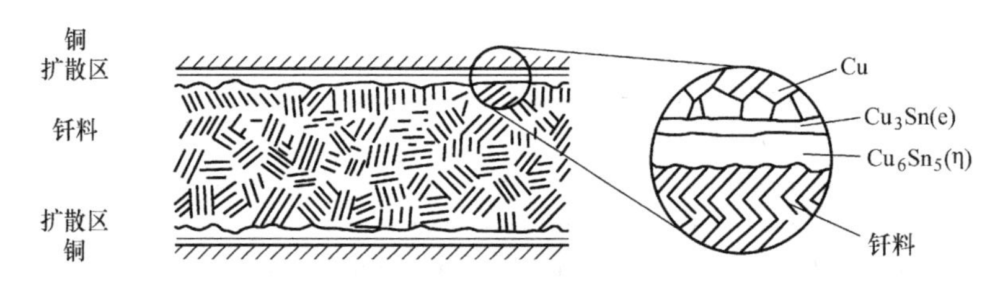

图 6-1　焊点的微观结构

焊点的凝固质量会影响焊点的工艺性能、使用性能和寿命。凝固（solidification）和结晶是物质从液态转变为固态的过程，是一个相变过程。从微观角度看，金属的结晶是由晶核的形成和长大这两个基本过程组成的，两者交错重叠进行。液态金属冷却到凝固温度时，首先形成晶核，在继续冷却的过程中，晶核吸收周围的原子而长大，与此同时，又有新的晶核不断地形成和长大，直至相邻晶体彼此接触，液态金属完全消失，最后得到由许多形状、大小和晶格位向都不相同的小晶粒组成的多晶体。金属的自然凝固过程如图 6-2 所示。

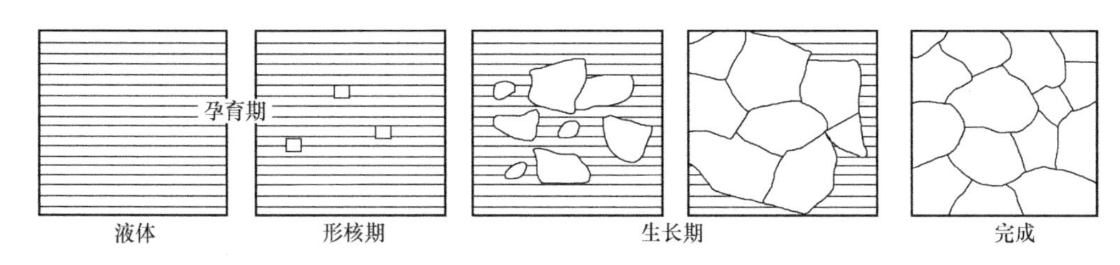

图 6-2 金属的自然凝固过程

6.1.1 焊点凝固的特点

对于微电子焊点的凝固，虽然也存在从晶核的形成至凝固成晶体的过程，但与熔焊条件下的熔池凝固相比，有其自身的特点，包括：

1）焊点的尺寸很小，使熔池的体积特别微小，当热源离开以后，过冷度很大。因此，在结晶过程中焊点内部的温度梯度大，成分过冷也大。

2）在钎焊过程中，一般加热温度高于钎料合金液相线 50~70℃，虽然焊点中的液态金属处于过热状态，但由于过热度较低，冷却速度很大，熔池的形核主要是非自发形核。

3）电子钎焊一般采用自动机械化流水作业，虽然对焊点内的液态金属没有搅拌作用，但由于流水线的运动，焊点仍然处于运动态下结晶。

4）焊点中的钎料从液态到凝固在极短的时间内完成。

这些特点决定了微电子钎焊焊点的结晶形态与熔焊条件下熔池的结晶形态有着显著的区别。在熔焊条件下，从熔池的边界到中心，结晶形态将由平面晶向胞状晶、树枝胞状晶、树枝晶发展、直到发展为等轴晶。而微电子钎焊由于焊点极小，冷却速度很快，不可能都有这些结晶形态。

6.1.2 焊点凝固状态的检测手段

由于微电子焊接的特殊性，使钎缝金属在结晶过程中，由于来不及扩散而存在着严重的化学成分的不均匀性。在钎缝内部，存在着严重的显微偏析和区域偏析，尤其是在母材与钎料的界面处，由于液/固相之间的相互溶解和扩散，存在着严重的成分偏析。

在钎料凝固的过程中，钎料合金中的相结构及其形貌受到冷却速率和形核质点的影响，当然也会存在“组织遗传”的作用。研究钎料在微电子焊接过程中的组织变化及界面反应的检测手段见表 6-1。

表 6-1 微电子焊接过程中组织变化及界面反应的检测手段

现　　象	研究的性能	检 测 手 段
熔化、凝固以及相变	平衡相变热力学（相变的温度、组分）	CALPHAD 相图计算工具（Thermal Calc 等）
熔化	熔化的开始及终止温度（固液相线温度）	差热分析（DTA）或者差式扫描量热（DSC）
凝固	冷却过程中相形成温度	
	介稳相的形成及存在	

（续）

现　　象	研究的性能	检 测 手 段
微观组织及界面形貌	相变过程及组织演化	透射电镜(TEM)、扫描电镜(SEM)、光学显微镜、电子探针(EPMA)
润湿性	润湿性、铺展性、填缝性	铺展法、润湿平衡法等

虽然凝固似乎只是熔化的一个逆过程，在平衡条件下发生的平衡相变，钎料由液相转变为固相，但是在实际的微电子钎焊过程中，则完全不是这种情况。对钎料微观组织的演化过程产生影响的主要因素有：①β-Sn 形核的难易程度；②由于焊盘的溶蚀改变钎料的成分；③连接界面处金属间化合物层的生成与长大；④由于 Scheil 效应产生的非平衡的固液相；⑤液相重分布的难易程度（导致焊点剥离的原因之一）。

6.2　焊点剥离和焊盘起翘

对于无铅钎焊，由钎料凝固过程所引发的缺陷是一种高发的普遍现象。为了改善无铅化产品的可靠性，提高产品质量，国外已开始对焊接凝固现象进行系统的研究，旨在探明焊接凝固中各种缺陷现象的产生机理和抑制对策。

推广无铅焊接技术的过程中首先遇到了双面通孔基板在进行波峰焊时产生焊点剥离（fillet lifting）的严重问题。焊点剥离现象就是指焊点凝固后并未与焊盘实现完整的金属结合，焊点圆角外部实际上是与焊盘分离的。1997 年英国 GEC 公司的 Vincent 等人最先报道了焊点剥离的现象。他们使用当时认为最合适的 Sn-7.5Bi-2Ag-0.5Cu 合金，对双面有 Cu 配线的通孔基板进行波峰焊时，发现了 Cu 焊盘和焊点之间的界面发生了剥离。此后在许多含 Bi 的合金中也发现了这种现象。现在已经了解到，即使 Bi 的质量分数为 2%，发生这种现象的概率也相当大。图 6-3 中所示为使用 Sn-Bi 合金时所产生的焊点剥离现象，而且在不含 Bi 的情况下，如果所搭载的零部件有 Sn-Pb 合金镀层，同样也会产生焊点剥离。

图 6-3　焊点剥离现象

6.2.1　焊点剥离的定义

在无铅波峰焊接后，在焊盘、钎料、元器件引线界面引起的剥离现象，总称为起翘现象。从广义上来说，无铅波峰焊工艺中发生的起翘现象，和机械疲劳破裂而引起的剥离现象是不相同的。无铅波峰焊所发生的起翘现象，可区分为焊点起翘剥离、焊盘剥离、基板内部剥离、钎料和引线之间剥离。

焊点剥离主要发生在含 Pb、Bi 的焊接界面中，它在本质上属于钎料的凝固缺陷。就钎料而言，在纯锡中只要有微量的 Pb 就能引起焊点剥离。Sn-Pb 合金中，Pb 的质量分数在 1%附近发生焊点剥离的概率最高，此后逐渐下降，当 Pb 的质量分数超过 10%后几乎不再发生焊点剥离，因此当采用 Sn-Pb 共晶合金时几乎看不到焊点剥离的现象。采用 Sn-Bi 合金时，只要有百分之几（质量分数）的 Bi 就能引起焊点剥离，Bi 的质量分数在 5%～30%之间几乎总会发生焊点剥离，超过 30%后发生的概率开始减少，到 40%以上时也几乎看不到焊点剥离的现象。因此焊点剥离是与钎料合金中的 Pb、Bi 元素的含量直接相关的。目前，随着无铅焊接技术的推广，已不再采用 Sn-Pb 合金，但元器件引线镀层常采用 Sn-Pb 或 Sn-Bi 合金。焊接时，因镀层中的 Pb、Bi 元素扩散到界面层中而引起的焊点剥离却依然存在，而且这些元素的含量恰好处于焊点剥离的高发范围，因此由元器件引线或 PCB 焊盘镀层而引起的焊点剥离仍然需要引起重视。

6.2.2 焊点剥离的发生机理

由图 6-3 可见，钎料与铜焊盘均有数微米的突起。从图 6-3 中可以明显地看到钎料圆角表面的组织呈树枝状结晶，由此揭示了凝固过程不是在同一时间内完成的。

日本学者菅沼克昭针对如图 6-4a 所示的 SnBi/Cu 焊点的剥离现象，通过大量试验分析提出了 SnBi/Cu 焊点凝固过程中焊盘中心处钎料固相率达到 0.7 时，焊点圆角内各区域温度分布的模型，如图 6-4b 所示。图中点 A 即为 Cu 焊盘中心处。

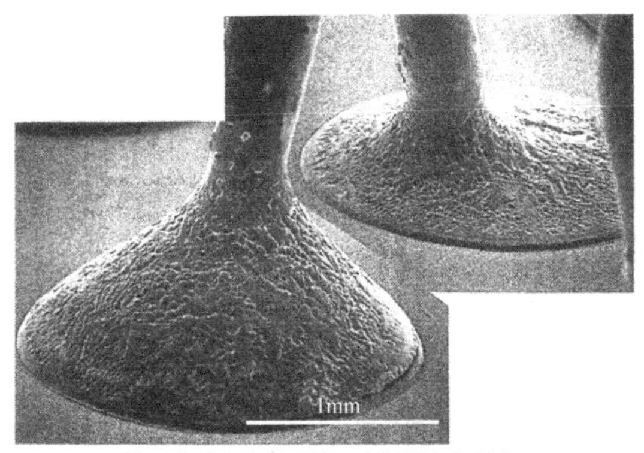

a) 焊点剥离现象(左侧焊点剥离，右侧焊点未剥离)

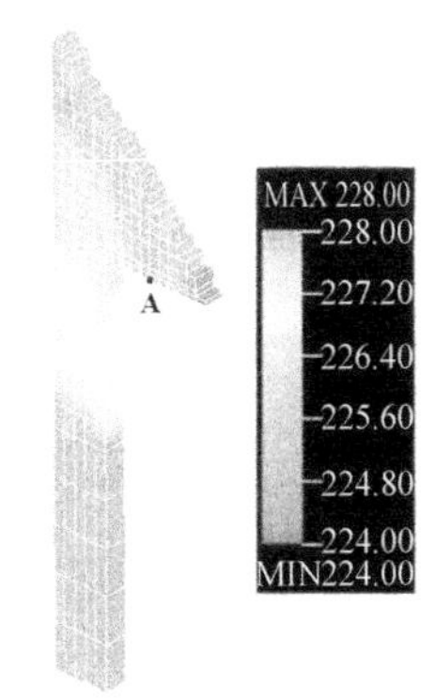

b) 焊盘中心处(A点)钎料固相率达到0.7时，焊点圆角内部的温度分布模型

图 6-4 SnBi/Cu 焊点剥离现象及其温度分布模型

从图中可以看出，凝固过程中的同一时刻，在 Cu 引线和通孔内的 Cu 镀层紧密连接的区域处的钎料温度高于其他部分，因此其凝固过程也将明显滞后。这是因为 Cu 的热导率［389W/(m·K)］是基板热导率［0.301W/(m·K)］的 1292 倍，而 Cu 的比热容［402J/(kg·K)］又远远低于基板的比热容［798J/(kg·K)］。因此焊接过程中在通孔内基板中心储藏的大量热量，只能先传递给 Cu，然后再向外部传导散发。如果没有发生 Bi 等溶质的偏析，与钎料圆角相接触的 Cu 焊盘面的液相状态将保留到凝固的最终阶段，因此当沿界面的垂直方向受到力的作用时，便很容易发生起翘现象。

液态钎料开始冷却凝固时，枝晶组织首先凝固成固态的结晶核，在此基础上不断发育成长，钎料圆角的表面便形成了明显的凹凸不平，如图 6-5 所示。

图 6-5 凝固过程中的枝晶生长

凝固过程中，在液体中最初生成的是稳定的微小

固体的核，从核到固体的生成中，由于受晶体取向等的影响，最终发育成树枝状。树干部分被叫作一级结晶干，枝被叫作二级结晶干。

枝干间隙中的熔液，到凝固的最后瞬间还是液态。合金的溶质原子（如 Sn）从液体中析出便长成固体的树干，而如果是 Sn-Bi 合金，在圆角的间隙里，即表面的凹陷部分，就会发生 Bi 的微偏析。从圆角的横断面看，Bi 的偏析在圆角的间隙中生成的范围为数微米到数十微米。

在影响起翘现象的合金元素中，Bi 是最明显的，In、Pb 也有影响，如图 6-6 所示。由图可知，在 Sn-Bi 合金中，Bi 的质量分数为 5%～20%时发生起翘现象非常明显，到 40%以上时发生率将变为零。而在 Sn-In 合金中 In 的质量分数为 10%及 Sn-Pb 中 Pb 的质量分数为 1%时，起翘发生率达到峰值。显然微量的 Pb 能明显地发生起翘现象，所以对镀有 Sn-Pb 合金的元器件引线要特别注意。

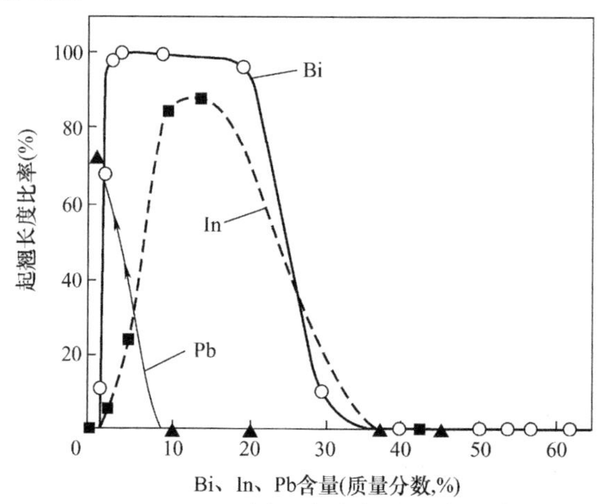

图 6-6　Sn-Bi、Sn-Pb、Sn-In 二元合金的起翘发生率及其与合金成分的关系

导致焊点剥离现象发生的主要原因有：①非同步凝固；②微观成分偏析；③冷却收缩过程中产生的应力。Sn-Bi 钎料通孔插装中的焊点剥离现象如图 6-7 所示。

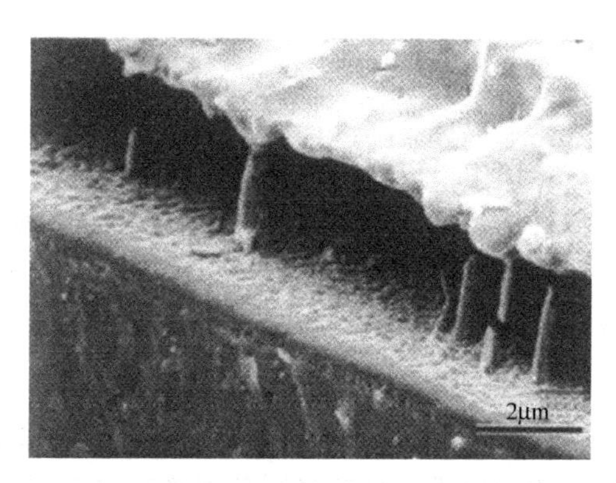

图 6-7　Sn-Bi 钎料通孔插装中的焊点剥离现象

基板和钎料、Cu 等的线胀系数的失配是引发起翘现象的一个重要因素。基板是纤维强化的塑料，它沿板面方向的线胀系数小，故可以确保被搭载的电子元器件的热变形小。作为复合材料，板面方向的线胀系数和垂直方向的线胀系数差异很大，特别是沿垂直方向的收缩是很大的。如果在界面上存在液相，只要圆角有热收缩便会从基板上翘起来，而且一旦翘起来就不能复原。

沿 z 轴方向的 PCB 基板材料 FR-4 薄片和铜箔导线，以及通孔之间的线胀系数存在明显的差异，如图 6-8 所示。

PCB 基板在波峰焊过程中，其热力学作用及形变过程可描述如下：

（1）受热及膨胀　PCB 与波峰钎料接触过程中，首先从熔融钎料中直接接受了大量的热量，导致基板（PCB 板）发生热膨胀。而在 PCB 通过了波峰钎料后的一个短时间内，由于液态钎料凝固过程中将释放出大量的凝固热，传导至相邻的基板，还将使其继续处于热膨胀过程中，如图 6-9 所示。

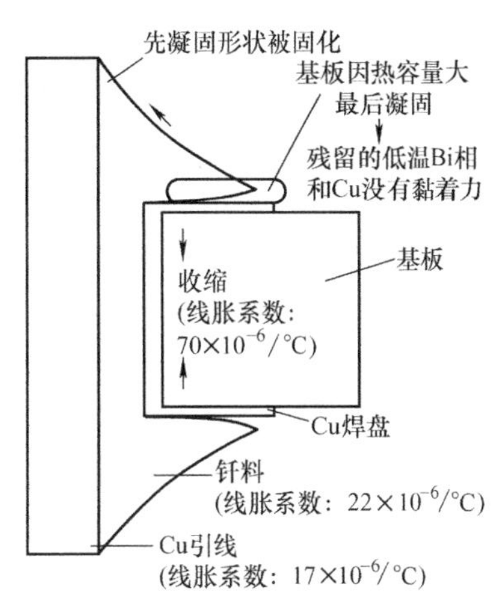

图 6-8 焊点起翘的断面模型

（2）冷却及收缩 随着冷却过程的开始，在基板内的热迁移过程会缓慢停止下来，钎料的凝固热就仅局限在焊点区域内扩散，而造成焊点区域内或靠近接点的所有元器件会进一步增加温升，直到 217℃ 凝固热释放结束，焊点温度才开始缓慢下降，直到和室温一致为止。焊点开始固化时，基板开始冷却并逐渐回复到其原来的平板形态。在热收缩过程中焊点表面会产生相当大的应力。然而在此时，即使很小的应力也足以引起焊盘起翘或者焊点表面开裂。当焊盘与基板间的黏附力大于钎料的内聚力时，焊点的钎料区域就会发生裂缝。

（3）连接器的起翘过程 连接器在波峰钎料中是引线最为密集的，因此应特别关注其在波峰焊中起翘现象的过程。

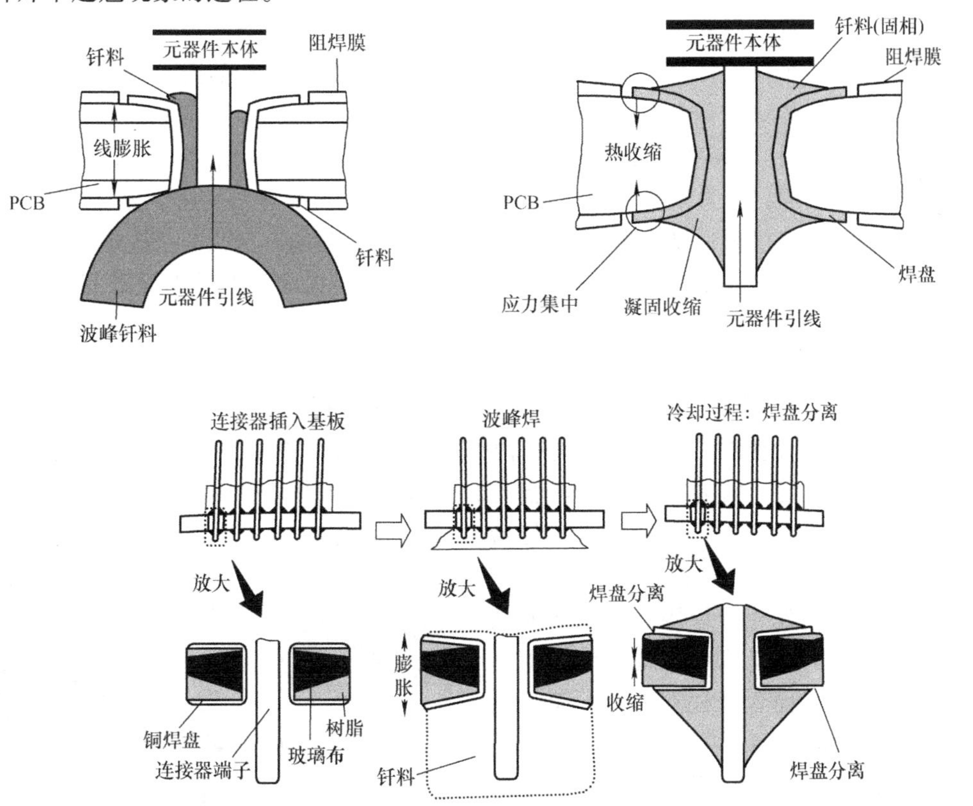

图 6-9 PCB 板的热力学作用导致焊点的剥离

随后的研究结果表明，钎料中 Bi 的存在是形成焊点剥离现象的最主要原因。由图 6-10 所示的 Sn-Bi 二元合金相图可知，Sn-Bi 之间存在一个熔点只有 138℃ 的共晶相。因此如果无

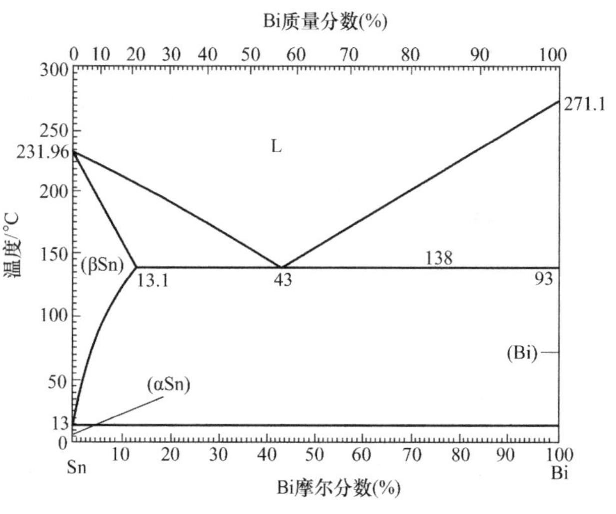

图 6-10　Sn-Bi 二元合金相图

铅钎料中含有 Bi 元素，在焊点凝固过程中，在 200～220℃ 的温度区间内钎料的主体已经凝固，但在凝固过程偏析出来的 Sn-Bi 共晶相要等到 138℃左右才开始凝固。这是由于微观成分偏析造成的非同步凝固。另外，电子组装件在焊接中会吸收热量。在冷却凝固过程中，PCB 上的热量会由通孔镀层向热导率很好的 Cu 焊盘传递，从而导致与焊盘接触的部分钎料不能同其他钎料同步凝固。这是由于局部温度不平衡导致的非同步凝固。虽然第二种非同步凝固在使用有铅钎料的焊接过程中也会存在，但是含 Bi 的无铅钎料将这一作用的效果放大了。也就是说，位于焊点界面处的 Sn-Bi 偏析相的滞后凝固会相当严重，当焊盘界面处残留滞后凝固的液相时，由于材料热胀冷缩，最终造成了焊点剥离的发生。首先，其他焊点部分的钎料的凝固收缩会对焊盘界面处的残留液相产生一个拉应力的约束作用。其次，在界面处残留液相的同时，凝固收缩和热收缩产生的应力也对焊点起作用。影响比较大的是基板、焊锡、Cu 等的热膨胀不匹配因素。基板是纤维强化塑料（FRP），可以减少板面方向的热膨胀，以减少对所搭载的电子零部件施加的热应力。然而，作为复合材料，在垂直板面方向的热膨胀将变得非常大。这样一来，如果界面有液相，仅仅因为热收缩就能使焊点从基板上浮起来。这就是基板越厚焊点剥离越显著的原因之一。印制电路板的 z 方向线胀系数一般是很大的，如果界面处有残存液相的话，冷却过程中印制电路板的收缩将驱使焊盘与焊点脱离。

图 6-11 为合金中含 Bi 情况下的焊点剥离发生机理。首先，随着树枝晶的生长，Bi 被排到液相中，产生 Bi 的微观偏析。其次在焊锡与 Cu 焊盘的界面附近，成长起来的树枝晶前端 Bi 熔化，树枝晶生长变缓。同时热从通孔内部经 Cu 焊盘传输出来，焊盘附近的焊锡被加热，凝固进一步推迟。因为凝固是从焊点上部开始的，凝固过程产生的应力（凝固收缩、热收缩、基板的热收缩等）使得焊点与焊盘剥离。Bi 等溶质元素的存在促进了凝固延迟，成为焊点剥离发生的原因。而原来的共晶焊锡在有些场合也会发生剥离，说明即使没有有害元素，界面也会残存液相，而且剥离应力起着很大的作用。

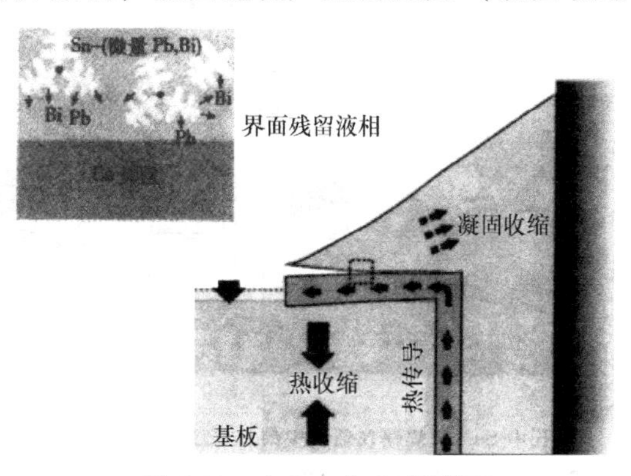

图 6-11　合金中含 Bi 情况下的焊点剥离发生机理

上面介绍了凝固是从焊点上部开始的情况，但是随着搭载零部件材质和大小的变化，凝固过程也会发生相应的变化。如果是热容量较大的零部件，冷却将会比较慢，热不能经过引线向上方逸散，这时凝固将从焊点的前端开始，然而在焊锡与焊盘的界面附近，焊锡因受基板内部传来的热的影响仍然处于熔化状态。基板越厚越容易发生焊点剥离的原因，除了上述的热膨胀不匹配之外，还因为厚基板热容量较大，储存的热量较多，在其后的凝固过程中引发的应力更大。

6.2.3 焊点剥离的防止措施

如前所述，焊点剥离本质上属于钎料在冷却中的凝固缺陷（其他凝固缺陷还包括微观偏析、焊盘剥落、缩松、“曼哈顿”现象等），这里不再详述。将焊点剥离问题放在这里介绍，主要是考虑这一问题常常是通过元器件、PCB 镀层引入的。

从焊点剥离机理可知，防止相关的凝固缺陷可采取以下措施：

1）避免使用含 Bi、In 的钎料合金，这主要是从抑制液固共存温度区域的宽度来考虑的。

2）完全无铅化，即从元器件、PCB 镀层开始就要考虑无铅化，避免出现含 Pb 镀层的情况。在目前由 Sn-Pb 钎料向无铅钎料的过渡阶段，也要考虑波峰焊炉残留的锡铅成分的影响。

3）采用能使组织细化或减少偏析的钎料合金（通常是添加了第三种元素成分），减少因偏析引起的界面层溶液。

4）从工艺上考虑提高冷却速度，以抑制凝固中的偏析。

5）减小基板的吸热量（如减小 PCB 厚度），或采用线胀系数小的 PCB，以减小收缩产生的热应力。

6.3 黑盘

化学镍金（electroless nickel immersion gold，ENIG）作为 PCB 及球栅阵列封装基板焊盘的主要表面镀层之一，目的是避免 Cu 基板的氧化并改善焊盘的焊接性。化学镍金除了可提供良好的焊接性与接触界面之外，其成本相对于电镀镍金来说也较低，但化学镍金方法所造成的黑盘（black pad）现象却成为一个令技术人员头疼的问题。“黑盘”现象在宏观上表现为经镍金表面处理过的焊盘会偶然地出现焊接性不良，并导致形成的焊点强度不足，甚至出现开裂，开裂后焊盘表面多呈现深灰色或黑色。“黑盘”的机理主要是电化学作用对镍金长期作用的结果，由于酸性浸 Au 槽对低 P 含量的化学镀镍层腐蚀十分严重，在放置过程中，极易产生富 P 层，导致焊接性降低；而 Ni 的高自由能会使其晶界相对更易产生氧化，当氧化到达一定程度时镀层呈现灰色或黑色。

6.3.1 化学镍金的原理

所谓化学镀镍层实际上是镍-磷（Ni-P）的合金层。还原剂主要为镀液中的次磷酸根离子（P 为 P^{2+}），但是 P^{2+} 也可能发生歧化反应，自我还原成单质 P，并与 Ni 原子一起沉积，同时放出氢气（H_2）。从 Ni-P 二元相图来看，P 在 Ni 中的溶解度极小，其共晶点位置（势能最低）存在着 Ni 和 Ni_3P 两个稳定的固相，其中 Ni_3P 相更稳定。

化学镀金作为一种置换反应，在镀液中，Au 离子得到基板上的 Ni 原子中的电子，结果 Ni 原子变成 Ni 离子溶解到镀液中，Au 离子变成 Au 原子沉积到了基板上，反应方程式如下：

$$2Au(CN)_2^- + Ni \rightarrow 2Au + Ni^{2+} + 4CN^-$$

当 Ni 层的表面完全被 Au 原子覆盖，即镀液和 Ni 原子没有接触时，反应立即停止。Au 层的厚度通常介于 0.05~0.1μm 之间，其对镍表面具有良好的保护作用，而且也具备良好的接触导通性。

在实际镀金时，由于 Ni 原子半径比 Au 小，因此在 Au 原子排列沉积在 Ni 表层上时，其表面晶粒就会呈粗糙、多孔、稀松的形貌，形成诸多空隙，而镀液会透过这些空隙继续同 Au 层下的 Ni 原子反应，使 Ni 原子继续氧化，而未被溶走的 Ni 离子就被束缚在 Au 层下面，形成氧化镍（Ni_xO_y）。当镍层被过度氧化后，就形成了所谓的黑盘。焊接过程中，较薄的 Au 层会很快扩散到钎料中，这时露出已过度氧化、焊接性差的 Ni 层表面，势必使 Ni 与钎料之间难以产生均匀、连续的金属间化合物（IMC），将影响焊点界面结合强度，并会引发沿焊点/镀层结合面开裂，甚至可导致表面润湿不良或镍面发黑，俗称为“黑镍”。当黑镍产生后，镍金表面的 Au 镀层并没有明显的变色，很容易给人造成焊盘表面处理仍良好的假象。当对这种焊盘进行焊接时，作为焊接性保护层的 Au 迅速溶解到钎料中，而被氧化的 Ni 则不能与熔融钎料发生冶金作用，造成焊点可靠性严重下降，只要稍微受力即发生开裂。图 6-12 所示为黑盘造成的焊点开裂。

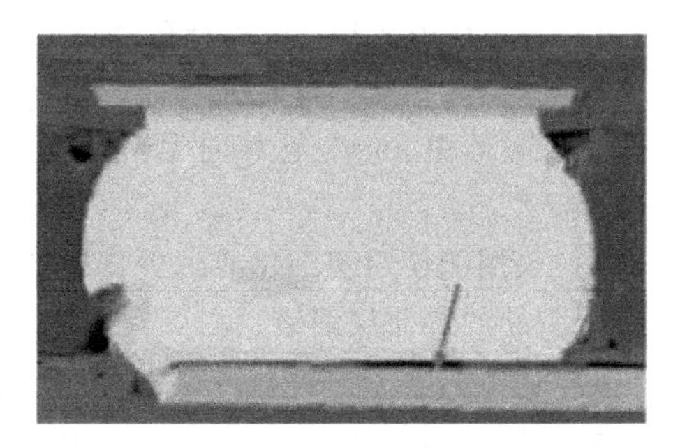

图 6-12　黑盘造成的焊点开裂

6.3.2　黑盘形成的影响因素及控制措施

对于镀金时 Ni 层的氧化，到目前为止仍未找到一种合理的适用于大规模商业应用的解决办法，在化学镀过程中 Ni 层或多或少均存在一定程度的硬化。影响黑盘形成的因素比较复杂，大量研究和实际情况发现，镀层中 P 的含量是整个镀层质量的关键因素。当 P 的质量分数介于 7%~10%之间时，Ni 镀层的质量较好，Ni 层中存在两个稳定相 Ni 和 Ni_3P，如果是 P 含量偏高，则 Ni 层中 Ni_3P 相的比例多，而 Ni_3P 的势能比 Ni 更低、更稳定，所以后期过程中，不易发生反应。因此 P 含量越多，Ni 层的抗蚀能力就越强，但在焊接时，直接与钎料形成金属间化合物的是 Ni，由于 Ni 相占的比例少，会影响焊盘 Ni 层的润湿力。反之如果 Ni 层中 P 含量偏低，则表明 Ni 相占的比例相对多，那整个 Ni 层的势能也会偏高，就相对不稳定，极易发生反应，但是润湿力也相对较好。

控制 Ni 层质量的方法主要分为两个方面，首先是在化学镀镍阶段调节镀液的 pH 值及温度，使 P 含量维持在正常的范围之内，保证 Ni 晶体大小均匀、排列致密。由于 pH 值升高，Ni 的沉积速率增加，P 含量偏低；相反，随着 pH 值的降低，P 含量就升高。当前普遍采用的方法就是更换化镍槽，目的就在于减少镀液中 $H_2PO_2^-$ 的含量，以控制 pH 值，使 Ni 层中的 P 含量维持正常，保持良好的润湿能力和抗氧化能力。其次化学镀金阶段，这个阶段相对复杂，主要工艺参数包括 Au 的沉积速率与沉积时间，镀液温度及添加剂。其中，镀液中添加剂的种类以及用量是很关键的，其作用一方面是促使 Ni 离子溶解，防止 Ni 离子变成 Ni 盐沉积附着，另一方面是加速 Ni 原子氧化。

如某 PCB 经再流焊之后，部分焊点出现焊接不良，产生了反润湿的现象，且焊盘发黑，所用的钎料为 Sn96.5Ag3.0Cu0.5（SAC305）。图 6-13 所示为失效焊点外观照片。焊点出现反润湿现象，一方面可能由于钎料的润湿性不良，可利用焊接性测试仪进行钎料的焊接性评价；另一方面可能是 PCB 焊盘的问题。对不良焊点做扫描电镜（SEM）分析，观察到焊点周围有较多的不导电物质，进一步做 X 射线能谱仪（EDS）分析，表明不导电物质是助焊剂，采用异丙醇将助焊剂清洗之后再对失效焊点进行 SEM 分析。因焊接后，焊盘表面 Au 层已扩散走，只剩下 Ni 层。露出的 Ni 层已出现腐蚀，且具有明显的黑盘特征，如图 6-14 所示。

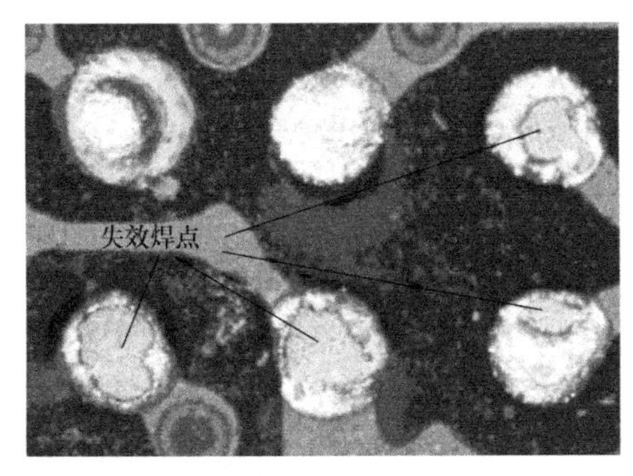

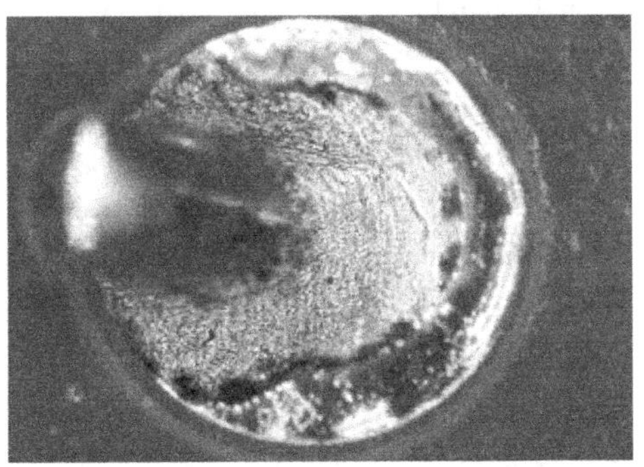

图 6-13 失效焊点外观照片

为确认 Ni 层腐蚀的程度，将反润湿的焊盘位置进行切片处理，发现侧向腐蚀最深处已经超出了 Ni 层厚度的一半，约有 2.8mm，且焊盘的边缘位置腐蚀程度较深，如图 6-15 所示。这种腐蚀必然会给焊接时 Ni 和 Sn 的合金化造成不良影响。用 SEM 分析同一块失效 PCB 上未焊接的焊盘的 Ni 层，同样发现 Ni 层也有明显腐蚀，但腐蚀程度并没有失效位置深，如图 6-16 所示，这与部分焊点失效的现象一致。

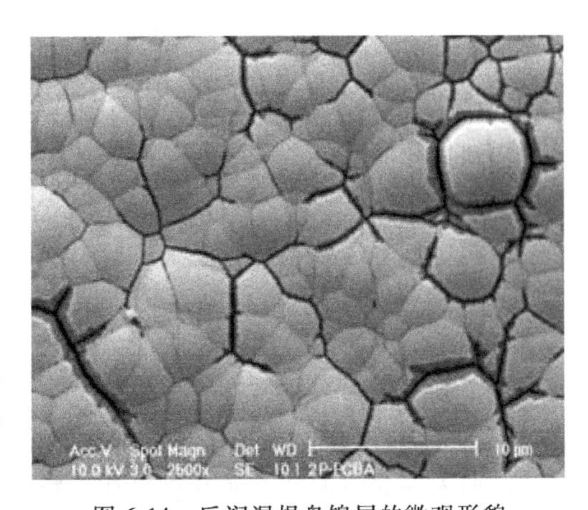

图 6-14 反润湿焊盘镍层的微观形貌

焊点产生反润湿现象的主要原因是焊盘的镍层已发生氧化腐蚀，直接影响了钎料与镍之间的合金化。随着镍金的广泛应用，黑盘的问题已经是个亟待解决的首要问题。以下三个基

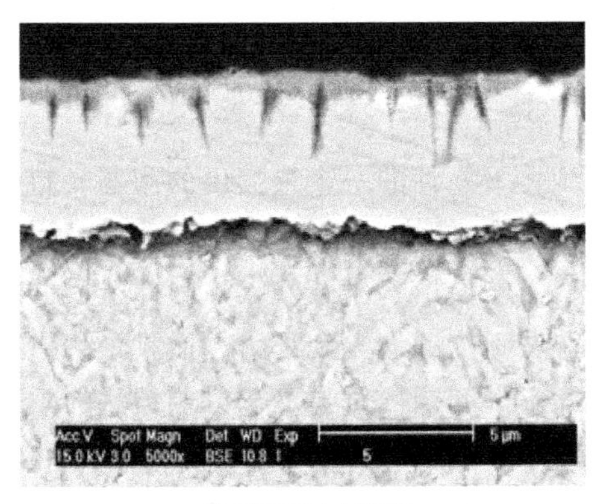

a) 靠近焊盘中间位置

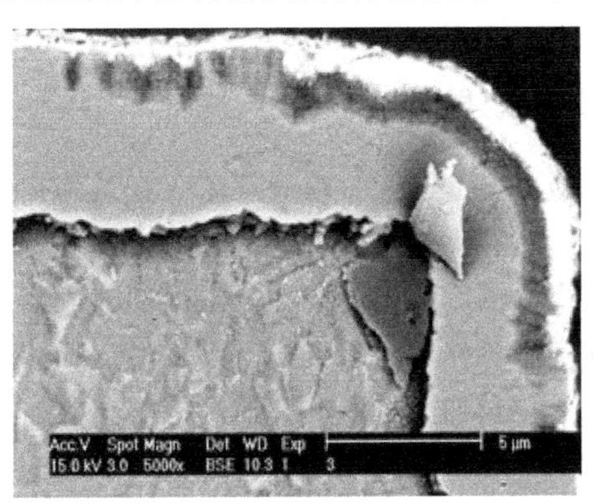

b) 焊盘边缘位置

图 6-15 反润湿焊盘的横截面微观形貌

本现象可证明焊点的失效与“黑盘”现象有关：

1）暴露在破碎 Ni 表面的腐蚀裂纹（可通过金属间化合物观察）。

2）由抛光的横截面观察到的腐蚀以及腐蚀穿透镍层的深度。

3）相对 Ni 整体中 P 含量而言，在腐蚀处出现富 P 现象。富 P 现象可有力证实腐蚀发生，这是因为在腐蚀区域 Ni 被大量消耗而使得 P 的比例增加。“黑盘”现象易发生在球栅阵列封装或者四边扁平封装器件的四个角。

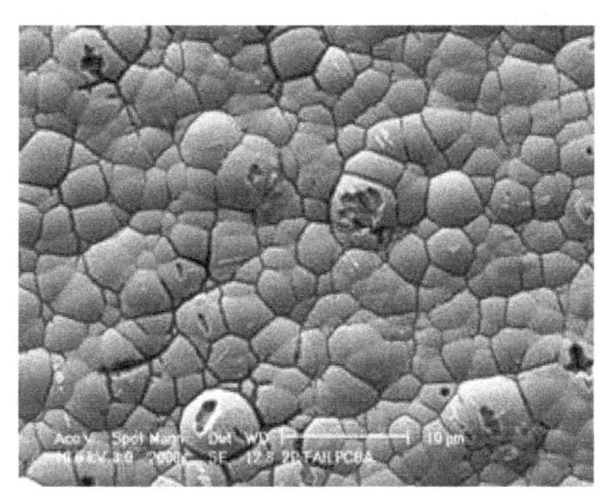

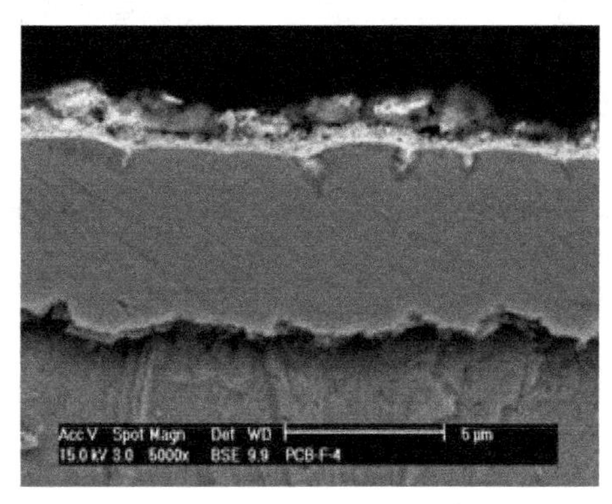

图 6-16　相同失效 PCB 上未焊接好焊盘的 Ni 层表面形貌与横截面形貌

短期解决措施（在工艺允许范围内减小热偏移）：

1）通过控制化学沉镍（EN）层中 P 的质量分数，一般为 7%～8%，以实现良好的耐蚀性。

2）通过控制 EN 层厚度，一般为 5μm。若 EN 层较薄，钎料和 EN 层间的反应会导致柯肯达尔（Kirkendall）孔洞产生，从而使界面强度降低，影响焊点的可靠性。

3）减小镀槽内的金属污染。

4）控制镀层参数，调整镀槽内 pH 值、化学成分以及温度，pH 值一般为 3～4。

5）在沉淀 Au 层时保证镀槽内的最小限度腐蚀的中性金浴槽。

6）加入一些添加剂并使其析出在晶粒边界，改变晶粒度和孔隙来防止过度氧化。

6.4　虚焊及冷焊

6.4.1　概述

在微电子焊接中，虚焊现象一直是困扰焊点工作可靠性的一个最突出的问题，特别是在高密度组装和无铅钎焊中更为显著。历史上电子产品（包括民用和军用）因虚焊导致失效而酿成事故的案例不胜枚举。虚焊现象成因复杂、影响面广、隐蔽性大，因此造成的损失也大。在实际工作中为了查找一个虚焊点，往往要花费不少的人力和物力，而且根治措施涉及面广，建立长期稳定的解决措施也很不容易，因此虚焊问题一直是电子行业关注的焦点。

微电子焊接中，冷焊是间距≤0.5mm 的球栅阵列封装和芯片尺寸封装时芯片再流焊中一种高发性缺陷。在这类器件中，由于焊接部位的隐蔽性，热量向焊球焊点部位传递困难，因此冷焊发生的概率比虚焊还要高。然而由于冷焊在缺陷现象表现上与虚焊非常相似，因此往往被误判为虚焊而被掩盖。在处理本来是由于冷焊现象而导致电路功能失效的问题时，往往按虚焊来处理，结果是花费较大却收效甚微。

冷焊与虚焊造成的质量后果表现形式相似，但形成机理却不一样，不通过视觉图像甄别，就很难将虚焊和冷焊区分开来。它们在生产过程中很难完全暴露出来，往往要用户使用一段时间（短则几天，长则数月甚至一年）后才能暴露无遗。因此不仅造成的影响极坏，后果也是严重的。

虚焊与冷焊从现象上有许多相似之处，这正是在实际工作中常常造成误辨识的原因，因此准确地辨识虚焊和冷焊，对电子产品制造中的质量控制是非常重要的。

（1）虚焊和冷焊的相似性　虚焊和冷焊的相似性主要表现在下述几个方面：

1）冷焊和虚焊所造成的焊点失效均具有界面失效的特征，即焊点的电气接触不良或微裂纹是发生在焊盘和钎料相接触的界面上的。

2）冷焊和虚焊的定义相似，界面未形成所需要的金属间化合物层（简称界面合金层或IMC）。

3）在工程应用中发生的效果和危害相似，即都存在电气上接触不良、电气性能不稳定、连接强度差等现象。尤其是对球栅阵列封装和芯片尺寸封装而言，这种焊点缺陷是十分隐秘的，要过一段时间才能暴露出来。

（2）虚焊和冷焊的差异性

1）形成的机理不同。虚焊是由于被焊金属表面被氧化、硫化或污染，失去焊接性所导致的；而冷焊则是由于焊接时供给的热量不足造成的。

2）解决的方法不同。虚焊一般通过改善被焊金属表面的洁净度和焊接性，调整助焊剂的化学活性即可彻底解决，比较容易实现。而冷焊则必须要解决焊接工艺过程中热量的充分供给问题，特别是对球栅阵列封装和芯片尺寸封装这类高密度器件，往往要涉及再流炉的加热方式和热量转换、传递的效率问题，因此涉及面广且难度大。

3）连接强度有差异。虚焊时由于钎料和基体金属表面相互间隔着一层氧化膜，凝固后钎料的黏附力很差，连接作用很弱。冷焊较轻微的焊点界面上形成的金属间化合物层非常薄而且不完全；而冷焊较严重的焊点界面，往往伴随着贯穿性的裂纹，毫无强度可言。

4）金相组织不同。虚焊切片后的金相组织结构比较细密；而冷焊切片后的金相组织结构不均。

6.4.2 虚焊

在钎焊参数（温度、时间）全部正常的情况下，焊接过程中凡在连接界面上未形成合适厚度金属间化合物（IMC）的现象，均可定义为虚焊。若将虚焊焊点撕裂开，可见到在焊盘金属和钎料之间没有任何相互楔入的残留物，分界面平整，无金属光泽。

在正常焊接条件下，焊接过程中界面的金属间化合物层的生成及其化学成分，随PCB表面所涂覆的材料不同而不同。

非正常条件就是指PCB焊盘表面由于锈蚀、氧化、污染而变得不可焊，因而不能形成合适厚度的金属间化合物；或者焊接过程中因钎料的温度未能达到润湿温度，金属间化合物生成得不完全。前者表现虚焊，后者表现为冷焊。

1. 产生虚焊的常见原因

1）钎料熔点较低。钎料熔点低，但元件引线和固定元件的焊盘材料不一样，其线胀系数也不同，随着放置时间的增加，在热胀冷缩的作用下，将产生虚焊现象。

2）元件引线上存在应力。假如元件安装不到位或元件比较重，以及固定元件的印制电路板存在变形，都将使得元件引线对其焊点产生一定的应力，在这个应力的长期作用下，也会产生虚焊现象。

3）钎料用量太少。若在安装或维修过程中，焊接时钎料使用量太少，时间过长后就容易产生虚焊现象。

4）高温引起其固定点焊锡变质。某些元件在服役时会面临较高的温度，在长期的高温作用下，固定点的焊点严重时会发生脱焊，一般情况会出现虚焊故障。

5）元件引线安装未处理好。在元件安装时或在维修过程中，没有很好地对元件引线进行脱脂、去氧化层处理。镀锡不好，也是产生虚焊的常见原因之一。

6）钎料自身质量不良。假如同时有很多点都出现了虚焊故障，多数是因为钎料本身质量不良引起的。

7）印制电路板敷铜面质量差。焊接前印制电路板敷铜没有很好地进行脱脂、去氧化层与加涂敷层、助焊剂处理，时间长会出现虚焊现象。

2. 虚焊故障常见的种类

（1）虚焊部位出现在焊点与焊盘之间　即使元件引线处理得好，但是如果印制电路板敷铜焊盘面上没有处理好，造成焊接时难以发生界面反应。这种虚焊现象由于隐藏在焊点下面，一般很难发现。

（2）虚焊点出现在元件引线与焊点之间　由于元件引线没有得到很好的处理，结果引线与焊点不能很好地接合。元件引线长时间氧化，会形成电路时断时续的接触不良现象。

（3）虚焊点出现在焊点中间　这类现象经常产生在工作温度比较高的元件周围，主要是因为焊点处用锡量比较少，焊接温度过高（加速氧化）或过低，导致焊接质量差。这种焊点周围会出现一圈较明显的塌陷，且焊点不算光滑，焊点呈暗灰颜色，相对来说，较容易发现。

3. 容易发生虚焊点的部位

（1）体积大和比较重的元器件　因元件本身比较重，在安装或搬运的过程中较易产生应力，就会造成元器件引线逐渐与印制电路板分离，从而产生虚焊。

（2）常受到外力作用的元器件　电子设备中，为了方便与其他设备连接，设置了插接件，以及如各种微动开关之类的器件。假如经常受到外力作用或使用不当，将使这些元件产生松动，会产生虚焊现象。

（3）工作温度较高的元器件　电子设备中，难免会存在着一些工作温度较高的元器件，譬如大功率电阻、大功率开关管及散热器周围元件等，由于这些元器件本身的温度比较高，在热胀冷缩作用下其引线极易产生虚焊现象。

（4）印制电路板上容易产生变形的部分　印制电路板有的部位没有固定，长时间处于悬空状态，而有的固定部位不平整，容易出现变形，导致安装在变形部位的元器件比较容易出现虚焊现象。

(5) 安装得不合理的元器件 如果元器件与印制电路板不相符，或是替代品，安装时尺寸不匹配，这些元器件容易受到挤压，从而出现虚焊。

4. 常用的虚焊故障检修方法

有些虚焊故障点非常隐蔽，因此在检修虚焊故障时要仔细认真，必须有足够的照明度，必要时可以借助放大镜和通表（万用表低阻档）检查。

(1) 敲击法 一般遇到虚焊时，可采取敲击的方法来确认，用螺钉旋具手柄轻击线板，以定位虚焊点的位置。但在采用敲击法时，需确保人身安全，同时也要保证设备的安全，防止扩大故障范围。

(2) 晃动法 利用手或镊子对低电压元件逐个进行晃动，通过感觉元件有无松动现象来确定故障，此方法主要应对比较大的元件。但在用这个方法之前，应该对故障范围进行压缩，以确定出故障的大致范围，否则遇到众多元件，逐个晃动是不现实的。

(3) 补焊法 这是当仔细检查后仍不能发现故障时进行的维修方法，补焊法就是对故障范围内的元件逐一进行焊接。这样做虽然没有发现真正故障点，却能达到维修的目的。

6.4.3 冷焊

在焊接中钎料与母材之间没有达到最低要求的润湿温度，或者虽然局部发生了润湿，但冶金反应不完全而导致的现象，可定义为冷焊。它表明 PCB 及元器件的焊接性不存在问题，出现此现象的根本原因是焊接的温度条件不合适。冷焊发生的原因主要是焊接时热量供给不足，焊接温度未达到钎料的润湿温度，因而接合界面上没有形成金属间化合物或金属间化合物过薄。有的情况下，界面上还存在着微裂纹。这种焊点，钎料是黏附在焊盘表面上的，有时表现得毫无连接强度可言。

1. BGA、CSP 在热风再流焊中冷焊率高的原因

热风对流是以空气作为传导热量的媒介，对加热那些从 PCB 面上“凸出”的元器件，如高引线与小元器件是理想的。可是，在该过程中，由于在对流空气与 PCB 之间形成的“附面层”的影响，此时球栅阵列封装和芯片尺寸封装与 PCB 表面的间隙已接近附面层厚度，热风已很难透入底部缝隙中，因而热传导到球栅阵列封装和芯片尺寸封装底部焊盘区时，传热效率就将明显降低，如图 6-17 所示。

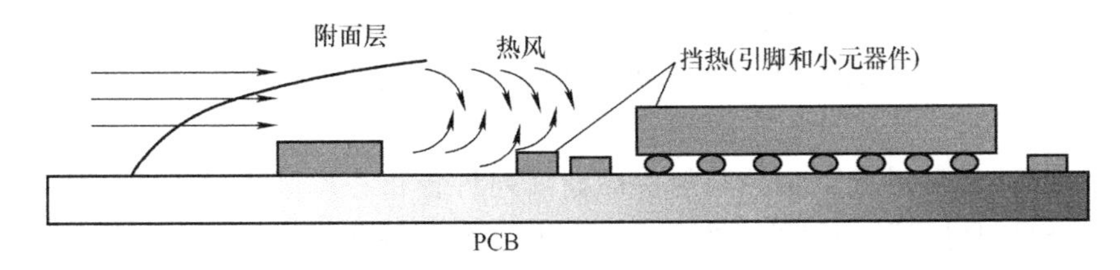

图 6-17 热风再流焊对冷焊的影响

在相同的峰值温度和再流时间的条件下，与其他在热空气中焊点暴露性好的元器件相比，球栅阵列封装和芯片尺寸封装焊球焊点获得的热量将明显不足，从而导致一些底部焊球焊点温度达不到润湿温度而发生冷焊。在上述状态下，球栅阵列封装和芯片尺寸封装再流焊过程中，热量传递就只能是封装体和 PCB 首先加热，然后依靠封装体和 PCB 基材等热传导到焊盘和焊球，形成焊点。例如，如果 240℃的热空气作用在封装表面，焊盘与焊球将被逐渐加热，温度上升的程度与其他元器件相比出现一个滞后时间，假如不能在要求的再流时间内达到所需的润湿温度，便会发生冷焊。

2. 解决 BGA、CSP 冷焊发生率高的可能措施

（1）采用梯形温度曲线（延长峰值温度时间） 适量降低再流峰值温度，而延长峰值温度时间，可以改善小热容量元器件与大热容量元器件间的温差，避免较小元器件的过热。

（2）改进再流焊的热量供给方式 再流焊就是将数以千计的元器件焊接在 PCB 焊盘上。若在一块 PCB 上同时存在质量、大小、热容量、面积不等的元器件时，就会形成温度的不均匀性。再流热量供给方式及其特点如下所述：

1）强制对流加热，如图 6-18 所示。强制热风对流再流焊是一种通过对流喷射管嘴来迫使气流循环，从而实现对被焊件加热的再流焊方法。采用此种加热方式的 PCB 基板和元器件的温度接近给定的加热区的气体温度，克服了红外线加热因外表色泽的差异、元器件表面反射等影响因素而导致的元器件间温差较大的问题。

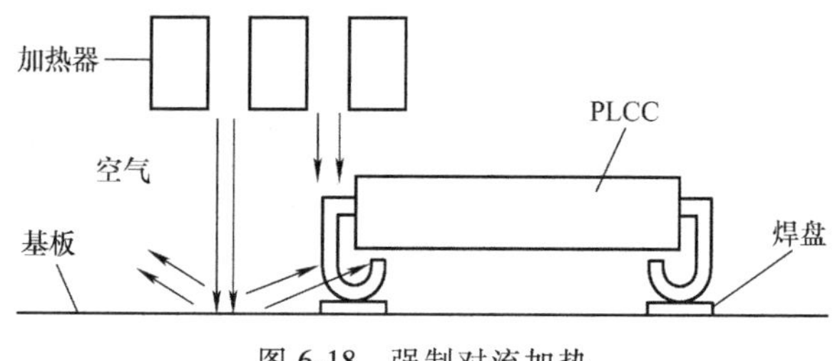

图 6-18 强制对流加热

采用此种加热方式，就热交换而言，热传输性比红外线差，因而生产效率不如红外线加热方式高，耗电也较多。另外，由于热传输性小，受元器件体积大小的影响，各元器件间的升温速率的差异将变大。在强制热风对流再流焊设备中，循环气体的对流速度至关重要。为确保循环气体能作用于 PCB 的任一区域，气流必须具有足够大的速度或压力，这在一定程度上易造成薄型 PCB 基板的抖动和元器件的移位等问题。

2）红外线加热。红外线是具有 $7.5\times10^{-7}\sim1\times10^{-3}$m 波长的电磁波。通常 PCB、助焊剂、元器件的封装等材料都是由原子化学结合的分子层构成的，这些高分子物质因分子伸缩、变换角度而不断振动。当这些分子的振动频率与相近的红外线电磁波接触时，这些分子就会产生共振，振动就变得更激烈。频繁振动会发热，热能在短时间内能够迅速均匀地传到整个物体，因此物体不需要从外部进行高温加热，也会充分变热。红外线加热再流焊的优点是：被照射的同一物体表面呈均匀的受热状态，被焊件产生的热应力小，热效率高，因而可以节省能源。它的缺点是：被同时照射的各物体，因其表面色泽的反光程度及材质的不同，彼此间吸收的热量不同从而导致彼此间出现温差，个别物体因过量吸收热能而可能出现过热。

3）“红外线+强制对流”加热是解决球栅阵列封装和芯片尺寸封装冷焊的主要技术手段。“红外线+强制对流”加热的基本概念是：使用红外线作为主要的加热源达到最佳的热传导，并且抓住对流的均衡加热特性，以减少元器件与 PCB 之间的温差。对流加热方式在加热大热容量的元器件时有帮助，同时对较小热容量元器件过热时的冷却也有帮助。在图 6-19 中：①代表具有大热容量元器件的加热曲线；②代表小热容量元器件的加热曲线。如果只使用一个热源，不管是红外线还是对流，都将发生如图 6-19 粗实线所示的加热效果。图 6-19 中两条虚线描述的加热曲线显示了“红外线+强制对流”复合式加热的优点（$\Delta T_2<\Delta T_1$）。这里增加强制对流的作用是：加热低于热空气温度的元器件；同时冷却已经升高到热空气温度之上的元器件。

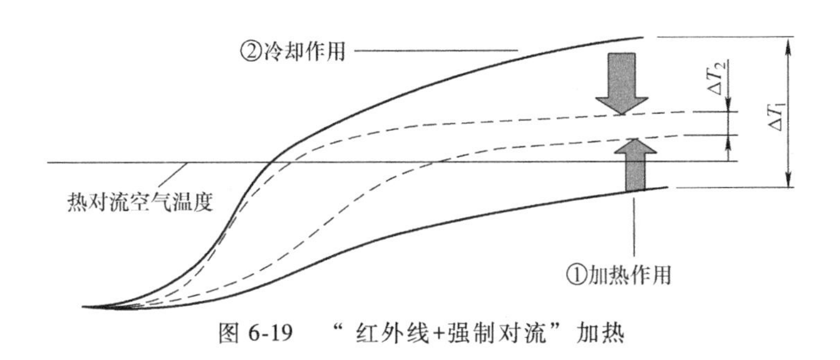

图 6-19 “红外线+强制对流”加热

目前，电子工业中广泛应用的再流炉技术结合了对流与红外线辐射加热两者的优点，元器件之间的最大温差可以保持在8℃以内，同时在连续大量生产期间PCB之间的温差可稳定在大约1℃。

6.5 不润湿及反润湿

6.5.1 定义

润湿良好是指在焊接面上留下一层均匀、连续、光滑、无裂痕、附着好的钎料，此时接触角明显小于30°。部分润湿指金属表面只有一些区域被钎料润湿，另一些区域表现为不润湿，此时接触角在30°~90°之间。不润湿是指钎料在焊接面上不能有效铺展，甚至在轻微外力作用下钎料仍可去除。一般地，接触角小于90°时，认为焊点是合格的；大于90°时，则认为焊点不合格。电子元器件钎焊时，母材表面的氧化物在加热过程中被助焊剂去除。加热不仅使助焊剂活化，而且使钎料的表面张力减小，使润湿作用增强。如果母材与钎料之间没有良好的润湿作用，将导致不润湿或反润湿。造成焊点润湿不良的原因有以下两方面：一是由于母材表面的氧化物未被助焊剂去除干净，使得钎料难以在这种表面上铺展，从而导致接触角大于90°；另一原因是钎料本已良好润湿母材，但由于工艺不当（如加热时间过长或温度过高等），使得母材表面易于被钎料润湿的金属镀层完全溶解到液态钎料中，并裸露出不易被钎料润湿的母材表面，或是由于钎料与母材相互作用，形成了连续的不易被钎料润湿的化合物相。一旦出现这类情形，已铺展开的液态钎料就会回缩，使其表面积趋于最小，使接触角增大，最终形成所谓的反润湿（或称润湿回缩）焊点。钎料的不润湿和反润湿照片如图6-20所示。

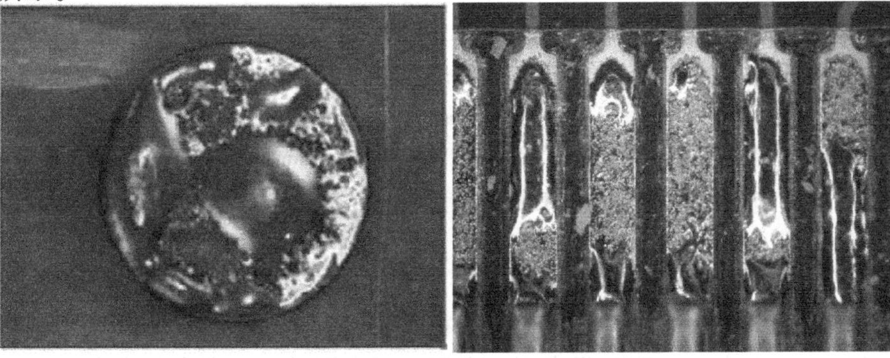

图 6-20 钎料的不润湿和反润湿照片

1）不润湿是焊接后母材表面产生不连续的钎料薄膜。在不润湿的焊盘（母材）表面，钎料没有与母材完全接触，因而可以明显地看到裸露的母材。

2）反润湿是指熔融钎料在焊盘（母材）表面铺展开后又发生收缩，形成一个粗糙不规则的表面，其表面上存在与薄钎料层相连的较厚钎料隆起的现象，在反润湿中具体表面并没有暴露出来。焊球与母材相接触处有很多的接触角，焊球形状不规则。

6.5.2 形成原理

1. 不润湿

1）母材不可焊。

2）使用的助焊剂活性不够或者助焊剂变质失效。

3）表面上存在油质污染物使钎料和助焊剂不能相接触。

2. 反润湿

1）在母材表面被污染导致半润湿。

2）在钎料槽里的金属杂质浓度达到一定值后，也会导致反润湿。

为了获得良好的润湿以满足焊接的需求，一般要对焊盘表面进行镀层处理。镀层的润湿性由好到差按下列顺序排列：Sn、Sn-Pb>Cu>Ag/Pd、Ag/Pt>Ni。随着焊盘表面的变化，焊接性能也可能会发生变化。由于基板表面状态改变，使用相同的助焊剂也可能会导致不同的结果。对助焊剂活性的要求取决于再流温度和技术条件，在大气环境气氛下对再流焊操作要比蒸气相再流焊、热空气再流焊或激光再流焊操作需要更多的钎剂。惰性气体或还原气氛可以通过影响润湿以及残留物的特性来改变再流焊性能。

6.5.3 解决对策

1）改善母材的焊接性。

2）选用合适的、活性较强的助焊剂。

3）合理调节焊接的温度以及时间等工艺参数。

4）彻底清除焊盘（母材）表面的油、油脂及有机污染物。

5）保持波峰焊钎料槽中的钎料纯度。

6.6 爆板和分层

随着电子产品的高密度化、电子制造的无铅化，印制电路板（PCB）产品的技术要求和现有的性能指标水平也面临越来越严峻的挑战。印制电路板的电路层数越来越多，导线之间的间距也越来越小，另外无铅工艺也需要PCB板能够承受更高温度的焊接工艺过程。

通常所谓的“爆板（popcorn）”，主要是指“分层（delamination）”和“起泡（blister）”。依据国际电子工业联接协会（IPC）的定义，“分层”是指“出现在基材内的层与层之间、基材与导电箔之间或其他印制电路板层内的分离现象”；“起泡”则是指“层压基材的任意层之间或者基材与导电箔或保护涂层之间的局部膨胀和分离的分层”。简单地说，两者都属于“分层”，不过“起泡”属于局部的情况。在严重情况下，两种情况会同时存在于同一板上。爆板发生后，通常会在PCB板表面上出现“泛白”甚至“隆起”的外观，如图6-21

所示。

图 6-22 是一幅对爆板制作切片观察后所拍摄的分层现象照片，可清楚地看到层与层之间已严重分离引起的“真空”现象。

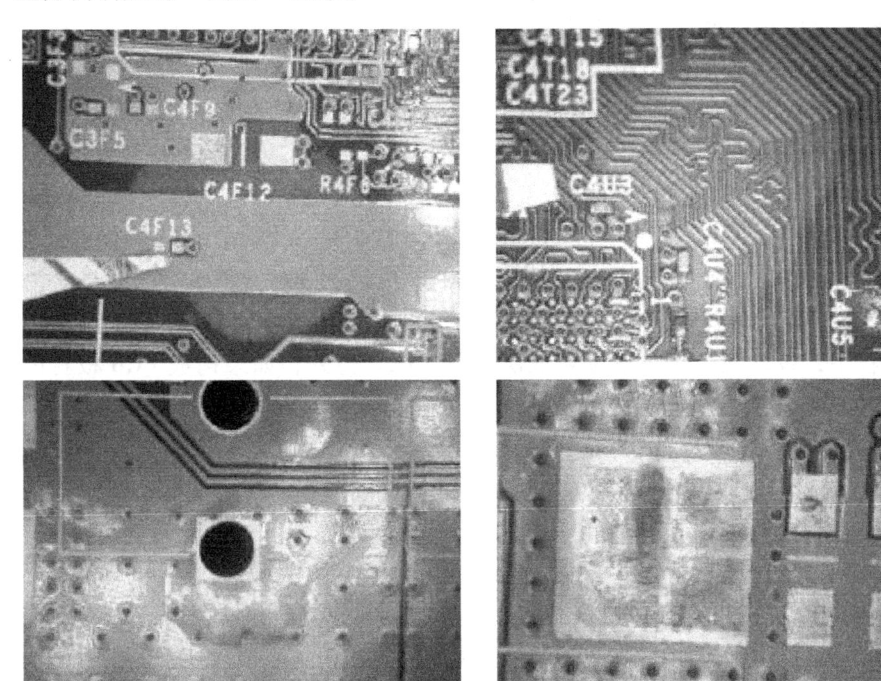

图 6-21 PCB 板的爆板失效

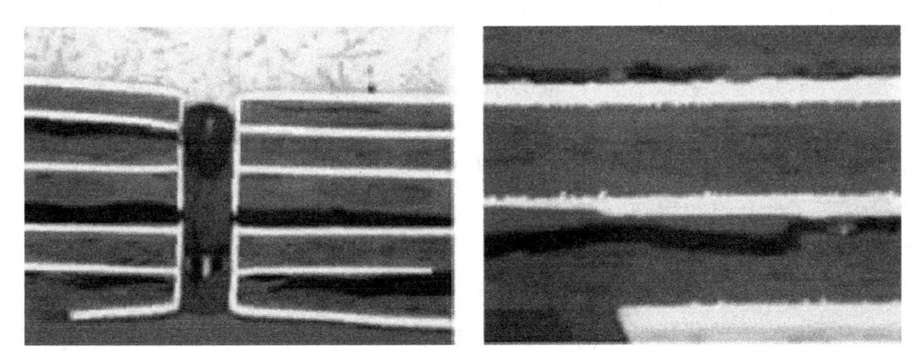

图 6-22 分层现象照片

6.6.1 爆板的原因

由于无铅钎焊在焊接温度升高的同时，也延长了焊接时间，使得焊接的板件所需承受的热量（曲线下的面积）与热冲击比在有铅的情况下大幅度增加。这是造成爆板的根本原因。

1. 材料

板材无法承受无铅钎焊的热量和热冲击，是产生爆板的根本原因。板材承受高热量和热冲击的四个指标参数如下。

1）玻璃化温度 T_g：表示树脂的化学、物理性能发生劣化的温度。

2）热分解温度 T_d：在高温下当树脂发生分解失重为5%时对应的温度，当温度接近或达到树脂的热分解温度时，已经有部分树脂发生了裂解，虽然不一定超过5%，但很可能已达到2%～3%，这时树脂的性能也已发生了较大的劣化，承受高温的时间越长，树脂的分解就越严重，板材的总体膨胀量也越大。

T_g 和 T_d 高的板材，对 z 向的应力更具有良好的抑制作用，在高温热循环中具有更好的抗弯曲性和更高的硬挺性，可有效减少板件在焊接过程中上下表面的凸凹变形。

3）热分层时间：在多次焊接中是否发生爆板的性能参数。

4）z 向膨胀率［α_1CTE、α_2CTE 和总膨胀率（50～260℃）］。α_1CTE 表示树脂在温度到达 T_g 前的 z 向膨胀率；α_2CTE 表示树脂在温度到达 T_g 后的 z 向膨胀率。如果温度在超过 T_g 后，z 向的膨胀率将急剧增加，因为无铅焊接的温度已经超过板材的 T_g 值，因此在无铅焊接的高温过程中，板材的热膨胀量主要取决于 α_2CTE。另外，如果构成 PCB 板材的各种材料 CTE 相差很大，将会成为高温下爆板的诱因。

2. PCB 制程

如果 PCB 制程控制不当也会对 PCB 的无铅钎焊造成爆板，严格的制程管理与品质控制常会在制造过程中或者出货前发现问题并得到解决。一些操作可能会留下一些隐患并造成下游焊接时出现问题，这些操作包括无铅热风钎料整平、棕黑化处理及压合处理。

（1）热风整平（275℃浸锡 2s）　在热风钎料整平前先进行烘板预热，以减少湿气造成的爆板问题。尽可能避免返工，防止加重板件受到的热冲击，还要防止钎料对孔环边缘的咬铜过渡。

（2）棕黑化　PCB 内层的棕黑化处理主要是在铜导体表面生成棕色或黑色的氧化层，用来提高层压后层间的结合力，假如内层的棕黑化处理不良，将造成层压后层间的结合力不足，给产生爆板留下隐患。

（3）层压　若层压参数设置不当也会引起爆板，如升温速度和加压的速度不匹配，造成树脂填充不充分或流动不充分，再者流动速度过高会使板件产生空洞，而结合力不足和树脂聚合度不足等也会引起下游焊接时爆板的发生。在层压前，如果内层的湿度高或粘接片挥发物的含量偏高，也会引起爆板，控制方法为在压合前烘烤。

3. 焊接过程

爆板的发生密切关系着焊接过程。虽然波峰焊的温度要比再流焊的温度高，但由于再流焊的时间较长，板件承受的热量反而更多，所以受到的热冲击更高，所以对再流焊的工艺控制比波峰焊更加复杂、更需要经验。

再流焊的焊接过程主要取决于两个方面：再流焊炉的性能和再流焊的曲线设定。优化的再流焊曲线必须确保再流焊炉在提供适当的热量的条件下，热量不能太多，也不能太少，各种必须焊接的元器件都得到可靠焊接，因为热量过多会造成爆板的问题，热量不足会造成冷焊等问题，所以目前使用的再流焊炉基本上采用热风对流或热风加红外的对流方式（热风可以设计为空气或氮气，也可在两者间切换），基本达到再流工艺具有高的热量，且加热速率可控。

无铅再流焊曲线的设定有以下两种类型：

1）缓慢升温达到峰温，稍后冷却的两阶段曲线（ramp to spike cooling，RTSC）。这种类型主要应用于一些层数不多、装配简单或面积较小的板件焊接。升温速率一般在 1℃/s 以下。

2）预热—吸热—峰温—冷却（ramp to soak spike cooling，RSSC）类型。主要应用于板件装配较复杂的高层板件。参数涉及预热升温速率、吸热后飙升至峰温的速率、峰温的设置、吸热段的时间长度、熔融钎料膏所需时间、冷却速率和板面的温差（ΔT）、再流焊炉输送速率以及焊接时上下板温的控制。

为避免爆板，再流焊过程需要控制好热量的平衡分配，防止板件内外温差过大，防止 ΔT（板件上最热点和最冷点的温差，控制在 5℃ 以内）过大，防止峰温过高以及熔融钎料膏时间过长。试验证明：厚高多层板（特别是厚高多层且铜厚的板件）、大面积的板件、球栅阵列封装腹底多孔密孔区、通孔密集的位置、内层大铜面、受潮吸水的板件、做过无铅热风钎料整平流程的板件，发生爆板的可能性较大。在波峰焊时，常发生爆板的位置是密集多孔区，这是由于多孔区通过锡波填锡的瞬间携带了许多热量，特别是当孔洞的伸长率很低时，爆板往往是由孔洞被拉断造成的，这种情况下应该考虑是否对密集孔进行塞孔处理。

4. 受潮吸湿

通常受潮较大的板件在承受无铅钎焊高热量的冲击时，水分瞬间汽化产生强大的应力，从而导致爆板，这是爆板的诱因，可以采用的防止措施有：防潮包装、控制存储、使用环境、控制使用期限、烘板等。

有些板材的吸湿性很大，如固化剂使用双氰胺（dicy）的板材比用酚醛树脂（phenolic novalac，PN）的板材吸湿性还要大，主要是双氰胺的极性比酚醛树脂大。

综上所述，采用优化设计，选择耐热性能较好的板料，加强过程品质控制以及优化焊接温度，分层爆板现象可以得到有效抑制。

6.6.2 PCB 失效分析技术概述

作为各种元器件的载体与电路信号传输的枢纽，PCB 已成为电子信息产品的最重要的部分，其质量好坏与可靠性水平决定整机设备的质量与可靠性。但由于成本及技术的原因，PCB 在生产与应用过程中出现了大量的失效。

下面介绍一些常用的失效分析技术。基于 PCB 的结构特点与失效的主要模式，这些技术包括：外观的检查、X 射线透视检查、金相切片分析、光电子能谱分析、扫描声学和电子显微镜分析、显微红外分析及 X 射线能谱分析等。其中金相切片分析属于破坏性的分析技术，一旦使用了这种技术，样品就被破坏，而且无法恢复；另外，由于制样要求，扫描电子显微镜分析与 X 射线能谱分析有时也需要部分破坏样品。除此之外，在分析的过程中可能还会因为失效定位和失效原因的验证的需要，使用到如热应力、电性能、焊接性测试及尺寸测量等方面的试验技术。

1. 外观的检查

外观检查是指目测或利用一些简单的仪器，如放大镜、立体显微镜、金相显微镜等工具检查 PCB 外观，寻找失效的部位及相关的物证，主要作用就是失效定位和初判 PCB 的失效模式。通常外观检查主要检查 PCB 的污染、爆板、腐蚀的位置、电路布线及失效的规律性。例如检查是批次的或是个别的，是不是总是集中在某个区域等。此外，许多 PCB 的失效是在组装成 PCBA 后才发现，是不是由于组装工艺过程及过程所用材料的影响造成的失效，也需对失效区域的特征仔细检查。

2. X 射线透视检查

对某些不能通过外观直接检查到的部位与 PCB 的通孔内部以及其他内部缺陷，只能采用 X 射线透视系统来检查。X 射线透视系统成像原理就是利用不同材料厚度或是不同材料密度对 X 射线的吸收或透过率的不同来成像。该技术更多用来检查 PCBA 焊点内部的缺陷、通孔内部缺陷以及给高密度封装的球栅阵列封装或芯片尺寸封装器件的缺陷焊点定位。现在工业 X 射线透视设备的分辨率可达到 1μm 以下，并由二维向三维成像的设备转变，更有五维的设备用于封装的检查，但这种五维的 X 射线透视系统非常昂贵，极少在工业界应用。

3. 金相切片分析

金相切片分析是指通过取样、镶嵌、切片、抛磨、腐蚀、观察等一系列步骤获得 PCB 横截面结构的过程。利用切片分析可以得到较多反映 PCB（通孔、镀层等）质量的微观结构的信息，为进一步的质量改进提供依据。但该方法具有破坏性，一旦进行切片，样品必然会遭到破坏；而且该方法制样要求高，耗时也较长，需要技术娴熟的工作人员来完成。切片作业过程要求，可参考 IPC 的标准（IPC-TM-650 2. 1. 1 与 IPC-MS-810）规定的流程执行。

4. 扫描声学显微镜分析

用于电子封装或组装分析的设备主要是 C 模式下的超声波扫描声学显微镜，它的工作原理是利用高频超声波在材料不连续界面上经过反射产生的振幅及位相与极性的变化来成像，它的扫描方式是沿着 z 轴扫描 x-y 平面的信息。所以扫描声学显微镜可以用来检测材料、元器件及 PCB 与 PCBA 内部的各种缺陷，这些缺陷包括裂纹、分层、空洞以及夹杂物等。假如扫描声学的频率宽度足够，还能直接检测到焊点的内部缺陷。扫描声学的典型图像是以红色的警示色标示缺陷的存在，由于在 SMT 工艺中大量塑料封装元器件的使用，从有铅转换成无铅工艺的过程中，会产生大量的潮湿再流敏感问题，即吸湿的塑封器件会在更高的无铅工艺温度下再流时产生内部或基板分层开裂现象。在无铅工艺的高温下，普通的 PCB 也会常常出现爆板。这种条件下，扫描声学显微镜就显示其在多层高密度 PCB 无损探伤方面的优势。而一般的明显爆板则只需目测外观就能检测到。

5. 显微红外分析

显微红外分析是一种将红外光谱与显微镜结合在一起进行分析的方法，它利用不同材料（主要为有机物）对红外线光谱吸收率不同的原理，分析材料中的化合物成分，再结合显微镜使可见光与红外线同光路，这样只要在可见的视场下，就能寻找要分析微量的有机污染物。假如没有显微镜的结合，红外线光谱就只能分析样品量较多的样品。但电子工艺中很多情况是只要微量的污染物就会导致 PCB 焊盘或引线的焊接性不良，因此没有显微镜配套的红外线光谱是难以解决工艺问题的。显微红外分析主要用来分析被焊面或焊点表面的有机污染物，探明腐蚀或焊接性不良的原因。

6. 扫描电子显微镜分析

扫描电子显微镜（SEM）作为失效分析的最为有效测试方法之一，它的工作原理是利用阴极发射的电子束由阳极加速，再由磁透镜聚焦形成一束直径为几纳米至几百纳米的电子束流，通过扫描线圈的偏转作用，电子束将以一定时间和空间顺序在试样的表面做逐点式扫描，这束高能电子束轰击到样品表面时会激发出许多种信息，通过收集放大就能从显示屏上得到各类电子相应的图形。由于激发的二次电子产生于样品表面 5~10nm 的范围内，因此二次电子可以较好地反映样品的表面形貌，所以二次电子最常用作形貌观察；而激发的背散射电子则产生于样品表面 100~1000nm 的范围内，随物质原子序数的不同而发出不同特征的背散射电子，因而背散射电子图像具有形貌特征及原子序数判别的能力，同时，背散射电子像能反映化学元素成分的分布状态。目前的扫描电子显微镜功能已经很强大，任何表面特征或精细结构均可放大到数十万倍进行观察与分析。

SEM 在 PCB 或焊点的失效分析中主要用作失效机理分析，具体来说就是用来观察焊盘表面的形貌结构、测量金属间化合物及焊点显微组织、焊接性镀层分析以及锡须分析测量等。和光学显微镜不同，SEM 是电子成像，它只有黑白两色，且扫描电镜的试样需要导电，对非导体和部分半导体要求喷金或碳处理，否则电荷聚集在样品表面会影响对样品的观察。另外，由于扫描电镜图像景深远远大于光学显微镜，因而是针对金相结构、显微断口及锡须等不平整样品的重要分析手段。

7. X 射线能谱分析

上面所说的扫描电镜一般都配有 X 射线能谱仪。当高能电子束撞击样品表面时，表面物质的原子中的内层电子被轰击逸出，外层电子向低能级跃迁时就会激发出特征 X 射线，不同元素的原子能级差不同而发出的特征 X 射线就不同，因此可以将样品发出的特征 X 射线作为化学成分分析。同时按照检测 X 射线的信号为特征波长或特征能量，又将相应的仪器分别叫波谱分散谱仪（简称波谱仪，WDS）和能量分散谱仪（简称能谱仪，EDS），波谱仪的分辨率比能谱仪高，能谱仪的分析速度比波谱仪快。由于能谱仪的速度快且成本低，所以一般的扫描电镜配置的都是能谱仪。

根据电子束的扫描方式不同，能谱仪能进行表面的点分析、线分析以及面分析，可以得到不同元素分布的信息。点分析能得到一点的所有元素；线分析每次对指定的一条路径做一种或多种元素分析，经多次扫描可得到所有元素的线分布；面分析则是对一个指定面内的所有元素进行分析，测得的元素含量是测量面范围的均值。

能谱仪在 PCB 的分析上主要用于焊盘表面的成分分析，对焊接性不良的焊盘与引线表面污染物的元素做分析。由于能谱仪的定量分析的准确度有限，质量分数低于 0.1%的元素一般不易检出。能谱仪与 SEM 结合使用可以同时获取表面形貌与成分的信息，因而它们得以广泛应用。

8. 光电子能谱（XPS）分析

样品受 X 射线照射时，表面原子的内壳层电子会脱离原子核的束缚而逸出固体表面形成电子，测量其动能 E_x，可得到原子的内壳层电子的结合能 E_b。E_b 因不同元素和不同电子壳层而异，它是原子的“指纹”标志参数，形成的谱线即为光电子能谱（XPS）。可以用 XPS 来进行样品表面的浅表面（几个纳米级）元素的定性和定量分析。另外，还能根据结合能的化学位移获取有关元素化学价态的信息，给出表面层原子价态同周围元素键合等信息。因为入射束为 X 射线光子束，所以可进行绝缘样品的分析，这种方式不损伤被分析样品，而且可快速做多元素分析；还可以在使用氩离子剥离的情形下对多层进行纵向元素分布分析（参见后面的案例），而且灵敏度远比能谱仪高。在 PCB 的分析方面，光电子能谱主要用于焊盘镀层的质量分析、氧化程度的分析以及污染物分析，用来分析焊接性不良的深层次原因。

6.6.3 热分析技术在 PCB 失效分析中的应用

PCB 作为各种元器件的载体与电路信号传输的枢纽，已成为电子信息产品中最为重要的部分，其质量的好坏与可靠性水平将决定整机设备的质量与可靠性。由于电子信息产品在小型化以及无铅无卤化方面的要求，PCB 也向高密度高玻璃化温度和环保的方向发展。然而由于成本以及材料改变的原因，因此 PCB 在生产和应用过程中都出现了大量的失效问题，这其中许多失效可能与材料本身的热性能或稳定性有关。

1. 差示扫描量热法

差示扫描量热法（differential scanning calorimetry，DSC）是在程序控温下，测量输入试样与参比物质之间的功率差与温度（或时间）关系的一种方法。DSC 在试样和参比物容器下装有两组补偿加热丝，当试样在加热过程中由于热效应与参比物之间出现温差 ΔT 时，可通过差热放大电路和差动热量补偿放大器，使流入补偿电热丝的电流发生变化，而使两边热量平衡，温差 ΔT 消失，并记录试样和参比物下两只电热补偿的热功率之差随温度（或时间）的变化关系，并根据这种变化关系，可进行材料的物理化学及热力学性能研究分析。DSC 应用广泛，但在 PCB 的分析方面，其主要用于测量 PCB 上所用的各种高分子材料的固化程度（图 6-23）、玻璃化温度，这两个参数决定着 PCB 在后续工艺过程中的可靠性。

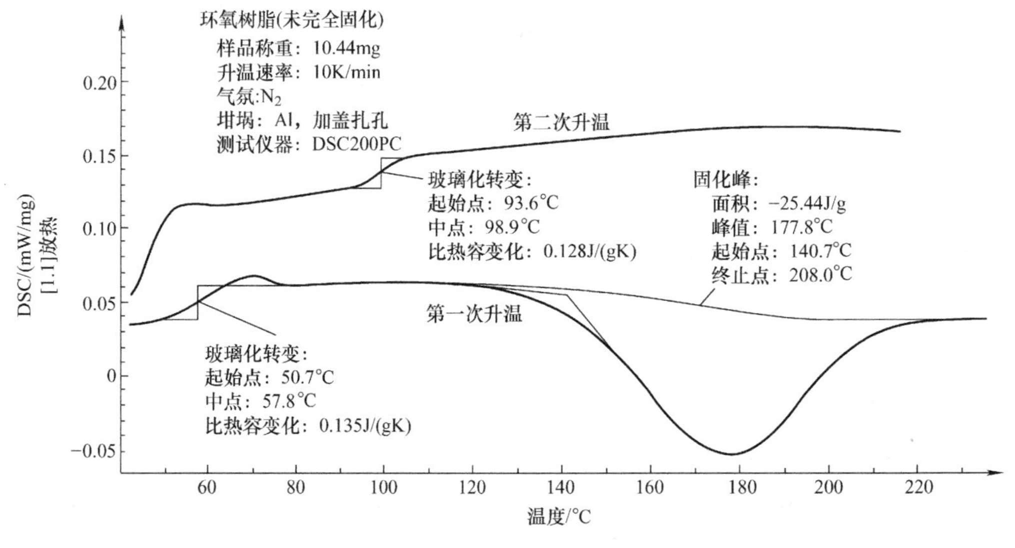

图 6-23 PCB 中的环氧树脂的固化情况分析

2. 热机械分析法

热机械分析法（thermal mechanical analysis，TMA）是用于程序控温下，测量液体、固体、凝胶等在热或机械力作用下的形变性能，常用的负荷方式是压缩、压入、拉伸、弯曲等。测试探头是由固定在其上面的螺旋弹簧和悬臂梁支撑，通过电动机对试样施加载荷，在试样发生形变时，差动变压器检测到此变化，并连同应力、应变和温度等数据进行处理，可得到该物质在可忽略负荷下形变与温度之间（或时间）的关系。根据此关系，可对材料的物理化学及热力学性能进行研究分析。热机械分析法应用广泛，在 PCB 的分析方面其主要用于测量 PCB 最关键的两个参数：玻璃化温度和线胀系数。线胀系数过大的基材制作的 PCB 在焊接组装后一般会导致金属化孔的断裂失效。

3. 热重分析法

热重分析法（thermogravimetry analysis，TGA）是在程序控温下，测量物质的质量随温度（或时间）的变化关系的一种方法。TGA 通过精密的电子天平可监测物质在程控变温过程中发生的细微的质量变化。根据物质质量和温度（或时间）的变化关系，可对材料的物理化学及热力学性能进行分析研究。TGA 在研究化学反应或物质定性定量分析方面有广泛的应用；在 PCB 的分析方面，主要用于测量 PCB 材料的热稳定性或热分解温度，如果基材的热分解温度太低，PCB 在经过焊接过程的高温时将会发生爆板或分层失效现象。

为了适应环保以及电子产品小型化的发展要求，电子产品制造的材料和工艺过程都发生了很大的变化。为了更好地控制或保证 PCB 的质量与可靠性，必须从研发、设计、工艺以及质量保证技术等多方面着手才能达到目的，其中作为质量保证技术中的关键，失效分析也越来越发挥出重要作用，只有通过失效分析才能够找到问题的根源，从而不断改进或提升产品的质量与可靠性，而在对爆板、分层、变形等的分析中，热分析手段必不可少。

6.7 空洞

6.7.1 空洞的形成与分类

1. 空洞的形成

在进行焊接时，无论是再流焊还是波峰焊，无论是有铅钎焊还是无铅钎焊，冷却之后都难免会出现一些空洞现象。焊点内部发生空洞的主要成因是钎剂中的有机物经过高温裂解后产生的气泡无法及时逸出。在再流区钎剂已经发生裂解被消耗殆尽，钎料膏的黏度发生了较大的变化，导致高温裂解后的气泡无法及时地逸出，被包围在焊球中，冷却后就形成空洞现象。目前，一般使用 X 射线设备进行检查，可以观察到焊球的空洞分布状况与面积。众多的空洞现象研究发现，产生空洞现象与钎料膏本身的表面张力有着直接的联系。钎料膏的表面张力越大，高温裂解的气泡越难逸出焊球，气泡被团团包围在焊球之中（无铅钎料膏的表面张力达到 4.60×10^{-3}N/260℃），表面张力越小，高温裂解后的气泡就很容易逃出焊球，被焊球包围的概率就相当小（有铅钎料膏的表面张力为 3.80×10^{-3}N/260℃，Sn63-Pb37 熔点为 183℃）。有铅钎料膏密度较大（约 8.44g/cm^3），高温裂解的气泡在钎料中的合金的相互挤压下，易于向外面逃脱，所以有机物残留在焊点中的概率是相当小的。但是无铅钎料就完全不一样了。无铅钎料不但密度比有铅钎料小，而且表面张力也比有铅钎料高出很多，同时熔点又比有铅钎料高出 34℃（Sn63-Pb37 熔点为 183℃，SAC305 熔点约为 217℃），在种种不利环境下，无铅钎料膏中的有机物就很难从焊球中逸出，而常常被包围在焊球中，冷却后就会形成空洞现象。焊球中空洞的形成通常与以下几个因素密切相关：

1）钎料膏的化学性能。

2）钎料的表面张力。

3）热曲线。

4）焊点外表面氧化。

5）端部几何特征、连接形状。

6）板表面和元器件表面的金属化性质。

7）再流过程中产生爆板。

2. 空洞的分类

再流焊中，在球栅阵列的焊球中、球栅阵列的焊球与芯片封装间、塑料球栅的焊球与PCB焊盘界面间等各部位中均可能会产生空洞。这些空洞的来源可能是：焊球自身就有的（在焊球制造过程中产生的）；芯片封装过程中形成的；用户板级组装过程中形成的。

（1）焊球固有空洞　焊球固有空洞是指在用户进行板级组装之前已形成的空洞。此类空洞按发生的位置特征，可分为以下两类。

1）封装界面空洞：即空洞发生在焊球与芯片PCB的封装界面上。

2）焊球内空洞：即空洞发生在焊球内部。

（2）组装空洞　组装空洞是指芯片用户进行板级系统组装过程中，发生在钎料球与芯片、钎料球与PCB焊盘之间界面上的空洞。它的产生可能是由于器件焊盘或PCB焊盘表面有杂质、钎料球和焊盘之间产生的金属间化合物或组装工艺中残留的未排出的助焊剂可挥发物所致。按组装界面空洞常见的位置特征，可分为下述几类。

1）芯片侧界面空洞：是指在系统组装再流焊过程中，在芯片界面上所存在和发生的空洞。为便于和封装界面空洞相区别，可将其取名为芯片侧界面空洞。这种空洞可能是由原有的封装界面空洞，在板级组装过程中发展和扩大而成。

2）组装界面空洞：再流焊过程中发生的与钎料球和PCB界面直接连通的空洞，定义为组装界面空洞。其中以Kirkindall效应导致的Kirkindall空洞最为突出。

3）焊球内部空洞：在板级系统组装再流焊过程中，在钎料球内部所形成的且不与界面直接连通的空洞，定义为焊球内部空洞。

4）盲埋孔空洞：在板级系统组装再流焊中，发生在盲埋孔的上方，且与盲埋孔直接相连通的空洞，定义为盲埋孔空洞，如图6-24所示。

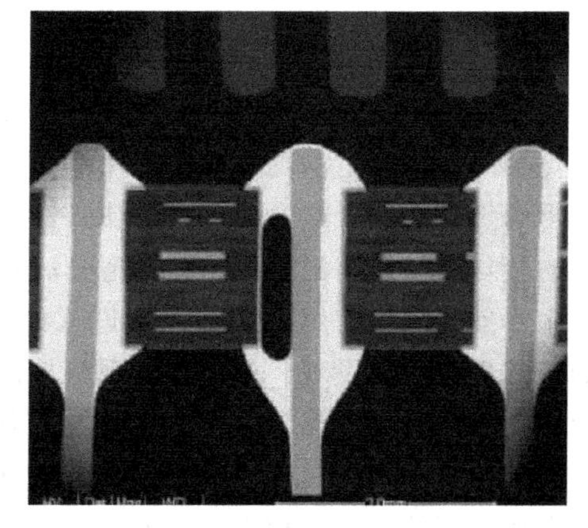

图6-24　盲埋孔空洞

6.7.2　空洞的成因与改善

1. 助焊剂活性的强弱影响

前面已经论述过，空洞现象的产生主要是助焊剂中的有机物经过高温裂解后产生的气泡很难逸出，导致气体被包围在合金粉末中。从过程中可以看出，关键在有机物经过高温裂解后产生的气泡，其中有机物存在的主要方式有：钎料膏中的助焊剂、其他的有机物、波峰焊的助焊剂或者是浮渣的产生等。以上的各种有机物经过高温裂解后形成气体，由于气体的密度是相当小的，在再流焊中气体会悬浮在钎料的表面，最终会逸出去，不会停留在合金粉末的表面。在焊接的时候必须考虑钎料的表面张力，被焊元器件的重力，因此要结合钎料膏的表面张力，元器件的自身重力去分析气体不能逸出合金粉末的表面，反而形成空洞的原因。

如果有机物产生气体的浮力比钎料的表面张力小，那么助焊剂中的有机物经过高温裂解后，气体就会被包围在锡球的内部，气体被锡球吸住，这时候气体就很难逸出去，此时就会形成空洞现象。

当助焊剂活性较强时，空洞产生的概率是相当小的，即使产生空洞现象，其产生的空洞面积也相当小，原因是助焊剂的活性较强，去除焊接表面的污物和氧化物的能力就强。此时待焊表面露出干净的金属层，钎料膏就会有很好的扩散性和润湿性，那么助焊剂的残留物被包围的概率也低，因此空洞产生的概率就会减少。如果助焊剂的活性不强，待焊表面的污物和氧化物就不容易被去除，表面氧化物和污物就会停留在被焊金属的表面，从而阻碍合金粉末与待焊金属表面的界面反应，此时就会形成质量不良的金属间化合物（IMC）。如果待焊金属表面的氧化与污染情况比较严重，此时界面冶金反应被完全阻止，根本不可能形成 Cu_6Sn_5IMC 层。

2. 钎料膏中助焊剂黏度的影响

如果助焊剂的黏度比较高时，其中松香的含量也是比较高的。此时助焊剂去除表面氧化物、污物的能力就越强，焊接时就会形成良好的金属间化合物层，气泡也随之减少，焊点的力学强度也就提高了，同时焊点的电气性能也随之加强。

3. 焊盘表面氧化程度的影响

焊盘表面的氧化程度与污染程度越大，焊接后生成的空洞就越多。焊盘氧化程度越大，就需要极强的活性剂才能去除被焊物表面的氧化物。特别对于经过有机焊接保护剂（OSP）表面处理的焊盘，OSP 焊盘表面的一层有机保护膜很难被去除。如果焊盘表面氧化物没有被及时清除，氧化物将停留在被焊物的表面，此时氧化物会阻止合金粉末与被焊金属表面接触，从而形成不良的金属间化合物，产生不润湿现象。表面氧化较严重，有机物经高温分解后产生的气体就会藏在合金粉末中，再加上无铅钎料的表面张力大，合金的密度也比较大，导致气体很难逃出，气体就会被包围在合金粉末中，因此空洞就自然形成了。要避免此类现象的发生，必须避免钎料膏与被焊金属表面在焊接过程中被氧化或污物存在，没有其他办法可以减少空洞。

4. 溶剂沸点的影响

无论是波峰焊前或者是钎料膏本身的溶剂，其沸点的高低将直接影响球栅阵列空洞的大小与空洞形成率。溶剂的沸点越低，空洞形成的概率就会越大，因此可以选用高沸点溶剂来避免空洞现象产生。如果溶剂的沸点较低，在恒温区或是在再流区溶剂就已经完全挥发，留下具有较高黏度的有机物，只好被钎料团团包围。同时，由于 PCB 印刷钎料膏后在空气中的长时间放置，钎料膏会发生氧化，这样便会额外增加空洞现象的产生。因此在选用钎料膏的时候应尽量选用高沸点溶剂的钎料膏，从而减少空洞现象的发生。

5. PCB 的表面处理方式的影响

目前焊盘的表面处理主要有以下六种方式：

1）有机焊接保护剂（organic solderability preservatives，OSP）。

2）化学镍金（electroless nickel/immersion gold，ENIG）。

3）浸镀银（immersion silver，I-Ag）。

4）浸镀锡（immersion tin，I-Sn）。

5）浸镀铋（immersion bismuth，I-Bi）。

6）热风整平（hot air solder levelling，HASL）。

以上六种为现阶段的不同表面处理方式，不同的表面处理产生空洞的机理是一样的，只是产生空洞的概率和数量不同而已。其中 OSP 表面处理产生空洞现象更加明显，其保护膜与焊接界面发生空洞的概率也最多。保护膜越厚，发生空洞的概率就越大。通常 OSP 的厚度为 0.2~0.5μm 之间，最好在 0.35μm 左右。OSP 的厚度可以用 UV 分光光度计或者使用扫描电子显微镜+能量色散谱仪（SEM+EDS）进行测量。如果 OSP 的保护膜太厚，同时助焊剂的活性强度不够，在再流焊的时候很难将保护膜清除，如果再流焊的温度曲线没有控制好也会造成 OSP 保护膜在高温环境再次氧化。保护膜没有被清除时，IMC 层的形成就会受到阻碍，如果比较严重就会造成缩锡或者拒焊现象。如果在高温区发生第二次氧化现象，即使在焊盘上涂敷助焊剂或者钎料膏重新再流焊，也不能解决问题。由此可见控制 OSP 保护膜的厚度是非常重要的。至于 ENIG、HASL、I-Sn、I-Ag、I-Bi 等的表面处理同样会产生空洞，只是它们产生空洞的概率都差不多，与此时的表面处理方式没有太大的区别，也就是说，空洞现象是由很多因素造成的，并不是单一因素所决定的。

6. 再流曲线的影响

当工艺温度曲线在熔点以上的时间太长时（通常 217℃以上的时间为 30~60s），会让助焊剂中可以挥发的物质消耗殆尽，进而使助焊剂的黏度发生变化或者助焊剂被烧干，甚至裂解之后不能移动，这样气体就会被包围从而无法移动，导致空洞的产生。Sn63Pb37 的熔点为 183℃，熔点以上的时间也是相当少的（通常在 60s 以内），这样就大大地减少了空洞的产生。而相对于无铅钎焊来讲，钎料膏的熔点比有铅钎料膏的高出 34℃，熔点以上的时间也比有铅钎料膏高出很多，再加上无铅钎焊的各段时间和各区段都比较长，对助焊剂的活性提出了新的挑战，要求必须强的助焊剂才能实现焊接过程。

6.7.3 球窝缺陷

球窝（heed in pillon）缺陷（图 6-25）的发生是球栅阵列封装与芯片尺寸封装的焊球与熔融钎料不完全润湿的结果，引起这一缺陷的典型情况如下：

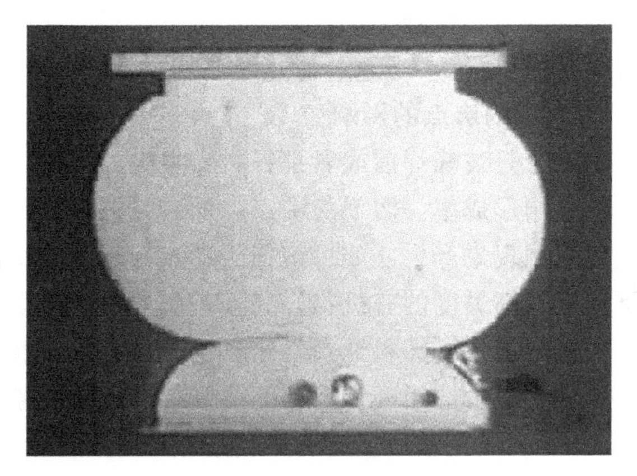

图 6-25 球窝缺陷

1）在焊接预热和保温阶段，球栅阵列封装/芯片尺寸封装（BGA/CSP）焊球和钎剂被氧化。

2）在焊接的初始阶段，钎料膏开始熔化，钎剂的性能遭到削弱，使得球栅阵列封装和芯片尺寸封装的焊球和再流焊钎料膏之间的间隙进一步氧化。

3）随着钎料的熔化，钎剂被耗尽。

4）在再流焊的峰值温度阶段，BGA/CSP 焊球表面的氧化膜与再流焊钎料膏没有熔化，这时的钎剂层几乎没有活性。

5）冷却前液化温度以上的时间是有限的，由于凝固导致了球窝缺陷。

焊接期间，BGA/CSP 焊球与钎料膏分离的主要原因涉及元件封装的翘曲和 BGA/CSP 尺寸的不一致性。无铅钎焊期间，由于较高的无铅钎焊温度，元器件翘曲的问题尤其严重。不合适的温度曲线如果导致元件/PCB 过度翘曲也会引起球窝缺陷。再流焊期间，由于润湿力的作用，也会有一些 BGA/CSP 焊球从钎料膏中被提起的现象。

有研究表明，大元器件的翘曲是部分由于潮湿或者较高的焊接温度引起。这意味着即使元器件合格，适用于无铅钎焊，在实际生产过程中由于元器件的过度翘曲仍会带来问题。增加芯片尺寸，由于较大芯片的束缚作用，会有助于减少再流焊期间元器件翘曲。另有研究表明，影响 BGA 共面的主要因素之一是由于底部填充和封装包覆成形操作引起的元器件积层的翘曲。Lin 等人使用影栅云纹技术对叠层封装（package on package，POP）技术进行了研究，以了解无铅再流焊组装期间封装翘曲的影响因素，如先从 25℃加热至 260℃，然后再返回到 25℃，以研究、分析影响翘曲的各种因素包括芯片尺寸、封装塑料的厚度、线胀系数、基板材料、厚度和铜层比率，对它们进行优化可以减少元件封装的翘曲。

这一缺陷在检测和功能测试期间，通常很难探测到。在再流焊钎料膏与焊球之间有部分接触，但是没有真正的冶金结合。这样当元件在工作现场受到机械或者热应力时，球窝缺陷会导致失效。用二维 X 射线检测到的球窝缺陷如图 6-26 所示。

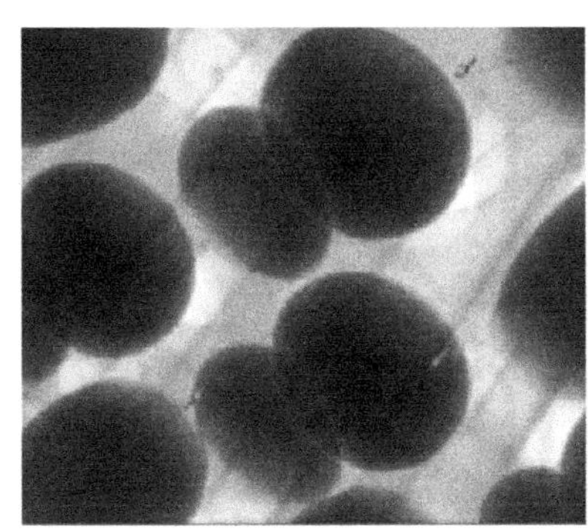
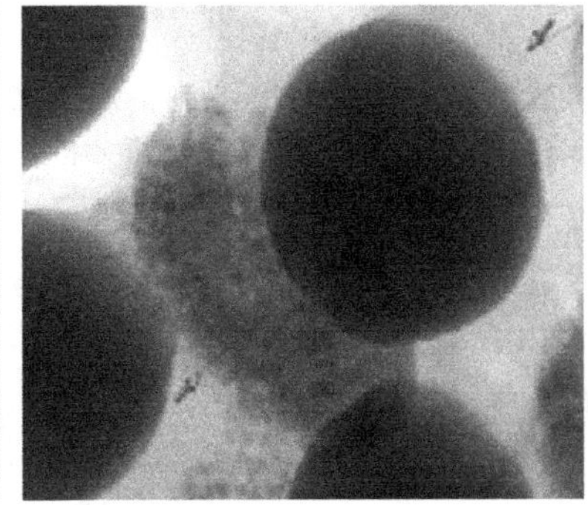

图 6-26 二维 X 射线检测球窝缺陷

球窝缺陷也是由于再流焊期间横跨球栅阵列元件的大温度梯度（ΔT）造成的，ΔT 造成焊球与钎料的熔化行为不一致。球窝缺陷形成（图 6-27）的一些过程如下：

1）BGA/CSP 焊球尺寸不一致或焊球与钎料膏熔合的时间延迟引起再流焊期间焊球与钎料膏的分离。

2）由于彼此之间的分离，钎料膏和焊球被氧化。

3）随着再流焊的进行，焊球开始回落进入钎料膏中。

4）焊球和钎料膏表面的氧化阻碍了它们的完全熔合，形成缺陷。

图 6-27 球窝缺陷的形成（翘曲/氧化）

与 Sn-Pb 钎料相比，无铅钎料有更高的熔点，在预热和再流焊期间随着温度的升高更容易氧化。这导致无铅钎料的润湿性不如 Sn-Pb 钎料，不润湿元件更容易导致球窝缺陷的发生。开发能适应高预热的 Sn-Pb 和无铅钎料膏，以防止/减少由于元件翘曲或氧化引起的球窝缺陷，也需注意钎剂的活性水平、耐热性以及钎料膏的可印刷性。

6.7.4 抑制球窝缺陷的措施

1. 改善钎剂的温阻特性

通过改良钎剂的温阻特性，可使钎剂在预热期间的活性水平得到提高，因此钎剂能够更好地去除 BGA/CSP 元件焊球上的氧化膜。

2. 通 N_2 气氛

球窝缺陷通常由于 BGA/CSP 元件氧化和钎剂退化引起，采用有助于去除氧化膜同时更耐热的钎剂，减少 BGA/CSP 元件的氧化，可以减少该缺陷的发生。氮气气氛有助于减少 BGA/CSP 的氧化，但是气氛保护钎焊的成本较高。

思 考 题

1. 焊点的凝固有哪些特点?
2. 简述焊点剥离的防止措施。
3. 黑盘形成的影响因素及其控制措施有哪些?
4. 对比分析虚焊和冷焊的相同点和不同点。
5. 不润湿和反润湿的形成原因是什么?
6. 引起爆板的原因有哪些?
7. 常用的 PCB 失效分析技术及其作用。
8. 空洞有哪些种类?

答 案

1. 见 6.1.1 节。
2. 见 6.2.3 节。
3. 见 6.3.2 节。
4. 见 6.4.1 节第二段起。
5. 见 6.5.2 节。
6. 见 6.6.1 节。
7. 外观的检查、X 射线透视检查、金相切片分析、扫描声学显微镜分析、显微红外分析、扫描电子显微镜分析、X 射线能谱分析、光电子能谱分析、差示扫描量热仪、热机械分析仪、热重分析仪。
8. 见 6.7.1 节的“2. 空洞的分类”。

参 考 文 献

[1] DONGKAI SHANGGUAN. 无铅焊料互连及可靠性 [M]. 刘建影，孙鹏，译. 北京：电子工业出版

社，2008.

[2] LI R S. A methodology for fatigue prediction of electronic components under random vibration load [J]. Journal of Electronic Packaging，2001，123（4）：394-400.

[3] 薛松柏，吴玉秀，崔国平，等. 热循环对 QFP 焊点强度及其微观组织影响规律的数值模拟 [J]. 焊接学报，2006，27（11）：1-4.

[4] RIDOUT S，DUSEK M，BAILEY C，et al. Assessing the performance of crack detection tests for solder joints [J]. Microelectronics Reliability，2006，46（12）：2122-2130.

[5] HEGDE P，OCHANA A R，WHALLEY D C，et al. Finite element analysis of lead-free surface mount devices [J]. Computational Materials Science，2008，43（1）：212-220.

[6] 林健，雷永平，赵海燕，等. 微连接接头在热疲劳过程中的破坏规律 [J]. 焊接学报，2009，30（11）：65-68，72.

[7] PERKINS A，STARAMAN S K. Universal fatigue life prediction equation for ceramic ball grid array（CBGA）packages [J]. Microelectronics Reliability，2007，47（12）：2260-2274.

[8] 邵宝东，孙兆伟，王丽凤，等. 陶瓷球栅阵列封装热致疲劳寿命分析 [J]. 哈尔滨工业大学学报，2007，39（10）：1625-1630.

[9] YANG P，SHEN C J. Finite element analysis on stress/strain in CBGA solder joint with different substrates under thermal cycle [J]. International Journal of Manufacturing Technology and Management，2009，18（3）：333-339.

[10] LAU J，DAUKSHER W. Effects of ramp-time on the thermal-fatigue life of Sn-Ag-Cu lead-free solder joints [C]. Proceedings of 55th Electronic Components and Technology Conference，Lake Buena Vista，FL，2005：1292-1298.

[11] KIM I，LEE S B. Reliability and failure analysis of lead-free solder joints for PBGA bending load [J]. IEEE Transactions on Components and Packaging Technologies，2008，31（2）：478-484.

[12] DARVEAUX R，BANERJI K. Constitutive relations for tin-based solder joints [J]. IEEE Transactions on Components，Hybrids，Manufacturing Technology，1992，15（6）：1013-1024.

[13] LEE T，LEE J，JUNG I. Finite element analysis for solder ball failures in chip scale package [J]. Microelectronics Reliability，1998，38（12）：1941-1947.

[14] 韩潇，丁汉，盛鑫军，等. CSP 封装 Sn-3. 5Ag 焊点的热疲劳寿命预测 [J]. 半导体学报，2006，27（9）：1695-1700.

[15] YE H，XUE S B，ZHANG L，et al. Reliability evaluation of CSP soldered joints based on FEM and Taguchi method [J]. Computional Materials Science，2010，48（3）：509-512.

[16] MAHMUDI R，GERANMAYEH A R，ZAHIRL B，et al. Effect of rare earth element additions on the impression creep of Sn-9Zn solder alloy [J]. Journal of Materials Science：Materials in Electronics，2010，21（1）：58-64.

[17] 朱奇农. 电子封装中表面贴装焊点的可靠性研究 [D]. 上海：中国科学院上海冶金研究所，2000.

[18] JEN Y M，FANG C K，YEH Y H. Effect of size of lid-substrate adhesive on reliability of solder balls in thermally enhanced flip chip PBGA packages [J]. IEEE transaction on components and packaging technologies，2006，29（4）：718-725.

[19] CHIU T Z，LIN J J，YANG H C，et al. Reliability model for bridging failure of Pb-free ball grid array solder joints under compressive load [J]. Microelectronics Reliability，2010，50（12）：2037-2050.

[20] TSENG S C，CHEN R S，LIO C C. Stress analysis of lead-free solders with under bump metallurgy in wafer level chip scale package [J]. The International Journal of Advanced Manufacturing Technology，2006，31（1-2）：1-9.

[21] ZHANG G S, JING H Y, XU L Y, et al. Creep behavior of eutectic 80Au/20Sn solder alloy [J]. Journal of Alloys and Compounds, 2009, 476 (1-2): 138-141.

[22] ZHANG Q, DASGUPTA A, NELSON D, et al. Systematic study on thermo-mechanical durability of Pb-free assemblies: experiments and FE analysis [J]. ASME Journal of Electronic Packaging, 2005, 127 (4): 415-429.

[23] QI Y, GHORBANI H R, SPELT J K. Thermal fatigue of SnPb and SAC resistor joints: analysis of stress-strain as a function of cycle parameters [J]. IEEE Transactions on Advanced Packaging, 2006, 29 (4): 690-700.

[24] 李晓延，王志升．倒装芯片结构中 Sn-Ag-Cu 焊点热疲劳寿命预测方法研究 [J]．机械强度，2006, 28 (6): 893-898.

[25] HANNACH T, WORRACK H, MÚLLER W H, et al. Creep in microelectronic solder joints: finite element simulations versus semi-analytical methods [J]. Archive of Applied Mechanics, 2009, 79(6-7):605-617.

[26] GONZALEZ M, VANDEVELDE B, VANFLETEREN J, et al. Thermo-mechanical FEM analysis of lead free and lead-containing solder for flip chip applications [C]. Proceedings of 15th European Microelectronics Packaging Conference, Brugge, Belgium, 2005: 12-15.

[27] HAN Y D, JING H Y, XU L Y, et al. Optimal design of Sn-Ag-Cu-CNT solder lap-shear specimen under thermal cycles with FEM [C]. 8th International Conference on Electronics Packaging Technology, Shanghai, China, 2007: 1-6.

[28] ZHANG X W, CUI C Q, CHAN K C. Analysis of solder joint reliability in flip chip packages [J]. The international. Journal of Microcircuits and Electronic Packaging, 2002, 25 (1): 147-159.

[29] LAU J H, LEE S W R, Pan S H, et al. Nonlinear-time-dependent analysis of micro via-in-pad substrates for solder bumped flip chip applications [J]. ASME Journal of Electronic Packaging, 2002, 124 (3): 205-211.

[30] GONZALEZ M, VANDEVELD B, BEYNE E. Thermo-mechanical analysis of a chip scale package (CSP) using lead free and lead containing solder materials [J]. European Microelectronics and Packaging Symposium, Czech Republic, 2004: 247-252.

[31] ZHANG X W, LEE R S W, CHOI K S, et al. Computational parametric analyzes on the solder joint reliability of bottom leaded plastic (BLP) package [J]. IEEE transactions on advanced packaging. 2002, 25 (4): 514-520.

[32] LEE S W R, ZHANG X W. Sensitivity study on materials properties for the fatigue life prediction of solder joints under cyclic thermal loading [J]. Circuit World, 1998, 24 (3): 26-31.

[33] 马鑫，钱乙余，吉田综仁．表面组装焊点内部应力-应变的数值模拟 [J]．中国有色金属学报，2000, 13 (3): 404-410.

[34] WIESE S, WOLTER J. Creep of the thermally aged Sn-Ag-Cu solder joints [J]. Microelectronics Reliability, 2007, 47 (2-3): 223-232.

[35] STOECKL S, YEO A, LEE C, et al. Impact of fatigue modeling on 2nd level joint reliability of BGA packages with Sn-Ag-Cu solder balls [C]. Proceedings of 7th Electronics Packaging Technology Conference, Sngapore, 2005: 857-862.

[36] LI X Y, WANG Z S. Thermo-fatigue life evaluation of Sn-Ag-Cu solder joints in flip chip assemblies [J]. Journal of Materials Processing Technology, 2007, 183 (1): 6-12.

[37] 马鑫．微电子表面组装焊点失效的相关力学及金属学因素分析 [D]．哈尔滨：哈尔滨工业大学，2000.

[38] KNECHT S, FOX L R. Constitutive relation and creep fatigue life model for eutectic tin-lead so-lder [J].

IEEE Transaction on Components, Hybrids, and Manufacturing Technology, 1990, 13 (2): 424-433.
[39] 李晓延，严永长. 电子封装焊点可靠性及疲劳寿命预测方法 [J]. 机械强度，2005，27 (4): 470-479.
[40] HUAN YE, SONGBAI XUE, ZHENGXIANG XIAO. et al. Sn whisker growth in Sn-9Zn-0. 5Ga-0. 7Pr lead-free solder [J]. Journal of Alloys and Compounds, 2011, 509 (5): 52-55.
[41] 林修任. 含稀土焊锡合金接点之界面反应、电迁移与锡须成长研究 [D]. 台北：台湾大学，2007.
[42] 张启运. 无铅钎焊的困惑、出路和前景 [J]. 焊接，2007 (2): 6-10.
[43] GAO Y, LIU P, GUO F, et al. Environmentally friendly solders 3-4 beyond Pb-based systems [J]. Rare Metals, 2006, 25 (S): 95-100.
[44] The Institute for Interconnecting and Packaging Electronic Circuits. Guidelines for accelerated reliability testing of surface Mount solder attachments: IPC-SM-785 [S]. Illinois: The Institute for Interconnecting and Packaging Electronic Circuits, 1992.
[45] Department of Defense of the USA. Test method military standard for microelectronics: MIL-STD-883 [S]. Columbus: AMSC N/A, 1990.
[46] SCHAEFER M, FOURNELLE R A, LIANG J. Theory for intermetallic phase growth between cu and liquid Sn-Pb solder based on grain boundary diffusion control [J]. Journal of materials science: materials in electronics, 1998, 27 (11): 1167-1176.
[47] 宣大荣. 无铅焊接微焊接技术分析与工艺设计 [M]. 北京：电子工业出版社，2008.
[48] 邱宝军，罗道军，汪洋，等. 军用电子组件（PCBA）失效分析技术与案例 [J]. 环境技术，2010 (5): 44-49.
[49] 马学辉. 无铅焊接爆板之成因及控制 [J]. 印制电路信息，2007 (6): 64-69.
[50] 郜振国. 电子元件产生虚焊的原因与规律 [N]. 河南，电子报.
[51] 纪丽娜. 手机用印制电路板开裂盲孔与失效焊点的表征分析及研究 [D]. 上海：复旦大学，2010.
[52] 莫芸绮. LCD 用 COF 挠性印制板制作工艺研究及 PCB 失效分析 [D]. 成都：电子科技大学，2009.
[53] 谢颖. 电路的防虚焊设计 [J]. 泰州职业技术学院学报，2009 (6): 105-106.
[54] 李春来. 电子产品“虚焊”原因分析及控制方法 [J]. 信息技术，2010 (10): 119-121.
[55] 程鹏飞. LF2000 锡膏印刷性能及回流焊后空洞的研究 [D]. 哈尔滨：哈尔滨工业大学，2010.
[56] 黄桂平. 提高印制线路板内层结合力的新工艺研究 [D]. 广州：华南理工大学，2010.
[57] ZHONG Y, LIU W, WANG C Q, et al. The influence of strengthening and recrystallization to the cracking behavior of Ni, Sb, Bi alloyed SnAgCu solder during thermal cycling [J]. Materials Science and Engineering: A, 2016, 652 (15): 264-270.
[58] HUANG J Q, ZHOU M B, ZHANG X P. The Melting Characteristics and Interfacial Reactions of Sn-ball/Sn-3. 0Ag-0. 5Cu-paste/Cu Joints During Reflow Soldering [J]. Journal of Electronic Materials, 2017, 46 (3): 1504-1515.
[59] Japanese Industrial Standards Committee. Test methods for lead-free solders—Part 1: Methods for measuring of melting tempperature ranges: JIS Z 3198-1: 2014 [S]. Tokyo: Japanese Standards Association, 2014.

焊点的可靠性问题

为了满足集成电路日益苛刻的要求，对焊点还有以下的要求：

(1) 电性能　作为电气连接的通道，焊点应该具有较高的电导率。

(2) 力学性能　作为异种材料之间机械连接的通道，焊点应该具有较高的强度，能够经受住组装及使用过程中的应力及偶然的外力冲击。

(3) 抗疲劳性能　面对恶劣的使用环境，焊点应该具有一定的抗蠕变和疲劳的性能，尽可能地延长其使用寿命。

(4) 热性能　焊点应该具有较高的热导率，使系统热量容易耗散，以避免热效应在焊点处局部过热，而导致焊点乃至器件的损坏。

(5) 耐蚀性　焊点不易在恶劣的使用环境中受到腐蚀或氧化而导致破坏。

随着微电子封装技术的发展，微电子电路集成度得到大幅度的提高。一个器件上焊点的数目越来越多，尺寸越来越小，一个焊点的失效，将会造成器件整体的失效。焊点的可靠性关系到集成电路、元器件乃至整机的质量和寿命。无铅钎焊焊点互连可靠性是一个非常复杂的问题，它取决于许多因素。

7.1　可靠性概念及影响因素

7.1.1　可靠性概念

可靠性是指一个系统（一个设备或者一个元件）在所要求的环境中执行对其所要求的功能而不失效。实际上也就是通常意义上的寿命问题。

研究焊点可靠性的主要目的就是研究焊点的失效行为。考察影响焊点可靠性的材料因素和工艺因素，归纳出焊点寿命的预测公式，为元器件的设计提供依据。

电子封装中焊点可靠性问题的存在主要是由焊点所处的工作环境和焊点本身的特性引起的。随着微电子技术的发展，集成度大幅度提高，元器件向微型化方向发展，对电子封装也提出了越来越高的要求，电子封装中广泛采用 SMT 技术，还开发了芯片尺寸封装（CSP）、球栅阵列（BGA）等新型的封装技术，这些封装技术均要求通过焊点直接实现异种材料间电连接及刚性的机械连接。由于焊点是通过钎料实现异种材料（元器件与基板）之间的连接，异材的线胀系数的不匹配和元器件频繁开关通电所带来的焊点的温度变化，将在服役过程中直接引起刚性的机械连接焊点的循环应变。电子封装中常用的钎料的熔点 T 一般在 180~300℃之间。元器件电源频繁地开关使得焊点的工作温度一般在室温至 120℃之间（分别对应元器件的断开及工作状态），这样的温度超过了焊点的再结晶温度（0.3~0.5）T，高温时甚至可以达到（0.6~0.8）T。在这样的高温下长期工作，焊点的微观结构、形变和断裂机制都会发生变化。另外，焊点所处的位置为异种材料的连接界面，在异种材料界面处是多组元、多相体系。多相的存在是薄弱环节，在受力时一般会产生应力集中，因此焊点的失效模式经常是在界面处萌生裂纹。在循环应变和高温的共同作用下，必将会给焊点造成热循环损伤，累积到一定程度将导致焊点的失效，进而导致电子元器件乃至整机的失效。

焊点的可靠性（图 7-1）主要取决于以下因素：

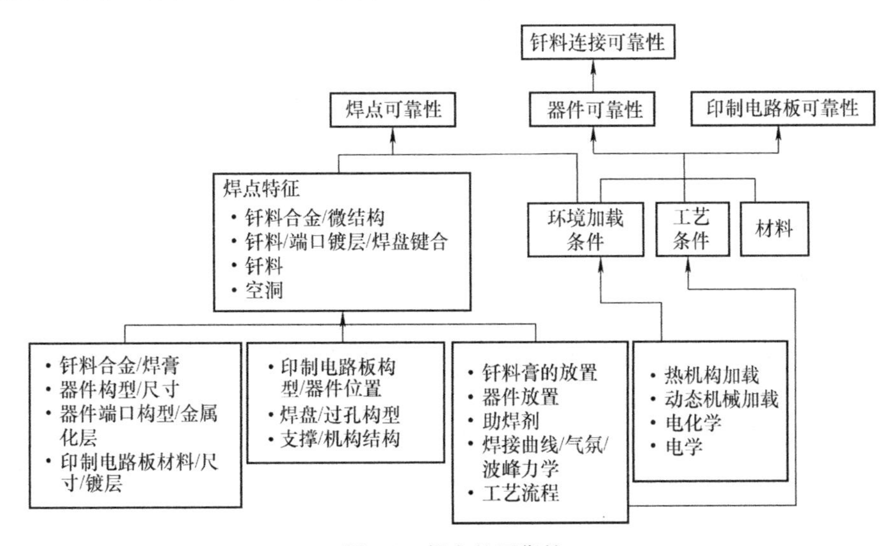

图 7-1　焊点的可靠性

（1）取决于钎料合金　对于再流焊，无铅钎料合金主要采用 Sn-Ag-Cu，而波峰焊则可能采用 Sn-Cu。Sn-Ag-Cu 合金和 Sn-Cu 合金具有不同的可靠性。

（2）取决于工艺条件　针对大型复杂印制电路板，焊接温度通常是 260℃，这也许会给 PCB 和元器件的可靠性造成负面影响，然而它对小型印制电路板的影响较小，最大再流焊温度可能会比较低。

（3）取决于 PCB 层压材料　某些 PCB（尤其是大型复杂的厚印制电路板）根据层压材料的属性，可能会因为无铅钎焊温度较高，从而导致分层、Cu 裂纹、层压破裂等故障率上升。它还取决于 PCB 表面涂层，例如，经过观察发现，焊接与 Ni 层（从 ENIG 涂层）之间的接合要比焊接与 Cu（如 OSP 和浸银）之间的接合更易断裂，特别是在机械撞击下（如跌落测试中）。此外，在跌落测试中，无铅钎焊会发生更多的 PCB 破裂。

（4）取决于元器件　某些元器件，如塑料封装的元器件、电解电容器等，受到焊接温度的影响程度要超过其他因素。锡晶须是高端产品中的元器件更加关注的另一个可靠性问题。此外，Sn-Ag-Cu 合金的高模量也会给元器件带来更大的压力，给低介电系数的元器件带来问题，这些元器件通常会更加容易失效。

（5）取决于机械负荷条件　Sn-Ag-Cu 合金的高应变率灵敏性要求更加注意无铅钎焊界

面在机械撞击下的可靠性（如跌落、弯曲等），在高应力速率下，应力过大会导致互连结构易断裂。

（6）取决于热机械负荷条件　在热循环条件下，蠕变/疲劳的交互作用将通过损伤积聚效应而导致焊点失效（即裂纹出现和扩大、组织粗化/弱化），蠕变应力的速率是一个关键因素。蠕变应力的速率随着焊点上的热机械载荷幅度变化而变化，因此 Sn-Ag-Cu 焊点在“相对温和”的条件下比 Sn-Pb 焊点承受更多的热循环，而在“比较严重”的条件下就比 Sn-Pb 焊点承受更少的热循环。热机械负荷主要取决于元器件尺寸、温度范围及元器件和基底之间的线胀系数不匹配度。

（7）取决于“加速系数”　这也是一个有趣的、关系非常密切的因素，但这会使整个讨论变得复杂得多，因为不同的合金（如 Sn-Ag-Cu 与 Sn-Pb）有不同的加速系数。

7.1.2　可靠性研究的范围

焊点可靠性研究是一个系统工程，它分为三个部分：可靠性设计（design for reliability, DFR）、可靠性测试及数据处理、失效分析。

焊点可靠性研究主要有两个目的：一是要研究在焊接及焊点的服役过程中，哪些因素会对焊点的可靠性产生影响，进而给焊接工艺和焊点的设计提供依据；其次是研究焊点在服役过程中的变化规律，从而找到焊点寿命的预测方法，为元器件的设计提供依据。关于焊点可靠性的研究方法一般是：开始对某种模式的焊点（基体、大小、形状、相对位置等）进行可靠性实验，同时对该结构模式的焊点建立一个力学模型，并依据一定的失效模式给出合理的边界条件，应用特定的数学分析方法如有限元方法（finite element method，FEM）等进行计算，把有限元计算的结果和实际可靠性实验的结果进行对比。如果结果吻合，就可以说该模型是可靠的，可以应用于封装中焊点可靠性的预测。

基于理论分析的估算方法，由于无法精确考虑封装组件在几何上的非线性和材料性能的复杂性，必然会在建立分析模型时做出大量的简化，从而对结果的准确性造成很大的影响，不能很好地提出完全合适的边界条件，这正是有限元算法的最根本的问题。焊点可靠性分析的主要任务是通过各种实验尽可能多地获取焊点在工作过程中力学性能的变化信息，以便于准确提供有限元算法所要求的各项边界条件，为焊点的可靠性计算提供更准确的力学上的初始条件，提高有限元算法的可信度。可靠性相关研究较为重要以及较为前沿的方面主要有焊点的热机械可靠性、焊点电迁移特性以及锡须这几个方面。

7.2　焊点的热机械可靠性

在微电子封装组装中，电子产品通常由多层不同性质的材料组装而成。这种封装产品在使用时受热范围变化很大，而不同材料的线胀系数不同，这导致了微电子封装组装产品中出现热应力。假如设计不当，将会使微电子封装组装产品出现早期失效。

由于早期插孔式元件是用引线插孔在印制电路板（PCB）背面进行焊接的，焊点的机械强度通常都比较高，一般不存在焊点可靠性问题。但采用表面贴装或高密度的球栅阵列、倒装焊等封装形式，器件只保留焊盘而无引线，用钎料将焊盘直接焊接在 PCB 表面上。由于各材料间的热膨胀失配，如芯片载体 Al_2O_3 陶瓷的线胀系数为 6.0×10^{-6}/℃左右，环氧树脂/玻璃纤维 PCB 板 FR-4 的线胀系数为 15×10^{-6}/℃，在微小的焊点内将产生周期性的应力应变，导致裂纹在焊点中萌生和扩展，最终引起焊点失效。有研究表明，电子器件的失效中有 70%是由封装的失效引起，而在电子封装失效中，主要原因是焊点的失效。1986 年欧洲空间科技中心关于无引线陶瓷封装载体（LCCC）的温度循环试验发现，在 100 周温度循环之后发现焊点出现电失效和可视裂纹。1989 年在美国 JPL Magellan 宇宙飞船的地面试验中，也发现了电子封装中焊点的热循环失效。由此可见，研究焊点的可靠性有着重要的意义。

7.2.1 加速试验方法

1. 机械性疲劳试验和疲劳寿命的评价方法

一般在研究焊点热疲劳寿命时，常用热冲击试验机做循环试验，虽然热冲击试验机的高温、低温保持时间容易控制，但由高温到低温或由低温到高温的温度变化时间较难控制。同时，热循环试验存在的另一个问题是，大多数对焊点采用的是热机械寿命加速试验，而很少采用作为实际使用时的模拟试验。但在实际使用场合设计的结合部疲劳寿命最少为 10^4 周期(循环)，每个试验周期最短时间为 20min，那么 10^4 的周期需要 4~5 个月或更长的试验时间，很明显这种评价方法花费的代价太大。

作为热循环疲劳试验的替代方法，有人提出机械等温疲劳试验法，考虑到焊接材料的温度依存性，采用经应力-应变评价得到的非线性应变振幅，根据统一的热循环疲劳寿命评价方法——通过接合部低循环热疲劳强度评价来得出结论。给焊接接合部施行恒定温度下的机械往返荷载，模拟由接合部产生的往返型非线性应变，最终完成热疲劳强度的评价。

由剪切型机械性疲劳试验方法得出的试验结果，记述了机械疲劳试验和热循环疲劳试验之间的相关关系，同样说明了作为疲劳试验替代方式的可行性。机械加速试验的特征有以下几个方面：

1）能进行比热循环试验速度快得多的机械性试验。

2）能正确地控制对焊点施加的应变速度。

3）根据已控制的应变速度，可对焊点的非线性应变成分比进行正确控制，并由各应变成分调整对焊点生成的不同损伤。

4）能在恒温下对焊点设定任意的应变范围，获得近似于大的或小的热循环试验结果。

2. 热循环加速试验和疲劳寿命的评价方法

使用热循环加速试验是作为焊点热循环疲劳强度评价试验的最好方法，为验证上述使用应力解析方法说明非线性应变振幅以及热循环疲劳试验对焊点疲劳寿命的关系，图 7-2 即为利用非线性等效应变振幅影响的焊点热循环疲劳试验结果。图中说明采用几种不同条件得到的疲劳寿命结果基本在相同的直线上，评价应力应变先要正确评价各试验区间（温度变化和温度保持区间）对蠕变的影响，还需要考虑焊接材料的温度依存性。根据对材料的时间依存性和温度依存性的正确评价，利用焊点生存的非线性应变振幅，再按 Coffin-Manson 法则得到焊点的热疲劳强度

$$N_{\mathrm{f}} = 1/2(\Delta\varepsilon_{\mathrm{eqin}}/\Delta\varepsilon_0)^{-m} \tag{7-1}$$

式中 N_{f}——焊点的疲劳寿命；

$\Delta\varepsilon_{\mathrm{eqin}}$——根据材料的时间依存性和温度依存性评价后获得的焊点的非线性等效应变振幅。

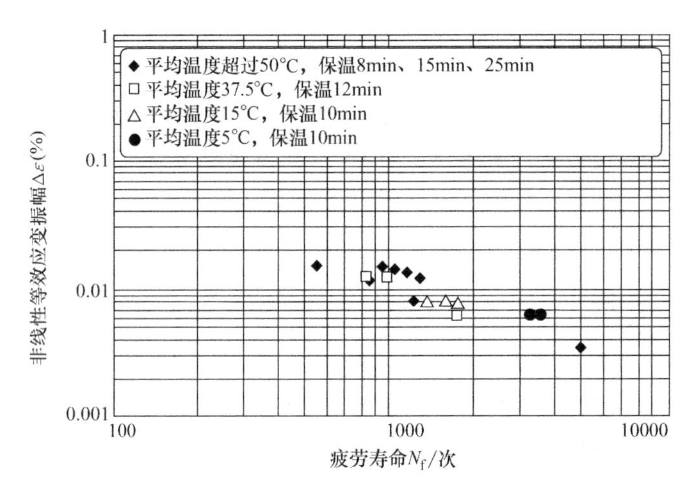

图 7-2　利用非线性等效应变振幅影响的焊点热循环疲劳试验结果

热循环疲劳实验可以减少表示强度特性的 $\Delta\varepsilon_0$、m 系数，试验时需注意这一点。

7.2.2　可靠性设计的数值模拟

微电子封装的热机械可靠性设计相当耗费时间和金钱，工业惯例是建立和组装原型系统，再对原型系统做大量的性能测试。虽然这种方法可能适合于“传统”的系统，但是当碰到一种新材料和新设计时，由于缺乏经验的指导，起初的几个原型一旦设计组装不当，将会出现失误。恢复实验原型系统再对其进行测试将要花好几个星期的时间，而每出现一次错误将损失大量的时间和金钱，因此为了保证设计一次性成功，需要建立关于热机械可靠性设计的理论和方法。但电子封装组装工业界在相对较新的无铅钎料领域的设计经验较少，所以在从事耗时和耗钱的试验原型的建立和测试工作之前，很有必要进行热机械可靠性设计。

由于电子产品不断朝着微型化、高可靠性的方向发展，这使得焊点也向着更加微小的方向发展，焊点的应力应变情形又极为复杂，这无疑会给焊点的可靠性设计和分析带来了更大的风险，同时实验处理也会遇到很大的难题。数值模拟方法不但能简化这类复杂的问题，还可以节省大量计算时间。现实中很多工程问题是实验所无法解决的，如电子器件的尺寸等问题，但采用有限元模拟的方法可以使之优化。

无铅钎料合金种类繁多，美国国家电子制造促进会（NEMI）推荐在再流焊中使用 Sn-3.9Ag-0.6Cu 钎料，而日本电子信息技术产业协会（JEITA）则推荐使用 Sn-3.0Ag-0.5Cu 钎料。大多数条件下，Sn-Ag-Cu（SAC）合金比 Sn-Pb 显现出更强的抗蠕变性，因而前者比后者蠕变要慢 10~100 倍。Sn-Ag-Cu 钎料在微观结构、塑性、蠕变性能以及失效机理方面，与 Pb-Sn 相比有很大的不同。因此有必要为 Sn-Ag-Cu 钎料建立合适的热机械预测模型。

1. 钎料的本构模型

(1) Anand 方程　有限元模拟中，设定钎料熔点为 183~230℃，电子元器件的工作温度可能达到钎料熔点的一半左右，钎料可能会表现出黏塑性。有文献介绍当归一化温度高于 0.5 倍钎料熔点时，蠕变和应力松弛效果将非常明显。Sn-Ag-Cu 钎料的熔点为 217℃，室温下，温度已经达到熔点的 0.61 倍，出现明显的蠕变变形，Anand 方程统一了蠕变和塑性引

起的变形，可以较为准确地表现焊点的应力应变响应。使用黏塑性 Anand 方程来描述焊点的性能，即

$$\dot{\varepsilon}_{\mathrm{p}}=A\left[\sinh\left(\frac{\xi\sigma}{s}\right)\right]^{1/m}\exp\left(\frac{-Q}{RT}\right) \tag{7-2}$$

内变量演化方程：

$$\dot{s}=\left\{h_0(|B|)^a\frac{B}{|B|}\right\}\dot{\varepsilon}_{\mathrm{p}} \tag{7-3}$$

$$B=1-\frac{s}{s^*} \tag{7-4}$$

$$s^*=\hat{s}\left[\frac{\dot{\varepsilon}_{\mathrm{p}}}{A}\exp\left(\frac{Q}{RT}\right)\right]^n \tag{7-5}$$

式中　A——常数；

Q——激活能；

R——气体常数；

ξ——应力因子；

m——应变敏感指数；

s——系数；

n——指数；

h_0——形变硬化软化常数；

a——应变指数。

国内外，使用该模型分析焊点可靠性的文献很多，通过模拟可以分析焊点的变形、最大应力应变和疲劳寿命。

（2）Garofalo-Arrheninus 模型　大多数学者推荐采用 Garofalo-Arrheninus 模型来描述焊点的蠕变行为及应力应变响应，具体方程如下

$$\frac{\mathrm{d}\gamma}{\mathrm{d}t}=C\left(\frac{G}{\theta}\right)\left[\sinh\left(\omega\frac{\tau}{G}\right)\right]^n\exp\left(-\frac{Q}{k\theta}\right) \tag{7-6}$$

式中　γ——切应变范围；

$\frac{\mathrm{d}\gamma}{\mathrm{d}t}$——蠕变切应变速率；

t——时间（s）；

C——材料常数；

G——和温度相关的剪切模量；

θ——绝对温度（K）；

ω——应力级别；

τ——切应力；

n——应力指数；

Q——激活能。

Gonzales 等人借助该模型运用 Marc 软件分析了倒装芯片器件焊点的可靠性，还比较 Sn-Ag-Cu 与 SnPb 共晶钎料在热循环载荷下的蠕变行为及疲劳寿命，结果发现，Sn-Ag-Cu 焊点

的疲劳寿命明显比 SnPb 焊点要高出 27%~51%，这为无铅高密度组装提供了一定的理论依据。Sn-Ag-Cu-CNT 是在 Sn-Ag-Cu 基础上加入微量的碳纳米管材料，使之在熔点不变的前提下，提高材料力学性能，降低线胀系数，以满足电子封装的需要，很多研究人员采用 Garofalo-Arrheninus 模型来分析这种钎料的蠕变性能。

（3）Norton 模型　常用的还有 Norton 方程。假定材料的主要应变率由弹性应变和非弹性应变组成，即

$$\dot{\varepsilon}_{ij}=\dot{\varepsilon}_{ij}^{\mathrm{el}}+\dot{\varepsilon}_{ij}^{\mathrm{crp}} \tag{7-7}$$

式中　$\dot{\varepsilon}_{ij}$——总应变率张量；

$\dot{\varepsilon}_{ij}^{\mathrm{el}}$——弹性应变率张量；

$\dot{\varepsilon}_{ij}^{\mathrm{crp}}$——蠕变应变率张量。

非弹性应变部分假设主要为稳态蠕变应变，描述的稳态蠕变模型可以用 Norton 方程来表示，方程如下：

$$\dot{\varepsilon}_{ij}^{\mathrm{crp}}=\frac{3}{2}B^{*}\sigma_{\mathrm{e}}^{n}\frac{S_{ij}}{\sigma_{\mathrm{e}}}\exp\left[-\frac{Q}{RT}\right] \tag{7-8}$$

式中　n——应力指数；

Q——激活能；

R——玻尔兹曼常数；

T——试验温度（K）；

B^{*}——材料常数；

σ_{e}——Mises 应力，$\sigma_{\mathrm{e}}=\sqrt{\frac{3}{2}S_{ij}S_{ij}}$；

S_{ij}——偏应力张量。

$$S_{ij}=\sigma_{ij}-\frac{1}{3}\delta_{ij}\sigma_{kk} \tag{7-9}$$

$$\sigma_{ij}\big|_{t+\Delta t}=D_{ijkl}^{\mathrm{el}}:\left(\varepsilon_{kl}\big|_{t+\Delta t}-\varepsilon_{kl}^{\mathrm{crp}}\big|_{t}-\Delta t\dot{\varepsilon}_{kl}^{\mathrm{crp}}\big|_{t}\right) \tag{7-10}$$

Gonzalez M. 等人根据 Garofalo-Arrheninus 构建 Sn-Pb 和 Sn-Ag 两种钎料的本构关系，用 Norton 方程来说明 Sn-Ag-Cu 的本构关系，通过比较三种钎料在热循环作用下的累积非弹性应变，并找出焊点失效的主要原因是蠕变应变。Zhang X. W. 等人借用 Norton 方程构建 63Sn37Pb 钎料本构关系，分析了不同焊点形态及引线框架材料属性对焊点疲劳寿命的影响。

（4）Darveaux 双曲模型　也可应用 Darveaux 双曲模型来描述稳态蠕变方程，即

$$\frac{\mathrm{d}\varepsilon_{\mathrm{scr}}}{\mathrm{d}t}=A'[\sinh(\alpha\sigma)]^{n}\exp\left(-\frac{Q}{RT}\right) \tag{7-11}$$

式中　α——应力系数；

Q——激活能；

A'、n——模型常数。

为了使计算方便，并且适应有限元软件分析的要求，Qi Y. 等人把式（7-11）简化成式（7-12）

$$\frac{d\varepsilon}{dt}=C_1[\sinh C_2\sigma]^{C_3}\exp\left(-\frac{C_4}{T}\right) \tag{7-12}$$

这样只需测定 C_1、C_2、C_3、C_4 四个常数，就可以为模拟提供数据支持，并分析 Sn-Ag-Cu 与 SnPb 钎料焊点应力应变情况。

国内有关学者应用该模型描述了 Sn-Ag-Cu 钎料的本构关系，针对焊点的可靠性，研究了不同疲劳寿命预测方程的适用性。Kim、Pang、Vianco 等诸多学者采用该双曲模型对无铅钎料的蠕变性能进行分析。Pang JHL 和 Chen FX 通过构建 Sn3. 8Ag0. 7Cu 的双曲模型以及 Anand 模型，在接近焊点金属间化合物界面层分析焊点失效，运用两种模型得出的结果吻合。

（5）Wong 模型 在模拟分析中，常用 Dorn 方程，$\dot{\varepsilon}=A\sigma^n$ 模型进行分析，Norton 模型就是根据 Dorn 模型演化而来的，Wong 等人对 Dorn 方程做了修正，得出 Wong 模型，该模型也有广泛应用，即

$$\dot{\varepsilon}_{cr}=B_1\exp\left(\frac{-H}{kT}\right)\left(\frac{\sigma}{E}\right)^{n_1}+B_2\exp\left(\frac{-H}{kT}\right)\left(\frac{-\sigma}{E}\right)^{n_2} \tag{7-13}$$

有关文献介绍了通过应用 Wong 模型，依据弹性、塑性和蠕变性能，在加载温度循环的情况下，分析 Sn-Pb 焊点内部应力—应变的响应。

（6）Wiese 模型 Wises S. 等人通过实验结果分析 Sn-Ag 和 Sn-Ag-Cu 焊点本构方程

$$\dot{\varepsilon}_{cr}=A_1\left(\frac{\sigma}{\sigma_N}\right)^{n_1}\exp\left(-\frac{Q_1}{RT}\right)+A_2\left(\frac{\sigma}{\sigma_N}\right)^{n_2}\exp\left(-\frac{Q_2}{RT}\right) \tag{7-14}$$

第一项是对应于低应力作用下的焊点蠕变速率，微观结构以位错攀移为主；第二项则是对应于高应力作用下的蠕变速率，微观状态以位错的滑移和攀移为主。

Stoechl 等人采用 Wiese 模型和双曲正弦模型分析 Sn4. 0Ag0. 5Cu 钎料，用模拟软件分析不同模型下焊点的可靠性及疲劳寿命，结果表明两种模型模拟的结果相符，并和实验取得的结果一致。

2. 疲劳寿命预测模型

（1）Manson-coffin 疲劳模型及其演化方程 Manson-coffin 是常用来预测金属材料低周期疲劳失效的经典经验公式，形式为

$$N_f^{\beta}\Delta\varepsilon_p=C \tag{7-15}$$

式中 N_f——热疲劳失效的平均寿命；

$\Delta\varepsilon_p$——循环塑性应变范围；

β、C——经验常数。

Engelmaier 对上述模型进行了修正，综合考虑了频率与温度的效应，得到方程为

$$N_f=\frac{1}{2}\left(\frac{\Delta\gamma}{2\varepsilon'_f}\right)^{1/C} \tag{7-16}$$

式中 ε'_f——疲劳延性系数；

N_f——平均失效循环次数；

$\Delta\gamma$——切应变范围；

C——疲劳延性指数，即

$$C=-0.442-6\times10^{-4}\overline{T}_{s}+1.74\times10^{-2}\ln(1+f) \tag{7-17}$$

式中 $\overline{T}_{s}$——焊点平均温度；

f——循环频率，每天循环次数 $1\leqslant f\leqslant 1000$。

（2）单一蠕变疲劳寿命模型　Shine 和 Fox 等人构建了以蠕变应变为基础的疲劳寿命预测方程

$$N_{f}=\frac{C}{\gamma_{mc}} \tag{7-18}$$

式中 N_{f}——焊点失效循环次数；

γ_{mc}——单一循环蠕变应变；

C——与钎料结构相关的材料常数。

$$\gamma_{mc}=\int C_{0}\left(\frac{\tau}{\tau_{0}}\right)^{n_{mc}}\mathrm{d}t \tag{7-19}$$

式中 C_{0}——蠕变系数（1/s）；

τ——切应力（MPa）；

τ_{0}——初始切应力（MPa）；

t——时间（s）。

该模型中蠕变是由晶界滑移或基体位错引起的。

（3）综合塑性变形和蠕变的疲劳寿命预测方程　Manson-coffin 模型依据塑性应变来计算焊点疲劳寿命，但没有考虑到蠕变对焊点疲劳寿命的影响，Hossain 等人对疲劳寿命方程作进一步修改，具体方程为：

1）以 Von Mises 等效塑性应变为基础循环次数，即

$$N_{plastic\_eqv}=\frac{C_{1}}{\Delta_{eqv\_plastic\_strain}^{C_{2}}} \tag{7-20}$$

2）以累积塑性应变为基础循环次数：

$$N_{plastic\_strain}=\frac{C_{1}}{\Delta_{plastic\_strain}^{C_{2}}} \tag{7-21}$$

3）以 Von Mises 蠕变为基础循环次数：

$$N_{creep\_eqv}=\frac{C_{3}}{\Delta_{eqv\_creep\_strain}} \tag{7-22}$$

综合方程 Von Mises 等效塑性应变与 Von Mises 蠕变疲劳寿命，或综合累积塑性应变 Von Mises 蠕变疲劳寿命，构建出寿命计算方程分别为

$$N_{f}=\left(\frac{1}{N_{plastic\_strain}}+\frac{1}{N_{creep\_eqv}}\right)^{-1} \tag{7-23}$$

$$N_{f}=\left(\frac{1}{N_{plastic\_eqv}}+\frac{1}{N_{creep\_eqv}}\right)^{-1} \tag{7-24}$$

（4）基于蠕变和应变能密度的疲劳寿命预测模型　累积蠕变应变与基于累积蠕变应变

能密度的疲劳寿命被广泛应用，该模型由美国 Amkor 公司的 Syed 提出。以蠕变变形为主来进行寿命的预测，Syed 认为，如果重复加载循环载荷，会发生蠕变现象，根据循环加载而产生累计蠕变应变，其对应寿命预测方程可以简化为

$$N_f=(C'\varepsilon_{acc})^{-1} \tag{7-25}$$

式中 N_f——焊点失效的循环次数；

ε_{acc}——累积的蠕变应变量；

C'——蠕变延性常数，$C'=1/\varepsilon_f$，ε_f。

式（7-26）为以累计蠕变应变能表示的焊点寿命方程，即

$$N_f=(W'\omega_{acc})^{-1} \tag{7-26}$$

式中 N_f——焊点失效的循环次数；

W'——失效时的蠕变应变能密度；

ω_{acc}——每一循环累计的蠕变应变能密度。

式（7-25）、式（7-26）为发生单一蠕变机制时蠕变寿命疲劳预测方程，但两种蠕变机制均发生时，寿命预测方程会发生变化，即

$$N_f=(C_{\mathrm{I}}\varepsilon_{acc}^{\mathrm{I}}+C_{\mathrm{II}}\varepsilon_{acc}^{\mathrm{II}})^{-1} \tag{7-27}$$

式中 C_{I}、C_{II}——蠕变应变模型常数。

$$N_f=(W_{\mathrm{I}}w_{acc}^{\mathrm{I}}+W_{\mathrm{II}}w_{acc}^{\mathrm{II}})^{-1} \tag{7-28}$$

式中 W_{I}、W_{II}——蠕变应变能密度模型常数。

3. 元器件模型建立与焊点可靠性分析

由于微电子焊接中的元器件种类很多，本文中选取常用的四边扁平封装、芯片尺寸封装、球栅阵列封装等元器件的有限元模型来进行分析。焊点在微组装中十分微小，既承担机械连接的作用，也承担着电气连接的作用，因而焊点的可靠性至关重要。焊点可靠性的影响因素有温度、湿度、振动和灰尘等。据美国空军电子工业部门的统计，电子元器件失效的原因有55%是由于温度变化引起的，20%是由于振动导致的，还有19%是由于潮湿作用，另外6%是因为灰尘的原因引起的。四个影响因素中，温度对焊点的影响最大。当在热循环作用下，电子元器件材料与印制电路板材料之间存在线胀系数失配，在焊点中引起周期性的交变应力，长时间作用下将使焊点发生疲劳破坏，会使元器件失效。

（1）四边扁平封装（QFP）元器件模型的构建和结果分析 QFP 有着高密度、高可靠性以及优良的电气性能等优点，在大规模集成电路中具有普遍的应用，因此对 QFP 元器件的有限元模拟有重要的意义。图 7-3 为研究者利用软件模拟的 QFP 元器件的有限元网格模型，其中图 7-3a 为二维模型，由于焊点是影响元器件可靠性的主要因素，为得到精确的计算结果，作者把焊点的拐角部分做精细划分。图 7-3b 模型则是为了简化计算过程，应用条状单引线模型来计算。根据 QFP 元器件的对称性，取其四分之一来建模，如图 7-3c 所示。由陶瓷载体、Cu 引线、PCB 板以及焊点组成模型。并定义焊点材料为非线性，其他材料定义为线性。应用该模型可以计算出在拐角处的应力最大，出现破坏的可能性也最大。对模型加载 25~125℃的循环载荷。采用 Coffin-Manson 方程进行疲劳寿命预测，结果表明焊点的失效循环次数为 213 次，再通过温度循环实验验证，将最终得到焊点的疲劳寿命为 186 次。经

过 186 次的热循环后，得到焊点的断裂形式为完全脆性断裂，这说明理论值和实验值较一致。

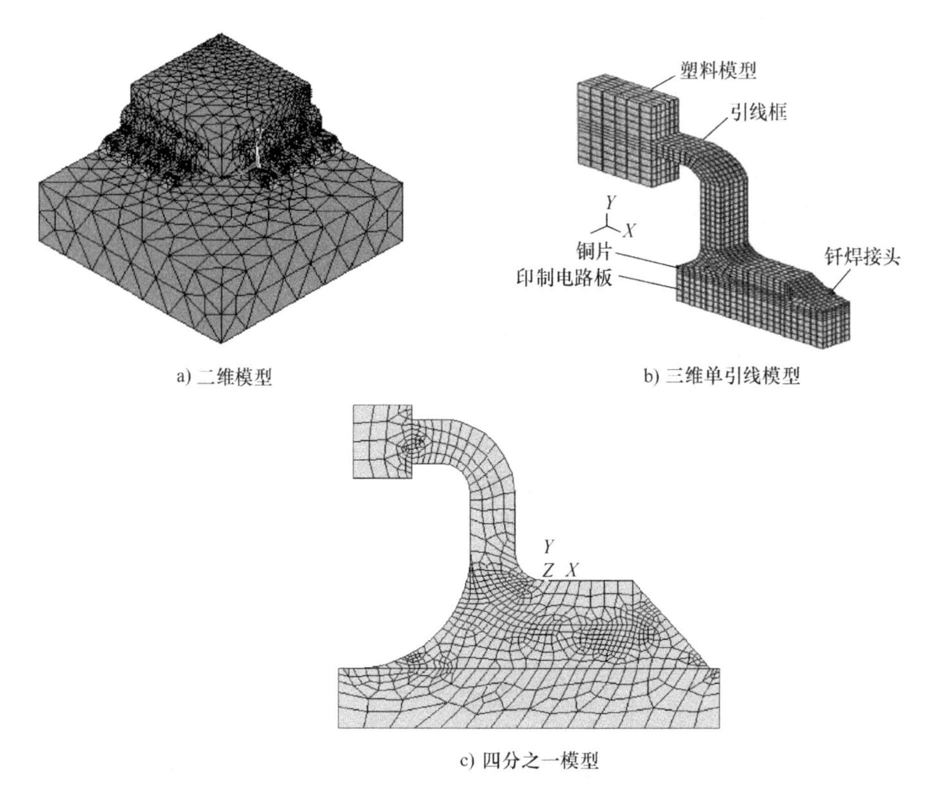

a) 二维模型　b) 三维单引线模型　c) 四分之一模型

图 7-3　QFP 元器件的有限元网格模型

（2）片式电阻模型的建立及结果分析　通常片式电阻也是常见的表面组装元器件，Stephen 等人利用 PHYSICA 有限元软件构建型号为 2512 的电阻的四分之一网格模型，如图 7-4 所示。使用弯曲和拉伸实验来分析焊点出现裂纹的情况。得到焊点的裂纹发生区域如图 7-5 所示，并且分析了裂纹扩展的三个不同方向，最后比较裂纹发生的长度。

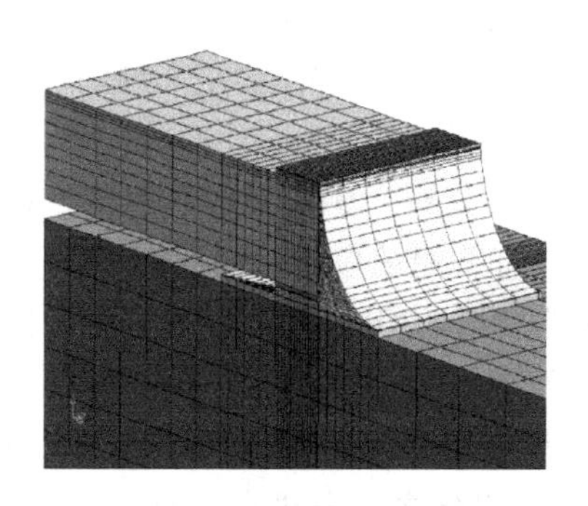

图 7-4　片式电阻有限元模型

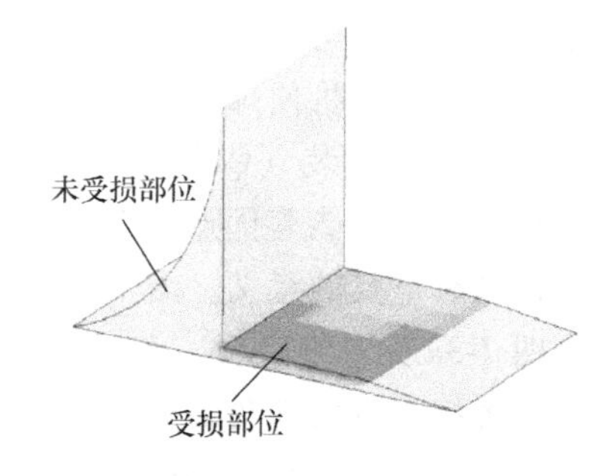

图 7-5　焊点裂纹发生云图

（3）球栅阵列封装和芯片尺寸封装模型的建立及结果分析　对陶瓷球栅阵列封装，人们认为焊点模型的建立如果越接近真实形态，计算的结果将越精确。然而 Andy Perkins 等人运用 ANSYS 有限元分析软件一反常态地采用柱状焊点来替代球状焊点，能精确地计算出焊点的疲劳寿命，陶瓷球栅阵列（CBGA）的四分之一有限元模型如图 7-6 所示。采用柱状焊点取代球状焊点，能将焊点阵列对角线拐角处的焊点网格进行精细划分，对其余部位焊点网格粗划。该法已在相关的实验和模拟中得到证实。图 7-7 为塑料球栅阵列封装（PBGA）器件的条状有限元模型。使用单一条状模型可以简化计算量，根据该模型，基于蠕变模型可有效地分析温度载荷参数对 Sn-Ag-Cu 无铅焊点的可靠性影响。

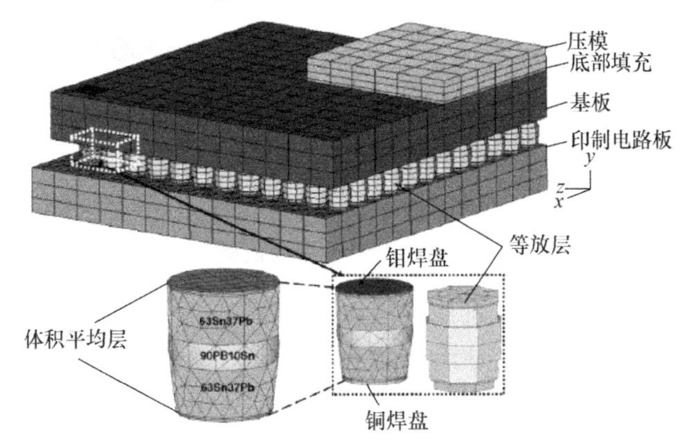

图 7-6 CBGA 四分之一有限元模型

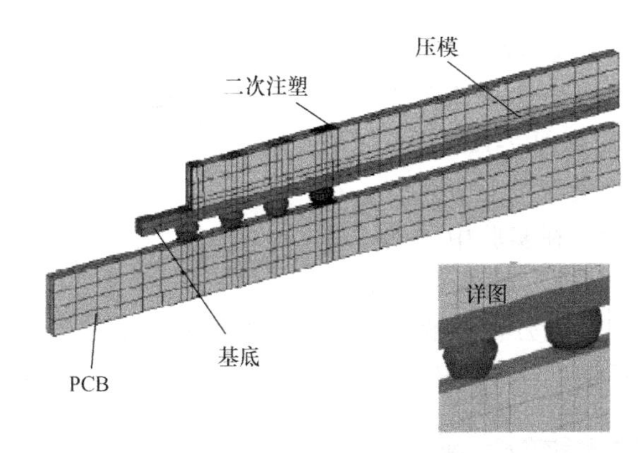

图 7-7 PBGA 器件的条状有限元模型

通过有限元分析，研究钎料焊点的力学性能，进而挑选出力学性能好、可靠性能高的钎料。Lau、Drveaux 等人用构建钎料的蠕变速率方程，得到了 Sn-Pb 和 Sn-Ag-Cu 两种钎料在一致温度下蠕变速率与 Von-Mises 应力曲线，发现在相同温度和蠕变速率下，Sn-Ag-Cu 钎料的力学性能要优于 Sn-Pb 钎料，与此同时，Bart Vandevelde 等人依据 Drveaux 等人的钎料蠕变速率方程来构建 5×4 芯片尺寸封装（CSP）的四分之一模型，通过对其施加热循环应力进行模拟，对应的有限元模型如图 7-8a 所示。图 7-8b 是 Sn-Ag-Cu 焊点在两个热循环后球形焊点的应力云图。从图 7-8b 中明显可以看出拐角焊点的非弹性应变达到峰值。

（4）陶瓷柱栅阵列封装（CCGA）元器件模型的建立及应用 对球栅阵列数值模拟的研究已非常普遍，但柱状焊点的研究相对较少，CCGA 适用于高 I/O 接口的芯片组装形式，该封装形式具有的高频率、易散热被 IBM 推荐为封装的最佳形式。John Law 等人借助 ANSYS 软件构建了 1657CCGA 元器件的条状有限元模型，从图 7-9 可以看出，通过比较三种不同热循环条件下，95.5Sn3.9Ag0.6Cu 与 63Sn37Pb 两种钎料的蠕变性能，结果显示 95.5Sn3.9Ag0.6Cu 对

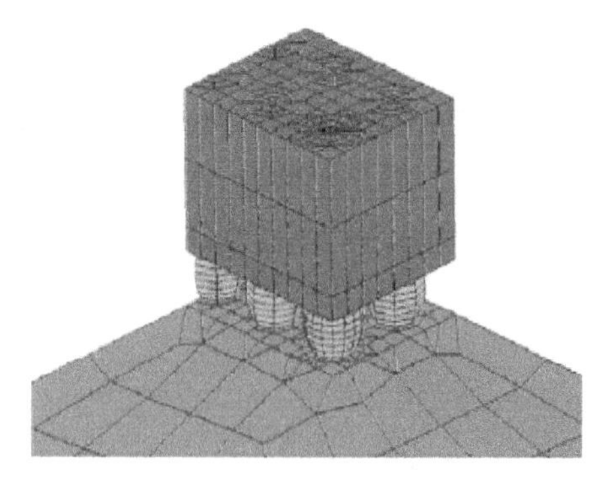

a) CSP有限元模型

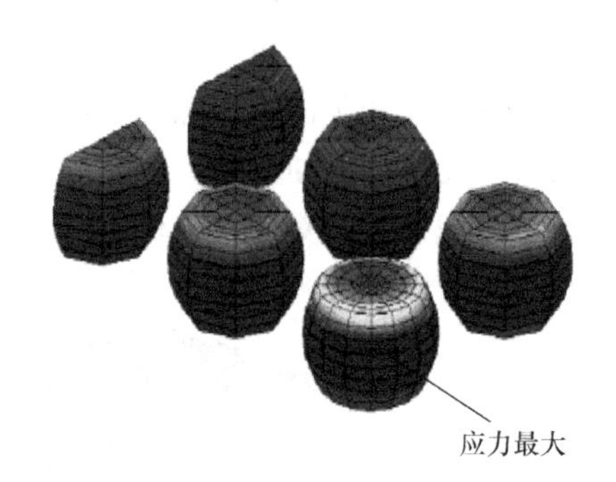

b) 焊点的应力云图

图 7-8　CSP 有限元模型

应焊点的应力应变大于 63Sn37Pb 对应焊点的应力应变，且 95.5Sn3.9Ag0.6Cu 对应焊点的疲劳寿命相对较小。

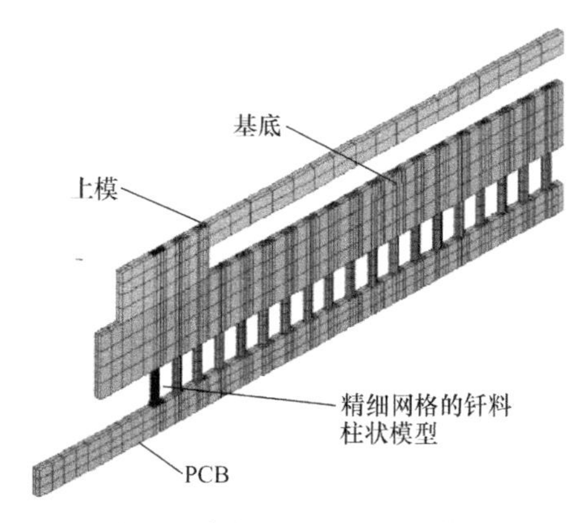

图 7-9　条状 CCGA 有限元模型

(5) 倒装芯片球栅阵列封装 (FCBGA) 焊点可靠性分析　通过有限元模拟能够预测焊点裂纹的发生位置，Spraul 等人运用 Surface evolver 和 ANSYS 两种软件对倒装芯片球栅阵列焊点的失效模式进行分析，如图 7-10a 所示。结果表明蠕变最大的地方为裂纹的发生位置，在靠近金属间化合物的位置，在实验中得到了有效的验证，实验失效焊点如图 7-10b 所示，模拟计算结果和试验结果相符。另有文献基于 Anand 方程模拟的结果与 Spraul 等人的结果相似，这为有限元的应用提供了合理的理论依据。

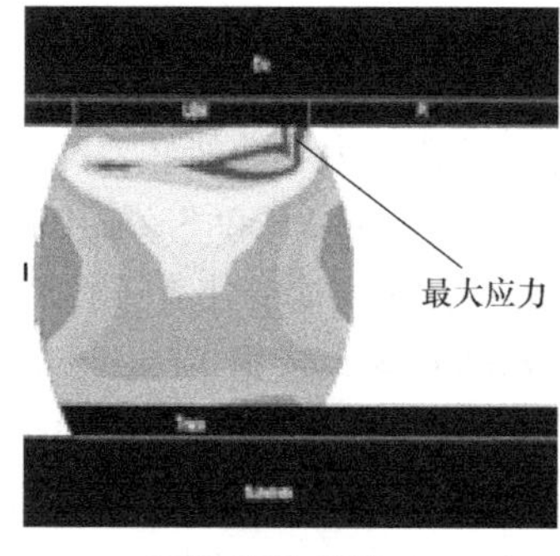

a) 焊点蠕变云图

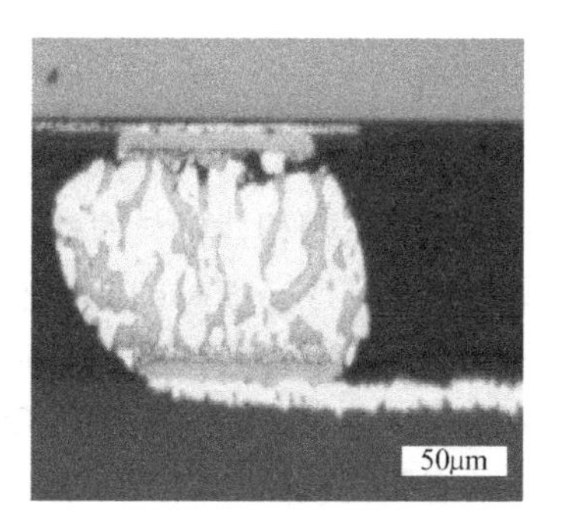

b) 经过热循环的失效焊点

图 7-10　FCBGA 焊点蠕变图

另有研究人员对通孔插装元件做了详细的研究，使用 Evolver 输出表面形态，研究焊点在再流焊作用下的热疲劳性能，结合 Marc7.0 进行有限元分析，得到其等效蠕变图。图 7-11 表明应力集中在钎料和镀铜管处，同时也说明该处容易引起裂纹并扩展。

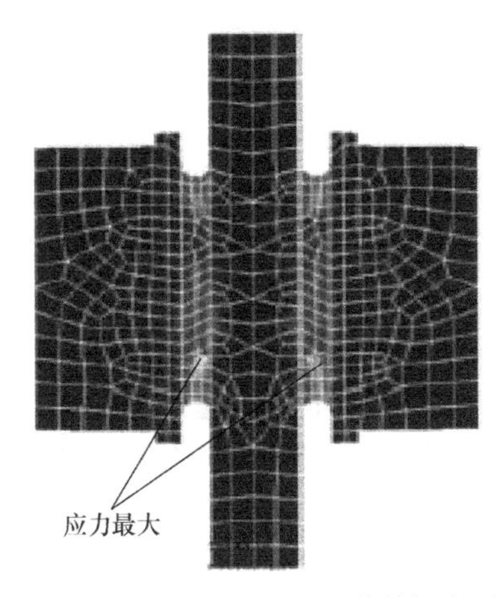

图 7-11 插装再流焊焊点等效蠕变图

7.3 电迁移特性

7.3.1 电迁移的定义

伴随着电子产品向微型化、便携化、高性能方向发展，芯片的集成度和印制电路板的组装密度也在不断提高，焊点的尺寸及间距越来越小，致使焊点中的电流密度进一步提高，电迁移效应也变得十分显著。在强电流作用下金属原子发生扩散迁移叫作电迁移，发生时原子扩散方向与电子流动方向相同。电迁移将使得原子源源不断地由阴极向阳极扩散，并逐渐在阴极形成空洞，在阳极则发生原子堆积。电迁移过程将随导电截面积的减小而加速进行，最终将引起焊点的失效。电迁移现象是金属线在电流和温度作用下产生的金属迁移，容易发生区域性金属（如铜）溶解，可能使金属线断裂，从而影响芯片的正常运作。电迁移在高电流密度与高频率变化的连线上比较容易产生，比如电源线、时钟线等。

7.3.2 不同钎料的电迁移特性

1. Sn-Pb 钎料

关于 Sn-Pb 钎料的使用具有悠久的历史，尽管迫于环保的压力，含铅钎料的使用逐渐减少，但 Sn-Pb 钎料的电迁移现象研究仍对无铅钎料的电迁移研究有着重要的指导意义。共晶 Sn-Pb 钎料的电迁移通常被认为是以 Pb 的迁移为主导，原子有三种可能的扩散机制：晶格扩散、晶界扩散、界面扩散，扩散机制受温度变化影响。通过对比共晶 Sn-Pb 钎料加载交流电与直流电，发现加载高频电流（0.05min），没有发生明显的电迁移现象。加载低频电流（84h），在半个周期后有明显的电迁移现象产生，电迁移现象由于一个周期后表面变得粗糙而得到缓解，表面的粗糙程度随着加载周期的增多而增大。Xu 等人研究钎焊接头钎料厚度对电迁移行为的影响，结果显示不同厚度的钎料都在阳极出现竹节状的挤出，由电迁移引起的表面起伏，随着钎料厚度的减少而变得越加严重，越小的钎料厚度，引起的电迁移效应越明显。Xu 等人分析认为因为大量的扩散原子受到 Cu 焊盘的阻碍而产生压应力，所以造成挤出，自由表面作为原子主要的扩散通道，温度对原子扩散起决定性作用而非背应力，钎料和铜电极的界面处是主要的热源。上述研究表明：电流频率和钎焊接头尺寸极大地影响电迁移，这为无铅钎料电迁移的研究提供了两个重要的方向。

2. Sn-Cu 钎料

Sn-Cu 钎料共晶成分为 Sn-0.7Cu，熔点为 227℃，钎焊接头外观质量好，成本较低，在波峰焊中，Sn-Cu 共晶有望成为替代 Sn-Pb 的最佳钎料。利用 X 射线衍射仪探究倒装芯片焊点的电迁移现象，试验中没有发现电阻的变化。在 1.25×10^4 A/cm 加载 100h 条件下，没有发现明显的晶粒长大。塑性变形几乎没有发生，试样件表面依旧比较平滑。通过在阳极末端（晶粒Ⅰ）与阴极末端（晶粒Ⅱ）选取两个晶粒进行应力分析发现，晶粒Ⅰ内部的压应力高达 540MPa。晶粒Ⅱ内部不存在拉应力，从而再次论证了 Sn 晶粒挤出是在电迁移作用下阳极发生电流拥挤的区域产生的。一项利用聚焦离子束对焊点进行标记，通过测量标记点的漂移速度的研究中，在计算机模拟的基础上，对电流密度的分布和电迁移速率的分布进行了定量分析。发现当加载平均电流密度为 1.26×10^4 A/cm 时。出现电流拥挤区域的电流密度最高达 4.8×10^4 A/cm，而在一些低电流密度区（低于电迁移门槛值的区域）甚至出现了原子的反向流动。从以上研究可知：在电流拥挤区域通常会出现电迁移现象。这是因为在电流拥挤区域，原子扩散速率最高，该区域也是空洞形成和扩展的发源地。一旦显微空洞形成以后，电流流经此处时得绕过空洞才能继续向前流动，由此导致原子的流动速率在平均电流区域降低，在电流拥挤区域升高。

3. Sn-Ag 钎料

Sn-Ag 钎料共晶成分为 Sn-3.5Ag，熔点为 221℃，具有良好的导电性能，抗热疲劳性能良好，在再流焊领域有较为广泛的应用。用 Cu/Ni/Sn-3.5Ag/Ni/Cu 试样模型进行电迁移试验，并将相同温度下的时效试样进行对比。结果表明，在 Ni/Sn-3.5Ag 系统中仅有 Ni_3Sn_4 化合物形成，160℃时加载试样与时效试样的 Ni_3Sn_4 层厚度相同，180℃时加载试样 NiSn 化合物的生长在阳极和阴极都受到抑制。试验还对 Cu/Sn3.5Ag/Cu 线形结构焊点在室温下的电迁移行为进行研究。发现当加载 474h 后在阴极界面处出现显微裂纹，继续加载显微裂纹不断扩展，而阴极与阳极界面处的 Cu_6Sn_5 仍然保持原态。研究前处理时效（170℃）对电迁移平均失效时间（MTF）的影响发现，Sn-3.5Ag 焊点的 MTF 随着时效时间的延长而增加，在时效 25h 时达到峰值，该数值是不经时效处理焊点的 3.5 倍。

采用 Ni/Cu 双层结构的凸点下金属层（UBM）对 Sn-3.5Ag 倒装芯片中焊点的电流拥挤效应可以有效改善，同时能降低扩散速率，提高电迁移的 MTF。在中等电流密度（10^3 A/cm^2）条件下，利用 Ni/Sn-3.5Ag/Ni 与 Ni-P/Sn-3.5Ag/Ni-P 两种结构进行比较，会发现加载电流使接头脆化并且脆化程度随电流密度的增加而增大。Ni/Sn-3.5Ag/Ni 的金属间化合物生长速度出现极性效应，而 Ni-P/Sn-3.5Ag/Ni-P 则不明显。对 Cu/Sn3.5Ag/Au 模型进行电迁移试验研究，发现了促使锡须生长的应力来源。由于电迁移加速了 Sn 原子在金属间化合物附近的集聚。导致金属间化合物晶粒发生旋转，金属间化合物晶粒的旋转给周围的 Sn 晶粒产生了压应力，在压应力的作用下锡须产生并生长。在添加 Zn 元素对 Sn-Ag 钎料的电迁移可靠性与微观结构的影响研究中发现，Zn 能与 Ag、Cu、Ni 形成稳定的化合物，减缓了 Cu 原子的扩散，提高了 Ag_3Sn、Cu_6Sn_5 的稳定性并对 Cu-Sn 的形成产生抑制，从而增强了界面微观结构的稳定性并提高电迁移寿命。电迁移诱导失效可分为两种模型。模型Ⅰ是 Sn 晶粒 C 轴方向与电流的方向不重合，主要依靠 Sn 原子的自扩散，因此速度较慢；模型Ⅱ

中 C 轴方向与电流的方向高度重合，溶质原子沿着 Sn 晶粒 C 轴方向的晶界迅速扩散。

上述研究表明：Sn-Ag 钎料的电迁移过程是以 Sn 原子的扩散为主导，温度对金属间化合物的生长起着非常重要的作用。适当地调节金属间化合物层和凸点下金属层的厚度以及成分有助于提高焊点的电迁移寿命，另外，焊点的电迁移行为与钎料的微观晶体结构也有关。

4. Sn-Ag-Cu 钎料

锡银铜（Sn-Ag-Cu）钎料因具有优良的物理性能和力学性能，可靠性高、润湿性好等特点，被公认为是 Sn-Pb 钎料最主要的替代品。研究加载电流对 Sn-3Ag-0.5Cu 钎料蠕变行为的影响发现，钎料蠕变速率随着电流密度的增加而增大。但蠕变速率远小于相同温度下等温时效的试样。通过对比铸态、加载电流（4×10^3 A/cm，200h）、等温时效这三种不同初始状态下，试样在加载前后的蠕变速率，结果发现，在加载前三种试样蠕变速率依次增大，三者的蠕变速率在加载条件下都明显增大，增大的比率都保持在 7%左右。在 Sn-3Ag-0.5Cu 中加入 Ce（质量分数为 0.5%）和 Zn（质量分数为 0.2%）可显著改善其力学性能并抑制晶须的生长。但研究发现，Ce 和 Zn 的加入将严重降低电迁移寿命。研究添加 Sb（质量分数为 1%）颗粒的 95.5Sn-3.8Ag-0.9Cu 复合钎料的电迁移行为，发现加入的 Sb 全部形成了 Sn-Sb 颗粒，Sn-Sb 颗粒在加载过程中与钎料基体分离且破裂。加载 120h 后在阳极出现凸起，而在阴极出现裂纹，而复合钎料中裂纹的扩展机制与原钎料有所不同。通常认为在电迁移作用下，阳极会形成凸起，而阴极会出现空洞。试验却发现阴极附近也出现凸起，通常认为的拐角处并没有出现最大的凸起，其出现于中间位置。Zhou 认为凸起不仅阻碍了原子的扩散，金属间化合物的层生长还会影响电流密度的分布，产生局部电流拥挤效应。通过凸点下金属层（Ti/Cu/Ni）的厚度对倒装芯片焊点的电迁移寿命的研究发现，增加厚度可以提高 Sn-3Ag-0.5Cu 倒装芯片焊点的电迁移寿命，在阴极的（Cu、Ni$)_6$Sn$_5$ 金属间化合物中形成裂纹。在长时间的加载后，Sn-Ag-Cu 钎料变成 80%（体积分数）Cu-Ni-Sn 的金属间化合物和 20%富 Sn 相的两相组织，在 1.5×10^4 A/cm、120℃条件下加载 2354h 后，钎料区收缩，甚至消失。可以说 Sn-Ag-Cu 钎料具有很大的市场前景，对其在复杂工况条件下电迁移行为的研究会是未来的研究重点。对其性能进行改进时，既要考虑到添加合金元素对其力学性能和物理性能的影响，又要兼顾对电迁移行为的影响，金属间化合物层组织的演化与凸点下金属层的设计仍然是关于无铅钎料电迁移行为的研究重点。

5. Sn-Zn 钎料

锡锌（Sn-Zn）钎料共晶成分为 Sn-9Zn，熔点为 199℃，相当接近共晶 Sn-Pb 钎料的熔点。然而由于 Zn 很活泼，使得该钎料耐蚀性差，从而限制了其应用范围。通过向覆有 Ta/Cu 薄膜的氧化硅焊盘上镀 Cu，在中间开槽，用 Sn-9Zn 钎料将其焊合后进行电迁移试验。结果表明，在阳极附近出现了 Sn 的挤出，且 Sn 挤出量随着 Zn 晶粒度的增大而增多。此过程中，Sn 是主要的迁移元素，而 Zn 的迁移速度极慢，Zn 的晶粒度大小将会严重影响到 Sn 的挤出。使用氩离子刻蚀抛光后的 Sn-9Zn 片，表面镀 Cu，然后将其制成圆片，与断面上经过抛光镀 Ag 的铜线粘接在一起，接着进行电迁移试验。结果发现，加载 230h 后阴极和阳极的中间部位出现凸起，Sn-9Zn 钎料与金属间化合物界面处均出现空洞。在 Sn-Zn/Cu 界面反应系统中，Cu_5Zn_8 的生长受 Cu 扩散的影响，而 Cu_5Zn_8 的生长会对周围的晶格产生压应力，凸起的产生是受压应力与电子风力（当导体中加载电流时，运动的电子流与游离态的原子之间发生动量交换而形成的推动力）的共同作用的结果。用 Sn-9Zn 钎料焊接高纯度的 Cu 条，再将其加工成 200μm×200μm 的窄条在 3.87×10^{4}A/cm、（150±5）℃、氮气保护气氛条件下，进行电迁移试验发现，通电后的前 72h 内，阴极和阳极的 Cu-Zn 生长速率几乎相同，但 72h 过后阳极的金属间化合物厚度逐渐减小，阴极的金属间化合物生长速率明显加快，这是背应力和电迁移共同作用使得 Zn 向阴极迁移造成的结果。通过上述研究可以看出：Sn 的迁移主导了 Sn-Zn 钎料的电迁移，Zn 的迁移影响金属间化合物的形成，Zn 的晶粒度对电迁移行为影响很大，但目前添加微量合金元素和凸点下金属层的结构对 Sn-Zn 钎料电迁移影响还不明显。

6. Sn-Bi 钎料

Sn-Bi 合金的共晶成分为 Sn-58Bi，熔点 138℃ 。虽然在力学性能上比 Sn-Ag-Cu/Sn-Ag 系差，但因其低的熔点也引起了人们的关注。有人研究电迁移对 Cu/Sn-Bi/Cu 线形接头金属间化合物生长的影响，发现在加载过程中 Sn-Bi 钎料发生严重的两相分离，Bi 在阳极聚集，Sn 在阴极聚集；电迁移加速两极界面金属间化合物的生长，金属间化合物在阴极界面的生长速度大于阳极界面且与时间呈二次曲线关系。作者研究认为在这个过程中温度起着决定性作用。高温下（≥50℃）Sn、Bi 同时向阳极迁移，但 Bi 的迁移速度更快，并阻碍 Sn 的迁移。低温下（≤23℃）由于钎料表面的刚性保护作用阻碍原子的扩散，Sn 原子在背应力的驱使下逆着电子流方向向阴极聚集。稀土是表面活性元素，适当添加可降低界面和晶界的能量，从而降低元素的溶解速率和晶界滑移速率，提高焊点的电迁移寿命。另有研究发现添加稀土元素的 Sn-Bi 钎料晶粒粗化程度明显降低，电迁移阻力明显增大。

7.4 锡晶须

锡晶须在镀层表面自发生长现象最早由 Compton 在 1951 年报道，随后人们开始研究锡晶须的生长机制并寻求各种方法来抑制锡晶须的生长。1959 年，Arnold 发现在纯锡中加入质量分数为 3%的 Pb 进行合金化，能有效抑制锡晶须的生长，此后工业界广泛采用 Sn-Pb 合金电镀作为电子元器件焊盘的焊接性镀层，避免由锡晶须生长引发的电子元器件短路和事故。然而，随着电子产品无铅化进程的推进，Sn-Pb 合金电镀逐步被限制和禁止使用，取而代之的是纯锡电镀。由于在纯锡镀层中存在锡晶须的自发生长问题，锡晶须引起的电子产品的可靠性问题再次受到人们的关注。弄清晶须生长机制，寻求一种无晶须的无铅镀层已经成为工业界一项紧迫的任务。

7.4.1 无铅钎料表面锡晶须的形貌

图 7-12 为 Sn-Cu 镀层表面自发生长的锡晶须形貌。典型的锡晶须直径一般为 0.05~5μm，长度一般为几微米到几百微米。一般认为锡晶须是单晶，也有人认为锡晶须是多晶体。锡晶须的形貌多种多样，纵向主要有柱状、丘状、结节状、针状、带状、弯折状、不规则形状等，晶须表面常有纵向条纹。锡晶须的横截面的形状也有多种形式：有星状、三角形、矩形、不规则多边形等。

纯 Sn 镀层表面主要是短锡晶须，如图 7-13 所示，图中锡晶须表面呈多面结构。除了形貌不同，纯锡表面锡晶须生长的速度也远远小于锡铜表面。

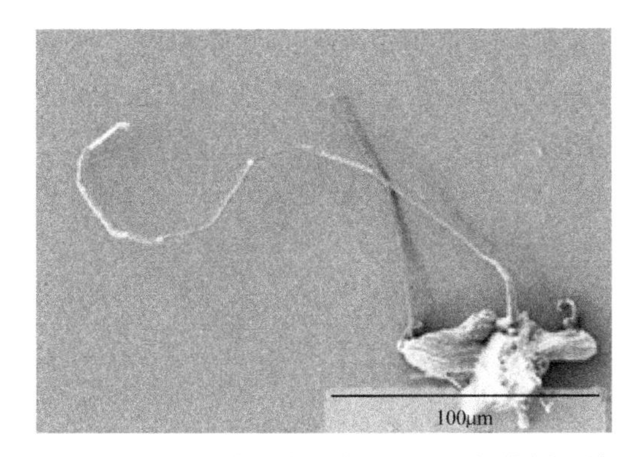

图 7-12 Sn-Cu 镀层表面自发生长的锡晶须形貌

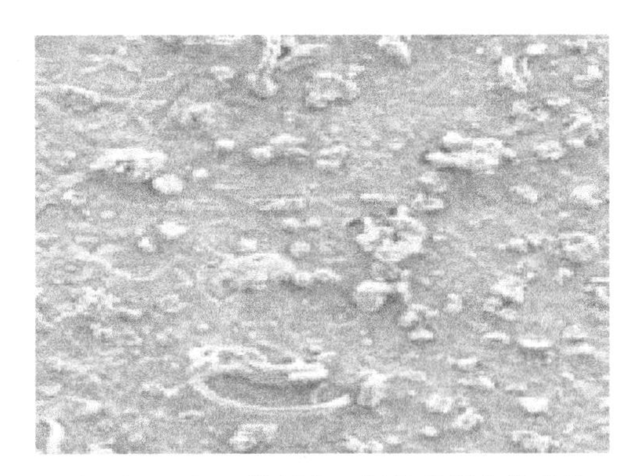

图 7-13 纯 Sn 镀层表面短锡晶须生长形貌

锡铜和纯锡形成的锡晶须对比结果显示，共晶 Sn-Cu 中的 Cu 促进了锡晶须生长，虽然共晶锡铜成分由 98.7%（原子分数）的锡和 1.3%（原子分数）的铜组成，但是很少量的铜就可能对共晶锡铜精饰面上锡晶须的生长产生非常大的影响。

图 7-14 是 Sn-Zn-Ga-Pr 钎料表面锡晶须生长的 SEM 图像。在室温条件下，针状锡晶须从稀土相表面快速生长，生长速度远高于 Sn 镀层表面锡晶须的典型生长速度。初步研究认为由稀土相氧化而产生的压应力是锡晶须生长的驱动力。

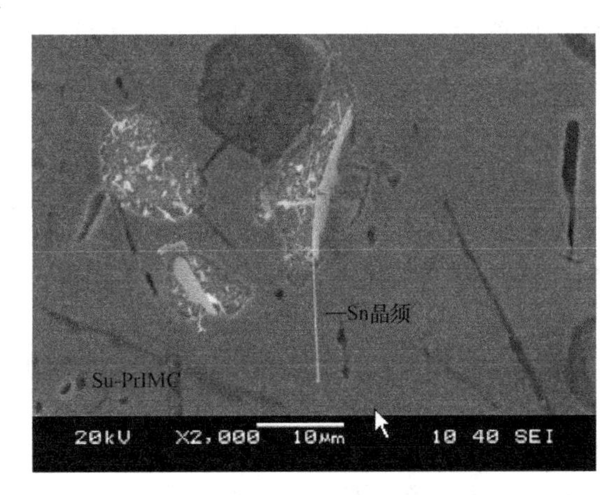

图 7-14 Sn-Zn-Ga-Pr 钎料表面锡晶须生长的 SEM 图像

7.4.2 生长过程驱动力及动力学过程

晶须生长（或表面隆丘）是在它们生长过程中基体材料中的压应力释放的结果。众所周知，实验中观察到的晶须，是从底部而非从顶部生长，这可以从锡晶须生长时顶部形貌不变推断得出。同时，当弯折锡晶须生长时，弯折晶须的底部长大而弯折上部不生长，所以生长的锡晶须是由压应力挤压出来。

压应力可以是机械应力、热应力或者化学应力。但是机械应力和热应力在数量级上是有限的，它们不能保证晶须的长时间持续生长。化学应力对于锡晶须自生长是最重要的，但并非显而易见。化学应力来源于室温下锡和铜反应生成 Cu_6Sn_5 金属间化合物（IMC），反应提供了晶须自生长的持续驱动力。

晶须生长是一个同时发生应力产生和应力松弛的动力学过程。应力的产生是由于铜原子向锡内进行填隙式扩散并且生成金属间化合物，从而在锡内产生压应力。当引线框架的铜原子向表面扩散并生成晶界 IMC 时，IMC 长大造成的体积变化对晶界两边的晶粒造成了压应力。在图 7-15

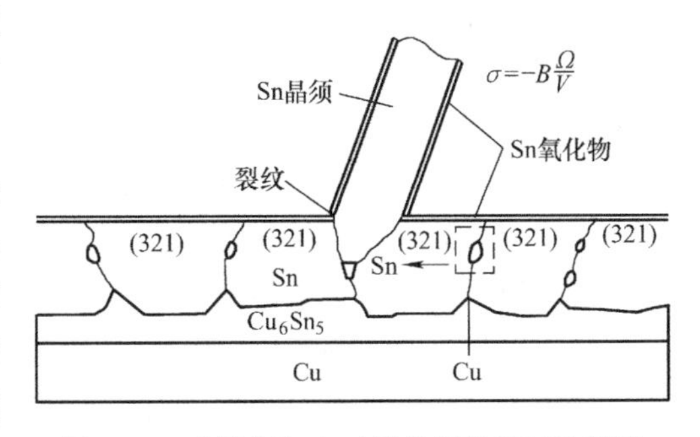

图 7-15 引线框架表面锡晶须的截面示意图

中，假设在锡镀层中某一固定体积 V 内包含 IMC 沉淀相，由于铜原子向此体积内扩散，并和锡反应而生成 IMC，所产生的应力可以表示为

$$\sigma = -B\frac{Q}{V} \tag{7-29}$$

式中 σ——产生的应力；

B——体模量；

Q——一个铜原子在 Cu_6Sn_5 分子中所占的体积（为简单起见，式中忽略了锡原子自身在反应前后的摩尔体积变化）。

式中负号表示应力为压应力。一般说来，在某一固定体积内增加一个原子的体积，如果体积不能扩展就会产生压应力。当越来越多的铜原子（n 个铜原子）扩散到体积 V 中生成 Cu_6Sn_5 时，式中的 Q 增大到 nQ，式中表示的应力将增加。

在扩散过程中，例如，典型的 Kirkendall 效应，在一个体扩散偶（A 物质和 B 物质的界面附近，A 与 B 可以相互扩散至对方体内）中，考察 A 原子和 B 原子的互扩散过程，A 原子的扩散流量与 B 原子的反方向扩散流量并不相同。假设 A 向 B 内扩散流量大于 B 向 A 的扩散流量，进入 B 中的 A 原子多于扩散出去的 B 原子，B 内将产生压应力。但是 Darken 对互扩散的分析认为 A 或 B 都不会产生应力，然而 Darken 有一个关键的假设，即样品任何位置的空位浓度都平衡。为达到空位平衡，必须假设在 A 物质和 B 物质中，必要时可以产生或减少晶格位置。假如 B 物质中可以增加晶格位置来容纳进入的 A 原子，就不会产生应力。如果晶格位置产生和消失的机理是基于位错攀移理论，增加大量的晶格位置就意味着晶格平面的增加，进而意味着晶格平面也可以移动。如果在样品中嵌入示踪原子，则示踪原子也将同时移动，由 Darken 的分析得到了示踪原子运动的方程。但是必须考虑到在某些情况下，体扩散偶互扩散时样品固体内的空位并非处处平衡，经常可以发现有过剩的空位，这样就会生成 Kirkendall 空洞。

表面钎料的固定体积 V 内（图 7-15），吸收扩散来的铜原子后，增加了原子体积，就必须在固体体积内增加晶格位置。依据 Darken 机理，如果允许体积膨胀，将不会产生应力，否则，就会有应力产生。后面的章节将讨论锡表面的氧化，从而解释为何体积不能发生变化，而只能产生应力。

锡铜反应发生在室温，因此只要存在自由的或未反应的锡和铜，反应就会进行。锡层的应力也就随之产生，但应力不会持续积累而必须得到松弛：或者是体积 V 内附加的晶面能够移出，或者是大量锡原子从体积 V 中扩散到无应力区域。

锡的熔点是 232℃（449°F），室温对于锡来说，也已经是相当高的同比相对温度（温度与熔点之比，用热力学温度表示），因此室温下锡在晶界处的自扩散已经非常快，室温下锡由化学反应产生的压应力，可以借助于晶界自扩散使原子重新排布而获得松弛。这种松弛通过垂直于应力的锡原子层的迁移来实现，这些锡原子沿晶界扩散至无应力的锡晶须根部，从而将锡晶须挤高。可见，锡晶须生长由应力而引起，同时锡晶须也是应力松弛的中心。室温反应和金属间化合物的生长，保证了压应力的产生，并维持了锡晶须的自生长。

压应力是晶须生长的必要条件，而非充分条件。一旦产生应力就必然发生应力松弛过程。同时，这也与锡氧化层表面状况有关。

在高真空情况下，处于压应力的铝表面不会出现表面隆起的小丘，只有当铝表面有氧化层时，小丘才会在铝表面生长。铝表面氧化层一般起着保护作用，没有表面氧化层，自由铝表面是很好的空位源和空位阱。根据 Nabrro-Herring 晶格蠕变模型，或 Coble 晶界蠕变模型，压应力可以在铝的整个表面得以均匀地松弛。在这些模型中（图 7-16），每个晶粒的应力松弛是通过铝原子自扩散至晶粒的自由表面而完成的，因此自由表面作为有效的空位源和空位阱，应力会在整个铝膜表面均匀松弛，所有的晶粒只是稍微长厚，而不会出现局部的隆丘和晶须。

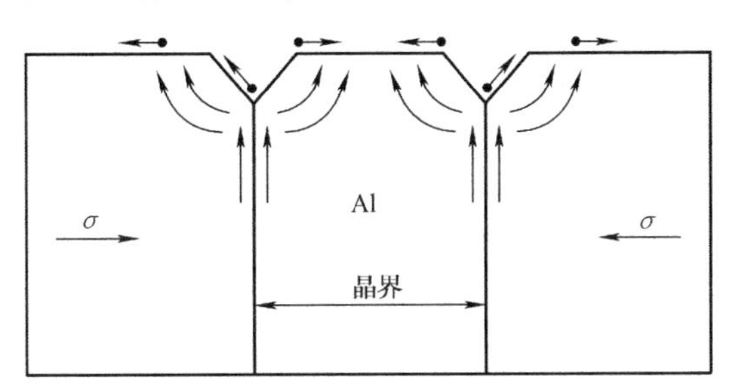

图 7-16 Nabrro-Herring 应力松弛模型

晶粒内的应力通过原子扩散向晶粒自由表面释放，表面是很好的空位源和空位阱，晶须或小丘只是在表面局部生长。只要产生局部生长，表面就一定存在氧化层，并且氧化层必须是具有保护作用的氧化层，这样才能有效阻止所有的空位源和空位阱。而且，保护性氧化层的存在，也意味着它能够起着牵制铝（或锡）晶格平面的迁移的作用。这样，在先前假设的体积 V 中，就无法通过晶面迁移来松弛应力。而经典的体互扩散偶模型中不存在应力，因为假设空位局部平衡，在互扩散过程中就可以通过晶面迁移来松弛应力。只有那些表面生成保护型氧化层的金属，例如铝或锡，隆丘或晶须才会出现。金属处于薄膜或薄层状态时，氧化层更容易牵制晶面迁移。同时，当表面氧化层很厚时，很显然它能够有效阻挡任何隆丘和晶须的生长，因为小丘或晶须无法穿透很厚的氧化层。因此晶须生长的第二个必须的条件是，钝化的氧化层不能太厚，并且表面存在可以穿透的薄弱点，在这些位置出现晶须生长以松弛应力。

由于晶须生长是局部的，只出现在表面特定的点，因此需要研究为什么这些点上晶须生长是均匀的，为什么氧化层在这些局部点会被轻易穿透而出现晶须形核和长大。直观感觉这些位置的锡晶粒或微观组织应该与其周边的晶粒不同。换言之，这些点在结构上存在某种不连续性而使该点的氧化层容易破裂。例如，假设锡镀层晶粒形成（001）结构，该结构的晶粒周边存在有不同晶向的晶粒，就属于结构不连续。当晶粒处于压应力时就形成晶须核，表层氧化物的张应力又会使表面氧化层在沿该晶粒与周边晶粒的晶界处断裂。

7.4.3 锡晶须生长的抑制

要阻止锡晶须生长，可以消除其反应驱动力或者降低其生长驱动力。通常消除反应驱动力方法是在锡铜之间增加扩散阻挡层，阻挡铜向锡层扩散，就不会形成 Cu_6Sn_5，电镀锡前先电镀一层薄镍即可实现这一目的。室温下锡镍反应速率远小于锡铜反应，并且 Ni 和 Ni_3Sn_4 金属间化合物都可以起到阻挡铜扩散的作用。铜在 Ni_3Sn_4 化合物中的扩散速率，虽然没有具体的测量数据，但应该小于在 Cu_6Sn_5 化合物中的扩散速率，因为 Ni_3Sn_4 化合物比 Cu-Sn 化合物的熔点更高。另一种抑制锡晶须生长的方法是利用生成的 Cu-Sn 化合物作为铜扩散阻挡层。将引线框架在 100~150℃（212~302°F）下进行 10~30min 热处理，锡铜界面处生成 Cu_6Sn_5 和 Cu_3Sn。由于接近室温时锡铜之间不能生成 Cu_3Sn，所以 Cu_3Sn 是室温下阻止铜向锡扩散的很好的阻挡层。

从减小锡晶须生长驱动力的角度考虑，可以通过向钎料增加一定量的第三种元素，来减

缓 Cu_6Sn_5 沉淀相或减弱锡氧化层的保护性质。另外一种方法是改变钎料层的电镀工艺，来控制晶粒尺寸和显微组织结构。例如，通过电镀形成比锡晶须直径（几微米）大很多或小很多的晶粒，但需要注意引线框架表面贴装再流焊过程的影响。如果钎料层在再流焊时熔化，再凝固后的显微组织与先前不同，这点是非常重要的。尽管采用退火处理也能够改变晶粒尺寸，但这样处理会增加工艺时间。

7.4.4 锡晶须生长的加速实验

锡晶须生长加速实验，可以帮助预测无铅钎料层表面锡晶须生长的寿命，实验温度必须高于室温，可以提高到60℃（140℉）进行。由于原子扩散速度慢，锡晶须生长速度仍然很慢。当温度接近100℃（212℉）时，扩散加快，但应力会随原子快速扩散也得到松弛。这样就出现了驱动力和动力学之间的竞争。尽管像共晶锡铜钎料那样增加铜的含量，会有助于提高锡晶须的生长，但生长速度也不会很快。此外，铜对锡晶须生长的影响还需要要进一步研究。

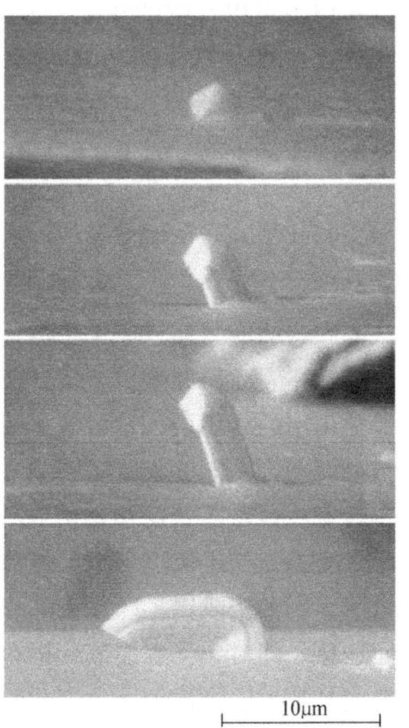

图 7-17 纯锡样品在电迁移时阳极锡晶须的生长

采用电迁移实验的方法可以加速锡晶须的生长。其优点在于不仅可以改变施加的电流密度（驱动力），也可以在高温（动力学）下进行实验，因此可以同时对驱动力和动力学过程进行控制。图 7-17 是在电迁移实验中，纯锡样品在电迁移时的阳极锡晶须的生长。通过测量锡晶须生长速度和直径，可以得到单位时间内锡晶须的体积变化，即

$$V=JA\mathrm{d}t\Omega \tag{7-30}$$

式中 J——电迁移流量；

A——锡晶须横截面面积；

$\mathrm{d}t$——单位时间；

Ω——原子体积。

此外，

$$J=C\frac{D}{kT}\left(\frac{\mathrm{d}\sigma\Omega}{\mathrm{d}x}\right)+Z^{*}ej\rho \tag{7-31}$$

式中 C——浓度系数；

D——扩散系数；

k——玻尔兹曼常数；

T——温度/K；

σ——阳极处的应力，假定阴极处的应力为 0；

$\mathrm{d}\sigma/\mathrm{d}x$——锡在很短的距离 $\mathrm{d}x$ 内的应力梯度；

Z^{*}——电迁移中扩散的锡原子的有效电荷数；

e——电子电荷；

j——电流密度；

ρ——锡在试验温度下的电阻率。

为了控制阳极锡晶须生长的直径，将整个阳极锡带覆盖一层薄石英膜，再刻蚀出特定直径的小孔，施加一定电流密度后，锡晶须就可以从阳极孔处挤压生长出来。由此可以测得锡晶须生长速度和体积与电流密度、温度和时间的关系。但是首先要确定电迁移加速的锡晶须生长与无铅钎料表面的锡晶须自生长，两者之间机理相同，加速实验才会有实际意义。

思 考 题

1. 什么是可靠性？
2. 焊点的可靠性取决于哪些因素？
3. 焊点的热机械可靠性加速试验方法主要有哪些？
4. 简述各钎料的本构模型并对比各模型在描述材料变形行为方面的区别。
5. 什么是电迁移？电迁移会导致哪些现象？
6. 晶须生长的驱动力是什么？
7. 抑制晶须生长的措施有哪些？

答 案

1. 可靠性是指一个系统（设备或者元器件）在所要求的环境中执行对其所要求的功能而不失效。
2. 见 7.1.1 节第四段起。
3. 见 7.2.1 节。
4. 见 7.2.2 节的“1. 钎料的本构模型”。
5. 见 7.3.1 节。
6. 母材中的压应力。
7. 见 7.4.3 节。

参 考 文 献

[1] 那扎洛夫 B，格列伏采夫 HB. 微电子学焊接 [M]. 浙江大学《新技术译丛》编译组，译. 北京：国防工业出版社，1976.
[2] 金德宣. 微电子焊接技术 [M]. 北京：电子工业出版社，1990.
[3] 金德宣，张晓梅. 微电子焊接与封装 [M]. 成都：电子科技大学出版社，1996.
[4] 邱成悌. 电子组装技术 [M]. 南京：东南大学出版社，1998.
[5] 王天曦，李鸿儒. 电子技术工艺基础 [M]. 北京：清华大学出版社，2000.
[6] 张文典. 实用表面组装技术 [M]. 北京：电子工业出版社，2002.
[7] 中国电子学会生产技术分会丛书编委会. 微电子封装技术 [M]. 合肥：中国科学技术大学出版社，2003.

[8] 查尔斯·哈珀. 电子组装制造芯片·电路板·封装及元器件 [M]. 贾松良，蔡坚，王豫明，等译. 北京：科学出版社，2005.
[9] 郭福，等. 无铅钎焊技术与应用 [M]. 北京：科学出版社，2005.
[10] CHARLES A HARPER. 电子封装材料与工艺 [M]. 贾松良，译. 3 版. 北京：化学工业出版社，2006.
[11] 刘流诚. 低成本倒装芯片技术：DCA，WLCSP 和 PBGA 芯片的贴装技术 [M]. 冯士维，等译. 北京：化学工业出版社，2006.
[12] 吴懿平，鲜飞. 电子组装技术 [M]. 武汉：华中科技大学出版社，2006.
[13] 周良知. 微电子器件封装材料与封装技术 [M]. 北京：化学工业出版社，2006.
[14] 朗为民. 表面组装技术 SMT 及其应用 [M]. 北京：机械工业出版社，2007.
[15] 余国兴. 21 世纪高等学校电子信息类规划教材：现代电子装联工艺基础 [M]. 西安：西安电子科技大学出版社，2007.
[16] 周德俭，等. SMT 组装质量检测与控制 [M]. 北京：国防工业出版社，2007.
[17] 上官东恺. 无铅焊料互连及可靠性 [M]. 北京：电子工业出版社，2008.
[18] 曹白杨. 电子组装工艺与设备 [M]. 北京：电子工业出版社，2008.
[19] 杜长华，陈方. 电子微连接技术与材料 [M]. 北京：机械工业出版社，2008.
[20] 樊融融. 现代电子装联无铅焊接技术 [M]. 北京：电子工业出版社，2008.
[21] 龙绪明. 电子表面组装技术-SMT [M]. 北京：电子工业出版社，2008.
[22] 宣大荣. 无铅焊接·微焊接技术分析与工艺设计 [M]. 北京：电子工业出版社，2008.
[23] 张柯柯，涂益民. 特种先进连接方法 [M]. 哈尔滨：哈尔滨工业大学出版社，2008.
[24] 张启运，庄鸿寿. 钎焊手册 [M]. 北京：机械工业出版社，2008.
[25] 中国电子科技集团电科院电子电路柔性制造中心. SMT 连接技术手册 [M]. 北京：电子工业出版社，2008.
[26] 查尔斯·哈珀. 电子封装与互连手册 [M]. 贾松良，蔡坚，沈卓身，等译. 4 版. 北京：电子工业出版社，2009.
[27] 杜中一. SMT 表面组装技术 [M]. 北京：电子工业出版社，2009.
[28] 樊融融. 现代电子装联波峰焊接技术基础 [M]. 北京：电子工业出版社，2009.
[29] 梁瑞林. 表面组装技术与系统集成 [M]. 北京：科学出版社，2009.
[30] 刘勇，梁利华，曲建民. 微电子器件及封装的建模与仿真 [M]. 北京：科学出版社，2010.
[31] 周德俭，等. 电子制造中的电气互连技术 [M]. 北京：电子工业出版社，2010.
[32] 宋长发. 电子组装技术 [M]. 北京：国防工业出版社，2010.
[33] TUMMALA R. 微系统封装基础 [M]. 黄庆安，唐洁影，译. 南京：东南大学出版社，2004.
[34] 王占国，陈立泉，屠海令. 信息功能材料手册：上册 [M]. 北京：化学工业出版社，2009.
[35] ZHU Q N, SHENG M, LUO L. The effect of Pb contamination on the microstructure and mechnical properties of SnAg/Cu and SnSb/Cu solder joints in SMT [J]. Soldering & Surface Mount Technology, 2000, 12 (3): 19-24.
[36] 罗道军，林湘云，刘瑞槐. 无铅焊料的选择与对策 [J]. 电子工艺技术，2004，25 (5)：202-204.
[37] 刘汉诚，汪正平，李宁成，等. 电子制造技术 [M]. 姜岩峰，张常年，译. 北京：化学工业出版社，2005.
[38] 林修任. 含稀土焊锡合金接点之界面反应、电迁移与锡须成长研究 [D]. 台北：台湾大学，2007.
[39] 张启运. 无铅钎焊的困惑、出路和前景 [J]. 焊接，2007 (2)：6-10.
[40] 薛松柏，姚立华，韩宗杰，等. 半导体激光工艺参数对 Sn-Ag-Cu 钎料润湿性影响分析 [J]. 焊接学报，2005，26 (12)：39-42.

[41] GAO Y, LIU P, GUO F, et al. Environmentally friendly solders 3-4 beyond Pb-based systems [J]. Rare Metals, 2006, 25 (5): 95-100.

[42] LEE H Y, DUH J G. Influence of Ni concentration and Ni_3Sn_4 nanoparticles on morphology of Sn-Ag-Ni solders by mechanical alloying [J]. Journal of Electronic Materials, 2006, 35 (3): 494-503.

[43] 菅沼克昭. 无铅焊接技术 [M]. 宁晓山, 译. 北京, 科学出版社, 2004.

[44] 张亮, 薛松柏, 禹胜林, 等. 有限元模拟在微连接焊点可靠性研究中的应用 [J]. 电焊机, 2008 (9): 13-21.

[45] MILLER C M, ANDERSON I E, SMITH J F. A viable tin-lead solder substitute: Sn-Ag-Cu [J]. Journal of Electronic Materials, 1994, 23 (7): 595-601.

[46] 罗文功. BGA 封装的热应力分析及其热可靠性研究 [D]. 西安: 西安电子科技大学, 2009.

[47] 史建卫. 无铅焊接工艺中常见缺陷及防止措施 [J]. 电子工艺技术, 2008 (1): 53-56.

[48] 王俭辛. 稀土 Ce 对 Sn-Ag-Cu 和 Sn-Cu-Ni 钎料性能及焊点可靠性影响的研究 [D]. 南京: 南京航空航天大学, 2009.

[49] Ahmer Syed Amkor Technology Inc. Accumulated Creep Strain and Energy Density Based Thermal Fatigue Life Prediction Models for Sn-Ag-Cu Solder Joints [C]. Electronic Components and Technology Conference, 2004. Proceedings. 54th, 1: 737-746.

[50] 姚健, 卫国强, 石永华. 无铅电子封装中的电迁移 [J]. 焊接技术, 2010 (3): 1-5.

[51] PANG J H L, XIONG B S, LOW T H. Creep and Fatigue Characterization of Lead Free 95. 5Sn-3. 8Ag-0. 7Cu Solder [C]. Electronic Components and Technology Conference, 2004. Proceedings. 54th, 2: 1333-1337.

[52] 彩霞. 高密度电子封装可靠性研究 [D]. 上海: 中国科学院研究生院上海微系统与信息技术研究所, 2002.

[53] KIM K S, SUGANUMA K, HWANG C W, et al. The observation and simulation of Sn-Ag-Cu solder solidification in chip-scale packaging [J]. JOM Journal of the Minerals, Metals and Materials Society, 56 (6): 36-43.

[54] 史益平. 微量稀土 Ce 对 Sn-Cu-Ni 钎料焊点可靠性影响的研究 [D]. 南京: 南京航空航天大学, 2008.

[55] 夏玉红. 无铅焊接质量控制的研究 [D]. 无锡: 江南大学, 2009.

[56] 陈文学. Ag、Ga、Al 及 Ce 对 Sn-9Zn 无铅钎料性能的影响 [D]. 南京: 南京航空航天大学, 2010.

[57] 王旭艳. 提高 SnAgCu 无铅钎料润湿性及焊点可靠性途径的研究 [D]. 南京: 南京航空航天大学, 2006.

[58] PENG X, XUE S B, SHEN Y F, et al. Inhibiting the growth of Sn whisker in Sn-9Zn lead-free solder by Nd and Ga [J]. Journal of Materials Science: Materials in Electronics, 2014, 25 (6): 2671-2675.

[59] PENG X, XUE S B, SHEN Y F, et al. Wettability and interfacial whiskers of Sn-9Zn-0. 5Ga-0. 08Nd solder with Sn, SnBi and Au/Ni coatings [J]. Journal of Materials Science: Materials in Electronics, 2014, 25 (8): 3520-3525.

[60] WU J, XUE S B, WANG J W, et al. Effect of Pr addition on properties and Sn whisker growth of Sn-0. 3Ag-0. 7Cu low-Ag solder for electronic packaging [J]. Journal of Materials Science: Materials in Electronics, 2017, 28 (14): 10230-10244.

[61] LI H L, AN R, WANG C Q, et al. In situ quantitative study of microstructural evolution at the interface of Sn3. 0Ag0. 5Cu/Cu solder joint during solid state aging [J]. Journal of Alloys and Compounds, 2015, 634: 94-98.

[62] QIN H B, ZHANG X P, ZHOU M B, et al. Size and constraint effects on mechanical and fracture behavior

of micro-scale Ni/Sn3. 0Ag0. 5Cu/Ni solder joints [J]. Materials Science and Engineering: A, 2014, 617: 14-23.

[63] TIAN S, WANG F, WANG X, et al. Rapid microstructure evolution of structural composite solder joints induced by low-density current stressing [J]. Materials Letters, 2016, 172: 153-156.

[64] WANG F, LIU L T, WU M F, et al. Interfacial evolution in Sn-58Bi solder joints during liquid electromigration [J]. Journal of Materials Science: Materials in Electronics, 2018, 29 (11): 8895-8903.

[65] HUANG M L, ZHANG Z J, ZHOU S M, et al. Stress relaxation and failure behavior of Sn-3. 0Ag-0. 5Cu flip-chip solder bumps undergoing electromigration [J]. Journal of Materials Research, 2014, 29 (21): 2556-2564.

[66] HUANG M L, SUN H Y. Interaction Between β-Sn Grain Orientation and Electromigration Behavior in Flip-Chip Lead-Free Solder Bumps [J]. Acta Metallurgica Sinica, 2018, 54 (7): 1077-1086.

[67] HUANG M L, ZHAO N, LIU S, et al. Drop failure modes of Sn-3. 0Ag-0. 5Cu solder joints in wafer level chip scale package [J]. Transactions of Nonferrous Metals Society of China, 2016, 26 (6): 1663-1669.

[68] YE H, XUE S B, CHENG C, et al. Growth behaviors of tin whisker in RE-doped Sn-Zn-Ga solder [J]. Soldering & Surface Mount Technology, 2013, 25 (3): 139-144.

纳米颗粒烧结连接

目前以 Si 为代表的第一代半导体材料和以 GaAs、GaP 和 InP 为首的第二代半导体材料仍然是半导体制造业的主流，但是长时间在高功率密度下工作，其可靠性已经逐渐不能满足使用要求，因此以 GaN 和 SiC 为首的第三代半导体材料逐渐得到重视，也渐渐得到应用。相较于第一代和第二代的半导体材料，第三代半导体材料有着热导率更高，带隙更宽，载流子饱和漂移速度大以及临界击穿电压大的特点。与此同时由于其服役过程中温度较高，对封装材料也提出了更高的要求。例如在电动汽车、航天探测器和石油钻井中的半导体元器件，其工作温度可能达到250℃甚至更高。而以目前在电子工业中使用最成熟的 Sn-Ag-Cu 系钎料来说，其本身熔点的限制使其不可能应用在这类元器件的封装上。如果使用熔化温度更高的高温钎料来进行封装，则对封装基板以及多道再流焊过程中其他焊点产生很大影响，因此探索一种新型的封装材料或者封装方法已迫在眉睫。

8.1 高温无铅软钎料研究现状

常见的高温无铅钎料是 Au 基高温钎料，其较高的使用温度受到了诸多关注与研究。现阶段主流 Au 基高温无铅钎料有 Au-Ge、Au-Si 和 Au-Sn。周涛等人的研究表明 Au-20Sn 高温钎料的抗拉强度和接头剪切强度可以达到 275MPa 和 47.5MPa，电阻率为 $16.4\times10^{-6}\Omega\cdot cm$，热导率为 57W/(m·K)。相较于低温无铅共晶钎料，Au-20Sn 有更为突出的稳定性和可靠性，有更优秀的抗热疲劳和蠕变能力。另外有学者将 Sb 加入到 Au-20Sn 高温无铅钎料中，研究结果表明 Sb 的加入不会明显改变钎料的熔点，硬度也没有明显改变，但是却导致了组织变化和电阻率、润湿角的增加。

Au 基合金强度高、导电和导热性能优良，同时又有较好的耐腐蚀性且焊接时不需要助焊剂。然而 Au 基合金硬度较大、抗拉强度高、断后伸长率低、可加工性能较差；而且互连接头在高温下服役时，由于硬度高使接头难以发生塑性变形，易将接头产生的热应力直接传递到芯片等电子元器件上，易造成元器件的失效。且最为重要的是 Au 是一种贵重金属，成本高，严重限制了其应用场合。

Zn 基高温无铅钎料也是研究较为广泛的一种合金，主要有 Zn-Al 系和 Zn-Al-Cu 系。有研究向 Zn-4Al-3Mg 和 Zn-6Al-5Ge 三元合金中添加低熔点元素如 Sn、In 和 Ga，以降低其熔点，但随着温度的升高，钎料的抗拉强度降低，断后伸长率会先上升后下降；Zn-4Al-3Mg在室温和200℃下是典型的脆性断裂，100℃下呈现出韧性断裂特征；添加6.8%（质量分数）Sn造成Zn-4Al-3Mg屈服强度急剧下降，延展性恶化。熔点在380~400℃的Zn-（4~6）Al-（1~5）Cu是较为理想的替代高温钎料的合金，且具有良好的导电和导热性能，电阻率也低于Sn-37Pb。

Bi是一种无毒金属，剪切模量（12GPa）、熔点（271℃）和硬度都非常接近Pb-5Sn合金。Bi的电阻率为107μΩ·cm，而Ag的导电性和导热性较好，在Bi中加入Ag可提高其力学性能并改善导电和导热性。有学者通过对Bi-2.5Ag、Bi-2.5Ag-0.1RE、Bi-5Ag-0.1RE、Bi-7.5Ag-0.1RE、Bi-10Ag-0.1RE（RE为混合稀土）和Pb-5Sn七种钎料的研究发现，Bi-Ag系钎料熔化温度范围为261~381℃，润湿性良好，显微硬度是Pb-5Sn的两倍，但是导电性能比Pb-5Sn差。不同Ag含量的Bi-Ag/Cu接头剪切强度差别不大。

8.2 纳米Ag颗粒烧结的提出

1975年Buffat和Borel就发现Au颗粒的尺寸大小会影响其熔化温度。之后有各种研究专注在不同种类纳米金属颗粒的熔化和烧结行为。金属颗粒的尺寸在降低的同时，它的表面积与体积比也逐渐增大，这就导致了表面能的提高并最终使熔点降低。例如，块状Ag的熔点是961℃，但直径为2.4nm的Ag颗粒的熔点只有350℃。因此先后提出了纳米Ag颗粒烧结和纳米Cu颗粒烧结，这两种连接方法都意图使封装温度和其熔化温度分开。Ag颗粒烧结不仅可以满足目前大功率器件的封装要求，而且随着国内外学者对Ag颗粒烧结工艺的进一步开发研究，其性能不仅得到很大的提升，而且也在一定范围内降低了Ag颗粒烧结的成本。虽然Cu颗粒烧结比Ag颗粒有着很大的价格优势，但是对于Cu颗粒烧结的应用来说还存在着比较多的挑战，比如Cu颗粒极易氧化，需要在保护气氛下烧结，而且其保存和生产过程成本也相对高很多。

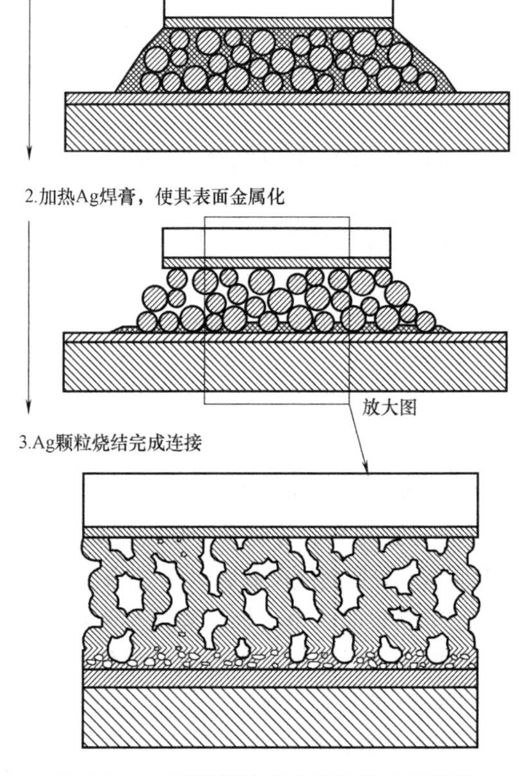

图8-1 Ag颗粒烧结工艺的流程及原理图

图8-1展示了Ag颗粒烧结工艺的主要流程以及其烧结过程。Ag钎料膏是由Ag颗粒以及有机溶剂组成，将制备好的Ag钎料膏涂在需要连接的元器件与基板的中间，然后经过高温加热，在此过程中有机溶剂会挥发，而最终纳米Ag颗粒之间通过扩散作用相互连接到一起形成一种多孔结构[1-5]。

8.3 纳米 Ag 颗粒烧结接头的性能影响因素

对 Ag 颗粒烧结接头的性能改进主要从以下两个方面进行。

8.3.1 钎料膏成分改进

钎料膏主要由 Ag 颗粒和有机溶剂组成，而根据 Ag 颗粒的尺寸大小又可以分为纳米 Ag 和微米 Ag。其中纳米 Ag 是最先被采用的 Ag 颗粒的类型，因为其比表面积较大，性能更加活泼，所以在烧结过程中更容易实现低温下 Ag 颗粒之间的相互扩散烧结。然而纳米 Ag 的制备却更加复杂，所以使用纳米 Ag 会增加 Ag 钎料膏制备的成本，此外由于纳米 Ag 尺寸较小，在环境中更容易进入人体，对人体健康的潜在威胁更大。J. T. Jiu 等的研究发现不同尺寸的 Ag 颗粒的合理分布可以显著提高 Ag 颗粒烧结接头的接头强度和其导电性。近年的研究方向为尽量避免纳米 Ag 颗粒的使用，取而代之的是球状微米 Ag 和片状微米 Ag 的使用。对于配制 Ag 钎料膏使用的微米 Ag，其表面包覆的保护层是非常关键的，需要在日常的保存过程中保护 Ag 颗粒不被氧化，同时在烧结时能够及时地破坏保证 Ag 颗粒之间的相互扩散。

有机溶剂的种类对于钎料膏的烧结性能也有着很重要的影响。有机溶剂在 Ag 钎料膏中起到了分散剂和促进烧结的作用。不同的研究中会用到不同的有机溶剂，如 Suganuma 研究室用十二烷胺和甲苯作为有机溶剂实现了室温下 Ag 钎料膏的烧结[19]，用乙二醇作为有机溶剂实现了 Ag-Ag 的良好烧结。

同时有的研究通过在 Ag 钎料膏中加入其他的成分来提高其烧结及表现性能。如 T. Kunimune 等在其研究中通过加入聚合物颗粒提高 Ag-Ag 界面的性能。Zhang H 发现通过将 SiC 颗粒作为一种增强相粒子加入到 Ag 钎料膏中后，经过 150℃、200℃、250℃ 高温存储后接头的多孔结构会得到明显的细化，并且其剪切强度也会相应地上升；此外 SiC 颗粒的加入对 -50~250℃ 热循环环境下力学性能的保持起到了关键作用。Zhang H 等人发现 AgO 颗粒加入到 Ag 钎料膏中，可以显著降低烧结温度，并能显著提高接头的剪切强度，Ag 烧结技术的最大优势就是可以实现低温烧结，但是在高温下还能保持良好的力学性能和导电性能。

J. T. Jiu 等人开发出一种新型的有机溶剂，通过与该实验室一直使用的乙二醇作为有机溶剂的 Ag 钎料膏做了比较，发现新型有机溶剂对于接头的剪切强度有很大的促进作用，使接头的剪切强度可以达到 80MPa，同时从其试验结果也可以得到结论：烧结温度并不是越高越好，280℃ 下烧结的接头得到了最高的剪切强度值。

8.3.2 烧结工艺

烧结工艺中对烧结接头有影响的参数主要有烧结温度、烧结时间以及在烧结过程中是否对烧结器件施加压力。

Y. Akada 等探究了烧结温度对烧结接头强度的影响，发现烧结强度会随着烧结温度的提高而提高，同时在其烧结过程中施加了 5MPa 的压力，而烧结接头的剪切强度也达到了 59MPa，如图 8-2 所示。

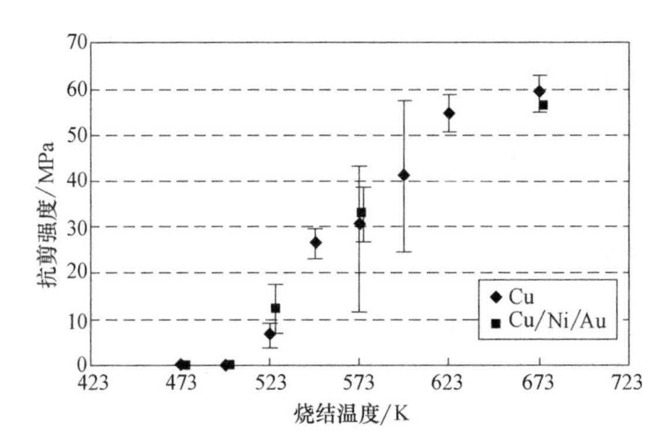

图 8-2　烧结温度对 Cu-Cu 接头与 Cu /Ni /Au-Cu /Ni /Au 接头强度的影响

烧结过程中加压会增加烧结工艺的复杂性，此外，特别是施加较大的压力时对于芯片的强度也会有一定的要求，随着烧结时间的增加也会由于银颗粒之间相互扩散时间的增加而导致烧结强度的增加。

8.4　镀层金属对烧结接头的影响

在 Ag 烧结过程中，不只是 Ag 钎料膏的性质影响到接头的力学性能，镀层的性质也会对烧结接头有很大的影响。常见的镀层有 Cu、Sn、Ni、Ag 等金属，而不同的镀层也有各自的优点，Cu 镀层有着良好的导电性、导热性和延展性；镀 Sn 工艺有着工艺简单、性价比高以及操作性强的优点；Ni 镀层有良好的电学性能、焊接性以及耐蚀性，因此也得到越来越广泛的应用；而 Ag 镀层也有着良好的焊接性、导电性。但是在再流焊生产过程中，特别是多道再流焊过程中，PCB 上焊盘的氧化问题也需要特别注意。通常不会将裸露的焊盘直接进行再流焊，而有些镀层的耐氧化性并不突出，因此为了增加焊盘的抗氧化能力以及增强元器件连接的稳定性，常常在焊盘上镀金。由于 Au 具有较高的密度、良好的延展性以及很好的化学稳定性，成为一种理想的镀层金属。

在 S. A. Paknejad 等的研究中，发现在高温存储的过程中接头的 Ag 烧结结构在 Au 镀层一侧会逐渐形成无孔层（void free layer)。无孔层的形成会将烧结结构中的空洞挤压到上层，从而导致接头上半部分的孔隙率增大，降低了接头的可靠性。而这种无孔层的形成是由于时效过程中 Ag 朝着 Au 镀层迁移的结果。其研究中观察到的现象与未时效试样的初始形貌有着相似点，在 Au 镀层表面上形成一层覆盖 Au 镀层的 Ag。Ag 和 Au 之间的相互扩散可以通过阿伦纽斯方程（Arrhenius Equation）来表示

$$K_S = Ae^{-E/RT} \tag{8-1}$$

式中　K_S——速率常数（cm^2/s）；

E——表面活化能（J /mol）；

A——频率因子；

R——摩尔气体常量［8.31J/(mol · K)］；

T——温度（K）；

e——自然对数的底。

根据阿伦纽斯方程可知，Au-Ag之间相互扩散的速率是由频率因子、表面活化能和反应温度共同决定的。W. C. Mallard等人在研究中对Au-Ag之间不同温度下的相互扩散过程进行了讨论，并计算出相应温度下扩散过程的活化能和频率因子。其试验及计算结果见表8-1。

表8-1 Au-Ag扩散过程阿伦纽斯方程参数

扩散方式	频率因子 A	表面活化能 E/(J/mol)
Ag在Au中扩散	0.072	1.68×10^5
Au在Ag中扩散	0.85	2.02×10^5

在483K下对接头进行烧结，参照阿伦纽斯方程中得到Ag在Au中的扩散速率是Au在Ag中扩散速率的408.5倍，可以解释接头截面上Ag粒子在Au镀层表面上铺展开并形成弱连接层的现象。因为在烧结温度下Ag向Au扩散的速率远远高于Au向Ag中扩散的速率，所以与Au镀层接触的Ag颗粒中会有大量的Ag向Au镀层迁移，而只有相对来说很少量的Au会扩散到Ag中。这种不对等的相互扩散导致同Au镀层接触的Ag颗粒与另外的Ag颗粒之间的相互扩散过程受到影响，从而导致了弱连接层的形成，这也是断裂位置是沿着Au镀层的原因。

图8-3展示了Ag颗粒烧结接头在0.15μm、0.3μm、0.8μm厚度的Au镀层上的接头显微组织。大量的Ag沿着晶界扩散进入Au镀层中，但是Au向Ag中的扩散速率太慢，无法抵消这种体积的增加，从而导致了这种镀层结构的破坏。

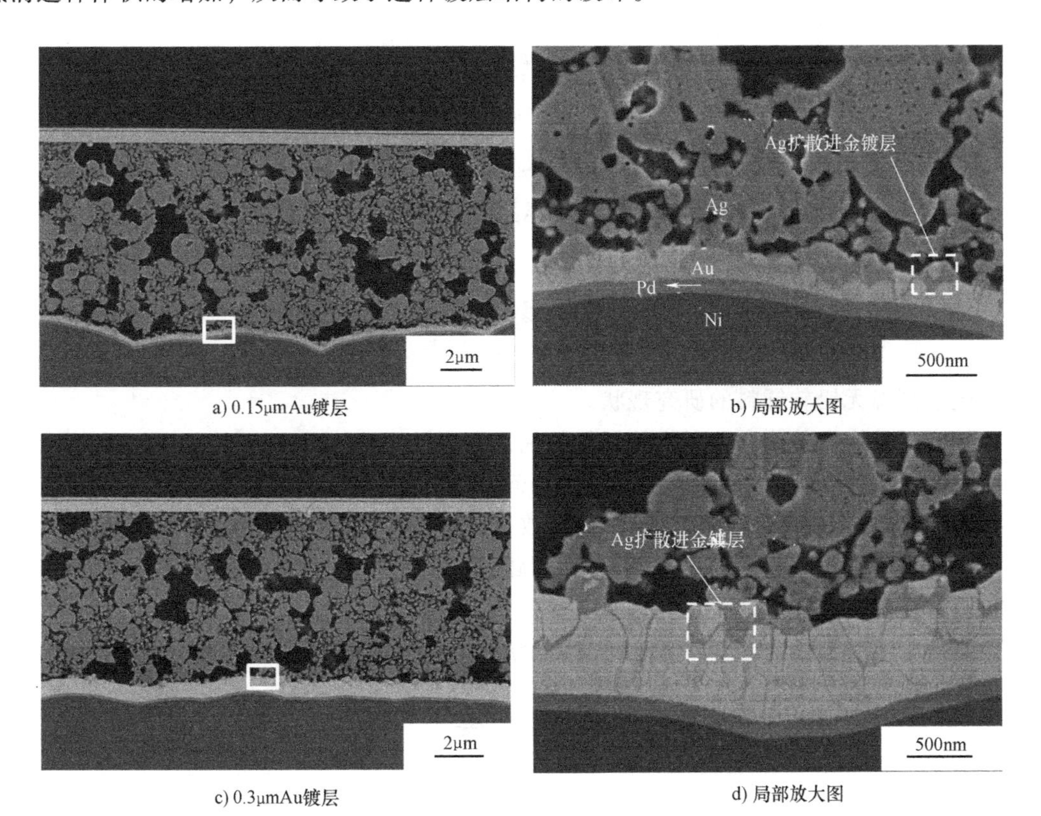

a) 0.15μmAu镀层　b) 局部放大图

c) 0.3μmAu镀层　d) 局部放大图

图8-3 Ag颗粒烧结接头显微组织

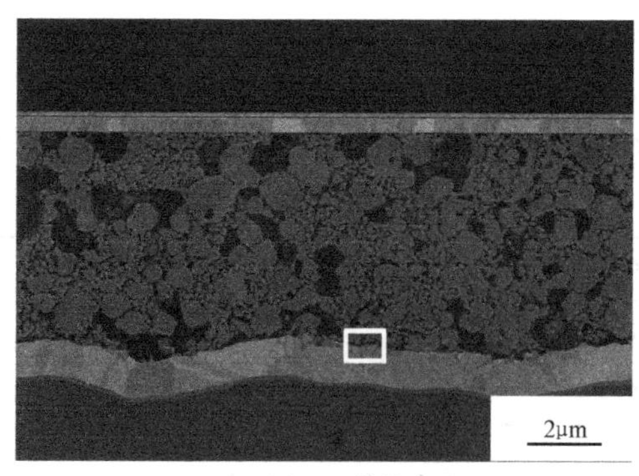

e) 0.8μmAu镀层

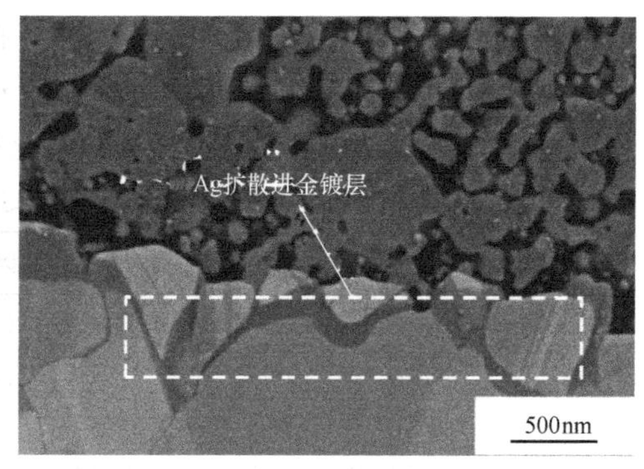

f) 局部放大图

图 8-3 Ag 颗粒烧结接头显微组织（续）

如图 8-4 所示的模型，在烧结过程中存在着两种类型的 Ag 颗粒，即与 Au 镀层接触的 Ag 颗粒和在这层 Ag 颗粒上层的 Ag 颗粒。在烧结过程中，与 Au 镀层接触的 Ag 颗粒会在镀层上铺展开来，与此同时也会与上层的 Ag 颗粒相互扩散，而且 Ag 向 Au 镀层扩散的速率明显大于 Au 向烧结 Ag 中的扩散速率。下层的铺展过程会影响到与上层的颗粒之间的相互扩散，所以形成的烧结颈也就会比较纤细，所以会沿着 Au 镀层的表面形成一层弱连接层，即为剪切过程中的断裂层。下层的山丘状烧结 Ag 即为基板上残留的 Ag。

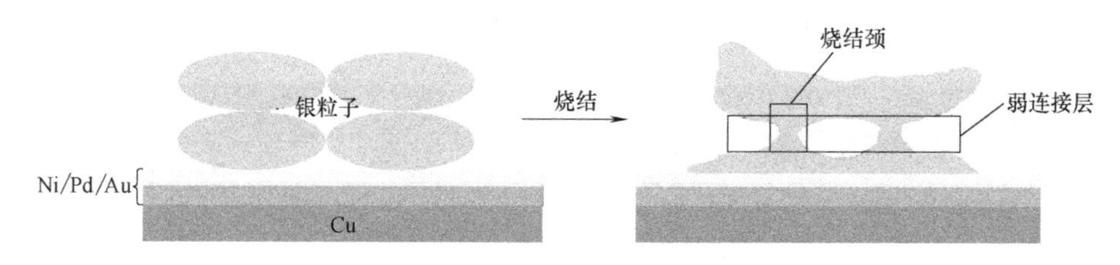

图 8-4 Au 基板侧 Ag 颗粒烧结过程模型

思 考 题

1. 阐述高温无铅软钎料的研究现状。
2. 纳米颗粒烧结替代高温无铅软钎料的优势在哪里？
3. 纳米 Ag 钎料膏各组成成分对其性能有何影响？
4. 对接头性能起主要作用的烧结工艺参数有哪些？
5. 目前纳米 Cu 颗粒用作钎料存在什么问题？
6. 常见镀层金属各有什么优势？
7. 金作为镀层与银纳米钎料膏进行连接会产生什么缺陷？

答 案

1. 见 8.1 节。
2. 低温烧结，高温服役。

3. 见8.3.1节。

4. 烧结工艺中对烧结接头有影响的参数主要有烧结温度、烧结时间以及在烧结过程中是否对烧结器件施加压力。

5. Cu颗粒极易氧化，需要在保护气氛下烧结，而且其保存和生产过程成本也相对高很多。

6. 见8.4节第一段。

7. 在高温存储的过程中，接头的Ag烧结结构在Au镀层一侧会逐渐形成无孔层。

参考文献

[1] WANG H, CHENG X W, ZHANG Z H, et al. Microstructures and mechanical properties of bulk nano crystalline silver fabricated by spark plasma sintering [J]. Journal of Materials Research, 2016, 31 (15): 2223-2232.

[2] ALBRECHT A, RIVADENEYRA A, ABDELLAH A, et al. Inkjet Printing and Photonic Sintering of Silver and Copper Oxide Nanoparticles for Ultra-Low-Cost Conductive Patterns [J]. Journal of Materials Chemistry C, 2016, 4 (16): 3546-3554.

[3] LI H, JING H, HAN Y, et al. Interface evolution analysis of graded thermoelectric materials joined by low temperature sintering of nano-silver paste [J]. Journal of Alloys & Compounds, 2016, 659: 95-100.

[4] FAQIR M, BATTEN T, MROTZEK T, et al. Improved thermal management for GaN power electronics: Silver diamond composite packages [J]. Microelectronics Reliability, 2012, 52 (12): 3022-3025.

[5] NGUYEN J, DOUVILLE F, BOUAZIZ O, et al. Low weight steel-magnesium composites achieved by powder compaction [J]. Materials Science & Engineering A, 2016, 660: 77-83.

[6] SIOW K S. Mechanical properties of nano-silver joints as die attach materials [J]. Journal of Alloys & Compounds, 2012, 514 (2): 6-19.

[7] JIU J, ZHANG H, KOGA S, et al. Simultaneous synthesis of nano and micro-Ag particles and their application as a die-attachment material [J]. Journal of Materials Science Materials in Electronics, 2015, 26 (9): 7183-7191.

[8] LAYANI M, GROUCHKO M, SHEMESH S, et al. Conductive patterns on plastic substrates by sequential inkjet printing of silver nanoparticles and electrolyte sintering solutions [J]. Journal of Materials Chemistry, 2012, 22 (29): 14349-14352.

[9] ALBRECHT A, RIVADENEYRA A, ABDELLAH A, et al. Inkjet Printing and Photonic Sintering of Silver and Copper Oxide Nanoparticles for Ultra-Low-Cost Conductive Patterns [J]. Journal of Materials Chemistry C, 2016, 4 (16): 3546-3554.

[10] AKADA Y, TATSUMI H, YAMAGUCHI T, et al. Interfacial Bonding Mechanism Using Silver Metallo-Organic Nanoparticles to Bulk Metals and Observation of Sintering Behavior [J]. Materials Transactions, 2008, 49 (7): 1537-1545.

[11] KIM Y H, YANG I, BAE Y S, et al. Performance evaluation of thermal cyclers for PCR in a rapid cycling condition [J]. Biotechniques, 2008, 44 (4): 495-496.

[12] LIU X, ZHENG Z, WANG C, et al. Effects of temperature and dispersants on the phases and morphology of Ag - Cu nanoparticles [J]. Journal of Materials Science Materials in Electronics, 2016, 27 (10): 1-5.

[13] ZHANG R, MOON K S, LIN W, et al. Preparation of highly conductive polymer nanocomposites by low

temperature sintering of silver nanoparticles [J]. Journal of Materials Chemistry, 2010, 20 (10): 2018-2023.

[14] SUN S, PAN Z, ZHANG W, et al. Acid treatment of silver flake coatings and its application in the flexible electrical circuits [J]. Journal of Materials Science Materials in Electronics, 2016, 27 (5): 4363-4371.

[15] ZHENG H, NGO K D T, LU G Q. Temperature Cycling Reliability Assessment of Die Attachment on Bare Copper by Pressureless Nanosilver Sintering [J]. IEEE Transactions on Device & Materials Reliability, 2015, 15 (2): 214-219.

[16] ZHANG H, LI W, GAO Y, et al. Enhancing Low-Temperature and Pressureless Sintering of Micron Silver Paste Based on an Ether-Type Solvent [J]. Journal of Electronic Materials, 2017, 46 (8): 5201-5208.

[17] LI Y, QI T, CHEN M, et al. Mixed ink of copper nanoparticles and copper formate complex with low sintering temperatures [J]. Journal of Materials Science Materials in Electronics, 2016, 27 (11): 11432-11438.

[18] PENG P, HU A, GERLICH A P, et al. Joining of Silver Nanomaterials at Low Temperatures: Processes, Properties, and Applications [J]. ACS Applied Materials & Interfaces, 2015, 7 (23): 12597-12618.

[19] WU W, YANG S, ZHANG S, et al. Fabrication, characterization and screen printing of conductive ink based on carbon@ Ag core-shell nanoparticles [J]. Journal of Colloid and Interface Science, 2014, 427 (8): 15-19.

[20] KURAMOTO M, OGAWA S, NIWA M, et al. Die Bonding for a Nitride Light-Emitting Diode by Low-Temperature Sintering of Micrometer Size Silver Particles [J]. IEEE Transactions on Components & Packaging Technologies, 2010, 33 (4): 801-808.

[21] ZHANG H, NAGAO S, SUGANUMA K, et al. Thermostable Ag die-attach structure for high-temperature power devices [J]. Journal of Materials Science Materials in Electronics, 2015, 27 (2): 1337-1344.

[22] ZHANG H, GAO Y, JIU J, et al. In situ bridging effect of Ag_2O on pressureless and low-temperature sintering of micron-scale silver paste [J]. Journal of Alloys & Compounds, 2017, 696: 123-129.

[23] JIU J, ZHANG H, NAGAO S, et al. Die-attaching silver paste based on a novel solvent for high-power semiconductor devices [J]. Journal of Materials Science, 2016, 51 (7): 3422-3430.

[24] AKADA Y, TATSUMI H, YAMAGUCHI T, et al. Interfacial Bonding Mechanism Using Silver Metallo-Organic Nanoparticles to Bulk Metals and Observation of Sintering Behavior [J]. Materials Transactions, 2008, 49 (7): 1537-1545.

[25] PAKNEJAD S A, DUMAS G, WEST G, et al. Microstructure evolution during 300℃ storage of sintered Ag nanoparticles on Ag and Au substrates [J]. Journal of Alloys & Compounds, 2014, 617: 994-1001.

[26] MALLARD W C, GARDNER A B, BASS R F, et al. Self-Diffusion in Silver-Gold Solid Solutions [J]. Physical Review, 1963, 129 (2): 617-625.

[27] FAN T K, ZHANG H, SHANG P J, et al. Effect of electroplated Au layer on bonding performance of Ag pastes [J]. Journal of Alloys and Compounds, 2018, 731: 1280-1287.

[28] 范太坤. 电镀 Au 基板上低温无压 Ag 焊膏烧结工艺及其机理研究 [D]. 镇江: 江苏科技大学. 2018.

附录 A　典型封装结构

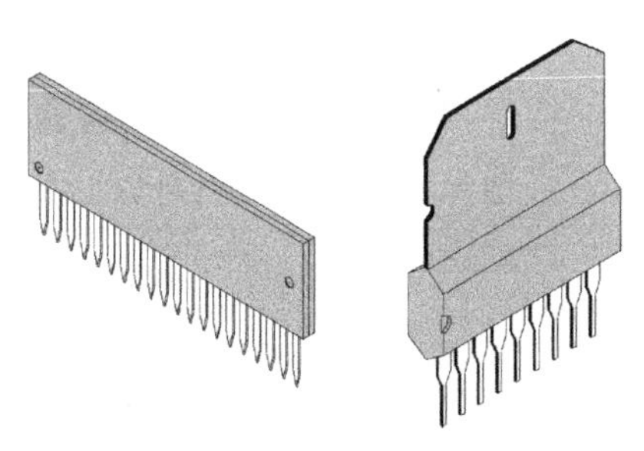

图 A-1　单列直插封装（SIP）

图 A-2　小外形无引脚封装（SON）

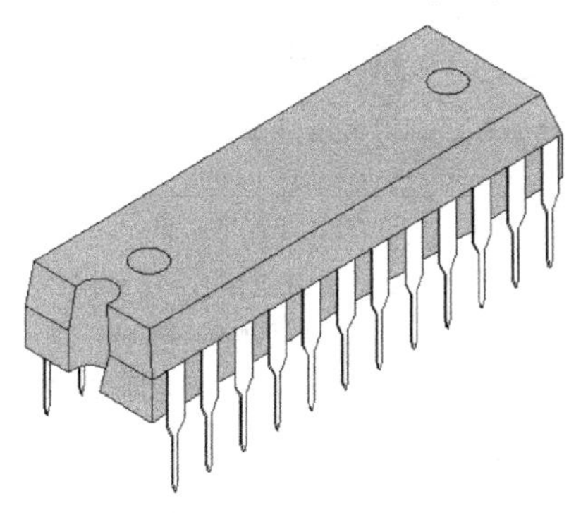

图 A-3　双列直插式封装（DIP）

图 A-4　双边扁平无引线封装（DFN）

图 A-5　小外形封装（SOP）

图 A-6　四边扁平封装（QFP）

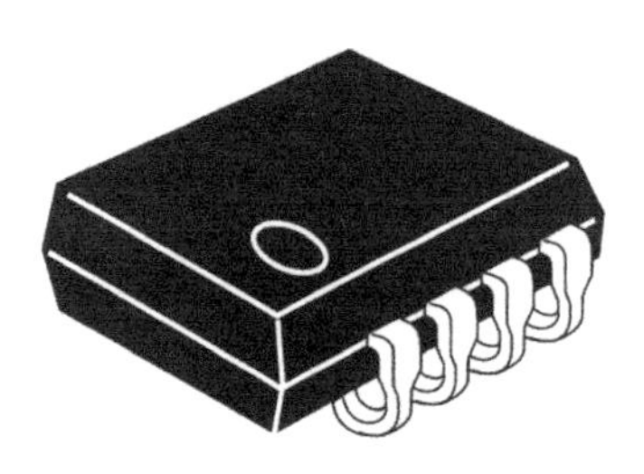

图 A-7　小外形 J 形引线封装（SOJ）

图 A-8　有引线塑料片式载体封装（PLCC）

图 A-9　无引线四边扁平封装（QFNP）

图 A-10　多芯片组件封装（MCM）

图 A-11　引线网格阵列封装（PGA）

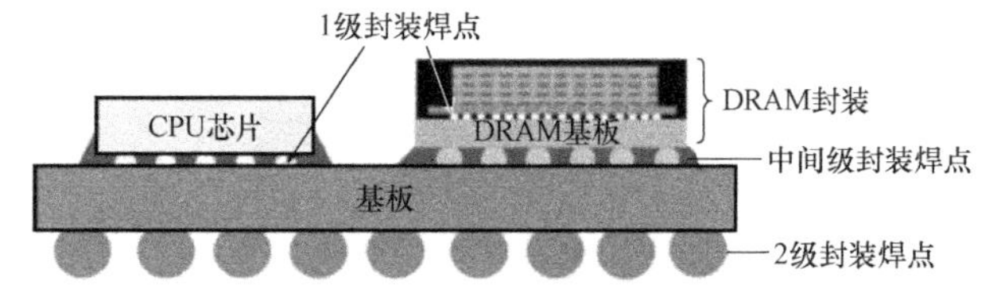

图 A-12　3D 封装

DRAM—动态随机存取储存器

注：中间级封装是指介于 1 级和 2 级之间的封装。

图 A-13　球栅阵列封装（BGA）

图 A-14　栅格阵列封装（LGA）

附录B　无铅钎料熔化温度范围测定方法

根据2013年出版的IEC 61189-11标准，2014年日本工业标准JIS Z 3198对第1部分熔化温度范围测定方法做了更新与修订。简要介绍如下。

B.1　试验概要

使用以下两种方法测量钎料合金的熔化温度范围。

方法A　差示扫描量热法（以下简称“DSC”）

使用经过温度校正的DSC设备测试钎料合金固相线和液相线温度。

1. 试验条件

（1）样品质量　样品质量在5~50mg之间。

（2）样品形状　样品应为尽可能薄的盘形且能放在容器中以利于热传导。

（3）惰性气体流量　气体流量在10~50ml/min的范围内。

（4）加热速度　加热速度分别为0.5℃/min，1℃/min，2℃/min，5℃/min和10℃/min。

2. 固相线温度确定

固相线温度应根据2℃/min加热速率数据绘制的DSC曲线得出，具体如下。

1）快速熔化的场合，如图B-1a所示，低温侧基准线与熔化峰值温度低温侧直线的交叉点T_1可确定为固相线温度。

2）缓慢熔化的场合，如图B-1b所示，开始偏离基准线的温度点T_2即为固相线温度。此种情况下，根据纯物质的温度曲线进行开始偏离点的校正，经数次测量后取平均值。

3）缓慢熔化且开始偏离基准线的温度点不明确的场合，如图B-1c所示。首先测量低温侧开始偏离点到高温侧返回基准线点之间直线与实际温度曲线所构成的多边形的面积S_a。然后在熔化开始区域取相当于$1\%S_a$的面积S_b，相对应的温度点T_3即为固相线温度，经数次测量后取平均值。

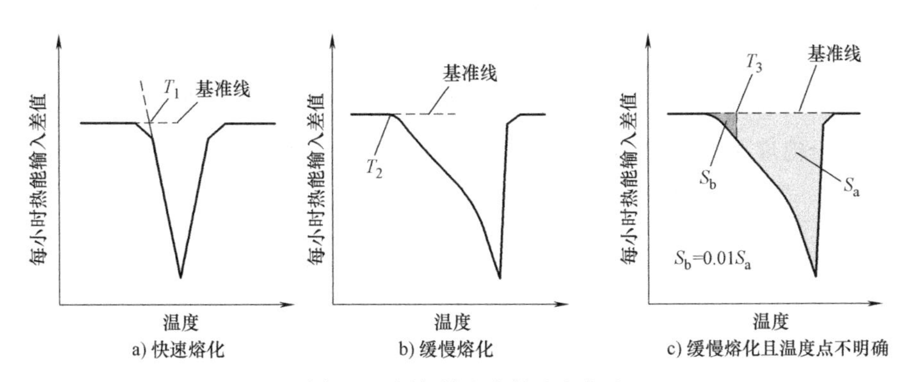

图B-1　固相线温度的确定方法

注：S_a、S_b为所指示区域的面积。

3. 液相线温度确定

根据0.5℃/min、1℃/min、2℃/min、5℃/min和10℃/min的加热速率数据绘制的DSC曲线，获得液相线温度，具体如下。

1）如果熔化过程只有一个吸热峰，如图 B-2a 所示，高温侧基准线向低温侧外推与熔化峰值温度高温侧直线的交叉点 T_4 可确定为熔化终止温度。

2）如果熔化过程出现两个或多个吸热峰，如图 B-2b 所示，则高温侧基准线向低温侧外推与最高熔化峰值温度高温侧直线的交叉点 T_5 可确定为熔化终止温度。

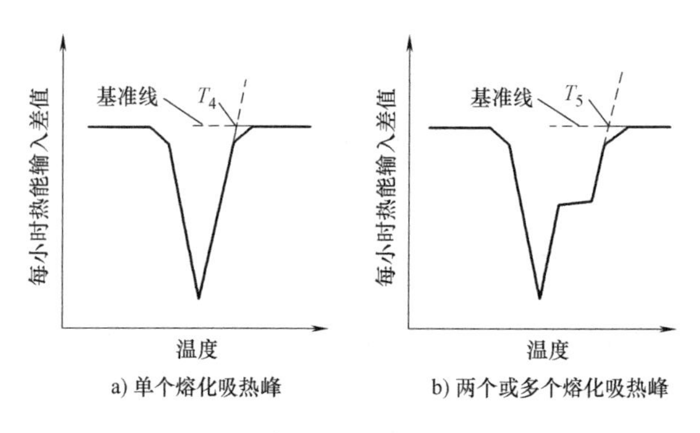

图 B-2 熔化终止温度的确定方法

3）吸热峰的外推相交温度是加热速率平方根的线性函数，因此将加热速率趋于 0 时线性函数的温度确定为液相线温度，如图 B-3 所示。

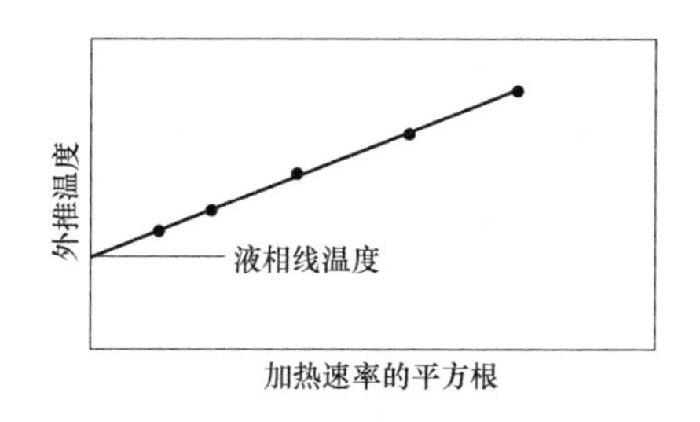

图 B-3 液相线温度的确定方法

方法 B 熔融钎料的冷却曲线法

使用可加热至 400℃ 以上的电炉测试钎料合金固相线和液相线温度。

1. 试验条件

（1）样品质量 样品质量在 500g 以上。

（2）样品熔化 将实验材料放入容器中，在电炉中加热熔化，然后关闭电炉电源，搅拌试样，在样品冷却时测量温度。

（3）热电偶的放置 热电偶的测温部分应放置在熔融钎料的中央部位。

2. 液相线温度确定

图 B-4a 所示冷却曲线的转折点温度 T_6 被确定为液相线温度。如果是平台先出现，那么图 B-4b 中的平台温度 T_7 或图 B-4c 中的 T_8 将被确定为液相线温度。如果有两个或以上的转折点或平台出现，则第一个转折点或平台用来进行分析。

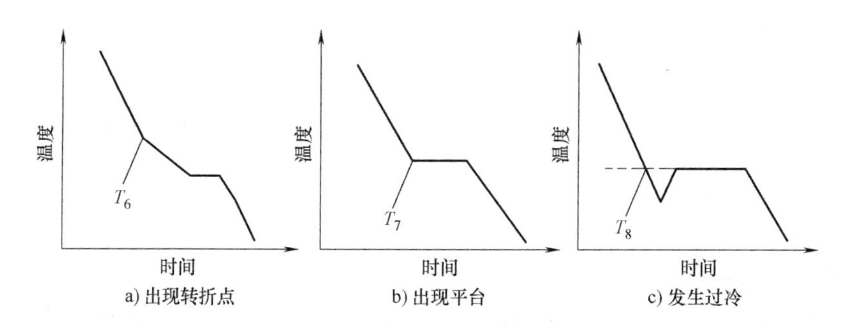

图 B-4 熔融钎料的冷却曲线

3. 固相线温度确定

图 B-4b 中的平台温度 T_7 可确定为固相线温度。在冷却过程中出现过冷的情况下，如图 B-4c 所示，则平台延长线与冷却曲线的交叉点温度 T_8 被确定为固相线温度。如果出现两个或以上平台，则最后一个平台用来确定固相线温度。

附录 C　缩略语中英文对照

英文缩写	英文全称	中文全称
AB	additive board	加成法印制板
AOI	automatic optic inspection	自动光学检测
ASIC	application specific integrated circuit	专用集集成电路
AWS	American Welding Society	美国焊接学会
BGA	ball grid array	球栅阵列封装
CAD	computer aided design	计算机辅助设计
CBGA	ceramic ball grid array	陶瓷球栅阵列封装
CCGA	ceramic column grid array	陶瓷柱栅阵列封装
CDIP	ceramic dual in line package	陶瓷双列直插封装
CFC	chloro flouro carbon	氟氯化碳
COB	chip on board	芯片直接组装
CSP	chip size package	芯片尺寸封装
CTE	coefficient of thermal expansion	热膨胀系数(线胀系数)
DCA	direct chip attach	芯片粘贴封装
DFR	design for reliability	可靠性设计
DIP	double ln line package	双列直插式封装
DSB	double sided print board	双面印制电路板
EG	electroless gold	化学镀金(无电解镀金)
Embedded SiP	embedded system in a package	嵌入式系统级封装
ENIG	electroless nickel/imnersion gold	化学镀镍浸金(化学镍金)
FC	flip chip	倒装芯片
FCB	flip chip bonding	倒装芯片键合
FCBGA	flip chip ball grid array	倒装芯片球栅阵列封装
FPB	flexible printed board	柔性印制板
FRPB	flex rigid print board	刚柔性印制板
FO PoP	fan-out package on package	扇出型叠层封装
FO SiP	fan-out system in a package	扇出型系统级封装
FO WLP	fan-out wafer level package	扇出型晶圆级封装
HASL	hot air solder leveling	热风整平
HM	hybrid microelectronic	混合电子电路

（续）

英文缩写	英文全称	中文全称
I/O	input/output	输入/输出
IB	inorganic board	无机印制板
IC	integrated circuit	集成电路
IEMI	International Electronics Manufacturing Initiative	国际电子制造促进会
ILB	inner lead bonding	内引线键合
IMC	intermetallic compound	金属间化合物
IPD	integrated product development	无源元件集成
LCC	leadless chip carrier	无引线芯片载体封装
LCCC	leadless ceramic chip carrier	无引线陶瓷封装
LSIC	large scale integrated circuit	大规模集成电路
MCM	multi chip module	多芯片组件封装
MILSPEC	military specification	美国军用标准
MLB	multilayer print board	多层印制板
MTF	mean time to failure	平均失效时间
NCMS	National Center for Manufacturing Sciences	美国国家制造科学研究中心
NTHB	non plating through hole board	非孔化印制板
OB	organic board	有机印制板
OLB	outer lead bonding	外引线键合
OSP	organic solderability preservative	有机焊接保护剂
PBGA	plastic ball grid array package	塑料球栅阵列封装
PCB	printed circuit board	印制电路板
PCBA	printed circuit board assembly	印制电路板组件
PDIP	plastic dual in line package	塑料双列直插封装
PGA	pin grid array package	插针网格阵列封装
PiP	package in package	堆叠封装
PLCC	plastic leaded chip carrier	有引线塑料片式封装
PoP	package on package	层叠封装
PPF	pre-plated frame	预镀引线框架
PQFNP	plastic quad flat no lead package	塑料无引线四方扁平封装
PQFP	plastic quad flat package	塑料四方扁平封装
PSOP	plastic small outline package	塑料小外形封装
PTHB	plating through hole board	孔化印制板
QFN	quad fat no-lead	无引线四边扁平封装
QFP	quad flat package	四边扁平封装
RoHS	Restriction of the Use of Certain Hazardous Substances in Electrical and Electronic Equipment	电子电器设备中限制使用某些有害物质指令

（续）

英文缩写	英文全称	中文全称
RPB	rigid printed board	刚性印制板
SB	subtractive board	减成法印制板
SIMS	secondary ion mass spectroscopy	二次离子质谱
SiP	system in a package	系统级封装
SIP	single in line a package	单列直插封装
SMA	surface mount assembly	表面组装组件
SMC	surface mount component	表面组装元件
SMD	surface mount device	表面组装器件
SMT	surface mounted technology	表面组装技术或表面贴装技术
SOIC	small outline integrated circuit	小外形集成电路封装
SOP	small out line package	小外形封装
SOT	small out line technology	小外形技术
SS	single sided	单面板
SSB	single sided print board	单面印制电路板
TAB	tape automated bonding	载带自动键合技术
THC	through hole component	通孔插装元器件
THT	through hole technology	通孔插装技术
TO	transistor outline	晶体管外形封装
TSOP	thin small outline package	薄型小外形封装
UBM	under bump metal	凸点下金属层
VLSIC	very large scale integrated circuit	超大规模集成电路
WB	wire bonding	引线键合技术
WB BGA	wire bonding ball grid array	引线键合式球栅阵列封装
WEEE	Directive on Waste from Electrical and Electronic Equipment	废旧电气电子设备指令
WL CSP	wafer level chip size package	晶圆级芯片尺寸封装
WLP	wafer level package	晶圆级封装
2.5D interposer	2.5D interposer	2.5D 硅中介层封装
3D IC	3D integrated circuit	三维集成电路
3D WLP	3D wafer level package	三维晶圆级封装